高等学校数据结构课程系列教材

数据结构教程(C#语言描述)

李春葆　主编

尹为民　蒋晶珏
喻丹丹　安　杨　编著

清华大学出版社
北京

内 容 简 介

本书系统地介绍了常用的数据结构以及排序、查找的各种算法，阐述了各种数据结构的逻辑关系、存储表示及运算操作，并采用C＃语言描述数据组织和算法实现。

本书既注重原理，又注重实践，配有大量图表、实践教学项目和习题，内容丰富，概念讲解清楚，表达严谨，逻辑性强，语言精练，可读性好。

本书既便于教师课堂讲授，又便于自学者阅读，可作为高等院校计算机相关专业本科生、专科生的教材，也可供广大从事计算机应用的科技人员参考。

图书在版编目(CIP)数据

数据结构教程(C＃语言描述)/李春葆主编. —北京：清华大学出版社，2013.2(2024.8重印)
(高等学校数据结构课程系列教材)
ISBN 978-7-302-30517-0

Ⅰ.①数… Ⅱ.①李… Ⅲ.①数据结构—教材 ②C语言—程序设计—教材 Ⅳ.①TP311.12 ②TP312

中国版本图书馆CIP数据核字(2012)第257453号

责任编辑：魏江江 王冰飞
封面设计：杨 兮
责任校对：梁 毅
责任印制：丛怀宇

出版发行：清华大学出版社
网 址：https：//www.tup.com.cn，https：//www.wqxuetang.com
地 址：北京清华大学学研大厦A座 **邮 编**：100084
社 总 机：010-83470000 **邮 购**：010-62786544
投稿与读者服务：010-62776969，c-service@tup.tsinghua.edu.cn
质量反馈：010-62772015，zhiliang@tup.tsinghua.edu.cn
课件下载：https：//www.tup.com.cn，010-62795954
印 装 者：三河市龙大印装有限公司
经 销：全国新华书店
开 本：185mm×260mm **印 张**：24 **字 数**：596千字
版 次：2013年2月第1版 **印 次**：2024年8月第13次印刷
印 数：15101～15900
定 价：39.00元

产品编号：049841-01

INTRODUCTION

出版说明

随着国家信息化步伐的加快和高等教育规模的扩大，社会对计算机专业人才的需求不仅体现在数量的增加上，而且体现在质量要求的提高上，培养具有研究和实践能力的高层次的计算机专业人才已成为许多重点大学计算机专业教育的主要目标。目前，我国共有16个国家重点学科、20个博士点一级学科、28个博士点二级学科集中在教育部部属重点大学，这些高校在计算机教学和科研方面具有一定优势，并且大多以国际著名大学计算机教育为参照系，具有系统完善的教学课程体系、教学实验体系、教学质量保证体系和人才培养评估体系等综合体系，形成了培养一流人才的教学和科研环境。

重点大学计算机学科的教学与科研氛围是培养一流计算机人才的基础，其中专业教材的使用和建设则是这种氛围的重要组成部分，一批具有学科方向特色优势的计算机专业教材作为各重点大学的重点建设项目成果得到肯定。为了展示和发扬各重点大学在计算机专业教育上的优势，特别是专业教材建设上的优势，同时配合各重点大学的计算机学科建设和专业课程教学需要，在教育部相关教学指导委员会专家的建议和各重点大学的大力支持下，清华大学出版社规划并出版本系列教材。本系列教材的建设旨在“汇聚学科精英、引领学科建设、培育专业英才”，同时以教材示范各重点大学的优秀教学理念、教学方法、教学手段和教学内容等。

本系列教材在规划过程中体现了如下一些基本组织原则和特点。

1. 面向学科发展的前沿，适应当前社会对计算机专业高级人才的培养需求。教材内容以基本理论为基础，反映基本理论和原理的综合应用，重视实践和应用环节。

2. 反映教学需要，促进教学发展。教材要能适应多样化的教学需要，正确把握教学内容和课程体系的改革方向。在选择教材内容和编写体系时注意体现素质教育、创新能力与实践能力的培养，为学生知识、能力、素质协调发展创造条件。

3. 实施精品战略，突出重点，保证质量。规划教材建设的重点依然是专业基础课和专业主干课；特别注意选择并安排了一部分原来基础比较好的优秀教材或讲义修订再版，逐步形成精品教材；提倡并鼓励编写体现重点大学计算机专业教学内容和课程体系改革成果的教材。

4. 主张一纲多本,合理配套。专业基础课和专业主干课教材要配套,同一门课程可以有多本具有不同内容特点的教材。处理好教材统一性与多样化的关系;基本教材与辅助教材以及教学参考书的关系;文字教材与软件教材的关系,实现教材系列资源配套。

5. 依靠专家,择优落实。在制订教材规划时要依靠各课程专家在调查研究本课程教材建设现状的基础上提出规划选题。在落实主编人选时,要引入竞争机制,通过申报、评审确定主编。书稿完成后要认真实行审稿程序,确保出书质量。

繁荣教材出版事业,提高教材质量的关键是教师。建立一支高水平的以老带新的教材编写队伍才能保证教材的编写质量,希望有志于教材建设的教师能够加入到我们的编写队伍中来。

教材编委会

FOREWORD

前言

计算机是数据处理的工具。数据结构课程作为计算机科学与技术专业的核心课程，主要讲授数据的各种组织方式以及建立在这些结构之上的各种运算算法的实现，它不仅为计算机语言程序设计提供了方法性的指导，还在一个更高的层次上总结了程序设计的常用方法和常用技巧。

要学好数据结构课程，首先要从宏观上理解本课程的目的和地位。该课程是在学完某种程序设计语言后开设的。仅掌握一门程序设计语言，不一定能编写出“好程序”，数据结构课程就是为写好程序服务的。程序是用于数据计算的，在编写程序之前要理解数据的结构，这里是指数据的逻辑结构。从数据元素之间的相邻关系归纳起来，数据的逻辑结构主要有线性结构、树形结构和图形结构。仅弄清数据逻辑结构是不够的，还要将这些数据存放到计算机内，这称为数据的存储结构。一种数据逻辑结构可能由多种存储结构实现。当设计好数据存储结构后，就可以对其进行操作了，这种操作的指令序列称为算法。不同的功能对应不同的算法，同一功能也可以有多种算法，从算法的时间和空间来分析，可以得到最佳算法。数据结构课程总结和归纳了在软件开发中常用的数据结构，从数据逻辑结构、存储结构和基本运算算法设计3个层面来讨论，可以提高学生基本的数据组织和处理能力，为后续课程，如操作系统、数据库原理和编译原理等的学习打下基础。

本书是作者根据近20年的教学经验，参考近年国内外出版的多种数据结构以及C#面向对象程序设计教材，考虑教与学的特点，合理地进行内容的取舍，精心组织编写而成的。目前，国内外数据结构教材大多数采用C/C++语言描述算法，考虑到C#语言与C/C++的一致性和良好的Windows界面设计优点，本书采用C#语言面向对象方法描述算法和实验程序设计。

全书由10章构成，各章内容如下：

第1章绪论，介绍数据结构的基本概念、采用C#语言描述算法的特点、算法分析方法和如何设计好算法等。

第 2 章线性表,介绍线性表的定义、线性表的两种主要的存储结构和各种基本运算算法设计,最后通过示例讨论线性表的应用。

第 3 章栈和队列,介绍栈的定义、栈的存储结构、栈的各种基本运算算法设计和栈的应用;队列的定义、队列的存储结构和队列的各种基本运算算法设计和队列的应用。

第 4 章串,介绍串的定义、串的存储结构、串的各种基本运算算法设计和串的模式匹配算法。

第 5 章数组和广义表,介绍数组的定义、几种特殊矩阵的压缩存储方式、稀疏矩阵的压缩存储及相关算法设计;递归的定义和递归算法设计方法;广义表的定义、广义表的存储结构及相关算法设计方法。

第 6 章树和二叉树,介绍树的定义、树的逻辑表示方法、树的性质、树的遍历和树的存储结构二叉树;介绍二叉树的定义、二叉树的性质、树/森林和二叉树的转换与还原、二叉树存储结构、二叉树基本运算算法设计、二叉树的递归和非递归遍历算法、二叉树的构造、线索二叉树和哈夫曼树等。

第 7 章图,介绍图的定义、图的存储结构、图的基本运算算法设计、图的两种遍历算法以及图的应用(包括图的最小生成树、最短路径、拓扑排序和关键路径等)。

第 8 章查找,介绍查找的定义、线性表上的各种查找方法、树表上的各种查找方法以及哈希表查找方法等。

第 9 章内排序,介绍排序的定义、插入排序方法、交换排序方法、选择排序方法、归并排序方法和基数排序方法,并对各种排序方法进行了比较。

第 10 章外排序,介绍外排序的定义、外排序的基本步骤,重点讨论了磁盘排序中的各种算法。

另外,附录 A 中给出各章练习题单项选择题部分的答案。

本书主要特点如下:

(1) 结构清晰,内容丰富,文字叙述简洁明了,可读性强。

(2) 图文并茂,全书用 300 多幅图来表述和讲解数据的组织结构和算法设计思想。

(3) 力求归纳各类算法设计的规律,如单链表算法中很多是基于建表算法的,二叉树算法中很多是基于遍历算法的,图算法中很多是基于深度优先遍历的。如果读者掌握了建表算法、二叉树的遍历算法和图遍历算法,那么设计相关算法就会驾轻就熟了。

(4) 深入讨论递归算法设计的方法。递归算法设计是数据结构课程中的难点之一。作者从递归模型入手,介绍了从求解问题中提取递归模型的通用方法,讲解了从递归模型到递归算法设计的基本规律。

(5) 书中含有大量的实践项目,全面覆盖并超越了教育部制定的《高等学校计算机科学与技术专业实践教学体系与规范》中数据结构课程的实践教学要求。作者已在 Visual Studio.NET 2005/2008 开发环境中全部调试并通过这些实践项目。

本书的编写工作得到湖北省教育厅和武汉大学教学研究项目《计算机科学与技术专业课程体系改革》的大力支持,特别是国家级名师何炎祥教授和主管教学工作的王丽娜副院长对本书的编写给予了建设性的指导,国家珠峰计划——武汉大学计算机弘毅班的两届学生和众多编者授课的本科生提出了许多富有启发的建议，清华大学出版社魏江江主任全力支持本书的编写工作，作者在此一并表示衷心感谢！

本书是课程组全体教师多年教学经验的总结和体现，尽管作者不遗余力，但由于水平所限，仍难免有错误和不足之处，敬请广大教师和同学们批评指正。欢迎读者通过 licb1964@126.com 邮箱跟作者联系，在此表示万分感谢！

编　者

2012 年 10 月

CONTENTS

目录

CHAPTER 1

第1章 绪　论

数据结构作为一门独立的课程，最早在美国的一些大学开设。1968年，美国 Donald E. Knuth 教授开创了数据结构的最初体系，他所著的《计算机程序设计技巧》系统地阐述了数据的逻辑结构和存储结构及其操作，是数据结构的经典之作。20世纪60年代末出现了大型程序，结构化程序设计成为程序设计方法学的主要内容，人们越来越重视数据结构，认为程序设计的实质是对确定的问题选择一种好的结构，加上设计一种好的算法，即"程序＝数据结构＋算法"。从20世纪70年代开始，数据结构得到了迅速发展，编译程序、操作系统和数据库管理系统等都涉及到数据元素的组织以及在存储器中的分配，数据结构技术成为设计和实现大型系统软件和应用软件的关键技术。

数据结构课程通过介绍一些典型数据结构的特性来讨论基本的数据组织和数据处理方法。本课程可以使学生对数据结构的逻辑结构和存储结构具有明确的基本概念和必要的基础知识，对定义在数据结构上的基本运算有较强的理解能力，学会分析研究计算机加工的数据结构的特性，以便为应用涉及的数据选择适当的逻辑结构和存储结构，并能设计出较高质量的算法。

1.1 什么是数据结构

在了解数据结构的重要性之后，开始讨论数据结构的定义。本节先从一个简单的学生表例子入手，继而给出数据结构的严格定义，接着分析数据结构的几种类型，最后给出数据结构和数据类型之间的区别与联系。

1.1.1 数据结构的定义

用计算机解决一个具体的问题时，大致需要经过以下几个步骤：

(1) 分析问题，确定数据模型。

(2) 设计相应的算法。

(3) 编写程序，运行并调试程序，直至得到正确的结果。

寻求数学模型的实质是分析问题,从中提取操作的对象,并找出这些操作对象之间的关系,然后用数学语言加以描述。有些问题的数据模型可以用具体的数学方程等来表示,但更多的实际问题是无法用数学方程来表示的,这就需要从数据入手来分析并得到解决问题的方法。

数据是描述客观事物的数、字符以及所有能输入到计算机中并被计算机程序处理的符号的集合。例如,日常生活中使用的各种文字、数字和特定符号都是数据。从计算机的角度看,数据是所有能被输入到计算机中,且能被计算机处理的符号的集合。它是计算机操作的对象的总称,也是计算机处理的信息的某种特定的符号表示形式(例如,A 班学生数据包含了该班全体学生记录)。

通常以**数据元素**作为数据的基本单位(例如,A 班中的每个学生记录都是一个数据元素)。也就是说,数据元素是组成数据的、有一定意义的基本单位,在计算机中通常作为整体处理。有些情况下,数据元素也称为元素、结点和记录等。有时,一个数据元素可以由若干个数据项组成。数据项是具有独立含义的数据最小单位,也称为字段或域(例如,A 班中的每个数据元素即学生记录是由学号、姓名、性别和班号等数据项组成的)。

数据对象是性质相同的有限个数据元素的集合,它是数据的一个子集,如大写字母数据对象是集合 $C=\{'A','B','C',\cdots,'Z'\}$; 1~100 的整数数据对象是集合 $N=\{1,2,\cdots,100\}$。默认情况下,数据结构中的数据都指的是数据对象。

数据结构是指所有数据元素以及数据元素之间的关系,可以看做是相互之间存在着特定关系的数据元素的集合。因此,有时把数据结构看成是带结构的数据元素的集合。数据结构包括如下几个方面:

(1) 数据元素之间的逻辑关系,即数据的逻辑结构,是数据结构在用户面前呈现的形式。

(2) 数据元素及其关系在计算机存储器中的存储方式,即数据的存储结构,也称为数据的物理结构。

(3) 施加在该数据上的操作,即数据的运算。

数据的逻辑结构是从逻辑关系(主要指数据元素的相邻关系)上描述数据的,它与数据的存储无关,是独立于计算机的。因此,数据的逻辑结构可以看做是从具体问题抽象出来的数学模型。

数据的存储结构是逻辑结构用计算机语言的实现或在计算机中的表示(亦称为映像),也就是逻辑结构在计算机中的存储方式,它依赖于计算机语言。一般只在高级语言(如 C、C++、C#语言等)的层次上讨论存储结构。

数据的运算是定义在数据的逻辑结构之上的,每种逻辑结构都有一组相应的运算。例如,最常用的运算有检索、插入、删除、更新和排序等。数据的运算最终需在对应的存储结构上用算法实现。

因此,数据结构是一门讨论"描述现实世界实体的数学模型(通常为非数值计算)及其之上的运算在计算机中如何表示和实现"的学科。

1.1.2 数据的逻辑结构

讨论数据结构的目的是为了用计算机求解问题。分析并弄清数据的逻辑结构是求解问题的基础,也是求解问题的第一步。

数据的逻辑结构是用户根据需要建立起来的数据组织形式，它反映数据元素之间的逻辑关系，而不是物理关系，是独立于计算机的。

数据中的数据元素之间可以有不同的逻辑关系，下面通过几个示例加以说明。

【例 1.1】 一个学生的高等数学成绩单见表 1.1。这个表中的数据元素是学生成绩记录，每个数据元素由 3 个数据项（学号、姓名和分数）组成。试讨论其逻辑结构特性。

表 1.1 高等数学成绩单

学号	姓名	分数	学号	姓名	分数
2011001	王华	90	2011007	许兵	76
2011010	刘丽	62	2011012	李萍	88
2011006	陈明	54	2011005	李英	82
2011009	张强	95			

解：该表中的每一行称为一个记录，其逻辑结构特性是：只有一个开始记录（即姓名为王华的记录）和一个终端记录（也称为尾记录，即姓名为李英的记录），其余每个记录只有一个前趋记录和一个后继记录。也就是说，记录之间存在一对一的关系。具有这种逻辑特性的逻辑结构称为**线性结构**。

【例 1.2】 某高校组织结构示意图如图 1.1 所示。高校下设若干个学院和若干个处，每个学院下设若干个系，每个处下设若干个科或办公室。试讨论其逻辑结构特性。

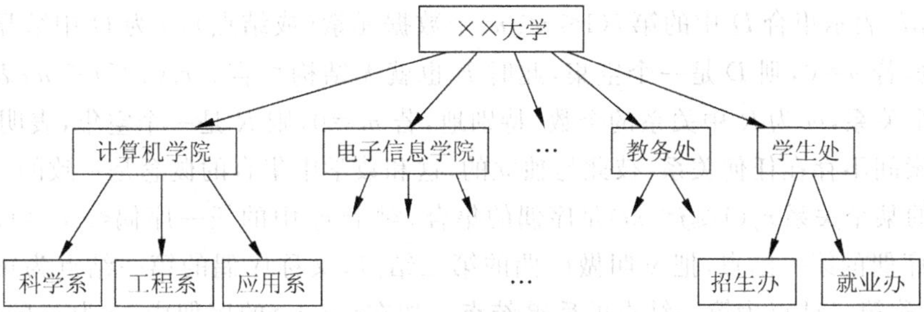

图 1.1 某高校组织结构示意图

解：该图中的每个长方形框表示一个结点，其逻辑结构特性是：只有一个开始结点（即大学名称结点），有若干个终端结点（如科学系等），每个结点对应零个或多个结点（终端结点对应零个结点）。也就是说，结点之间存在一对多的关系。具有这种逻辑特性的逻辑结构称为**树形结构**。

【例 1.3】 我国部分城市交通线路图如图 1.2 所示。试讨论其逻辑结构特性。

解：该图中每个城市表示一个结点，其逻辑结构特性是：每个结点与一个或多个结点相连。也就是说，结点之间存在多对多的关系。具有这种逻辑特性的逻辑结构称为**图形结构**。

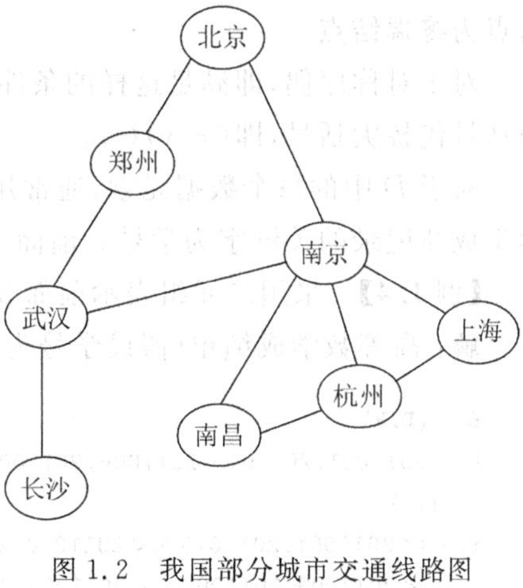

图 1.2 我国部分城市交通线路图

从上面几个示例看出，数据的逻辑结构主要是从数据元素之间的相邻关系来考虑的，数据结构课程中仅讨论这种相邻关系，在实际应用中很容易将其推广到其他关系。

归纳起来，数据的逻辑结构有 4 种，除了前面介绍的线性结构、树形结构和图形结构外，还有一种集合，集合中的数据元素没有任何相邻关系。

表 1.1、图 1.1 和图 1.2 分别是高等数学成绩单、某高校组织结构示意图和我国部分城市交通线路图的逻辑结构表示。也就是说，数据逻辑结构可以采用多种方式来表示，假设用学号表示一个成绩记录，高等数学成绩单的逻辑结构也可以用图 1.3 表示。

图 1.3　高等数学成绩单的另一种逻辑结构表示

为了更通用地描述数据的逻辑结构，通常采用二元组表示数据的逻辑结构。一个二元组如下：

$$B=(D,R)$$

其中，B 是一种数据结构，D 是数据元素的集合，在 D 上数据元素之间可能存在多种关系，R 是所有关系的集合，即：

$$D=\{d_i \mid 1\leqslant i\leqslant n, n\geqslant 0\}$$
$$R=\{r_j \mid 1\leqslant j\leqslant m, m\geqslant 0\}$$

其中，d_i 表示集合 D 中的第 $i(1\leqslant i\leqslant n)$ 个数据元素(或结点)，n 为 D 中数据元素的个数，特别地，若 $n=0$，则 D 是一个空集，此时 B 也就无结构可言。$r_j(1\leqslant j\leqslant m)$ 表示集合 R 中的第 j 个关系，m 为 R 中关系的个数，特别地，若 $m=0$，则 R 是一个空集，表明集合 D 中的数据元素间不存在任何关系，彼此是独立的，这和数学中集合的概念是一致的。

R 中的某个关系 $r_j(1\leqslant j\leqslant m)$ 是序偶的集合，对于 r_j 中的任一序偶 $<x,y>(x,y\in D)$，把 x 叫做序偶的第一结点，把 y 叫做序偶的第二结点，又称序偶的第一结点为第二结点的**前趋结点**，称第二结点为第一结点的**后继结点**。如在 $<x,y>$ 的序偶中，x 为 y 的前趋结点，而 y 为 x 的后继结点。

若某个结点没有前趋结点，则称该结点为**开始结点**；若某个结点没有后继结点，则称该结点为**终端结点**。

对于对称序偶，即满足这样的条件：若 $<x,y>\in r(r\in R)$，则 $<y,x>\in r(x,y\in D)$，可用圆括号代替尖括号，即 $(x,y)\in r$。

对于 D 中的每个数据元素，通常用一个关键字来唯一标识。例如，高等数学成绩表中学生成绩记录的关键字为学号。前面 3 个示例均可以采用二元组来表示其逻辑结构。

【例 1.4】 采用二元组表示前面 3 个例子的逻辑结构。

解：高等数学成绩单(假设学号为关键字)的二元组表示如下：

```
B₁ = (D,R)
D = {2011001,2011010,2011006,2011009,2011007,2011012,2011005}
R = {r₁}                                //表示只有一种逻辑关系
r₁ = {<2011001,2011010>,<2011010,2011006>,<2011006,2011009>,
      <2011009,2011007>,<2011007,2011012>,<2011012,2011005>}
```

某高校组织结构(假设单位名为关键字)的二元组表示如下:

```
B₂ = (D,R)
D={××大学,计算机学院,电子信息学院,…,教务处,学生处,…,科学系,工程系,应用系,…,
    招生办,就业办}
R={r₁}
r₁ ={<××大学,计算机学院>,<××大学,电子信息学院>,…,<××大学,教务处>,
     <××大学,学生处>,…,<计算机学院,科学系>,<计算机学院,工程系>,
     <计算机学院,应用系>,…,<学生处,招生边>,<学生处,就业边>}
```

我国部分城市交通图(假设城市名为关键字)的二元组表示如下:

```
B₃ = (D,R)
D={北京,郑州,武汉,长沙,南京,南昌,杭州,上海}
R={r₁}
r₁ ={(北京,郑州),(北京,南京),(郑州,武汉),(武汉,南京),(武汉,长沙),(南京,南昌),
     (南京,上海),(南京,杭州),(南昌,杭州),(南昌,上海)}
```

1.1.3　数据的存储结构

问题求解最终是用计算机求解,弄清数据的逻辑结构后,便可以借助计算机语言(本书采用 C# 语言)实现其存储结构(或物理结构),实际上就是把数据元素存储到计算机的存储器中。这里的存储器主要是指内存,像硬盘和光盘等外存储器的数据组织通常采用文件来描述。

数据的存储结构应正确地反映数据元素之间的逻辑关系。也就是说,在设计某种逻辑结构对应的存储结构时,不仅要存储所有的数据元素,还要存储数据元素之间的关系。所以,将数据的存储结构称为逻辑结构的映像,设计数据的存储结构称为从逻辑结构到存储器的映射,如图 1.4 所示。

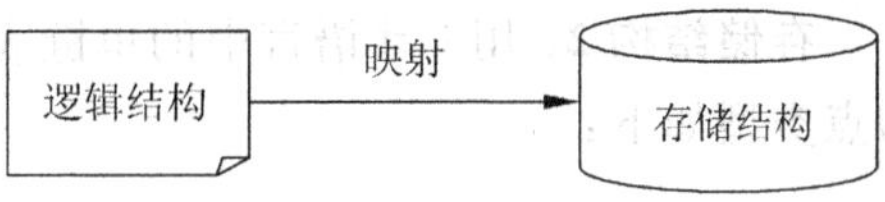

图 1.4　从逻辑结构到存储器的映射

归纳起来,数据的逻辑结构是面向问题的,而存储结构是面向计算机的,其基本目标是将数据及其逻辑关系存储到计算机的内存中。

下面通过一个示例说明数据的存储结构的设计过程。

【例 1.5】 对表 1.1 所示的高等数学成绩单,设计多种存储结构,并讨论各种存储结构的特性。

解:这里设计高等数学成绩单的两种存储结构。

存储结构 1:用 C# 语言中的数组来存储高等数学成绩单。设计存放学生成绩记录的数组类型如下:

```
struct Stud1                              //学生成绩记录类型
{   public int no;                        //存放学号
    public string name;                   //存放姓名
    public double score;                  //存放分数
}
```

定义一个数组 st1(用于存放高等数学成绩单)如下:

```
const int MaxSize = 100;                          //存放最多记录个数
Stud1[] st = new Stud1[MaxSize];                  //存放记录的数组
st[0].no = 2011001; st[0].name = "王华"; st[0].score = 90;
st[1].no = 2011010; st[1].name = "刘丽"; st[1].score = 62;
st[2].no = 2011006; st[2].name = "陈明"; st[2].score = 54;
st[3].no = 2011009; st[3].name = "张强"; st[3].score = 95;
st[4].no = 2011007; st[4].name = "许兵"; st[4].score = 76;
st[5].no = 2011012; st[5].name = "李萍"; st[5].score = 88;
st[6].no = 2011005; st[6].name = "李英"; st[6].score = 82;
```

st数组便是高等数学成绩单的存储结构，其中st[i]($0\leqslant i\leqslant 6$)存放高等数学成绩单中的逻辑序号为$i+1$的数据元素(逻辑序号从1开始)，如图1.5所示。那么，如何存放逻辑关系呢？由于st数组中的数据元素存放在地址连续的存储单元中，即st中各元素在内存中顺序存放，st[i]($0\leqslant i\leqslant 5$)存放在st[$i+1$]之前，而st[$i+1$]存放在st[i]之后，这样物理次序与逻辑次序完全相同，不再需要其他方式专门存储数据元素之间的逻辑关系。这种存储结构的特性是数据元素的逻辑关系与物理关系一致，也称为**顺序存储结构**。顺序存储结构是逻辑结构到存储结构的直接映射。

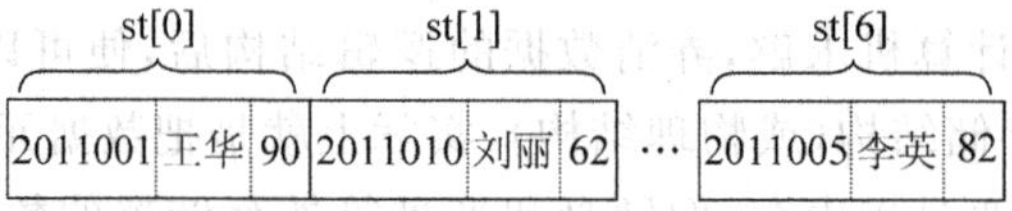

图1.5　高等数学成绩单的顺序存储结构

存储结构2：用C＃语言中的单链表来存储高等数学成绩单，设计存放学生成绩记录的结点类型如下：

```
class Stud2                                       //学生成绩单链表结点类
{   public int no;                                //存放学号
    public string name;                           //存放姓名
    public double score;                          //存放分数
    public Stud2 next;                            //存放下一个结点指针
}
```

建立一个用于存放高等数学成绩单的单链表(开始结点为head)如下：

```
Stud2 head;                                       //学生单链表开始结点
Stud2 p1, p2, p3, p4, p5, p6, p7;
p1 = new Stud2();
p1.no = 2011001; p1.name = "王华"; p1.score = 90;
p2 = new Stud2();
p2.no = 2011010; p2.name = "刘丽"; p2.score = 62;
p3 = new Stud2();
p3.no = 2011006; p3.name = "陈明"; p3.score = 54;
p4 = new Stud2();
p4.no = 2011009; p4.name = "张强"; p4.score = 95;
p5 = new Stud2();
p5.no = 2011007; p5.name = "许兵"; p5.score = 76;
p6 = new Stud2();
p6.no = 2011012; p6.name = "李萍"; p6.score = 88;
```

```
p7 = new Stud2();
p7.no = 2011005; p7.name = "李英"; p7.score = 82;
head = p1;                                      //建立结点之间的关系
p1.next = p2;
p2.next = p3;
p3.next = p4;
p4.next = p5;
p5.next = p6;
p6.next = p7;
p7.next = null;
```

说明：C/C++语言中具有指针类型。严格地讲，C#语言中没有指针类型，但C#中有对象引用机制，可以间接地实现指针的某些作用。为了和采用C/C++描述数据结构相一致，本书也将对象引用称为指针。

高等数学成绩单中每个记录采用一个 Stud2 类类型的结点存储，所以共建立 7 个结点 $p_1 \sim p_7$。由于这些结点的地址不一定是连续的，那么如何存放逻辑关系呢？这就必须用其他方式来表示逻辑关系，每个结点增加一个 next 字段，一个结点的 next 域指向逻辑结构中它的后继记录对应的结点，从而构成一个链表(由于每个结点只有一个 next 指针字段，所以称其为单链表)，其存储结构如图 1.6 所示，开始结点的指针为 head，用来标识该单链表，由 head 所指结点的 next 域得到下一个结点的地址，然后由它得到下下一个结点的地址……如此这样，可以找到任何一个结点的地址。

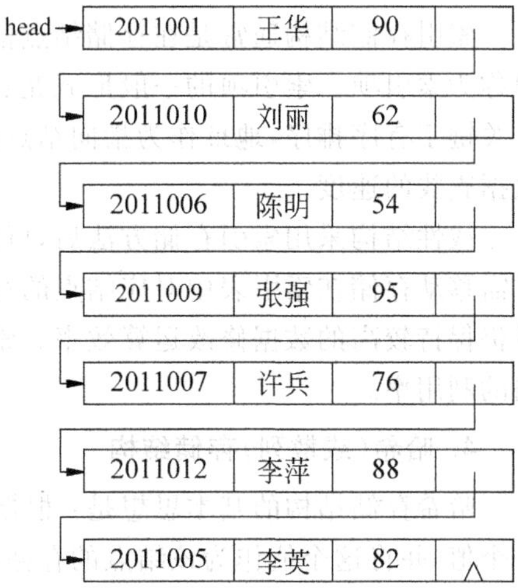

图 1.6　高等数学成绩单的链式存储结构

这种存储结构的特性是把数据元素存放在任意的存储单元中，这组存储单元可以是连续的，也可以是不连续的。通过指针字段来反映数据元素的逻辑关系，称为**链式存储结构**。

存储结构的设计是一个非常灵活的过程。一个存储结构设计得是否合理(能否存储所有的数据元素及反映数据元素的逻辑关系)，还取决于该存储结构的运算实现是否适合，是否方便。

归纳起来，有以下 4 种常用的存储结构类型。

1. 顺序存储结构

顺序存储结构是把逻辑上相邻的结点存储在物理位置上相邻的存储单元里，结点之间的逻辑关系由存储单元的邻接关系来体现。由此得到的存储表示称为顺序存储结构。通常，顺序存储结构是借助于计算机程序设计语言(如 C、C++、C#语言等)的数组来描述的。

顺序存储方法的主要优点是节省存储空间，因为分配给数据的存储单元全用于存放结点的数据，结点之间的逻辑关系没有占用额外的存储空间。采用这种方法时，可实现对结点的随机存取，即每个结点对应一个序号，由该序号可直接计算出结点的存储地址。但顺序存储方法的主要缺点是不便于修改,对结点进行插入、删除运算时,可能要移动一系列的结点。

2. 链式存储结构

链式存储结构不要求逻辑上相邻的结点在物理位置上也相邻,结点间的逻辑关系是由附加的指针字段表示的。由此得到的存储表示称为链式存储结构,通常要借助于计算机程序设计语言(如 C、C++、C♯等)的指针来描述。

链式存储方法的主要优点是便于修改,在进行插入、删除运算时,仅需修改相应结点的指针域,不必移动结点。但与顺序存储方法相比,链式存储方法的主要缺点是存储空间的利用率较低,因为分配给数据的存储单元有一部分被用来存储结点之间的逻辑关系了。另外,由于逻辑上相邻的结点在存储空间中不一定相邻,所以不能对结点进行随机存取。

3. 索引存储结构

索引存储结构通常是在存储结点信息的同时,还建立附加的索引表。索引表中的每一项称为索引项。索引项的一般形式是:(关键字,地址),关键字唯一标识一个结点,索引表按关键字有序排序,地址作为指向结点的指针。这种带有索引表的存储结构可以大大提高数据查找的速度。

线性结构采用索引存储方法后,可以对结点进行随机访问。在进行插入、删除运算时,只需移动存储在索引表中对应结点的存储地址,而不必移动存放在结点表中结点的数据,所以仍保持较高的数据修改运算效率。索引存储方法的缺点是增加了索引表,降低了存储空间的利用率。

4. 哈希(或散列)存储结构

哈希存储结构的基本思想是:根据结点的关键字,通过哈希(或散列)函数直接计算出一个值,并将这个值作为该结点的存储地址。

哈希存储方法的优点是:查找速度快,只要给出待查结点的关键字,就可立即计算出该结点的存储地址。与前 3 种存储方法不同的是,哈希存储方法只存储结点的数据,不存储结点之间的逻辑关系。哈希存储方法一般只适合要求对数据能够进行快速查找和插入的场合。

上述 4 种基本的存储结构既可以单独使用,也可以组合使用。同一种逻辑结构采用不同的存储方法,可以得到不同的存储结构。选择何种存储结构来表示相应的逻辑结构,视具体要求而定,主要考虑的是运算方便及算法的时空要求。

1.1.4 数据的运算

将数据存放在计算机中的目的是为了实现一种或多种运算。运算包括功能描述和功能实现,前者是基于逻辑结构的,是用户定义的,是抽象的;后者是基于存储结构的,是程序员用计算机语言或伪码表示的,是详细的过程。

例如,对于高等数学成绩单这种数据结构,可以进行一系列的运算,如增加一个学生成绩记录、删除一个学生成绩记录、求所有学生的平均分,查找序号为 i 的学生姓名和分数等。

同一运算,在不同存储结构中的实现过程是不同的。例如,查找序号为 i 的学生姓名和分数，其运算功能描述是：查找逻辑序号为 i 的学生成绩记录，若找到了，就输出其姓名和分数，并返回 true；否则返回 false。但是，在顺序存储结构和链式存储结构中的实现过程不同。在顺序存储结构中对应的代码如下：

```
public bool Findi(int i,ref string na,ref double sc)   //i 为逻辑序号
{   if (i<=0 || i>n)                                  //i 错误时返回 false,n 为数据元素个数
        return false;
    else                                              //i 正确时返回 true
    {   na = st[i-1].name;
        sc = st[i-1].score;
        return true;
    }
}
```

在链式存储结构中对应的代码如下：

```
public bool Findi(int i,ref string na,ref double sc)   //i 为逻辑序号
{   int j = 1;
    Stud2 p = head;
    while (j < i && p!= null)
    {   j++;
        p = p.next;
    }
    if (i<=0 || p == null)                            //i 错误时返回 false
        return false;
    else                                              //i 正确时返回 true
    {   na = p.name;
        sc = p.score;
        return true;
    }
}
```

直观上看，Findi 方法在顺序存储结构上实现比在链式存储结构上实现要简单得多。

归纳起来，对于一种数据结构，其逻辑结构是唯一的（尽管逻辑结构的表示形式有多种），但它可能对应多种存储结构，并且在不同的存储结构中，同一运算的实现过程可能不同。

数据结构概念的实践项目

项目 1：采用顺序存储结构存放高等数学成绩单，用 C# 语言完成以下运算：

① 建立顺序存储结构。

② 输出顺序存储结构。

③ 求所有学生的平均分。

④ 求及格率。

⑤ 求指定序号的学生姓名和分数。

⑥ 求指定学号的学生姓名和分数。

通过相关数据进行测试，其操作界面如图 1.7 所示。

项目 2：采用链式存储结构存放高等数学成绩单，并完成与项目 1 相同的运算，设计界面与项目 1 类似。

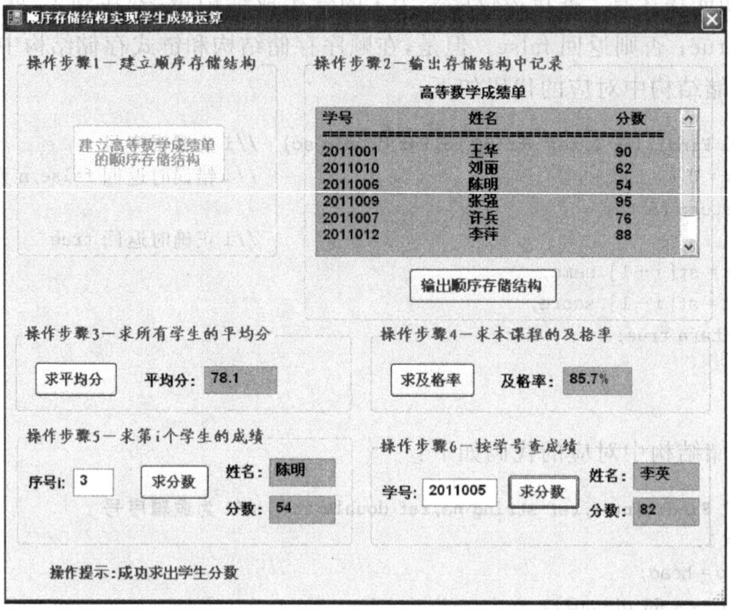

图 1.7 实践项目 1 的操作界面

1.1.5 数据结构和数据类型

数据类型是和数据结构密切相关的一个概念,容易引起混淆。本节主要介绍两者之间的差别和抽象数据类型的概念。

1. 数据类型

在用高级程序语言(如 C# 语言)编写的程序中,通常需要对程序中出现的每个变量、常量或表达式,明确说明它们所属的数据类型。不同类型的变量,其所能取的值的范围不同,所能进行的操作不同。数据类型是一组性质相同的值的集合和定义在此集合上的一组操作的总称。

例如,在高级语言中已实现了的,或非高级语言直接支持的数据结构即为数据类型。在程序设计语言中,一个变量的数据类型不仅规定了这个变量的取值范围,而且定义了这个变量可用的运算,如 C# 语言中定义变量 i 为 short 类型,则它的取值范围为 −32 768～32 767,可用的运算有 +、−、*、/ 和 % 等,如图 1.8 所示。

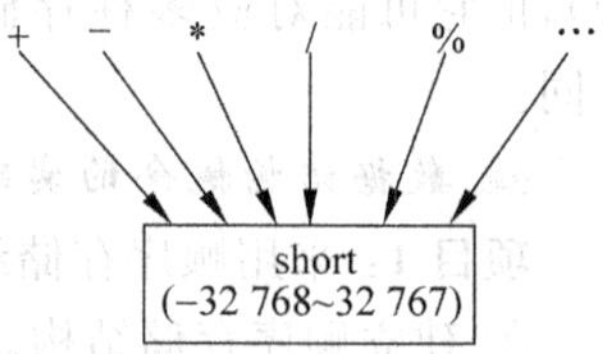

图 1.8 short 数据类型

总之,数据结构是指计算机处理的数据元素的组织形式和相互关系,而数据类型是某种程序设计语言中已实现的数据结构。在程序设计语言提供的数据类型支持下,就可以根据从问题中抽象出来的各种数据模型,逐步构造出描述这些数据模型的各种新的数据结构。

下面简要介绍 C# 语言提供的数据类型。C# 数据类型主要分为值类型和引用类型两大类。

1) C# 语言的值类型

C# 中的值类型分为简单类型和结构类型等。

(1) 简单数据类型

所谓简单数据类型，是指 C# 语言中提供的、无法再分解的一种具体类型。简单数据类型可以分为整数类型(有 int、short、long 等)、实数类型(有 float 和 double 等)、字符类型(char)和布尔类型(bool)。

(2) 结构类型

结构是由一组结构成员的项组成的，每个结构成员都有自己的标识符。例如，如下语句声明一个具有姓名和年龄等字段的结构类型 Student：

```
struct Student                              //声明结构类型 Student
{   public int xh;                          //学号
    public string xm;                       //姓名
    public string xb;                       //性别
    public int nl;                          //年龄
    public string bh;                       //班号
}
```

例如，在前面的结构类型 Student 声明后，定义它的两个变量如下：

```
Student s1,s2;
```

2) C# 语言的引用类型

引用类型也称为参考类型，和值类型相比，引用类型变量相当于 C/C++ 语言中的指针变量，它不直接存储所包含的值(对象)，而是指向它所要存储的对象。

C# 的引用类型有数组、类、接口和委托等，下面简要介绍前两类。

(1) 数组类型

数组是同一类型的一组有序数据元素的集合。数组有一维数组和多维数组。数组名标识一个数组，下标指示一个数组元素在该数组中的顺序位置。

例如，以下定义了 3 个一维数组，即整型数组 a、双精度数组 b 和字符串数组 c：

```
int[] a;
double[] b;
string[] c;
```

在定义数组后，必须对其进行初始化才能使用。初始化数组有两种方法：动态初始化和静态初始化。

动态初始化需要借助 new 运算符，为数组元素分配内存空间，并为数组元素赋初值，数值类型初始化为 0，布尔类型初始化为 false，字符串类型初始化为 null。

例如，以下定义数组 x 并通过不给出初始值部分进行动态初始化，各元素取默认值(int 类型的默认值为 0)：

```
int[] x = new int[10];
```

以下定义数组 y 并通过给出初始值部分进行动态初始化，各元素取相应的初值，而且给出的初值个数与数组长度相等：

```
int[] y = new int[10]{1,2,3,4,5,6,7,8,9,10};
```

或

```
int[] y = new int[]{1,2,3,4,5,6,7,8,9,10};
```

例如,以下是对整型数组 c 的静态初始化:

```
int[] z = {1,2,3,4,5};
```

数组下标的最小值称为下界,在C#中总是0。数组下标的最大值称为上界,数组上界为数组大小减1。例如,"int $a[10]$;"定义了包含10个整数的数组 a,这10个整数元素为 $a[0]$~$a[9]$。

(2) 类

类是一种自定义的数据类型,其中包含字段、属性和方法等成员。例如,以下声明了一个Person类:

```
public class Person                                    //声明 Person 类
{   public int pno;                                    //编号字段
    public string pname;                               //姓名字段
    public void setdata(int no, string name)           //定义 setdata 方法
    {    pno = no; pname = name;    }
    public void dispdata()                             //定义 dispdata 方法
    {    Console.WriteLine("{0} {1}",pno,pname); }
}
```

每个类成员可以包含成员修饰符,如public(公有成员)、private(私有成员,默认值)、protected(保护成员)。

C#中类声明和C++相比有一个明显的差别是字段可以赋初值,例如,在前面Person类声明中可以将pno字段定义改为:

```
public int pno = 101;
```

这样Person类的每个对象的pno字段都有默认值101。

一旦声明了一个类,就可以用它作为数据类型来定义类对象(简称为对象)。定义类的对象分为两步:先定义对象引用变量,然后创建类的实例,也可以将这两步合并成一步。

例如,以下定义了Person类的一个对象p:

```
Person p = new Person();          //创建 Person 类的一个实例,并将地址赋给 p
```

两个对象可以引用同一个对象实例,例如:

```
Person p1 = new Person();
Person p2 = p1;
```

这样可以通过对象p1和p2对Person类的同一实例进行操作。

可以通过类对象来访问对象字段和方法,例如:

```
p.pno                          //访问字段 pno,pno 必须是 public 字段
p.setdata(101,"Mary");         //调用成员方法 setdata,setdata 必须是 public 方法
```

2. 抽象数据类型

抽象数据类型(Abstract Data Type,ADT)指的是用户进行软件系统设计时从问题的

数学模型中抽象出来的逻辑数据结构和逻辑数据结构上的运算，而不考虑计算机的具体存储结构和运算的具体实现算法。抽象数据类型中的数据对象和数据运算的声明与数据对象的表示和数据运算的实现相互分离。

一个具体问题的抽象数据类型的定义通常采用简洁、严谨的文字描述，一般包括数据对象（即数据元素的集合）、数据关系和基本运算3方面的内容。抽象数据类型可用(D,S,P)三元组表示。其中，D是数据对象，S是D上的关系集，P是D中数据运算的基本运算集。其基本格式如下：

```
ADT 抽象数据类型名
{   数据对象：数据对象的声明
    数据关系：数据关系的声明
    基本运算：基本运算的声明
} ADT 抽象数据类型名
```

其中，基本运算的声明格式如下：

```
基本运算名(参数表)：运算功能描述
```

【例1.6】 构造集合ADT Set，假设其中元素为字符串类型，遵循标准数学定义，成员包括Create（创建一个空集合）、Insert（插入一个元素）、Remove（删除一个元素）、IsIn（一个元素是否属于集合）。另外定义一个实现集合运算的ADT TwoSet，成员包括Union（集合并）、Intersection（集合交）和Difference（集合差）。

解：抽象数据类型Set和TwoSet的定义如下：

```
ADT Set                                          //集合的抽象数据类型
{   数据对象：
        data = {d_i | 1≤i≤n, d_i∈string};        //存放集合中的元素
        int n;                                   //集合中元素的个数
    数据关系：
        无
    基本运算：
        public void Create();                    //创建一个空的集合
        public bool IsIn(string e);              //判断e是否在集合中
        public bool Insert(string e);            //将元素e插入到集合中
        public bool Remove(string e);            //从集合中删除元素e
} ADT Set
/////////////////////////////////////////////////////////
ADT TwoSet                                       //两个集合运算的抽象数据类型
{   数据对象：
        Set set1;                                //集合set1
        Set set2;                                //集合set2
    数据关系：
        无
    基本运算：
        public Set Union()                       //求两集合的并集
        public Set Intersection()                //求两集合的交集
        public Set Difference()                  //求两集合的差集
}
```

抽象数据类型有两个重要特征：数据抽象和数据封装。所谓数据抽象，是指用ADT描述程序处理的实体时，强调的是其本质的特征、其所能完成的功能以及它和外部用户的接口(即外界使用它的方法)。所谓数据封装，是指将实体的外部特性和其内部实现细节分离，并且对外部用户隐藏其内部实现细节。抽象数据类型需要通过固有数据类型(高级编程语言中已实现的数据类型)，如C#中的类来实现。

抽象数据类型的实践项目

用C#语言实现抽象数据类型Set和TwoSet，并通过相关数据进行测试。其中，一个集合运算的操作界面如图1.9所示(图中通过“插入”按钮分别插入集合的元素1、2、3、4、5)，两个集合运算的操作界面如图1.10所示。

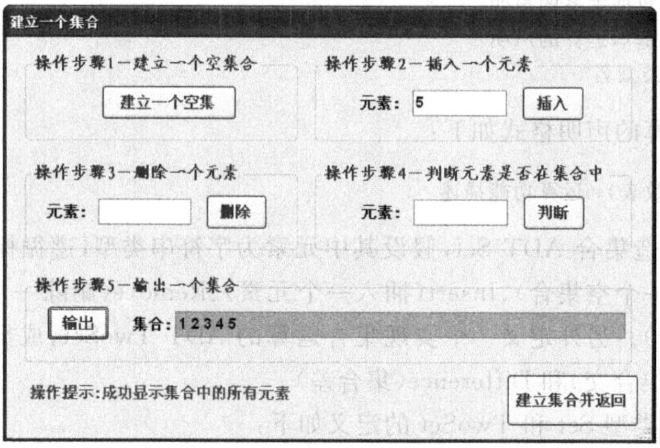

图1.9　一个集合运算的操作界面

图1.10　两个集合运算的操作界面

1.2　算法及其描述

本节先给出算法的定义和特性，然后讨论算法的描述方法。

1.2.1　什么是算法

数据元素之间的关系有逻辑关系和物理关系，对应的运算有逻辑结构上的运算（抽象运算）和具体存储结构上的运算（运算实现）。算法是在具体存储结构上实现某个抽象运算。

确切地说，**算法**是对特定问题求解步骤的一种描述，它是指令的有限序列，其中每一条指令表示计算机的一个或多个操作。

算法具有以下 5 个重要的特性：

（1）有穷性。指算法在执行有限的步骤后，自动结束，而不会出现无限循环，并且每一个步骤在可接受的时间内完成。

（2）确定性。对于每种情况下执行的操作，在算法中都有确定的含义，不会出现二义性，并且在任何条件下，算法都只有一条执行路径。

（3）可行性。算法的每条指令都是基本可执行的，即借助纸、笔或计算机可以完成。

（4）有输入。算法有零个或多个输入。

（5）有输出。算法至少有一个或多个输出。

算法和程序不同的是，程序可以不满足有穷性。例如，一个操作系统（如 Windows 等）的工作模式是一个无限循环，无终止地等待为多个任务服务，这个系统程序从不结束，除非系统出错而崩溃。本书讨论的程序总会结束，因而本书不区分算法和程序，这两个名称可以互换。

【例 1.7】 考虑下列两段描述：

描述一：

```
void exam1()
{   int n = 2;
    while (n % 2 == 0)
        n = n + 2;
    Console.WriteLine("n = {0}", n);
}
```

描述二：

```
void exam2()
{   int x, y = 0;
    x = 5/y;
    Console.WriteLine("x = {0}, y = {1}", x, y);
}
```

这两段描述均不能满足算法的特征，试问它们违反了哪些特性？

解：描述一中 while 循环语句是一个死循环，违反了算法的有穷性特性，所以它不是算法。

描述二中包含除零操作，这违反了算法的可行性特性，所以它不是算法。

1.2.2 算法描述

采用自然语言或某种计算机语言给出算法的指令序列即为算法描述。对于计算机专业的学生,最好掌握用某种计算机语言来描述算法,这里采用的是C#语言。下面介绍C#语言中描述算法的相关内容。

1. 数据表示

一个算法用于完成某个功能,其中必然包含数据处理。首先要将处理的数据存放在类字段中,再通过相关方法对其操作。C#语言中用类中的字段来存放数据。

1) 字段

为了提高封装性,通常将类字段设计成私有的,再设计对私有字段进行访问的属性。例如,以下类中定义了私有变量 *n* 的访问属性 pn:

```
class A
{    private int n;                        //私有字段
     public int pn                         //访问 n 的属性 pn
     {
         get { return n; }                 //get 访问器,使 pn 可以进行读操作
         set { x = value; }                //set 访问器,使 pn 可以进行写操作
     }
     …
}
```

当使用语句"A obj=new A();"定义了类 A 的对象 obj 后,通过 obj. pn 对私有变量 *n* 进行读(取 *n* 的值)写(修改 *n* 的值)操作。但为了和 C、C++语言接近,本书中描述算法时没有采用属性,而是将 *n* 设计为公有字段(public int n),如上面的类 A 设计如下:

```
class A
{    public int n;                         //公有字段
     …
}
```

这样做的目的是,可以通过类对象 obj 直接访问字段 n(obj. n),从而提高算法的可读性。

2) 静态字段

静态字段(前面加上 static 关键词定义的字段)是类中所有对象共享的成员,而不是某个对象的成员。也就是说,静态字段的存储空间不是放在每个对象中,而是放在类公共区中。可以通过"类名.静态字段名"来访问静态字段。本书主要使用静态字段在不同的模块之间传递数据。

2. 几种特殊类型的方法

一个算法通常用C#语言中的一个或多个方法来实现,这些方法包含在类中。C#语言中的类有几种特殊的方法。

1) 构造函数和析构函数

构造函数和析构函数是类的两种 public 成员方法,与普通的方法相比,它们有各自的

特殊性。也就是说，它们都是自动被调用的。

构造函数是在创建指定类型的对象时自动执行的类方法。构造函数具有如下性质：构造函数的名称与类的名称相同；构造函数尽管是一个函数，但没有任何返回类型，即它既不属于返回值函数，也不属于 void 函数；当定义类对象时，构造函数会自动执行。

析构函数在对象不再需要时，用于回收它所占的存储空间。析构函数具有如下性质：析构函数在类对象销毁时自动执行；一个类只能有一个析构函数，而且析构函数没有参数，即析构函数不能重载；与构造函数一样，析构函数也没有返回类型。

2）静态方法

静态方法属于类，是类的静态成员。只要类存在，静态方法就可以使用。静态方法的定义是在一般方法定义前加上 static 关键字。静态方法具有如下性质：通过“类名.静态方法名(参数表)”来调用静态方法；静态方法只能访问静态字段、其他静态方法和类以外的函数及数据，不能访问类中的非静态成员。

3. 方法的定义

通常采用普通的方法来实现算法。定义普通方法时需要指定访问级别、返回值、方法名称以及方法的形参。方法的形参放在括号中，当有多个形参时需用逗号分隔，空括号表示方法没有任何形参。例如，如图 1.11 所示是在某个类中定义了一个求 1＋2＋…＋n 的方法 fun，当 n＞0 时求出正确的结果并返回 true，否则返回 false。

方法的返回值：正确执行时返回真，否则返回假　　方法的形参

```
public bool fun(int n,ref int s)
{  int i;
   if (n<=0) return false;      //当参数错误时返回假
   s=0;
   for (i=1;i<=n;i++)
        s+=i;
   return true;                 //当参数正确并产生正确结果时返回真
}
```

图 1.11　算法 fun 的定义

方法可以向调用方返回某一个特定的值。如果方法返回类型不是 void，则该方法可以用 return 关键字来返回值。return 还可用来停止方法的执行。

4. 方法的参数

方法中的参数是保证不同方法间互动的重要桥梁，以方便用户对数据的操作。C＃中方法的参数主要有以下两种类型。

1）值参数

不含任何修饰符，当利用值参数方法传递参数时，编译系统给实参的值做一份副本，并且将此副本传递给该方法，被调用的方法不会修改内存中实参的值，所以使用值参时可以保证实际值的安全性，此时只是实参到形参的单向值传递。在调用方法时，如果形参的类型是值参数，就必须保证调用的实参的表达式是正确的值表达式。例如，前面 fun 方法中的 n 形参就是值参数，它的一次调用如图 1.12 所示。

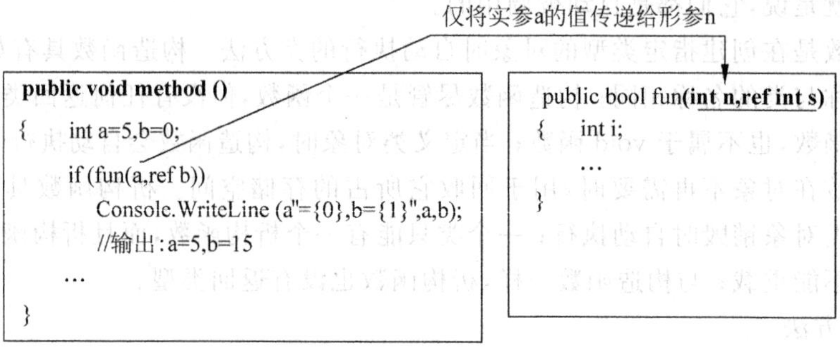

图 1.12 值参数为单向值传递

2）引用参数

以 ref 修饰符声明的参数属于引用参数。引用参数本身并不创建新的存储空间，而是将实参的存储地址传递给形参，所以对形参的修改会影响原来实参的值，此时实参和形参是双向值传递。在调用方法前，引用参数对应的实参必须被初始化，同时在调用方法时，对应引用参数的实参也必须使用 ref 修饰。例如，前面 fun 方法中的 *s* 形参就是引用型参数，它的一次调用如图 1.13 所示。

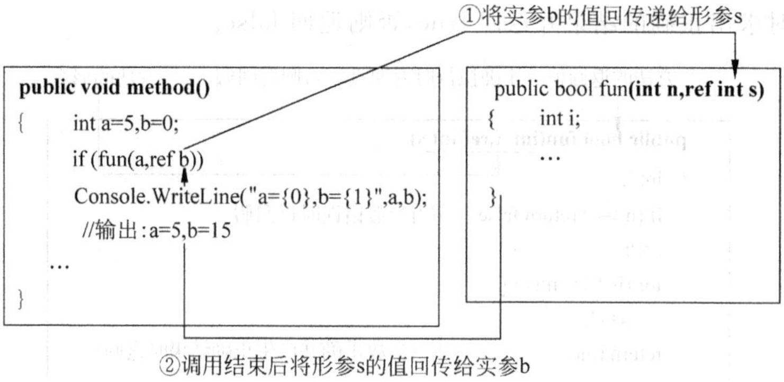

图 1.13 引用参数为双向值传递

1.3 算法分析

设计好一个算法后，还需要对其进行分析，确定一个算法的优劣。本节主要讨论算法设计的目标、算法效率和空间分析等。

1.3.1 算法的特性和算法设计的目标

算法设计应满足以下几个目标：

(1) 正确性。要求算法能够正确地执行预先规定的功能和性能要求，这是最重要，也是最基本的标准。

(2) 可使用性。要求能够很方便地使用算法。这个特性也叫做用户友好性。

(3) 可读性。算法应该易于人的理解，也就是可读性好。为了达到这个要求，算法的逻辑必须是清晰的、简单的和结构化的。

(4) 健壮性。要求算法具有很好的容错性,即提供异常处理,能够对不合理的数据进行检查,不经常出现异常中断或死机现象。

(5) 高效率与低存储量需求。通常,算法的效率主要指算法的执行时间。对于同一个问题,如果有多种算法可以求解,执行时间短的算法效率高。算法存储量指的是算法执行过程中所需的最大存储空间。效率和低存储量这两者都与问题的规模有关。

1.3.2　算法时间效率分析

求解同一问题可能对应多种算法。例如,求 $s=1+2+\cdots+n$,其中 n 为正整数,通常有图 1.14 所示的两种算法 fun1(n)和 fin2(n)。显然,前者算法的时间效率不如后者。

那么,如何评价算法的效率呢? 通常有两种衡量算法效率的方法:事后统计法和事前分析估算法。前者存在这些缺点:一是必须执行程序;二是存在其他因素掩盖算法本质。所以,下面均采用事前分析估算法来分析算法效率。

一个算法用高级语言实现后,在计算机上运行时所消耗的时间与很多因素有关,如计算机的运行速度、编写程序采用的计算机语言、编译产生的机器语言代码质量和问题的规模等。在这些因素中,前 3 个都与具体的计算机有关。撇开这些与计算机硬件、软件有关的因素,仅考虑算法本身的效率高低,可以认为一个特定算法的"运行工作量"的大小,只依赖于问题的规模(通常用整数量 n 表示),或者说,它是问题规模的函数。

一个算法是由控制结构(顺序、分支和循环 3 种)和原操作(指固有数据类型的操作)构成的,算法的运行时间取决于两者的综合效果。例如,如图 1.15 所示是在某个类中定义的 Solve 方法,其中形参 a 是一个 m 行 n 列的数组,当是一个方阵($m=n$)时,求主对角线所有元素之和并返回 true,否则返回 false。可见,该算法由 4 部分组成,包含两个顺序结构、一个分支结构和一个循环结构。

```
int fun1(int n)
{   int i,s=0;
    for (i=1;i<=n;i++)
        s+=i;
    return=s;
}
```

```
int fun2(int n)
{   int s;
    s=(n*(n+1))/2
    return s;
}
```

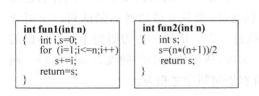

图 1.14　求 $1+2+\cdots+n$ 的两种算法

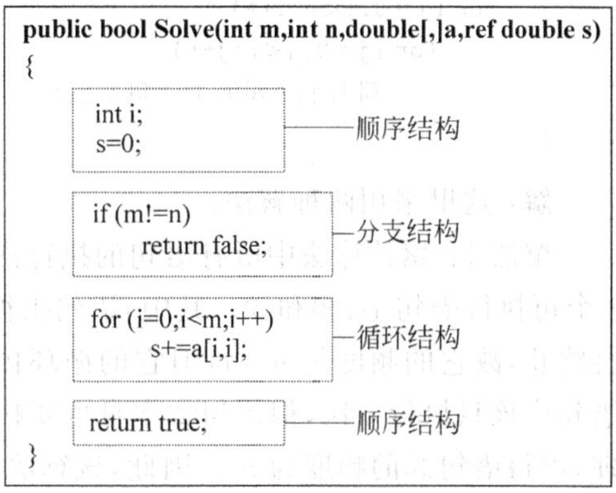

图 1.15　一个算法的组成

为了便于比较求解同一问题的不同算法,通常的做法是:从算法中选取一种对于所讨论的问题来说是基本运算的原操作,算法执行时间大致为这种原操作所需的时间与其运算次数(一个语句的运行次数称为语句**频度**)的乘积。被视为算法基本运算的原操作一般是最深层循环内的语句(Solve 算法中的基本运算为 s+=$a[i,i]$)。

显然,在一个算法中,执行基本运算的原操作的次数越少,其运行时间也就相对越少;反之,其运行时间也就相对越多。也就是说,一个算法的执行时间可以看成是其中基本运算的原操作的执行次数。

一个算法的执行基本运算次数 $T(n)$ 是问题规模 n 的某个函数 $f(n)$,记作:

$$T(n) = O(f(n))$$

记号"O"读作"大O"(是 Order 的简写,指数量级),它表示随着问题规模 n 的增大,算法执行时间的增长率和 $f(n)$ 的增长率相同。

"O"的形式定义为:若 $f(n)$ 是正整数 n 的一个函数,则 $T(n)=O(f(n))$ 表示存在一个正的常数 c 和 n_0,使得当 $n \geqslant n_0$ 时满足 $T(n) \leqslant cf(n)$,也就是只求出 $T(n)$ 的最高阶,忽略其低阶项和常系数,这样既可简化 $T(n)$ 的计算,又能比较客观地反映出当 n 很大时,算法的时间性能,例如:

$$T(n) = 3n^2 - 5n + 100 = O(n^2)$$

在一个没有循环的算法中,基本运算次数与问题规模 n 无关,记作 $O(1)$,也称常数阶。在一个只有一重循环的算法中,基本运算次数与问题规模 n 的增长呈线性增大关系,记作 $O(n)$,也称线性阶。其余常用的还有平方阶 $O(n^2)$、立方阶 $O(n^3)$、对数阶 $O(\log_2 \mathbf{n})$ 和指数阶 $O(2^n)$ 等。各种不同数量级对应的值存在如下关系:

$$O(1) < O(\log_2 n) < O(n) < O(n\log_2 n) < O(n^2) < O(n^3) < O(2^n) < O(n!)$$

算法的时间复杂度(用 $O(f(n))$ 表示)采用这种数量级的形式表示后,只需要分析影响一个算法执行时间的主要部分即可,不必对每一步都进行详细的分析。

在假定算法正确的前提下,可以规定用时间复杂度作为评价算法时间优劣的标准。

【例 1.8】 求两个 n 阶方阵的相加 $\boldsymbol{C}=\boldsymbol{A}+\boldsymbol{B}$ 的算法如下,分析其时间复杂度。

```
public void matrixadd(int n,int [,] A,int [,] B,int [,] C)
{   int i,j;
    for (i = 0;i < n;i++)                          //语句①
        for (j = 0;j < n;j++)                      //语句②
            C[i,j] = A[i,j] + B[i,j];              //语句③
}
```

解:这里采用两种解法。

解法1:累计算法中所有语句的执行次数 $T(n)$,再求算法的时间复杂度。该算法包括3个可执行语句①、②和③。其中,语句①循环控制变量 i 要从0增加到 n,测试到 $i=n$ 时才会终止,故它的频度是 $n+1$,但它的循环体只能执行 n 次。语句②作为语句①循环体内的语句应该只执行 n 次,但语句②本身也要执行 $n+1$ 次,所以语句②的频度是 $n(n+1)$。同理,可得语句③的频度为 n^2。因此,该算法中的所有语句频度之和为:

$$T(n) = n+1+n(n+1)+n^2 = 2n^2+2n+1 = O(n^2)$$

解法2:仅考虑算法中最深层循环内语句(基本运算)的执行次数 $T(n)$,再求算法的时间复杂度。该算法中的基本运算是两重循环中最深层的语句③,分析它的频度,即:

$$T(n) = n^2 = O(n^2)$$

从两种解法得出算法的时间复杂度均为 $O(n^2)$,而后者计算过程简单得多,所以后面总是采用后者解法来分析算法的时间复杂度。

【例 1.9】 分析以下算法的时间复杂度。

```
public void fun(int n)
{   int s = 0,i,j,k;
    for (i = 0;i <= n;i++)
        for (j = 0;j <= i;j++)
            for (k = 0;k < j;k++)
                s++;
}
```

解：该算法的基本运算是语句 s++，其频度：

$$T(n)=\sum_{i=0}^{n}\sum_{j=0}^{i}\sum_{k=0}^{j-1}1=\sum_{i=0}^{n}\sum_{j=0}^{i}(j-1-0+1)=\sum_{i=0}^{n}\sum_{j=0}^{i}j$$

$$=\sum_{i=0}^{n}\frac{i(i+1)}{2}=\frac{1}{2}\left(\sum_{i=0}^{n}i^2+\sum_{i=0}^{n}i\right)=\frac{2n^3+6n^2+4n}{12}=O(n^3)$$

有些情况下，一个算法的执行时间不仅与问题规模 n 有关，还与初始实例有关，上例不属于这种情况，下面看一个这样的示例。

【例 1.10】 分析以下算法的时间复杂度。

```
int fun(int [ ] a,int n,int k)
{   int i;
    i = 0;                                  //语句①
    while (i < n && a[i]!= k)               //语句②
        i++;                                //语句③
    return i;                               //语句④
}
```

解：该算法的功能是在含有 n 个元素的一维数组 a 中查找给定值 k 的位置。语句③的频度不仅与问题规模 n 有关，还与输入实例中 a 的各元素取值以及 k 的取值相关，即与输入实例的初始状态有关。若 a 中没有与 k 相等的元素，则语句③的频度为 n；若 a 中的第一个元素 $a[0]$ 等于 k，则语句③的频度是常数 0。

在这种情况下，可用最坏情况下的时间复杂度作为算法的时间复杂度，在此例中即为 $O(n)$，记做 $T(n)=O(n)$。这样做的原因是：最坏情况下的时间复杂度是在任何输入实例上运行时间的上界。

有时，也可以选择将算法的期望（或平均）时间复杂度作为讨论目标。所谓平均时间复杂度，是指在所有可能的输入实例以等概率出现的情况下，算法的期望运行时间与问题规模 n 的数量级的关系。此例中，k 出现在任何位置的概率相同，都为 $1/n$，则语句③的平均执行频度为：

$$\frac{0+1+2+\cdots+(n-1)}{n}=\frac{(n-1)}{2}$$

它决定了该算法的平均时间复杂度的数量级为 $O(n)$。

那么，在分析算法的时间复杂度时，究竟是分析其平均情况的时间复杂度，还是分析其最坏情况下的时间复杂度呢？这需要依求解的问题而定。通常情况下，除非特别指定，总是分析算法最坏情况下的时间复杂度。

1.3.3 算法存储空间分析

一个算法的存储量包括形参所占空间和临时变量所占空间。在对算法进行存储空间分析时,只考查临时变量所占空间,如图 1.16 所示,其中临时空间为变量 i、maxi 占用的空间。所以,空间复杂度是对一个算法在运行过程中临时占用的存储空间大小的量度,一般也作为问题规模 n 的函数,以数量级形式给出,记作:

$$S(n) = O(g(n))$$

若所需临时空间相对于输入数据量来说是常数,则称此算法为原地工作或就地工作。若所需临时空间依赖于特定的输入,则通常按最坏情况考虑。

```
int max(int [] a,int n)
{    int i,maxi=0
     for(i=1;i<=n;i++)
         if(a[i]>a[maxi])
             maxi=i;
     return a[maxi];
}
```

方法体内分配的变量空间为临时空间,不计形参占用的空间,这里仅计 i、maxi 变量的空间

图 1.16　一个算法的临时空间

【例 1.11】 分析例 1.8～例 1.10 算法的空间复杂度。

解:在这 3 个例子的算法中,都只固定定义了 1～3 个临时变量(不需考虑算法中形参占用的空间),其临时存储空间大小与问题规模 n 无关,所以空间复杂度均为 O(1)。

1.4 数据结构的目标

从数据结构的角度看,一个求解问题可以通过抽象数据类型的方法来描述。也就是说,抽象数据类型对一个求解问题从逻辑上进行了准确的定义。所以,抽象数据类型由数据的逻辑结构和抽象运算两部分组成。

接下来就是用计算机解决这个问题。首先要设计其存储结构,然后在存储结构上设计实现抽象运算的算法。一种数据的逻辑结构可以映射成多种存储结构,抽象运算不仅在不同的存储结构上实现可以有多种算法,而且在同一种存储结构上实现也可能有多种算法。同一问题的这么多算法哪一个更好呢?好的算法的评价标准是什么呢?

算法的评价标准是算法占用计算机资源的多少,占用计算机资源越多的算法越差,反之,占用计算机资源越少好的算法越好,这是通过算法的时间复杂度和空间复杂度分析来完成的。所以,设计好算法的过程如图 1.17 所示。

从图 1.17 中可看到,算法设计分为 3 个步骤,即通过抽象数据类型进行问题定义,设计存储结构和设计算法。这 3 个步骤是不是独立的呢?不是独立的,因为不可能设计出一大堆算法后再从中找出一个好的算法。也就是说,必须以设计好算法为目标来设计存储结构,因为数据存储结构会影响算法的好坏,因此设计存储结构是关键的一步,选择存储结构就要考虑其对算法的影响。存储结构对算法的影响主要为以下两方面。

1) 存储结构的存储能力

如果存储结构的存储能力强、存储信息多,算法将会方便地设计。反之,对于过于简单

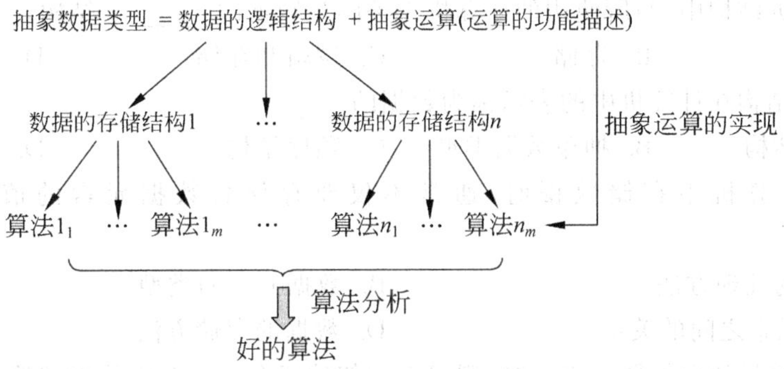

图 1.17　设计好算法的过程

的存储结构，可能就要设计一套比较复杂的算法。在这一点上，经常体现时间与空间的矛盾，往往存储能力与所使用的空间大小成正比。

2) 存储结构应与所选择的算法相适应

存储结构是实现算法的基础，也会影响算法的设计，其选择要充分考虑算法的各种操作，应与算法的操作相适应。

除此之外，还需要掌握基本的算法分析能力，能够熟练判别“好”算法和“坏”算法。

总之，数据结构的目标就是针对求解问题设计好的算法，为了达到这一目标，不仅要具备较好的编程能力，还需要掌握各种常用的数据结构，如线性表、栈和队列、二叉树和图等，这些在后面各章中会讲到。

本章小结

本章介绍了数据结构的基本概念，主要学习要点如下：

(1) 理解数据结构的定义，数据结构包含的逻辑结构、存储结构和运算 3 方面的相互关系。

(2) 掌握各种逻辑结构，即线性结构、树形结构和图形结构之间的差别。

(3) 了解各种存储结构，即顺序存储结构、链式存储结构、索引存储结构和散列存储结构之间的差别。

(4) 了解数据结构和数据类型的差别和联系。

(5) 了解抽象数据类型的概念和定义方式。

(6) 掌握算法的定义及特性。

(7) 重点掌握算法的时间复杂度和空间复杂度分析。

练习题 1

1. 单项选择题

(1) 计算机所处理的数据一般具备某种内在联系，这是指________。

A. 数据和数据之间存在某种关系　　B. 元素和元素之间存在某种关系

C. 元素内部具有某种结构　　D. 数据项和数据项之间存在某种关系

(2) 在数据结构中,与所使用的计算机无关的是数据的________结构。

A. 逻辑 B. 存储 C. 逻辑和存储 D. 物理

(3) 数据结构在计算机中的表示称为数据的________。

A. 存储结构 B. 抽象数据类型 C. 顺序结构 D. 逻辑结构

(4) 在计算机中存储数据时,通常不仅要存储各数据元素的值,而且还要存储________。

A. 数据的处理方法 B. 数据元素的类型

C. 数据元素之间的关系 D. 数据的存储方法

(5) 在计算机的存储器中表示时,逻辑上相邻的两个元素对应的物理地址也是相邻的,这种存储结构称为________。

A. 逻辑结构 B. 顺序存储结构 C. 链式存储结构 D. 以上都正确

(6) 数据采用链式存储结构时,要求________。

A. 每个结点占用一片连续的存储区域 B. 所有结点占用一片连续的存储区域

C. 结点的最后一个数据域是指针类型 D. 每个结点有多少个后继就设多少个指针域

(7) 以下关于算法的说法,正确的是________。

A. 算法最终必须由计算机程序实现

B. 算法等同于程序

C. 算法的可行性是指指令不能有二义性

D. 以上几个都是错误的

(8) 算法的时间复杂度与________有关。

A. 问题规模 B. 计算机硬件性能

C. 编译程序质量 D. 程序设计语言

(9) 算法的主要任务之一是分析________。

A. 算法是否具有较好的可读性 B. 算法中是否存在语法错误

C. 算法的功能是否符合设计要求 D. 算法的执行时间和问题规模之间的关系

(10) 某算法的时间复杂度为$O(n^2)$,表明该算法的________。

A. 问题规模是n^2 B. 执行时间等于n^2

C. 执行时间与n^2成正比 D. 问题规模与n^2成正比

2. 问答题

(1) 简述数据与数据元素的关系与区别。

(2) 简述数据结构与数据类型的区别。

(3) 试举一例子,说明对相同的逻辑结构,同一种运算在不同的存储方式下实现,其运算算法的效率是不同的。

(4) 一个算法的执行频度为$(3n^2+2n\log_2 n+4n-7)/(10n)$,其时间复杂度为多少?

(5) 某算法的时间复杂度为$O(n^3)$,当$n=5$时执行时间为50s,当$n=15$时,其执行时间是多少?

(6) 分析以下算法的时间复杂度。

```
void func(int n)
```

```
{   int i = 1,k = 100;
    while (i <= n)
    {   k++;
        i += 2;
    }
}
```

(7) 分析以下算法的时间复杂度。

```
void fun(int n)
{   int i,j,k;
    for (i = 1;i <= n;i++)
        for (j = 1;j <= n;j++)
        {   k = 1;
            while (k <= n) k = 5 * k;
        }
}
```

(8) 有如下递归函数 fact(n),分析其时间复杂度。

```
int fact(int n)
{   if (n <= 1)
        return 1;
    else
        return(n * fact(n - 1));
}
```

CHAPTER 2

第2章　线性表

线性表是一种典型的线性结构，也是最常用的一种数据结构。本章介绍线性表的抽象数据类型、线性表的两种存储结构、相关运算算法设计和线性表的应用。

2.1　线性表的定义

在讨论线性表的存储结构之前，先分析其逻辑结构。本节先给出线性表的定义，然后对线性表的抽象数据类型进行描述。后面几节分别采用顺序存储方式和链表存储方式实现这些基本运算。

2.1.1　什么是线性表

顾名思义，线性表就是数据元素排列成像线一样的表。严格的定义，线性表是具有相同特性的数据元素的一个有限序列。其特征有三方面：所有数据元素的类型相同；线性表是由有限个数据元素构成的；线性表中的数据元素与位置有关，通常从 1 开始编号，每个数据元素有唯一的序号，这一点表明线性表不同于集合。另外，线性表中的数据元素可以重复出现，而集合中的数据元素不会重复出现。

线性表的逻辑结构一般表示为($a_1,a_2,\cdots,a_i,a_{i+1},\cdots,a_n$)。线性表的逻辑结构示意图如图 2.1 所示。

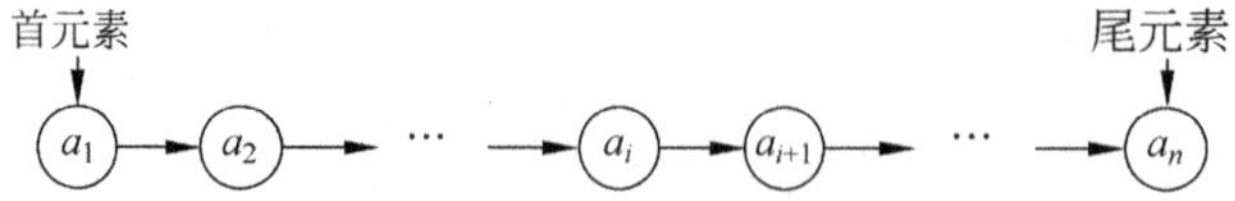

图 2.1　线性表的逻辑结构示意图

其中，用 $n(n\geqslant 0)$表示线性表的长度(n 即线性表中数据元素的个数)。当 $n=0$ 时，表示线性表是一个空表，不包含任何数据元素。

对于至少含有一个数据元素的线性表，除开始元素 a_1(也称为首元素)没有前趋元素外，其他每个元素 $a_i(2 \leqslant i \leqslant n)$ 有且仅有一个前趋元素 a_{i-1}；除终端元素 a_n（也称为尾元素）没有后继元素外，其他元素 $a_i(1 \leqslant i \leqslant n-1)$ 有且仅有一个后继元素 a_{i+1}。也就是说，在线性表中，每个元素至多只有一个前趋元素，并且至多只有一个后继元素，这就是线性表的逻辑特征。

在日常生活中线性表极为常见，如若干人排成一行或一列就构成一个人线性表，如图 2.2 所示。若干汽车排成一行或一列就构成一个汽车线性表。

图 2.2　若干人构成的线性表

2.1.2　线性表的抽象数据类型描述

线性表的抽象数据类型描述如下：

```
ADT List
{
数据对象：
    D = {ai | 1≤i≤n,n≥0,ai 为 ElemType 类型}
          //ElemType 是自定义类型,本章中假设 ElemType 为 string
数据关系：
    r = {<ai,ai+1> | ai,ai+1∈D,i = 1,…,n-1}
基本运算：
    void CreateList(string[] split)：由 split 数组中的元素建立存储结构。
    string DispList()：将线性表中的所有元素构成一个字符串返回。
    int ListLength()：求线性表的长度。
    bool GetElem(int i,ref string e)：求线性表中序号为 i 的元素值 e。
    int LocateElem(string e)：按元素值 e 查找其序号。
    bool ListInsert(int i,string e)：插入数据元素 e 作为线性表的第 i 个元素。
    bool ListDelete(int i,ref string e)：在线性表中删除第 i 个数据元素 e。
}
```

2.2　线性表的顺序存储结构

线性表的顺序存储是最常用的存储方式。它直接将线性表的逻辑结构映射到存储结构上，所以既便于理解，又容易实现。本节讨论顺序存储结构及其基本运算的实现过程。

2.2.1　线性表的顺序存储结构——顺序表

线性表的顺序存储结构是把线性表中的所有元素按照其逻辑顺序依次存储到从计算机存储器中指定存储位置开始的一块连续的存储空间中。线性表的顺序存储结构称为顺序表。

这里采用 C# 语言中的一维数组 data 来实现顺序表，并设定该数组的长度为常量 MaxSize。图 2.3 所示是长度为 n 的线性表存放在 data 数组中。数组的长度是指存放线性表的存储空间的长度，存储分配后这个量一般是不变的，而线性表的长度是指线性表中的数据元素个数，随着线性表的插入和删除操作，线性表的长度是变化的，但在任何时刻，线性表的长度应该小于等于数组的长度 MaxSize，当线性表的长度小于数组 data 的长度时，该数组中有一部分是空闲的。为此设计一个变量 length 表示顺序表的长度，也就是顺序表 data

数组中实际数据元素的个数。

数组下标	0	1	…	i−2	i−1	i	…	n−1	MaxSize−1
data 数组	a_1	a_2	…	a_{i-1}	a_i	a_{i+1}	…	a_n	空闲

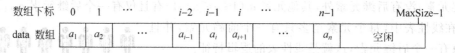

图 2.3　长度为 n 的线性表存放在顺序表中

说明：线性表中元素 $a_i(1\leqslant i\leqslant n)$ 的逻辑序号为 i，在对应顺序表中该元素的物理序号为 $i-1$。算法形参中的序号 i 通常指的是逻辑序号。

采用一个类 SqlListClass 来定义顺序表，其中包含 data 和 length 等字段(本节的所有算法均包含在 SqlListClass 类中)：

```
class SqlListClass                              //顺序表类
{   const int MaxSize = 100;                    //数组的长度
    public string[ ] data;                      //存放顺序表中的元素
    public int length;                          //存放顺序表的长度
    public SqlListClass()                       //构造函数,实现 data 和 length 的初始化
    {   data = new string[MaxSize];
        length = 0;
    }
    //线性表的基本运算算法
}
```

说明：SqlListClass 类的一个对象 L 称为顺序表对象 L，也简称为顺序表 L，其中主要有 data、length 字段和相关的运算方法，通过 L. data 或 L. length 对字段进行操作，后面的顺序栈、顺序队和顺序串等都采用相似的方式。

2.2.2 顺序表基本运算的实现

一旦采用顺序表存储结构，就可以用 C# 语言实现线性表的各种基本运算了。

1. 建立顺序表

其方法是将给定的含有若干个元素的数组 split 的每个元素依次放到顺序表中，并将其长度赋给顺序表的 length 字段。对应的算法如下：

```
public void CreateList(string[ ] split)         //由 split 中的元素建立顺序表
{   int i;
    for (i = 0;i < split.Length;i++)
        data[i] = split[i];
    length = i;
}
```

本算法的时间复杂度为 $O(n)$，其中 n 表示顺序表中的元素个数。

2. 顺序表基本运算算法

1) 输出线性表 DispList()

该运算是依次输出顺序表中各数组元素的值，这里是将顺序表中的所有元素构成一个字符串返回。对应的算法如下：

```
public string DispList()
{   int i;
    if (length>0)
    {   string mystr = data[0];
        for (i = 1;i < length;i++)          //扫描顺序表中的各元素值
            mystr += " " + data[i];
        return mystr;
    }
    else return "空串";
}
```

本算法的时间复杂度为 O(n)，其中，n 表示顺序表中的元素个数。

2）求线性表的长度 ListLength()

该运算返回顺序表的长度，即其中的元素个数。实际上只需返回 length 字段的值即可。对应的算法如下：

```
public int ListLength()
{    return length; }
```

本算法的时间复杂度为 O(1)。

3）求线性表中某个数据元素值 GetElem(i,e)

该运算用变量 e 表示线性表中逻辑序号为 i 的元素。当逻辑序号 i 正确时，取 e=data[$i-1$]并返回 true，否则返回 false。对应的算法如下：

```
public bool GetElem(int i,ref string e)
{   if (i<1 || i>length)
        return false;                  //参数错误时返回 false
    e = data[i - 1];                   //取元素值
    return true;                       //成功找到元素时返回 true
}
```

本算法的时间复杂度为 O(1)。

4）按元素值查找 LocateElem(e)

该运算顺序查找第一个值与 e 相等的元素的逻辑序号。若顺序表中不存在这样的元素，则返回值为 0。对应的算法如下：

```
public int LocateElem(string e)
{   int i = 0;
    while (i < length && string.Compare(data[i],e)!= 0)
        i++;                           //查找元素 e
    if (i>= length)                    //未找到时返回 0
        return 0;
    else
        return i + 1;                  //找到后返回其逻辑序号
}
```

本算法的时间复杂度为 O(n)，其中 n 表示顺序表中的元素个数。

5）插入数据元素 ListInsert(i,e)

该运算在线性表中逻辑序号为 i 的位置上插入一个新元素 e。图 2.4 所示是插入元素的示意图。由此看出,在一个线性表中,可以在两端及中间任何位置上插入一个新元素。

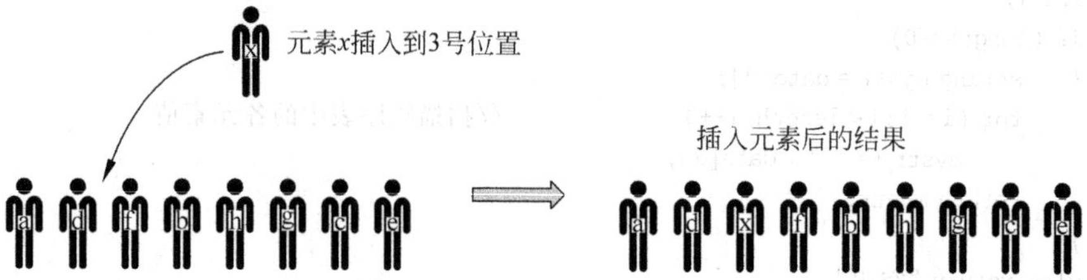

图 2.4 在线性表中插入元素示意图

在插入运算中,如果 i 值不正确,返回 false,否则将 data[i-1..n-1]的元素均后移一个位置,并从 data[n-1]元素开始移动起,如图 2.5 所示,腾出一个空位置插入新元素 e,最后顺序表长度增 1,并返回 true。对应的算法如下:

```
public bool ListInsert(int i,string e)
{    int j;
     if (i<1 || i>length+1)
         return false;                     //参数错误时返回 false
     for (j=length;j>=i;j--)               //将 data[i-1]及后面元素后移一个位置
         data[j]=data[j-1];
     data[i-1]=e;                          //插入元素 e
     length++;                             //顺序表的长度增 1
     return true;                          //成功插入,返回 true
}
```

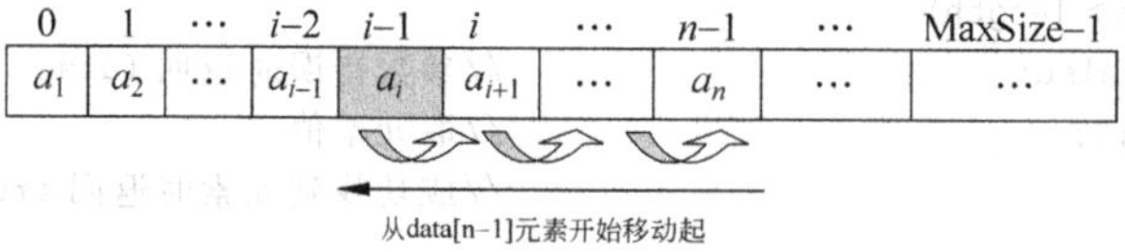

图 2.5 插入元素时移动元素的过程

本算法的主要时间花在元素移动上,元素移动的次数不仅与表长 n 有关,而且与插入位置 i 有关,共有 $n+1$ 个位置可以插入元素:当 $i=n+1$ 时,移动次数为 0;当 $i=1$ 时,移动次数为 n,达到最大值。假设每个位置插入元素的概率相同,p_i 表示在第 i 个位置上插入一个元素的概率,则 $p_i=\frac{1}{n+1}$。所以,在长度为 n 的线性表中插入一个元素时所需移动元素的平均次数为:

$$\sum_{i=1}^{n+1} p_i(n-i+1)=\sum_{i=1}^{n+1}\frac{1}{n+1}(n-i+1)=\frac{1}{n+1}\sum_{i=1}^{n+1}(n-i+1)$$

$$=\frac{1}{n+1}\times\frac{n(n+1)}{2}=\frac{n}{2}$$

因此,插入算法的平均时间复杂度为 O(n)。

6) 删除数据元素 ListDelete(i,e)

该运算删除线性表中逻辑序号为 i 的元素。图 2.6 所示是删除元素的示意图。由此看出,在一个线性表中,可以删除两端及中间任何位置上的元素。

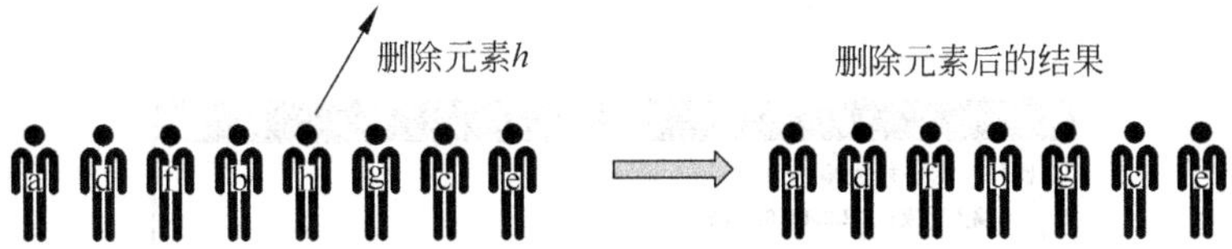

图 2.6　在线性表中删除元素示意图

在删除运算中，如果 i 值不正确，则返回 false，否则需将 data[$i..n-1$]的元素均向前移动一个位置，并从 data[i]元素开始移动起，如图 2.7 所示，这样覆盖了要删除的元素，从而达到删除该元素的目的，最后顺序表的长度减 1，并返回 true。对应的算法如下：

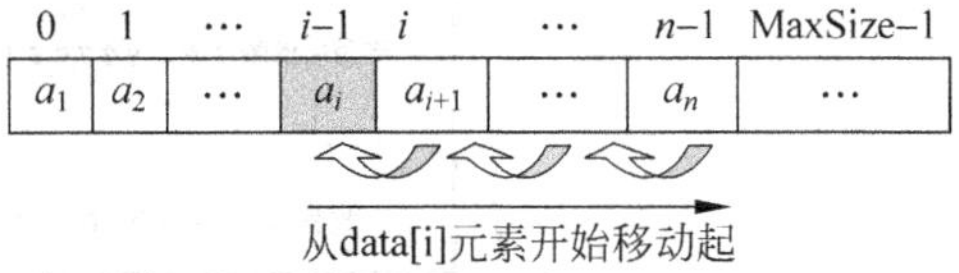

图 2.7　删除元素时移动元素的过程

```
public bool ListDelete(int i,ref string e)
{   int j;
    if (i<1 || i>length)                    //参数错误时返回 false
        return false;
    e = data[i];
    for (j = i - 1; j<length - 1;j++)       //将 data[i]之后的元素前移一个位置
        data[j] = data[j + 1];
    length -- ;                             //顺序表的长度减 1
    return true;                            //成功删除，返回 true
}
```

本算法的主要时间花在元素移动上，元素移动的次数也与表长 n 和删除元素的位置 i 有关，共有 n 个位置可以删除元素：当 $i=n$ 时，移动次数为 0；当 $i=1$ 时，移动次数为 $n-1$。假设 p_i 表示删除第 i 个位置上元素的概率，则 $p_i=1/n$。所以，在长度为 n 的线性表中删除一个元素时所需移动元素的平均次数为：

$$\sum_{i=1}^{n} p_i(n-i) = \sum_{i=1}^{n} \frac{1}{n_i}(n-i) = \frac{1}{n}\sum_{i=1}^{n}(n-i) = \frac{1}{n} \times \frac{n(n-1)}{2} = \frac{n-1}{2}$$

因此，删除算法的平均时间复杂度为 $O(n)$。

【例 2.1】 对于含有 n 个元素的顺序表 L，设计一个算法将其中所有元素逆置，并分析算法的时间复杂度和空间复杂度。

解：遍历 L 的前一半元素，对于每个元素 L.data[i]，将其与后半部分的元素 L.data[$n-i-1$]交换即可。对应的算法如下：

```
public void Reverse(ref SqlListClass L)
{   int i;
    string tmp;
    for (i = 0;i<L.length/2;i++)
    {   tmp = L.data[i];
        L.data[i] = L.data[L.length - i - 1];
        L.data[L.length - i - 1] = tmp;
    }
}
```

本算法的时间复杂度为 $O(n)$，空间复杂度为 $O(1)$。例 2.1 算法的一次执行结果如

图 2.8 所示。

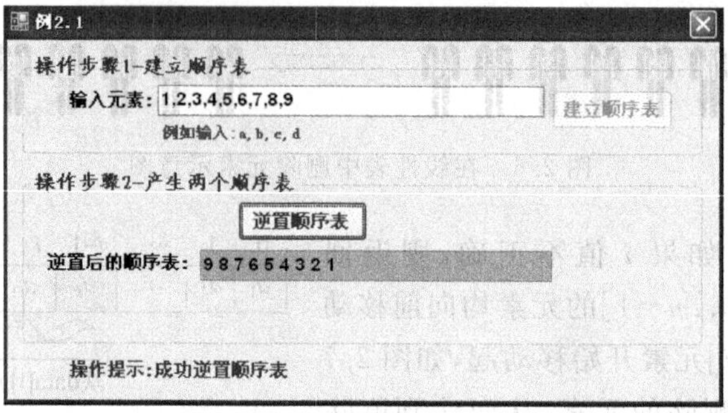

图 2.8　例 2.1 算法的一次执行结果

【例 2.2】 对于含有 n 个元素的顺序表 L,设计一个算法删除其中第一个值为 x 的元素,并分析算法的时间复杂度和空间复杂度。

解: 遍历 L 的元素,若找到值为 x 的元素 L. data[i],将其后面的元素均前移一个位置以覆盖 L. data[i],并返回 true,若找不到值为 x 的元素,则返回 false。对应的算法如下:

```
public bool Delaelem(ref SqlListClass L, string x)
{    int i = 0, j;
     while (i < L.length && string.Compare(L.data[i], x) != 0)
         i++;                                    //查找元素 x
     if (i >= L.length)                          //未找到时返回 false
         return false;
     else
     {    for (j = i; j < L.length; j++)         //将 data[i + 1]之后的元素前移一个位置
              L.data[j] = L.data[j + 1];
          L.length -- ;                          //顺序表的长度减 1
          return true;                           //成功删除,返回 true
     }
}
```

本算法的时间复杂度为 O(n),空间复杂度为 O(1)。

【例 2.3】 若线性表中的数据元素相互之间可以比较,并且数据元素在线性表中依元素值非递减或非递增有序排列,即 $a_i \geqslant a_{i-1}$ 或 $a_i \leqslant a_{i-1}$ ($i=2,3,\cdots,n$),则称该线性表为有序表。若一个有序表采用顺序表存储,则称为有序顺序表。假设两个递增有序顺序表 L_1 和 L_2,分别含有 n 和 m 个元素,设计一个算法将它们的所有元素归并为一个递增有序顺序表 L_3。这一过程称为**有序表的二路归并**。分析该算法的时间复杂度和空间复杂度。

解: 由于 L_1 和 L_2 是两个递增有序顺序表,用 i 遍历 L_1 的元素(i 从 0 开始),用 j 遍历 L_2 的元素(j 从 0 开始),当两个表均未遍历完时,比较 L1. data[i]和 L2. data[j]的大小,将较小者复制到 L_3 中。当两个表中有一个遍历完毕,将另一个表中余下的元素均复制到 L_3 中,其过程如图 2.9 所示。

对应的算法如下:

```
public void Merge2(SqlListClass L1, SqlListClass L2, ref SqlListClass L3)
{    int i = 0, j = 0, k = 0;                    //i 用于遍历 L1, j 用于遍历 L2
     while (i < L1.length && j < L2.length)      //两个表均没有遍历完毕
```

```
    {   if (L1.data[i]< L2.data[j])
        {   L3.data[k] = L1.data[i];
            i++; k++;
        }
        else
        {   L3.data[k] = L2.data[j];
            j++; k++;
        }
    }
    while (i < L1.length)                        //若 L1 没有遍历完毕
    {   L3.data[k] = L1.data[i];
        i++; k++;
    }
    while (j < L2.length)                        //若 L2 没有遍历完毕
    {   L3.data[k] = L2.data[j];
        j++; k++;
    }
    L3.length = k;                               //置 L3 的长度为 k
}
```

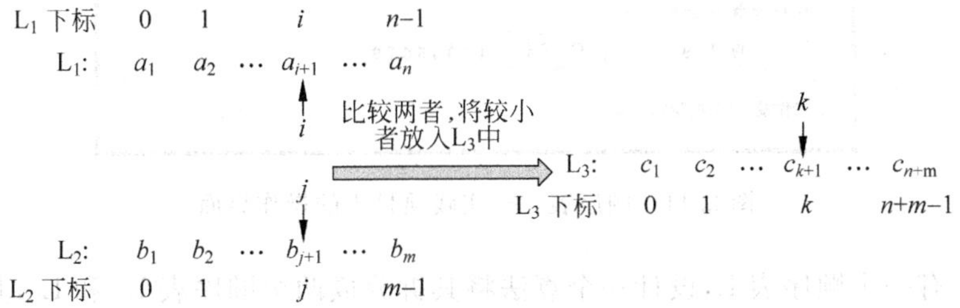

图 2.9　两个顺序表的归并过程

本算法的时间复杂度为 $O(n+m)$，其中 n、m 分别为顺序表 L_1、L_2 的长度。其空间复杂度为 $O(1)$。例 2.3 算法的一次执行结果如图 2.10 所示。

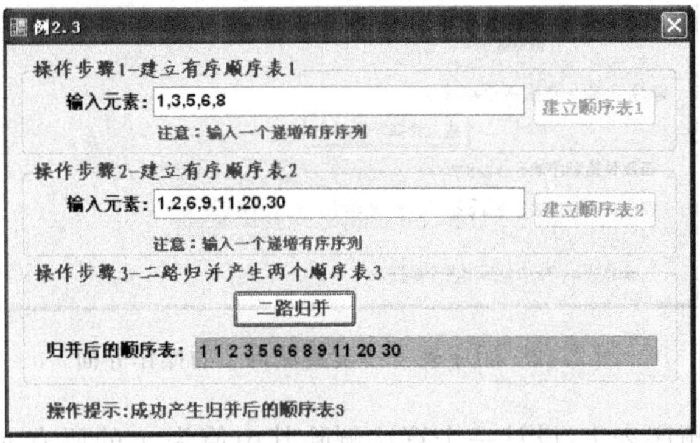

图 2.10　例 2.3 算法的一次执行结果

说明：在二路归并算法中，若两个有序表的长度分别为 m、n。算法的主要时间花在元素比较上，最好的情况下，元素比较的次数为 $MIN(m,n)$（最少的元素比较次数），如 $L_1=(1,2,3)$，$L_2=(4,5,6,7,8)$，此时只需比较 3 次。最坏的情况下，元素比较的次数为 $m+n-1$（最多的元素比较次数），如 $L_1=(1,3,5,7)$，$L_2=(2,4,6)$，此时需要比较 6 次。

顺序表的实践项目

项目 1：设计顺序表的基本运算，并用相关数据进行测试，其操作界面如图 2.11 所示。

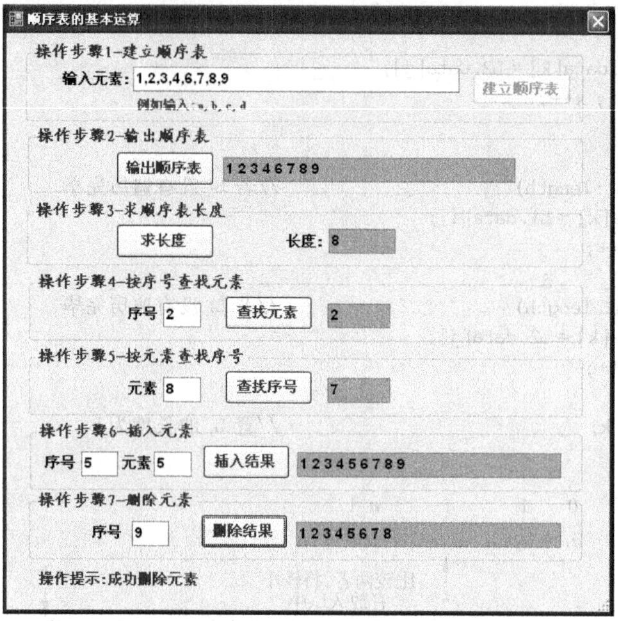

图 2.11　顺序表——实践项目 1 的操作界面

项目 2：有一个顺序表 L，设计一个算法将其拆分成两个顺序表 L_1 和 L_2，其中，L_1 含有 L 中奇数序号的元素，L_2 含有 L 中偶数序号的元素，并用相关数据进行测试，其操作界面如图 2.12 所示。

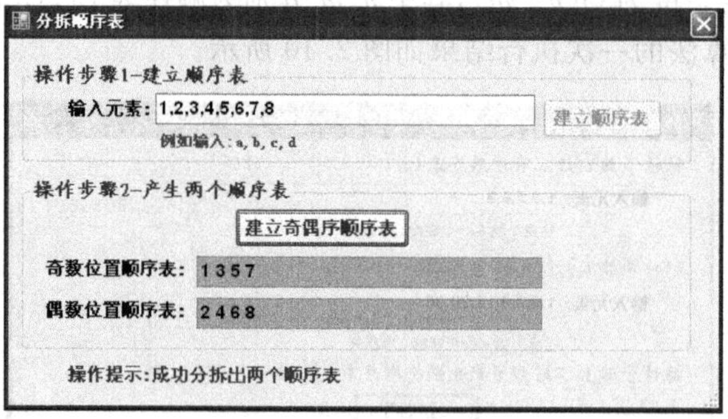

图 2.12　顺序表——实践项目 2 的操作界面

项目 3：有一个顺序表 L，设计一个算法删除其中值为 x 的所有元素，并用相关数据进行测试，其操作界面如图 2.13 所示。

项目 4：设计两个递增有序顺序表的二路归并算法，并用相关数据进行测试，其操作界面如图 2.14 所示。

项目 5：设计 3 个递增有序顺序表的三路归并算法，并用相关数据进行测试，其操作界面如图 2.15 所示。

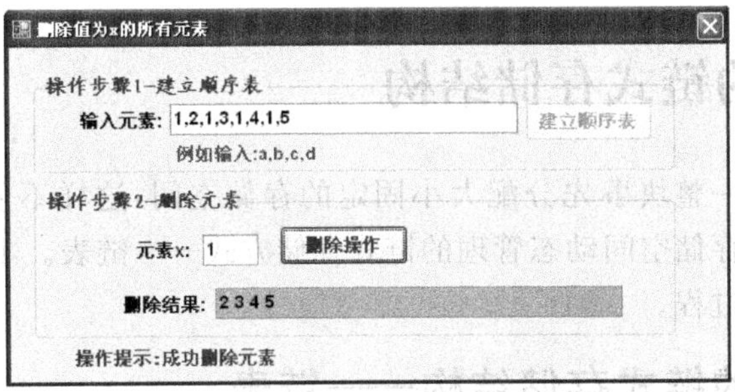

图 2.13　顺序表——实践项目 3 的操作界面

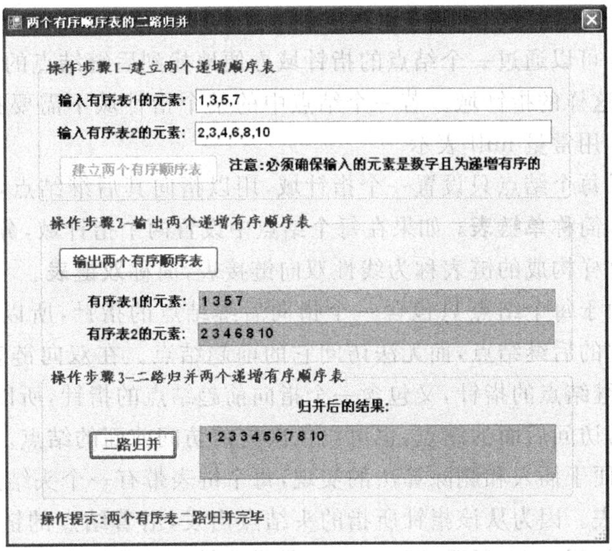

图 2.14　顺序表——实践项目 4 的操作界面

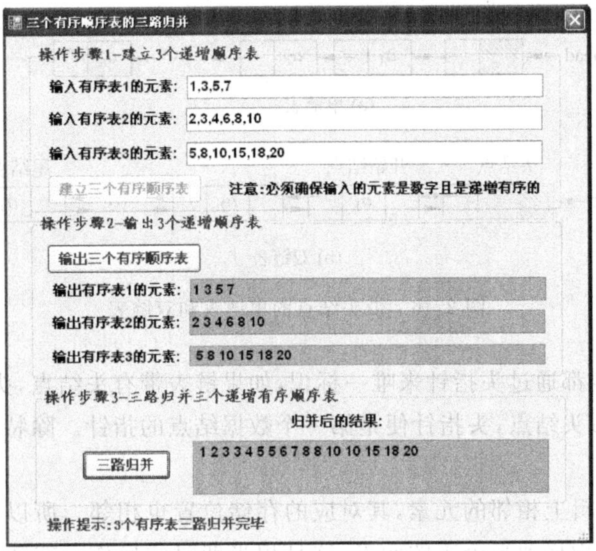

图 2.15　顺序表——实践项目 5 的操作界面

2.3 线性表的链式存储结构

顺序表必须占用一整块事先分配大小固定的存储空间，这样不便于存储空间的管理。为此提出了可以实现存储空间动态管理的链式存储方式——链表。本节讨论链式存储结构及其基本运算的实现过程。

2.3.1 线性表的链式存储结构——链表

线性表的链式存储结构称为链表。在链表中，每个结点不仅包含元素本身的信息(称为数据域)，而且包含有元素之间逻辑关系的信息，即一个结点中包含有后继结点的地址信息，这称为**指针域**，这样可以通过一个结点的指针域方便地找到后继结点的位置。一般地，每个结点有一个或多个这样的指针域。若一个结点中的某个指针域不需要指向其他任何结点，则将它的值置为空，用常量 null 表示。

在链表中，如果每个结点只设置一个指针域，用以指向其后继结点，这样构成的链表称为线性单向链接表，简称**单链表**；如果在每个结点中设置两个指针域，分别用以指向其前趋结点和后继结点，这样构成的链表称为线性双向链接表，简称**双链表**。

在单链表中，由于每个结点只包含一个指向后继结点的指针，所以当访问过一个结点后，只能接着访问它的后继结点，而无法访问它的前趋结点。在双向链表中，由于每个结点既包含一个指向后继结点的指针，又包含一个指向前趋结点的指针，所以当访问过一个结点后，既可以依次向后访问后面的结点，也可以依次向前访问前面的结点。

在链表中为了便于插入和删除算法的实现，每个链表带有一个头结点，并通过头结点的指针唯一标识该链表。因为从该指针所指的头结点出发，沿着结点的链(指针域的值)可以访问到每个结点。如图 2.16 所示，图 2.16(a)是带头结点的单链表 head，图 2.16(b)是带头结点的双链表 dhead，分别称为 head 单链表和 dhead 双链表。

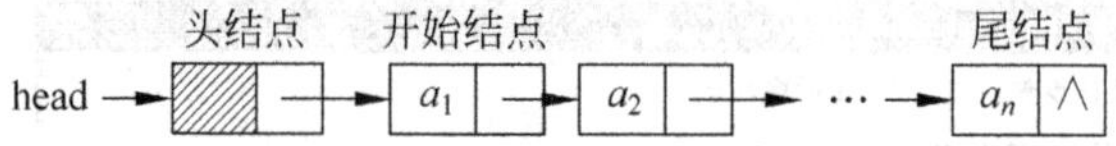

(a) 单链表

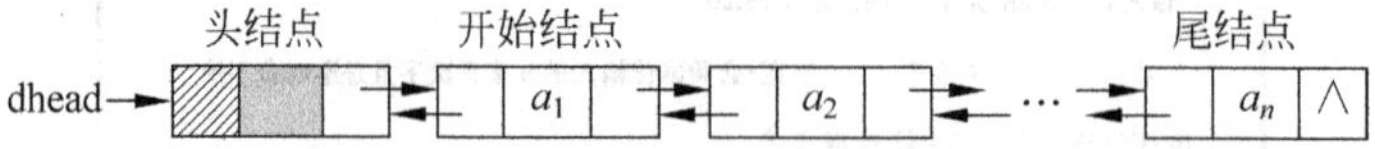

(b) 双链表

图 2.16 带头结点的单链表和双链表

说明：每个链表都通过头指针来唯一标识，如果链表带有头结点，头指针便是头结点的指针；如果链表不带头结点，头指针便是第一个数据结点的指针。除特别指定，本书中的链表均带有头结点。

在顺序表中，逻辑上相邻的元素，其对应的存储位置也相邻。所以，当进行插入或删除操作时，通常需要平均移动半个表的元素，这是相当费时的操作。在链表中，逻辑上相邻的元素，其对应的存储位置是通过指针来链接的，因而每个结点的存储位置可以任意安排，不必要求相邻，当进行插入或删除操作时，只需修改相关结点的指针域即可，这样既方便，又省时。

由于链表中的每个结点都带有指针域，从存储密度来讲，这是不经济的。所谓**存储密度**，是指结点数据本身所占的存储量和整个结点结构所占的存储总量之比，即：

$$存储密度 = \frac{结点数据本身所占的存储量}{整个结点结构所占的存储总量}$$

一般地，存储密度越大，存储空间的利用率就越高。显然，顺序表的存储密度为 1，而链表的存储密度小于 1。例如，若单链表的结点数据均为整数，指针所占的空间和整数相同，则单链表的存储密度为 50%。若不考虑顺序表中的空闲区，则顺序表的存储空间利用率为 100%。

2.3.2　单链表

在单链表中，假定每个结点的类型用 LinkList 表示，它应包括存储元素的数据域，这里用 data 表示，并假设其数据类型为 string，还包括存储后继结点位置的指针域，这里用 next 表示。LinkList 类型的定义如下：

```
public class LinkList
{   public string data;                          //存放数据元素
    public LinkList next;                        //指向下一个结点的字段
};
```

说明：在 C# 语言中没有明确的指针类型，类对象属于引用类型，如 LinkList 类中 next 字段就是引用类型，它相当于 C/C++语言中的指针，本书将其称为指针。

在单链表中，每个结点有一个指针域，指向其后继结点。在进行结点插入和删除时，不能简单地只对该结点进行操作，还必须考虑其前后结点。

采用一个类 LinkListClass 来定义单链表的基本运算方法，其中 head 为单链表的头结点指针(本小节的所有算法均包含在 LinkListClass 类中)：

```
class LinkListClass
{   …
    public LinkList head = new LinkList();       //单链表头结点指针
    //线性表的基本运算算法
}
```

说明：LinkListClass 类的一个对象 L 称为单链表对象 L，也简称为单链表 L，其中头结点为 head，也简称为单链表 head，它实际上是指 L.head，如图 2.17 所示。读者要注意它们两者的意义。后面的链栈、链队和链串等都采用相似的方式。

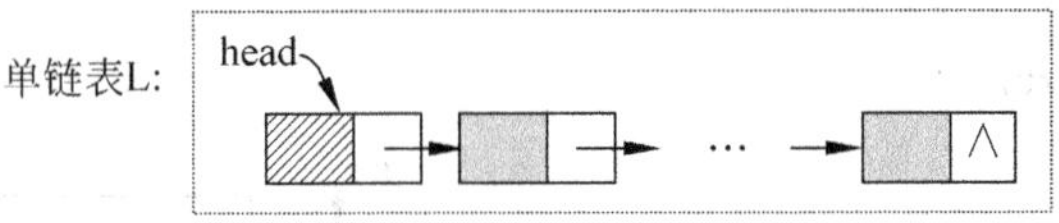

图 2.17　单链表 L

1. 插入结点和删除结点操作

在单链表中，插入结点和删除结点是最常用的操作。它是建立单链表和相关基本运算算法的基础。

1) 插入结点操作

插入运算是将值为 x 的新结点插入到单链表的第 i 个结点的位置上。先在单链表中找到第 $i-1$ 个结点,再在其后插入新结点。假设要在单链表的两个数据域分别为 a 和 b 的结点(亦称为结点 a 和结点 b)之间插入一个数据域为 x 的结点(亦称为结点 x),已知 p 指向数据域为 a 的结点,如图 2.18(a)所示,s 指向数据域为 x 的结点。为了插入结点 s,需要修改结点 p 中的指针域,令其指向结点 s,而结点 s 中的指针域应指向结点 b,从而实现 3 个结点之间逻辑关系的变化,其过程如图 2.18 所示。

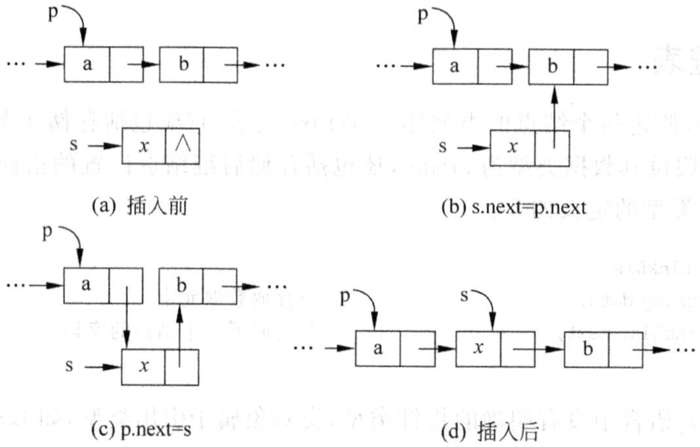

图 2.18 在单链表中插入结点 s 的过程

上述指针修改用 C# 语句描述如下:

```
s.next = p.next;
p.next = s;
```

注意:这两个语句的顺序不能颠倒,否则,当先执行 p.next = s;语句,指向 b 结点的指针就不存在了,再执行 s.next = p.next;语句时,相当于执行 s.next = s,这样,插入操作错误。

2) 删除结点操作

删除运算是将单链表的第 i 个结点删去。先在单链表中找到第 $i-1$ 个结点,再删除其后的结点。如图 2.19(a)所示,若要删除结点 b,为此仅需修改结点 a 中的指针域。假设 p 为指向结点 a 的指针,则只需将 p 结点的指针域 next(p.next)指向原来 p 结点的下一个结点(p.next)的下一个结点(p.next.next),其过程如图 2.19 所示。上述指针修改用 C# 语句描述如下:

```
p.next = p.next.next;
```

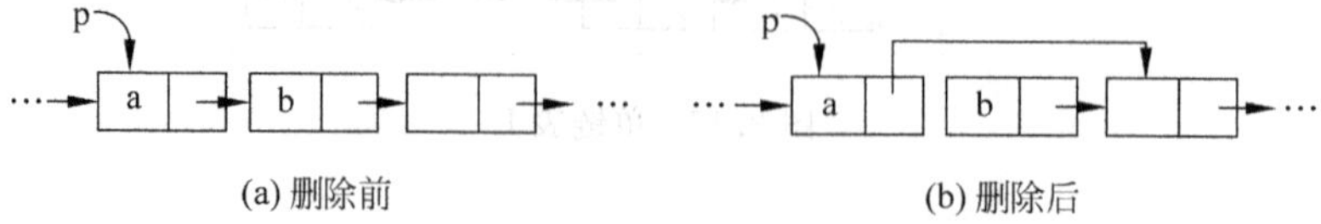

图 2.19 在单链表中删除结点的过程

2. 建立单链表

在进行单链表的基本运算之前必须先建立单链表。假设通过一个含有 n 个数据元素的数组来建立单链表。建立单链表的常用方法有如下两种。

1）头插法建表

该方法从一个空表开始，读取字符串数组 split 中的元素，生成新结点 s，将读取的数据存放到新结点的数据域中，然后将新结点 s 插入到当前链表的表头上，如图 2.20 所示。重复这一过程，直到 split 数组的所有元素读完为止。

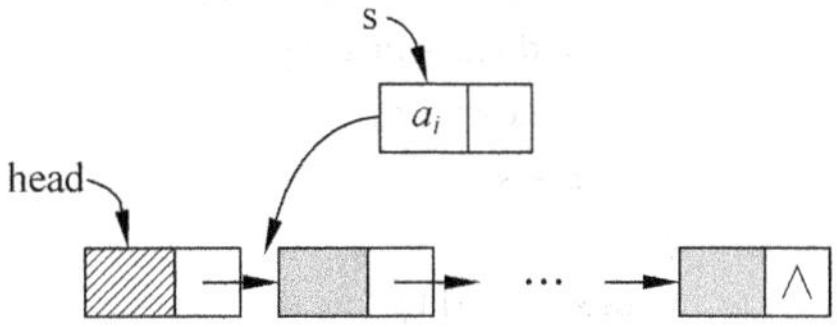

图 2.20　头插法建表示意图

采用头插法建表的算法如下：

```
public void CreateListF(string[] split)
{   LinkList s;
    int i;
    head.next = null;                        //将头结点的 next 字段置为 null
    for (i = 0;i < split.Length;i++)          //循环建立数据结点
    {   s = new LinkList();
        s.data = split[i];                   //创建数据结点 s
        s.next = head.next;                  //将 s 结点插入到开始结点之前，头结点之后
        head.next = s;
    }
}
```

本算法的时间复杂度为 O(n)，其中，n 为 split 数组中的元素个数。

若字符串数组 split 含 4 个元素 a、b、c 和 d，调用 CreateListF(split)建立的单链表如图 2.21 所示。从中看到，采用头插法建立的单链表中数据结点的次序与 split 数组中的次序正好相反。

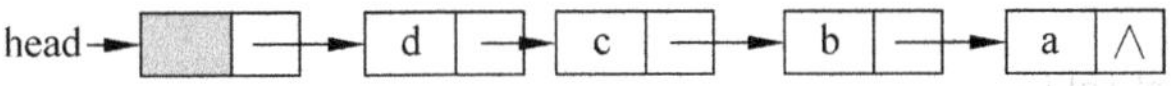

图 2.21　采用头插法建立的单链表 head

2）尾插法建表

头插法建立链表虽然算法简单，但生成的链表中结点的次序和原数组元素的顺序相反。若希望两者次序一致，可采用尾插法建立。该方法是将新节点 s 插到当前链表的表尾上，为此必须增加一个尾指针 r，使其始终指向当前链表的尾结点，如图 2.22 所示。

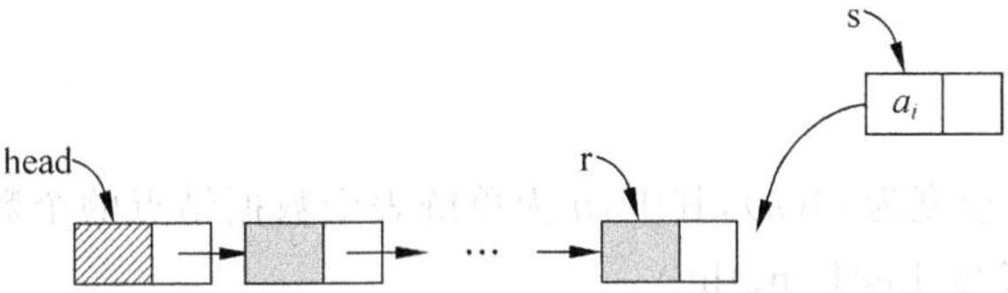

图 2.22　尾插法建表示意图

采用尾插法建表的算法如下：

```
public void CreateListR(string[] split)
```

```
{   LinkList s, r;
    int i;
    r = head;                                  //r 始终指向尾结点,开始时指向头结点
    for (i = 0; i < split.Length; i++)         //循环建立数据结点
    {   s = new LinkList();
        s.data = split[i];                     //创建数据结点 s
        r.next = s;                            //将 s 结点插入 r 结点之后
        r = s;
    }
    r.next = null;                             //将尾结点的 next 字段置为 null
}
```

本算法的时间复杂度为 O(n),其中,n 为 split 数组中的元素个数。

若数组 split 包含 4 个元素 a、b、c 和 d,调用 CreateListR(split)建立的单链表如图 2.23 所示。从中看到,采用尾插法建立的单链表中数据结点的次序与 split 数组中的次序正好相同。

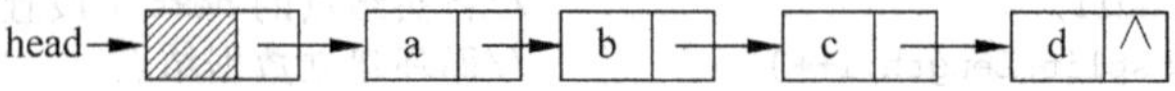

图 2.23 采用尾插法建立的单链表 head

注意:建立单链表算法,特别是尾插法建表算法是很多其他复杂算法的基础,读者必须牢固掌握。例如,将两个单链表合并成一个单链表等都是利用尾插法建表算法实现的。

3. 线性表基本运算在单链表中的实现

采用单链表实现线性表基本运算的算法如下。

1) 输出线性表 DispList()

该运算逐一扫描单链表 head 的每个数据结点,将其中的所有结点值构成一个字符串返回。对应的算法如下:

```
public string DispList()
{   string str = "";
    LinkList p;
    p = head.next;                             //p 指向开始结点
    if (p == null) str = "空串";
    while (p!= null)                           //p 不为 null,输出 p 结点的 data 字段
    {   str += p.data + " ";
        p = p.next;                            //p 移向下一个结点
    }
    return str;
}
```

本算法的时间复杂度为 O(n),其中,n 为单链表中数据结点的个数。

2) 求线性表的长度 ListLength()

该运算返回单链表 head 中数据结点的个数。对应的算法如下:

```
public int ListLength()
{   int n = 0;
    LinkList p;
```

```
    p = head;                          //p 指向头结点,n 置为 0(即头结点的序号为 0)
    while (p.next!= null)
    {   n++;
        p = p.next;
    }
    return n;                          //循环结束,p 指向尾结点,其序号 n 为结点个数
}
```

本算法的执行过程如图 2.24 所示,算法的时间复杂度为 O(n),其中 n 为单链表中数据结点的个数。

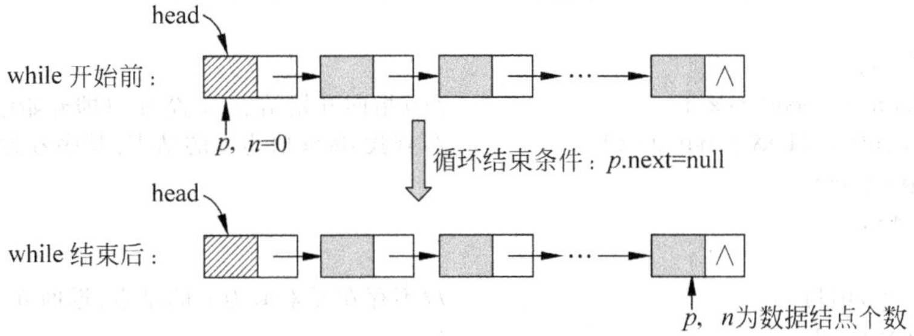

图 2.24　求单链表中数据结点个数的执行过程

3) 求线性表中的某个数据元素值 GetElem(i,e)

该运算在单链表 head 中从头开始找到第 i 个结点,若存在这样的数据结点,则将其 data 域值赋给变量 e,并返回 true,若没有第 i 个数据结点,则返回 false。对应的算法如下:

```
public bool GetElem(int i,ref string e)
{   int j = 0;
    if (i<1) return false;             //i 错误,返回 false
    LinkList p = head;                 //p 指向头结点,j 置为 0(即头结点的序号为 0)
    while (j<i && p!= null)            //找第 i 个结点 p
    {   j++;
        p = p.next;
    }
    if (p == null)                     //不存在第 i 个数据结点,返回 false
        return false;
    else                               //存在第 i 个数据结点,返回 true
    {   e = p.data;
        return true;
    }
}
```

本算法的执行过程如图 2.25 所示(仅考虑找到第 i 个结点的情况),算法的时间复杂度为 O(n),其中,n 为单链表中数据结点的个数。

4) 按元素值查找 LocateElem(e)

该运算在单链表 head 中从头开始找第一个值为 e 的数据结点,若存在这样的结点,则返回逻辑序号,否则返回 0。对应的算法如下:

```
public int LocateElem(string e)
```

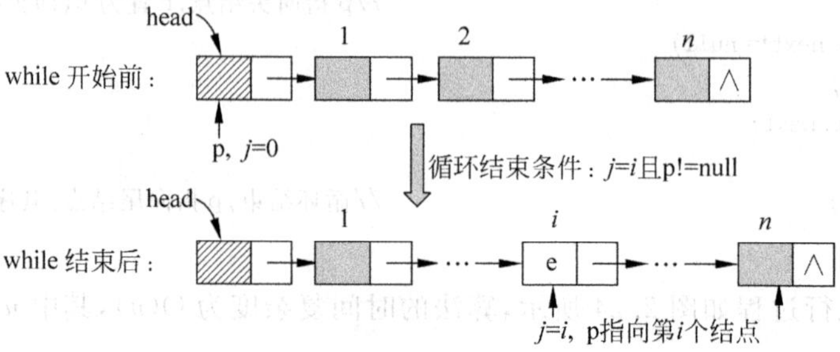

图 2.25 求单链表中第 i 个数据结点的执行过程

```
{    int i = 1;
     LinkList p = head.next;              //p 指向开始结点,i 置为 1(即开始结点的序号为 1)
     while (p!= null && p.data!= e)       //查找 data 值为 e 的结点,其序号为 i
     {    p = p.next;
          i++;
     }
     if (p == null)                       //不存在元素值为 e 的结点,返回 0
          return 0;
     else                                 //存在元素值为 e 的结点,返回其逻辑序号 i
          return i;
}
```

本算法的执行过程如图 2.26 所示(仅考虑找到第一个值为 e 结点的情况),算法的时间复杂度为 $O(n)$,其中,n 为单链表中数据结点的个数。

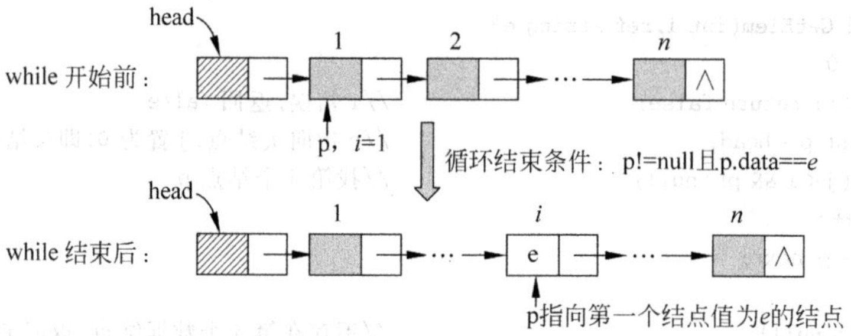

图 2.26 在单链表中找第一个值为 e 的数据结点的执行过程

5) 插入数据元素 ListInsert(i,e)

该运算先在单链表 head 中找到第 $i-1$ 个结点 p,若存在这样的结点,将值为 e 的结点 s 插入到 p 结点的后面并返回 true,若不存在第 $i-1$ 个结点,则返回 false。对应的算法如下:

```
public bool ListInsert(int i, string e)
{    int j = 0;
     LinkList s,p;
     if (i<1)                             //i<1 时 i 错误,返回 false
          return false;
     p = head;                            //p 指向头结点,j 置为 0(即头结点的序号为 0)
     while (j<i-1 && p!= null)            //查找第 i-1 个结点
     {    j++;
```

```
        p = p.next;
    }
    if (p == null)                      //未找到第 i - 1 个结点,返回 false
        return false;
    else                                //找到第 i - 1 个结点 p,插入新结点并返回 true
    {   s = new LinkList();
        s.data = e;                     //创建新结点 s,其 data 字段置为 e
        s.next = p.next;                //将 s 结点插入到 p 结点之后
        p.next = s;
        return true;
    }
}
```

当找到第 $i-1$ 个结点 p,在其后插入新结点 s 的过程如图 2.27 所示,算法的时间复杂度为 $O(n)$,其中,n 为单链表中数据结点的个数。

说明:在单链表中,插入一个结点必须先找到插入该结点的前趋结点。

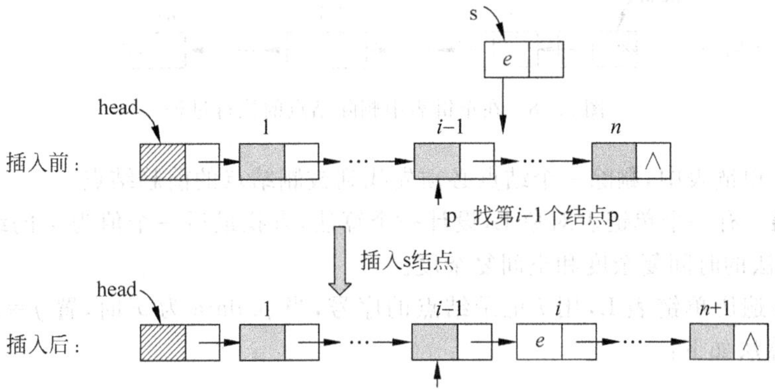

图 2.27 在单链表中插入结点的执行过程

6) 删除数据元素 ListDelete(i,e)

该运算先在单链表 head 中找到第 $i-1$ 个结点 p,若存在这样的结点,且也存在后继结点 q,则删除 q 结点,并返回 true;否则,返回 false 表示参数 i 错误。对应的算法如下:

```
public bool ListDelete(int i, ref string e)
{   int j = 0;
    LinkList q, p;
    if (i<1)                            //i<1 时 i 错误,返回 false
        return false;
    p = head;                           //p 指向头结点,j 置为 0(即头结点的序号为 0)
    while (j < i - 1 && p!= null)       //查找第 i - 1 个结点
    {   j++;
        p = p.next;
    }
    if (p == null)                      //未找到第 i - 1 个结点,返回 false
        return false;
    else                                //找到第 i - 1 个结点 p
    {   q = p.next;                     //q 指向第 i 个结点
        if (q == null)                  //若不存在第 i 个结点,返回 false
```

```
            return false;
        e = q.data;
        p.next = q.next;                    //从单链表中删除 q 结点
        q = null;                           //释放 q 结点
        return true;                        //返回 true,表示成功删除第 i 个结点
    }
}
```

当找到第 $i-1$ 个结点 p,删除其后结点 q(存在 q 结点时)的过程如图 2.28 所示,算法的时间复杂度为 $O(n)$,其中,n 为单链表中数据结点的个数。

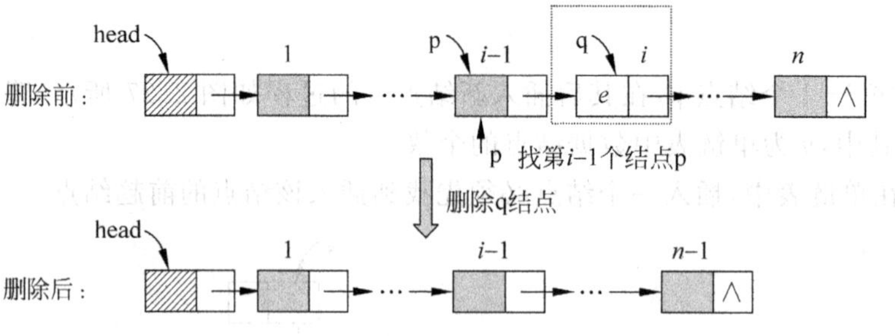

图 2.28　在单链表中删除结点的执行过程

说明:在单链表中,删除一个结点必须先找到被删结点的前趋结点。

【例 2.4】　有一个单链表对象 L,设计一个算法,查找最后一个值为 x 的结点的逻辑序号,并分析算法的时间复杂度和空间复杂度。

解:用 p 遍历单链表 L,用 i 记录结点的序号,当 p.data 为 x 时,置 $j=i$,最后返回 j 值。对应的算法如下:

```
public int Findlast(LinkListClass L, string x)
{   LinkList p = L.head.next;
    int i = 0, j = i;
    while (p!= null)
    {   i++;
        if (p.data == x)
            j = i;
        p = p.next;
    }
    return j;
}
```

本算法的时间复杂度为 $O(n)$,空间复杂度为 $O(1)$,其中 n 为单链表中数据结点的个数。例 2.4 算法的一次执行结果如图 2.29 所示。

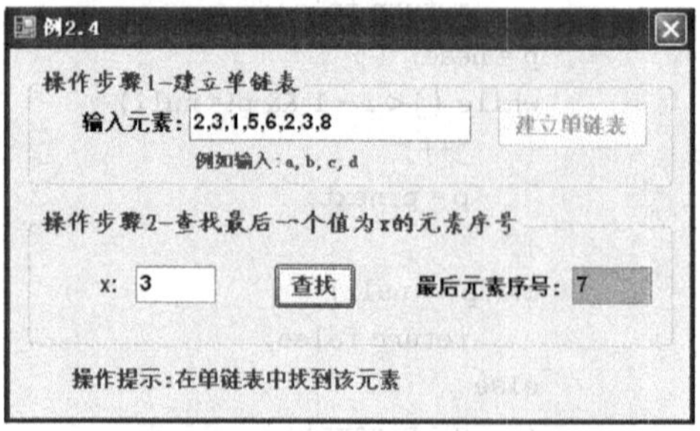

图 2.29　例 2.4 算法的一次执行结果

【例 2.5】　设计一个算法,逆置单链表对象 L 中的所有结点,并分析算法的时间复杂度和空间复杂度。

解:用 p 遍历单链表对象 L 的数据结点,先将其 head 的 next 置为 null,然后将 p 结点采用

头插法插入到 head 结点之后。对应的算法如下：

```
public void Reverse(ref LinkListClass L)
{   LinkList p = L.head.next, q;
    L.head.next = null;
    while (p!= null)
    {   q = p.next;
        p.next = L.head.next;                //采用头插法将 p 结点插入到 head 之后
        L.head.next = p;
        p = q;
    }
}
```

本算法的时间复杂度为 $O(n)$，空间复杂度为 $O(1)$，其中，n 为单链表中数据结点的个数。

注意：本题采用头插法建表的思路。

【例 2.6】 有两个单链表对象 L_1 和 L_2，L_1 中的数据元素为 $(a_1, a_2, \cdots, a_n)$，L_2 中的数据元素为 $(b_1, b_2, \cdots, b_m)$，其中，m、n 均大于 0。设计一个算法，新建一个单链表对象 L_3，其中数据元素为：

$$L_3 = (a_1, b_1, \cdots, a_n, b_n) \quad 当 m = n 时$$

$$L_3 = (a_1, b_1, \cdots, a_m, b_m, a_{m+1}, \cdots, a_n) \quad 当 m < n 时$$

$$L_3 = (a_1, b_1, \cdots, a_n, b_n, b_{n+1}, \cdots, b_m) \quad 当 m > n 时$$

分析算法的时间复杂度和空间复杂度。

解：用 p、q 分别遍历单链表对象 L_1 和 L_2 的数据结点，当两个表均未遍历完，先将 p 结点复制并插入到 L_3 中，再将 q 结点复制并插入到 L_3 中。当两表之一遍历完后，将另一个未遍历完的单链表中的所有数据结点复制并插入到 L_3 中。对应的算法如下：

```
public void Combo(LinkListClass L1,LinkListClass L2,ref LinkListClass L3)
{   L3 = new LinkListClass();
    L3.head = new LinkList();                //建立 L3 的头结点
    LinkList p = L1.head.next,q = L2.head.next;
    LinkList s, r;
    r = L3.head;                             //r 始终指向 L3 的尾结点
    while (p!= null && q!= null)             //当两个表均未遍历完
    {   s = new LinkList();                  //将 p 结点复制到 L3 中
        s.data = p.data;
        r.next = s; r = s;
        p = p.next;
        s = new LinkList();                  //将 q 结点复制到 L3 中
        s.data = q.data;
        r.next = s; r = s;
        q = q.next;
    }
    while (p!= null)                         //若 L1 未遍历完，将其所有结点复制到 L3 中
    {   s = new LinkList();
        s.data = p.data;
        r.next = s; r = s;
        p = p.next;
    }
    while (q!= null)                         //若 L2 未遍历完，将其所有结点复制到 L3 中
    {   s = new LinkList();
```

```
        s.data = q.data;
        r.next = s; r = s;
        q = q.next;
    }
    r.next = null;                          //L3 的尾结点的 next 置为 null
}
```

本算法的时间复杂度为 $O(n+m)$，空间复杂度为 $O(n+m)$。

注意：*本题采用尾插法建表的思路。*

单链表的实践项目

项目 1：设计单链表的基本运算，并用相关数据进行测试，其操作界面如图 2.30 所示。

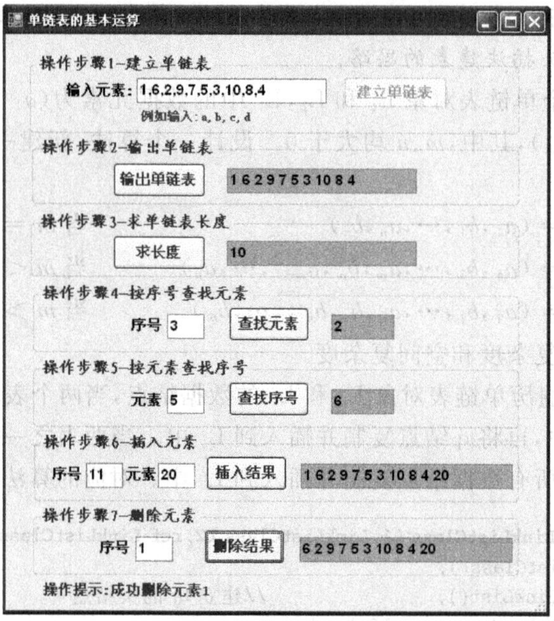

图 2.30　单链表——实践项目 1 的操作界面

项目 2：设计一个算法，在给定的单链表中查找并删除最大元素，并用相关数据进行测试，其操作界面如图 2.31 所示。

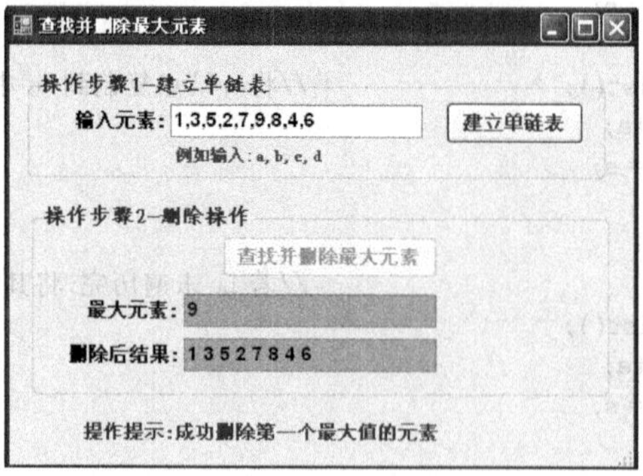

图 2.31　单链表——实践项目 2 的操作界面

项目 3：设计一个算法，对给定的单链表进行递增排序，并用相关数据进行测试，其操作界面如图 2.32 所示。

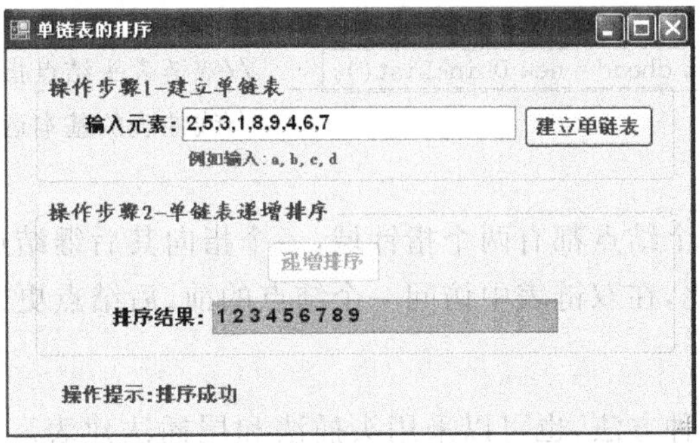

图 2.32　单链表——实践项目 3 的操作界面

项目 4：设计一个算法，实现两个有序单链表的二路归并，并用相关数据进行测试，其操作界面如图 2.33 所示。

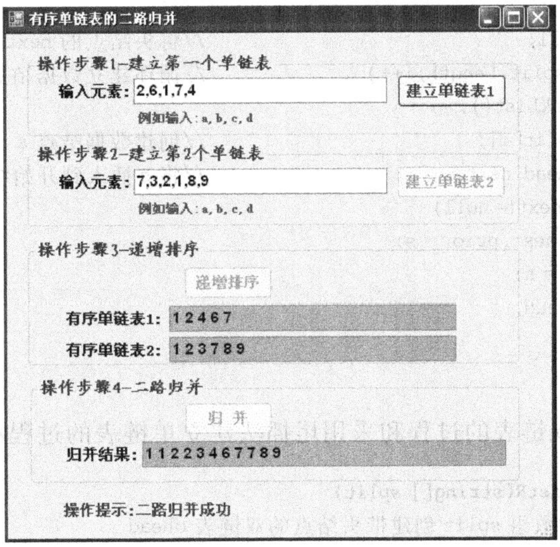

图 2.33　单链表——实践项目 4 的操作界面

2.3.3　双链表

对于双链表，采用类似于单链表的结点类型定义。双链表中每个结点类型 DLinkList 定义如下：

```
public class DLinkList
{    public string data;                        //存放数据元素
     public DLinkList prior;                    //指向前一个结点的字段
     public DLinkList next;                     //指向后一个结点的字段
};
```

采用一个类 DLinkListClass 来定义双链表的基本运算方法，其中 dhead 为双链表的头

结点指针(本小节的所有算法均包含在 DLinkListClass 类中):

```
class DLinkListClass
{   …
    public DLinkList dhead = new DLinkList();        //双链表头结点指针
                                                     //线性表的基本运算算法
}
```

由于双链表中的每个结点都有两个指针域,一个指向其后继结点,另一个指向其前趋结点。因此,与单链表相比,在双链表中访问一个结点的前、后结点更方便。

1. 建立双链表

建立双链表也有两种方法,也可以采用头插法和尾插法建表。采用头插法建立双链表的过程和采用头插法建立单链表的过程相似,其算法如下:

```
public void CreateListF(string[] split)
//由含有 n 个元素的数组 split 创建带头结点的双链表 dhead
{   DLinkList s;
    int i;
    dhead.next = null;                          //将头结点的 next 字段置为 null
    for (i = 0; i < split.Length; i++)          //循环建立数据结点
    {   s = new DLinkList();
        s.data = split[i];                      //创建数据结点 s
        s.next = dhead.next;                    //将 s 插入到开始结点之前,头结点之后
        if (dhead.next != null)
            dhead.next.prior = s;
        dhead.next = s;
        s.prior = head;
    }
}
```

采用尾插法建立双链表的过程和采用尾插法建立单链表的过程相似,其算法如下:

```
public void CreateListR(string[] split)
//由含有 n 个元素的数组 split 创建带头结点的双链表 dhead
{   DLinkList s, r;
    int i;
    r = dhead;                                  //r 始终指向尾结点,开始时指向头结点
    for (i = 0; i < split.Length; i++)          //循环建立数据结点
    {   s = new DLinkList();
        s.data = split[i];                      //创建数据结点 s
        r.next = s;                             //将 s 结点插入 r 结点之后
        s.prior = r;
        r = s;
    }
    r.next = null;                              //尾结点的 next 字段置为 null
}
```

2. 线性表基本运算在双链表中的实现

在双链表中,有些运算如求长度、取元素值和查找元素等算法与单链表中的相应算法是

相同的，这里不多讨论。但是，在单链表中进行结点插入和删除时涉及到前后结点的一个指针域的变化，而在双链表中，结点的插入和删除操作涉及到前后结点的两个指针域的变化。所以，下面分别介绍双链表的插入和删除操作算法。

假设在双链表中 p 结点之后插入一个 s 结点，其指针的变化过程如图 2.34 所示。其操作语句描述如下（共修改 4 个指针域）：

```
s.next = p.next;                    //将 s 结点插入到 p 结点之后
p.next.prior = s;
s.prior = p;
p.next = s;
```

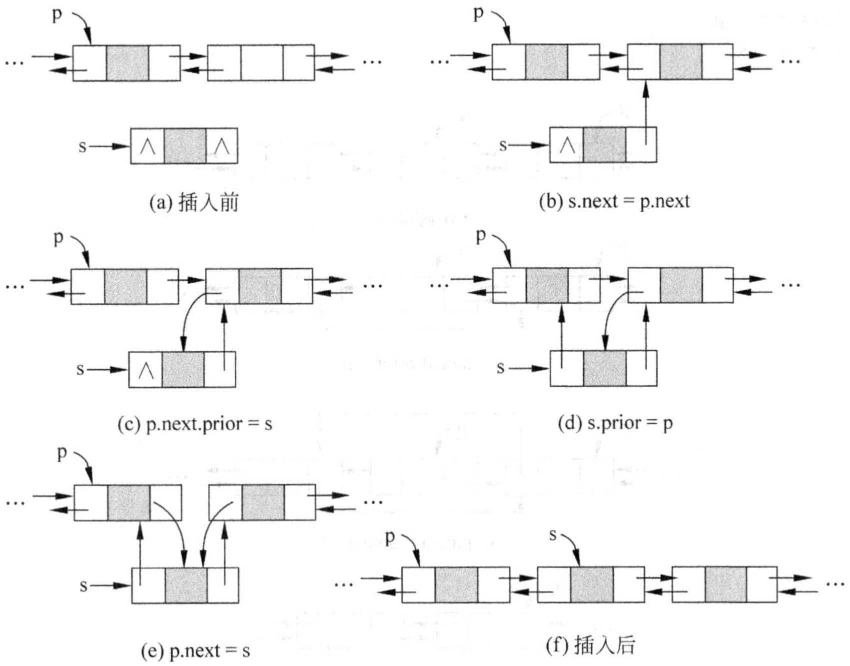

图 2.34　在双链表中插入结点的过程

在双链表 dhead 中第 i 个位置上插入值为 e 的结点的算法如下：

```
public bool ListInsert(int i,string e)
{   int j = 0;
    DLinkList s,p = dhead;                  //p 指向头结点,j 设置为 0
    while (j < i - 1 && p!= null)           //查找第 i - 1 个结点
    {   j++;
        p = p.next;
    }
    if (p == null)                          //未找到第 i - 1 个结点,返回 false
        return false;
    else                                    //找到第 i - 1 个结点 p,在其后插入新结点 s
    {   s = new DLinkList();
        s.data = e;                         //创建新结点 s
        s.next = p.next;                    //在 p 之后插入 s 结点
```

```
        if (p.next!= null)                    //若p结点存在后继结点,修改其前趋字段
            p.next.prior = s;
        s.prior = p;
        p.next = s;
        return true;
    }
}
```

本算法的时间复杂度为 O(*n*),其中 *n* 为双链表中数据结点的个数。

假设删除双链表 dhead 中 p 节点的后继结点,指针的变化过程如图 2.35 所示。其操作语句描述如下(共修改 2 个指针域):

```
q.next.prior = p;
p.next = q.next;
```

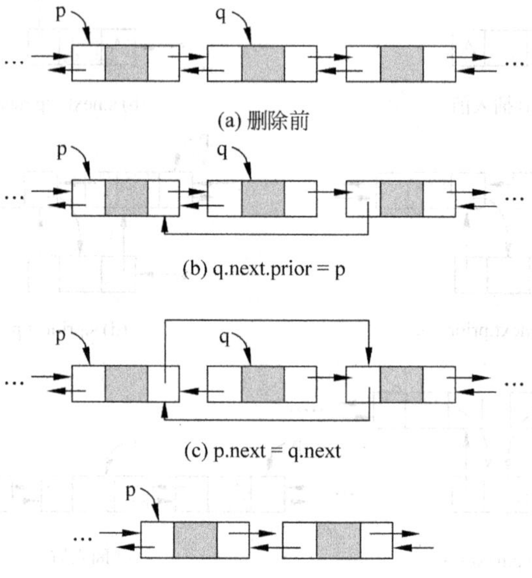

图 2.35 在双链表中删除结点的过程

在双链表 dhead 中删除第 *i* 个结点的算法如下:

```
public bool ListDelete(int i, ref string e)
{   int j = 0;                                  //p指向头结点,j设置为0
    DLinkList p = dhead, q;
    while (j < i - 1 && p!= null)               //查找第 i-1 个结点
    {   j++;
        p = p.next;
    }
    if (p == null)                              //未找到第 i-1 个结点
        return false;
    else                                        //找到第 i-1 个结点 p
    {   q = p.next;                             //q指向第 i 个结点
        if (q == null)                          //当不存在第 i 个结点时,返回 false
```

```
            return false;
        e = q.data;
        p.next = q.next;                        //从双链表中删除 q 结点
        if (p.next!= null)                      //若 p 结点存在后继结点，修改其前趋字段
            p.next.prior = p;
        q = null;                               //释放 q 结点
        return true;
    }
}
```

本算法的时间复杂度为 O(n)，其中 n 为双链表中数据结点的个数。

【例 2.7】 设计一个算法，统计一个双链表对象 L 中值为 x 的结点个数，并分析算法的时间复杂度。

解：用 p 遍历双链表对象 L 中的所有数据结点，用 n 累计值为 x 的结点个数。当双链表遍历完毕后，返回 n。对应的算法如下：

```
public int Count(DLinkListClass L,string x)
{   DLinkList p = L.dhead.next;
    int n = 0;
    while (p!= null)
    {   if (p.data == x)
            n++;
        p = p.next;
    }
    return n;
}
```

本算法的时间复杂度为 O(n)，其中 n 为双链表中数据结点的个数。

【例 2.8】 设计一个算法，删除双链表对象 L 中第一个值为 x 的结点，并分析算法的时间复杂度。

解：用 q 遍历双链表对象 L 的数据结点并查找第一个值为 x 的结点，若没有找到这样的结点，返回 false；若找到这样的结点 q，让 p 指向其前趋结点，再删除 q 结点，并返回 true。对应的算法如下：

```
public bool Delnode(ref DLinkListClass L, string x)
{   DLinkList q = L.dhead.next,p;
    while (q!= null && q.data!= x)
        q = q.next;
    if (q == null)                          //没有值为 x 的结点时，返回 false
        return false;
    else                                    //存在值为 x 的结点时，返回 true
    {   p = q.prior;                        //p 指向 q 的前趋结点
        if (q.next!= null)
            q.next.prior = p;
        p.next = q.next;
        q  =  null;
        return true;
    }
}
```

本算法的时间复杂度为O(n),其中,n为双链表中数据结点的个数。

双链表的实践项目

项目1:设计双链表的基本运算,并用相关数据进行测试,其操作界面如图2.36所示。

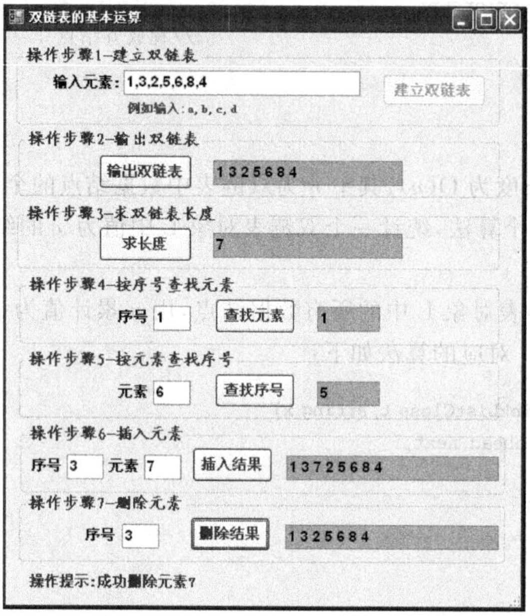

图2.36 双链表——实践项目1的操作界面

项目2:设计一个算法,在双链表中删除最大的元素,并用相关数据进行测试,其操作界面如图2.37所示。

项目3:设计一个算法,逆置双链表中的所有元素,并用相关数据进行测试,其操作界面如图2.38所示。

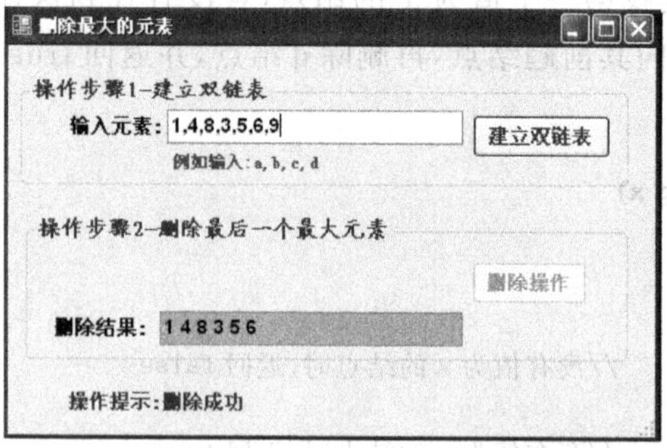

图2.37 双链表——实践项目2的操作界面

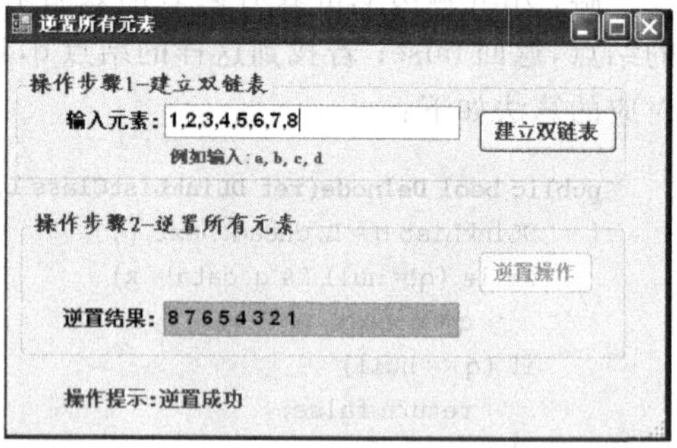

图2.38 双链表——实践项目3的操作界面

2.3.4 循环链表

循环链表是另一种形式的链式存储结构,分为循环单链表和循环双链表两种形式,它们分别是从单链表和双链表变化而来的。

1. 循环单链表

带头结点 head 的循环单链表如图 2.39 所示，表中尾结点的指针域不再是空，而是指向头结点，整个链表形成一个环。其特点是：从表中任一结点出发，均可找到链表中的其他结点。

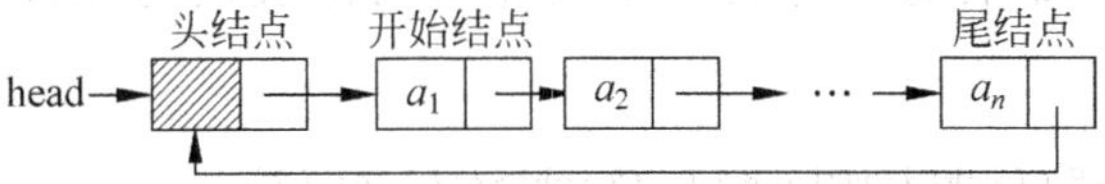

图 2.39　带头结点 head 的循环单链表

循环单链表的类型定义与非循环单链表相同，每个结点的类型仍为 LinkList。循环单链表的类定义如下(本小节的所有算法均包含在 CLinkListClass 类中)：

```
class CLinkListClass
{   …
    public LinkList head = new LinkList();          //循环单链表的头结点指针
                                                    //循环单链表的基本运算算法
}
```

循环单链表的基本运算实现算法与非循环单链表的相似，只是对表尾的判断有所改变。例如，在循环单链表 head 中，判断表尾结点 p 的条件是 p. next==head。

【例 2.9】 有一个带头结点的循环单链表对象 L，设计一个算法，统计值为 x 的结点个数。

解：用 p 遍历整个循环单链表对象 L 的结点，用 n 累计 data 域值为 x 的结点个数。对应的算法如下：

```
public int Count(CLinkListClass L, string x)
{   int n = 0;
    LinkList p = L.head.next;                       //p 指向第 1 个数据结点，n 置为 0
    while (p!= L.head)                              //遍历循环单链表
    {   if (p.data == x)
            n++;                                    //找到值为 x 的结点后 n 增 1
        p = p.next;                                 //p 指向下一个结点
    }
    return n;
}
```

【例 2.10】 设计一个算法，将一个非循环单链表对象 L 变为一个循环单链表。

解：遍历单链表对象 L 的所有结点，找到尾结点 p(满足 p. next==null 条件)，将 p 结点的 next 改为指向头结点。对应的算法如下：

```
public void Change(ref CLinkListClass L)
{   LinkList p = L.head;
    while (p.next!= null)                           //查找尾结点
        p = p.next;
    p.next = L.head;                                //改为循环单链表
}
```

【例 2.11】 有两个循环单链表对象 L_1 和 L_2，其元素分别为$(a_1,a_2,\cdots,a_n)$和$(b_1,b_2,\cdots,b_m)$，其中，n、m 均大于 1。设计一个算法，将 L_2 合并到 L_1 之后，即 L_1 变为$(a_1,a_2,\cdots,a_n,b_1,b_2,\cdots,b_m)$，合并后 L_1 仍为循环单链表，并分析算法的时间复杂度。

解：通过遍历让 p 指向 L_1 的尾结点，q 指向 L_2 的尾结点，将 p 结点的后继结点改为 L_2 的第一个数据结点，最后通过 q 结点将归并后的链表改为循环单链表。对应的算法如下：

```
public void Comb(ref CLinkListClass L1, CLinkListClass L2)
{   LinkList p = L1.head,q = L2.head;
    while (p.next!= L1.head)                     //p 指向 L1 的尾结点
        p = p.next;
    p.next = L2.head.next;
    while (q.next!= L2.head)                     //q 指向 L2 的尾结点
        q = q.next;
    q.next = L1.head;
    L2.head = null;                              //释放 L2 的头结点
}
```

本算法的时间复杂度为 $O(n+m)$。

循环单链表的实践项目

项目 1：设计循环单链表的基本运算，并用相关数据进行测试，其操作界面如图 2.40 所示。

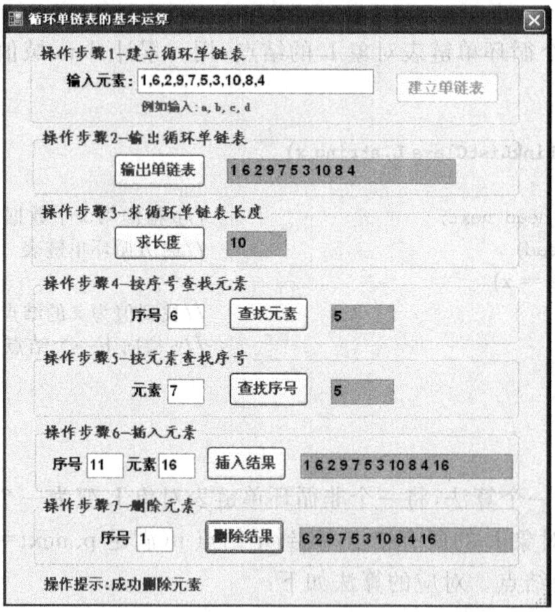

图 2.40 循环单链表——实践项目 1 的操作界面

项目 2：设计一个算法，删除循环单链表中第一个最小结点，并用相关数据进行测试，其操作界面如图 2.41 所示。

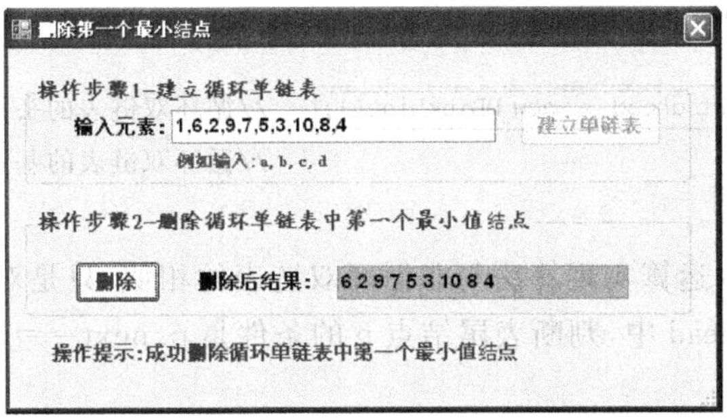

图 2.41　循环单链表——实践项目 2 的操作界面

项目 3：设计一个算法，求解 Josephus（约瑟夫）问题，并用相关数据进行测试，其操作界面如图 2.42 所示。所谓 Josephus 问题，就有 n（图中 $n=10$）个小孩围成一圈，给他们从 1 开始依次编号，现指定从第 m（图中 $m=3$）个小孩开始报数，报到第 s（图中 $s=2$）个时，该小孩出列，然后从下一个小孩开始报数，仍是报到第 s 个时出列，如此重复下去，直到所有的小孩都出列，求小孩出列的顺序。

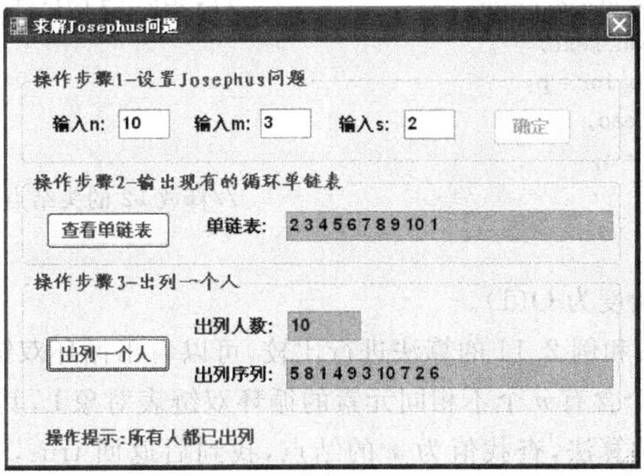

图 2.42　循环单链表——实践项目 3 的操作界面

2. 循环双链表

带头结点 dhead 的循环双链表如图 2.43 所示，尾结点的 next 域指向头结点，头结点的 prior 域指向尾结点。其特点是：整个链表形成两个环。由此，从表中任一结点出发，均可找到链表中的其他结点。

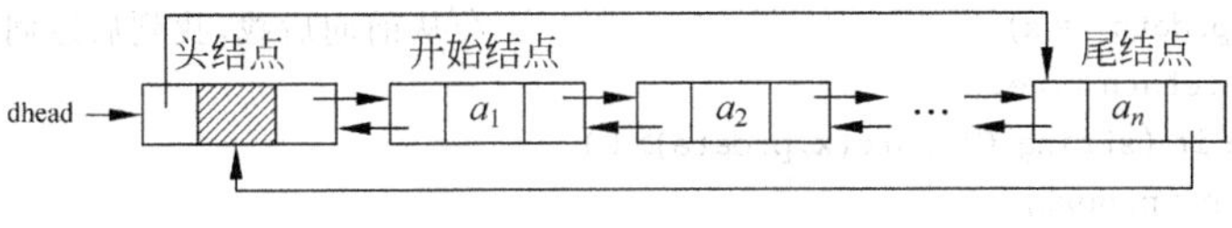

图 2.43　带头结点 dhead 的循环双链表

循环双链表的类型定义与非循环双链表的相同，每个结点的类型仍为 DLinkList。循环双链的表类定义如下（本小节的所有算法均包含在 CDLinkListClass 类中）：

```
class CDLinkListClass
{   …
    public DLinkList dhead = new DLinkList();      //循环双链表的头结点指针
                                                   //循环双链表的基本运算算法
}
```

循环双链表的基本运算实现算法与非循环双链表的相似，只是对表尾的判断有所改变。例如，在循环双链表 dhead 中，判断表尾结点 p 的条件是 p.next==dhead。另外，可以从头结点直接跳到尾结点。

【例 2.12】 有两个循环双链表对象 L_1 和 L_2，其元素分别为$(a_1,a_2,\cdots,a_n)$和$(b_1,b_2,\cdots,b_m)$，其中，n、m 均大于 1。设计一个算法，将 L_2 合并到 L_1 之后，即 L_1 变为$(a_1,a_2,\cdots,a_n,b_1,b_2,\cdots,b_m)$，合并后 L_1 仍为循环双链表，并分析算法的时间复杂度。

解：用 p 指向 L_1 的尾结点，q 指向 L_2 的尾结点，将 p 结点的后继结点改为 L_2 的第一个数据结点，最后通过 q 结点将归并后的链表改为循环双链表。对应的算法如下：

```
public void Comb(ref CDLinkListClass L1, CDLinkListClass L2)
{   DLinkList p = L1.dhead.prior;                  //p 指向 L1 的尾结点
    DLinkList q = L2.dhead.prior;                  //q 指向 L2 的尾结点
    p.next = L2.dhead.next;
    L2.dhead.next.prior = p;
    q.next = L1.dhead;
    L1.dhead.prior = q;
    L2.dhead = null;                               //释放 L2 的头结点
}
```

本算法的时间复杂度为 O(1)。

说明：将本例算法和例 2.11 的算法进行比较，可以看出循环双链表的优点。

【例 2.13】 有一个含有 n 个不相同元素的循环双链表对象 L，其中所有元素递增排列。设计一个尽可能高效的算法，查找值为 x 的结点，找到后返回 true，否则返回 false，并分析算法的时间复杂度。

解：用 p、q 分别指向 L 的开始结点和尾结点，根据数据元素的递增性分别从前向后和从后向前进行比较，由比较结果确定是返回 false 或 true，还是继续。对应的算法如下：

```
public bool Findx(CDLinkListClass L, string x)
{   DLinkList p = L.dhead.next;                    //p 指向 L 的开始结点
    DLinkList q = L.dhead.prior;                   //q 指向 L 的尾结点
    while (true)
    {   if (p.data == x)                           //从前向后找,找到后返回 true
            return true;
        else if (string.Compare(x, p.data) > 0)
            p = p.next;
        else                                       //从前向后找,没有找到返回 false
            return false;
        if (q == p)                                //找完所有结点后返回 false
            return false;
        if (q.data == x)                           //从后向前找,找到后返回 true
            return true;
```

```
        else if (string.Compare(x,q.data)< 0)
            q = q.prior;
        else                                    //从后向前找,没有找到返回 false
            return false;
    }
}
```

本算法的时间复杂度为 O(n),但执行效率显然比单纯从前向后或从后向前要高一些。

除了顺序表和各种链表外,线性表还可以采用静态链表存储结构,即采用数组表示链表,每个数据元素增加一个类似于链表指针的伪指针,它实际上是一个整数,指向下一个元素的下标,操作上具有链表的特点,而整个空间的分配又是静态的。有关静态链表的具体算法,这里不再详细介绍。

循环双链表的实践项目

项目 1:设计循环双链表的基本运算,并用相关数据进行测试,其操作界面如图 2.44 所示。

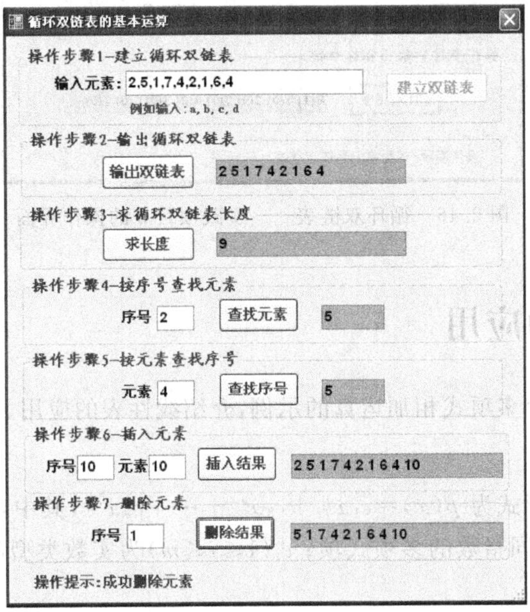

图 2.44　循环双链表——实践项目 1 的操作界面

项目 2:设计一个算法,判断循环双链表中的数据是否为回文,并用相关数据进行测试,其操作界面如图 2.45 所示。所谓回文,是指从前向后读和从后向前读的结果是相同的。

项目 3:设有一个循环双链表,每个结点中除有 prior、data 和 next 这 3 个域外,还有一个访问频度域 freq,在链表被起用之前,其值均初始化为零。每当进行 LocateElem1(e)运算时,令元素值为 e 的结点中 freq 域的值加 1,并调整表中结点的次序,使其按访问频度的递减序排列,以便使频繁访问的结点总是靠近表头。设计满足上述要求的 LocateElem1 算法,并用相关数据进行测试,其操作界面如图 2.46 所示(其中查找一次元素 8 后,循环双链表的情况)。

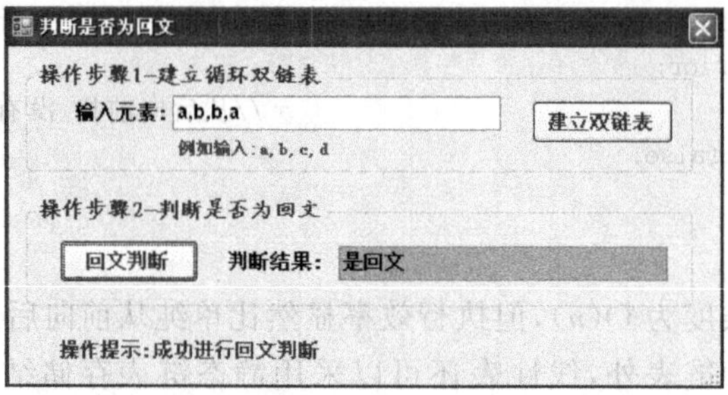

图 2.45　循环双链表——实践项目 2 的操作界面

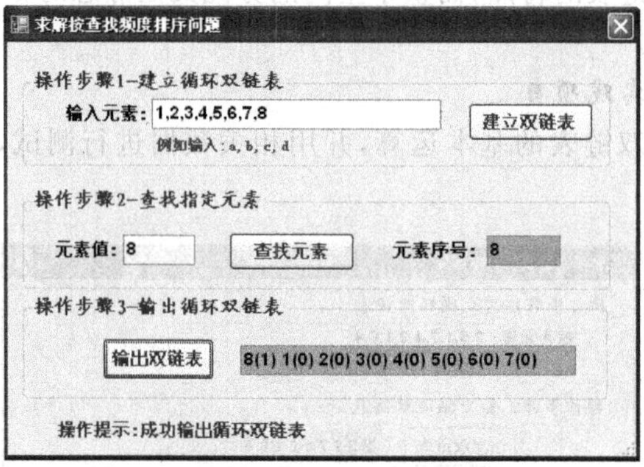

图 2.46　循环双链表——实践项目 3 的操作界面

2.4　线性表的应用

本节通过计算两个多项式相加运算的示例,介绍线性表的应用。

1. 问题描述

假设一个多项式形式为 $p(x)=c_1x^{e_1}+c_2x^{e_2}+\cdots+c_mx^{e_m}$,其中,$e_i(1\leqslant i\leqslant m)$为整数类型的指数,并且没有相同指数的多项式项; $c_i(1\leqslant i\leqslant m)$为实数类型的序数。编写求两个多项式相加的程序。

2. 设计存储结构

一个多项式由多个形如 $c_ix^{e_i}(1\leqslant i\leqslant m)$的多项式项组成,每个多项式项都采用以下结点存储:

coef	exp	next

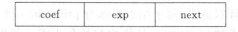

其中,coef 数据域存放系数 c_i; exp 数据域存放指数 e_i; next 域是一个链域,指向下一个结点。由此,一个多项式可以表示成由这些结点链接起来的单链表。这样的多项式单链表结点类的定义如下:

```
class PolyNode                                    //多项式单链表结点类
{    public double coef;                          //系数
```

```
    public int exp;                                  //指数
    public PolyNode next;                            //指向下一个结点的指针
};
```

例如，一个多项式 $f(x)=3x+7+5x^{17}+9x^{8}$ 的存储结构如图 2.47 所示。

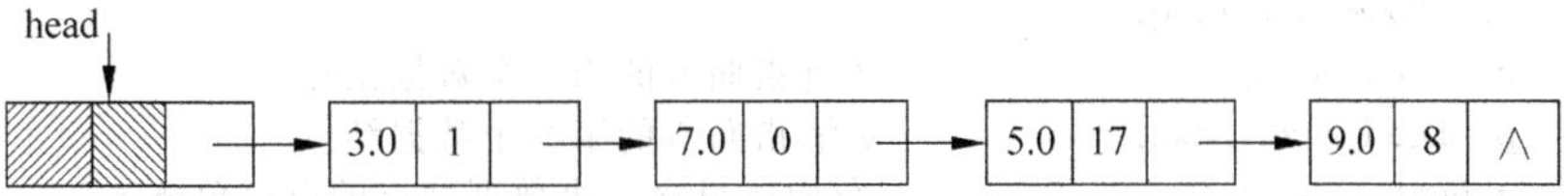

图 2.47 一个多项式单链表

3. 设计基本运算算法

首先设计一个多项式单链表类 PolyClass，用于实现多项式单链表的基本运算，包括创建多项式单链表的 CreateListR 方法、输出多项式单链表的 DispPoly 方法和对多项式单链表按指数域递减排序的 Sort 方法。这些算法的基本运算的原理在前面均已介绍过。PolyClass 类的定义如下：

```
class PolyClass                                      //多项式单链表类
{   public PolyNode head = new PolyNode();           //多项式单链表的头结点指针
    public string DispPoly()                         //输出多项式的方法
    {   string mystr = "";
        bool first = true;                           //first 为 true,表示是第一项
        PolyNode p = head.next;
        while (p!= null)
        {   if (first)
                first = false;
            else if (p.coef > 0)
                mystr += " + ";
            if (p.exp == 0)
                mystr += p.coef.ToString();
            else if (p.exp == 1)
                mystr += p.coef.ToString() + "x";
            else
                mystr += p.coef.ToString() + "x^" + p.exp.ToString();
            p = p.next;
        }
        return mystr;
    }
    public void CreateListR(double [] a,int [] b,int n)
    //由含有 n 个元素的系数数组 a 和指数数组 b 采用尾插法建立多项式单链表
    {   PolyNode s,r;
        int i;
        r = head;                                    //r 始终指向终端结点,开始时指向头结点
        for (i = 0;i < n;i++)
        {   s = new PolyNode();                      //创建新结点
            s.coef = a[i];
            s.exp = b[i];
            r.next = s;                              //将 s 结点插入 r 结点之后
```

```
            r = s;
        }
        r.next = null;                      //尾结点 next 域置为 null
    }
    public void Sort()                      //对一个多项式单链表按 exp 域递减排序
    {   PolyNode p, pre, q;
        q = head.next;                      //q 指向 L 的第 1 个数据结点
        p = head.next.next;                 //p 指向 L 的第 2 个数据结点
        q.next = null;                      //构造只含一个数据结点的有序单链表
        while (p != null)
        {   q = p.next;                     //q 保存 p 结点后继结点的指针
            pre = head;                     //从有序表开头进行比较,pre 指向插入 p 的前趋结点
            while (pre.next!= null && pre.exp > p.exp)
                pre = pre.next;             //在有序表中找插入 p 的前趋结点 pre
            p.next = pre.next;              //在 pre 之后插入 p 结点
            pre.next = p;
            p = q;                          //扫描原单链表余下的结点
        }
    }
}
```

Sort 方法用于实现一个多项式单链表按 exp 域递减排序。例如,前面的 $f(x)$多项式单链表调用 Sort 方法后的结果如图 2.48 所示。之所以设计 Sort 方法,是为了便于两个多项式的相加运算算法的实现。

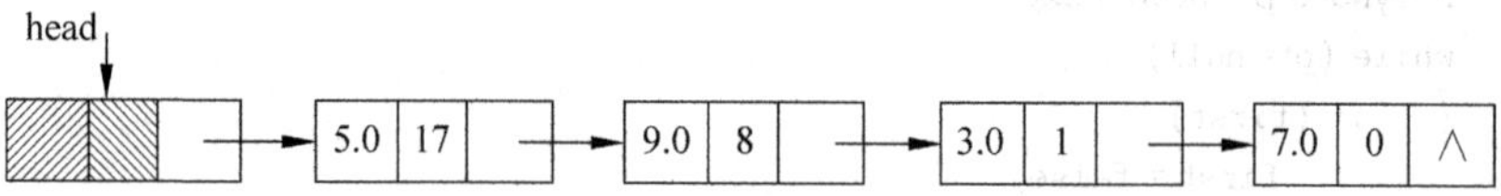

图 2.48　按 exp 域递减排序后的多项式单链表

另外,还要设计实现两个多项式相加运算的类 PolyAddClass,其中包含 Add 方法,它将多项式单链表 poly1 和 poly2 相加后,产生新的多项式单链表 poly3。PolyAddClass 类的定义如下:

```
class PolyAddClass
{   public PolyClass poly1 = new PolyClass();          //多项式单链表 1
    public PolyClass poly2 = new PolyClass();          //多项式单链表 2
    public void Add(ref PolyClass poly3)               //两个多项式的相加方法
    {   PolyNode pa = poly1.head.next, pb = poly2.head.next, s, r;
        double c;
        poly3 = new PolyClass();
        r = poly3.head;
        while (pa!= null && pb!= null)
        {   if (pa.exp > pb.exp)
            {   s = new PolyNode();                    //复制结点
                s.exp = pa.exp;
                s.coef = pa.coef;
                r.next = s; r = s;
                pa = pa.next;
```

```
        }
        else if (pa.exp < pb.exp)
        {   s = new PolyNode();                     //复制结点
            s.exp = pb.exp;
            s.coef = pb.coef;
            r.next = s; r = s;
            pb = pb.next;
        }
        else                                        //两结点指数相等
        {   c = pa.coef + pb.coef;
            if (c!= 0)                              //系数之和不为 0 时,创建新结点
            {   s = new PolyNode();                 //复制结点
                s.exp = pa.exp;
                s.coef = c;
                r.next = s; r = s;
            }
            pa = pa.next;
            pb = pb.next;
        }
    }
    if (pb!= null) pa = pb;                         //复制余下的结点
    while (pa!= null)
    {   s = new PolyNode();                         //复制结点
        s.exp = pa.exp;
        s.coef = pa.coef;
        r.next = s; r = s;
        pa = pa.next;
    }
    r.next = null;
  }
}
```

Add 方法用于两个按 exp 值递减顺序排列的多项式单链表的相加运算,其基本思路如下:首先创建新单链表 poly3(存储相加后的结果),让 pa 和 pb 分别遍历 poly1 和 poly2。比较 pa 和 pb 两个结点的 exp 值,复制 exp 值较小的结点产生新节点 s,将 s 结点链接到 poly3 单链表的尾部。若 pa 和 pb 两个结点的 exp 值相等,且它们的 coef 域值相加后不为零,则以该相加值和 exp 值作为数据域值创建新结点 s,也将 s 结点链接到 poly3 的尾部。如此这样,直到 pa 和 pb 中有一个遍历完为止,然后将未遍历完的单链表的结点复制并链接到 poly 的尾部。

思考题:如果 poly1 或 poly2 两个单链表不是按 exp 值递减排列的,则 Add 算法不正确,为什么?

4. 设计项目

用 C# 语言设计一个求解问题的项目 Poly,其组成如图 2.49 所示,其中 Class1 类文件包含前面介绍的多项式单链表结点类的定义、PolyClass 类和 PolyAddClass 类的定义。另外,定义如下临时类 TempData,其中含有 3 个静

图 2.49 Poly 项目组成

态字段,用于在两个窗体之间传递数据。

```
class TempData                                              //用于在两个窗体之间传递数据
{   const int MaxSize = 100;
    public static double[ ] Coef = new double[MaxSize];   //系数数组
    public static int[ ] Exp = new int[MaxSize];          //指数数组
    public static int Num;                                 //项个数
}
```

再设计两个窗体 Form1 和 Form2,用于建立多项式单链表和相加运算,它们的设计界面分别如图 2.50 和图 2.51 所示。

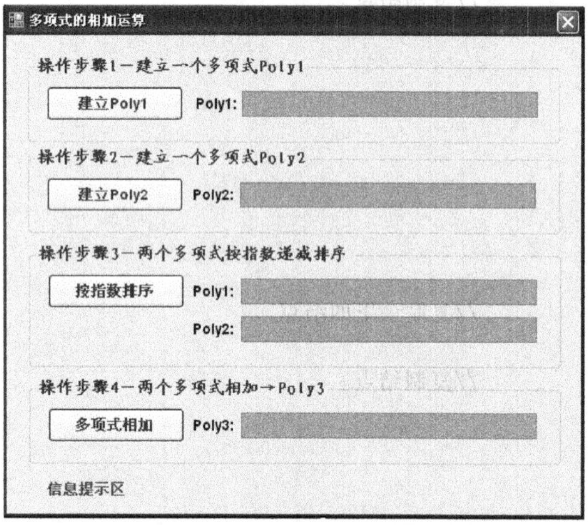

图 2.50　Form2 设计界面

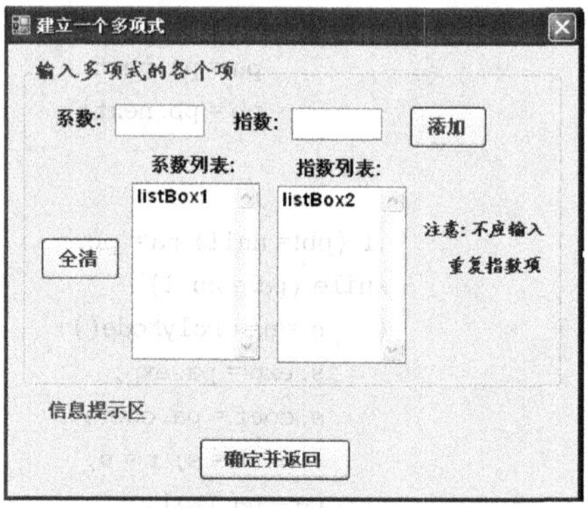

图 2.51　Form2 设计界面

Form2 窗体将用户输入的多项式各项保存在 DataTemp 类的 Coef 和 Exp 数组中,其"确定并返回"命令按钮的单击事件过程包含以下代码:

```
int i;
if (listBox1.Items.Count < 2)
{   infolabel.Text = "操作提示:一个多项式式至少有一个项,请重新输入";
    return;
}
else
{   for (i = 0;i< listBox1.Items.Count; i++)
    {   TempData.Coef[i] = Convert.ToDouble(listBox1.Items[i].ToString());
        TempData.Exp[i] = Convert.ToInt32(listBox2.Items[i].ToString());
    }  //将用户输入的各项(存放在 listBox1 和 listBox2 中)存放到 Coef 和 Exp 数组中
    TempData.Num = listBox1.Items.Count;                   //保存多项式的项数
    this.Close();                                           //关闭本窗体
}
```

在 Form1 类中包含以下字段,即定义了多项式相加类的对象 padd:

```
PolyAddClass padd = new PolyAddClass();
```

"建立 Poly1"命令按钮的单击事件过程包含以下代码,它根据 Coef 和 Exp 数组创建多项式单链表 poly1：

```
Form myform = new Form2();
myform.ShowDialog();                              //调用 Form2 窗体,获取 Coef 和 Exp 数组值
padd.poly1.CreateListR(TempData.Coef,TempData.Exp,TempData.Num);
textBox1.Text = padd.poly1.DispPoly();            //在 textBox1 中显示多项式 1
infolabel.Text = "操作提示:成功创建多项式 Poly1";
```

实现“多项式相加”命令按钮的单击事件过程包含如下代码：

```
PolyClass poly3 = new PolyClass();
padd.Add(ref poly3);
textBox5.Text = poly3.DispPoly();
infolabel.Text = "操作提示:成功实现两个多项式相加运算";
```

其主要功能是将 poly1 和 poly2 进行 Add 运算，产生结果多项式单链表 poly3，然后将 poly3 的所有元素显示在文本框 textBox5 中。

5. 项目运行结果

启动本项目，出现 Form1 界面，单击“建立 Poly1”命令按钮，出现 Form2 界面，输入多项式 1 的各个项，如图 2.52 所示，单击“确定并返回”命令按钮返回到 Form1，然后再单击“建立 Poly2”命令按钮，出现 Form2 界面，输入多项式 2 的各个项，如图 2.53 所示，单击“确定并返回”命令按钮返回到 Form1，此时显示了两个多项式，如图 2.54 所示。单击“按指数排序”命令按钮，再单击“多项式相加”命令按钮，其结果如图 2.55 所示。从图 2.55 中可看到正确的结果。

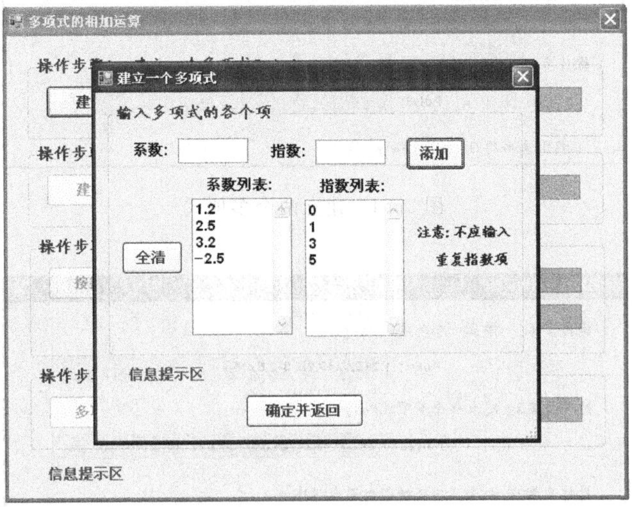

图 2.52　建立多项式 Poly1

线性表综合应用的实践项目

设计一个学生信息管理项目，每个学生信息包括学号（关键字）、姓名、性别、出生日期、班号、电话号码和住址等字段，显示的学生记录按学号递增排序。其主要功能如下：

(1) 添加一个学生记录。

(2) 修改一个学生记录。

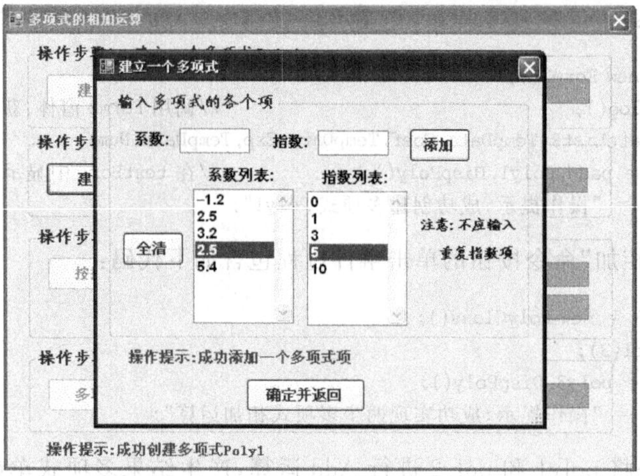

图 2.53　建立多项式 Poly2

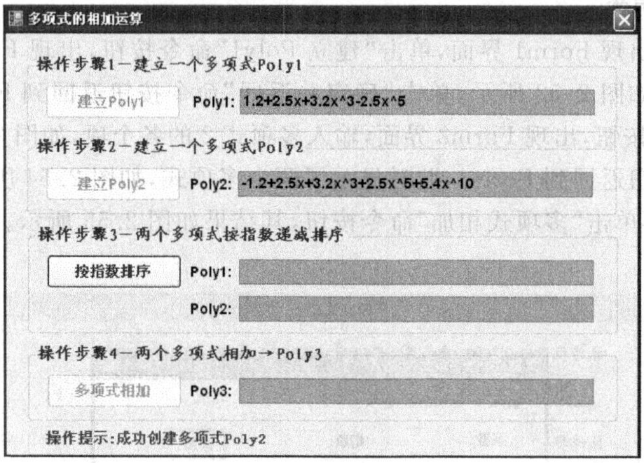

图 2.54　建立两个多项式

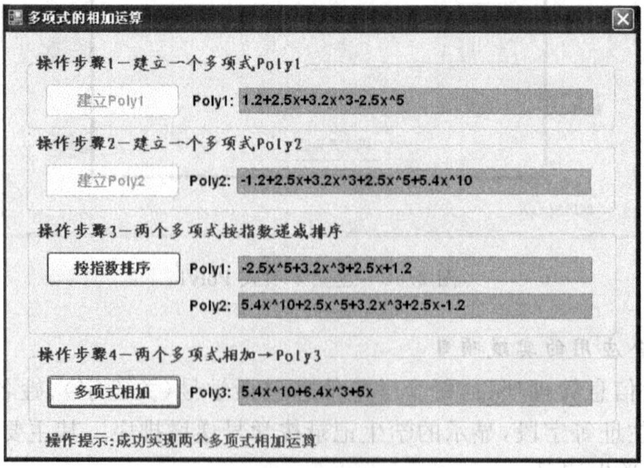

图 2.55　实现两个多项式相加运算

(3) 删除一个学生记录。

(4) 按学号或班号查找指定的学生记录。

在内存中,学生记录用单链表表示。在硬盘中,学生记录存放在 student. dat 文件中。学生记录操作界面如图 2.56 所示,修改或添加一个学生记录的操作界面如图 2.57 所示,并用相关数据进行测试。

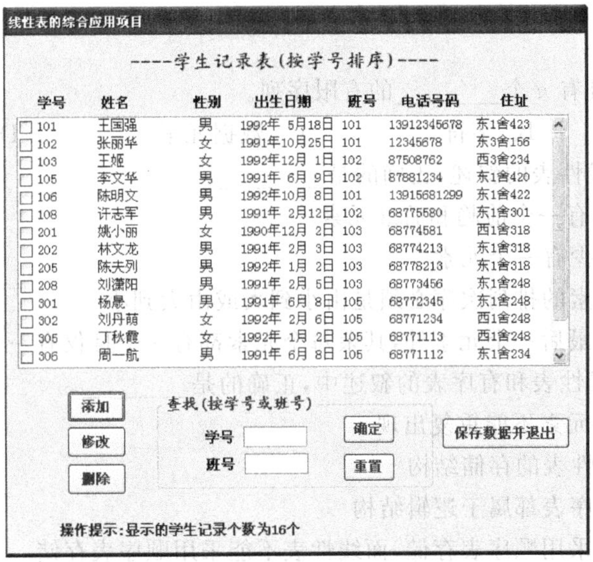

图 2.56　学生记录操作界面

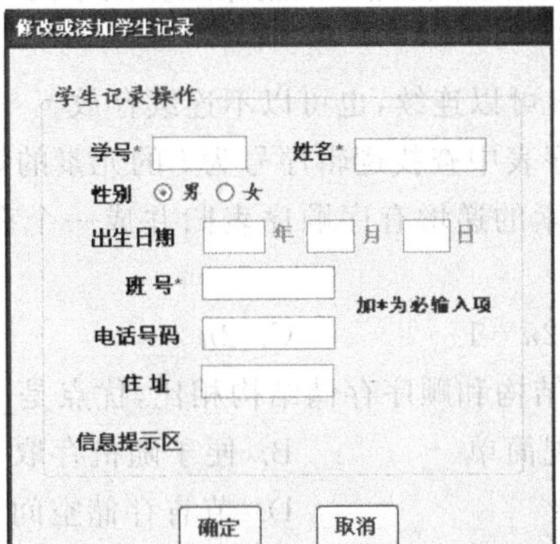

图 2.57　修改和添加一个学生记录的操作界面

本章小结

本章的学习要点如下:

(1) 掌握线性表的逻辑结构特性。

(2) 深入掌握线性表的两种存储方法,即顺序表和链表,体会这两种存储结构之间的差异。

(3) 重点掌握顺序表和链表各种基本运算的实现。

(4) 综合运用线性表解决一些复杂的实际问题。

练习题 2

1. 单项选择题

(1) 线性表是具有 n 个________的有限序列。

A. 关系　　B. 字符　　C. 数据元素　　D. 数据项

(2) 以下关于线性表的叙述,正确的是________。

A. 每个元素都有一个前趋和后继元素

B. 线性表中至少有一个元素

C. 线性表中元素的排列次序必须是由小到大或由大到小

D. 除第一个和最后一个元素外,其余每个元素都有一个且仅有一个前趋和后继元素

(3) 以下关于线性表和有序表的叙述中,正确的是________。

A. 线性表中的元素不能重复出现

B. 有序表属线性表的存储结构

C. 线性表和有序表都属于逻辑结构

D. 有序表可以采用顺序表存储,而线性表不能采用顺序表存储

(4) 以下关于顺序表的叙述中,正确的是________。

A. 顺序表的优点是存储密度大且插入、删除运算效率高

B. 顺序表属于静态结构

C. 顺序表中的所有元素可以连续,也可以不连续存放

D. 在有 n 个元素的顺序表中查找逻辑序号为 i 的元素的算法时间复杂度为 $O(n)$

(5) 将两个各有 n 个元素的递增有序顺序表归并成一个有序顺序表,其最少的比较次数是________。

A. n　　B. $2n-1$　　C. $2n$　　D. $n-1$

(6) 线性表的链表存储结构和顺序存储结构相比,优点是________。

A. 所有的操作算法实现简单　　B. 便于随机存取

C. 便于插入和删除元素　　D. 节省存储空间

(7) 线性表采用链表存储时,其存放元素的单元地址________。

A. 必须是连续的　　B. 一定是不连续的

C. 部分地址必须是连续的　　D. 连续与否均可以

(8) 对于单链表存储结构,以下说法中错误的是________。

A. 一个结点的数据域用于存放线性表的一个数据元素

B. 一个结点的指针域用于指向下一个数据元素的结点

C. 单链表必须带有头结点

D. 单链表中的所有结点可以连续,也可以不连续存放

(9) 链表不具备的特点是________。

A. 可随机访问任一结点　　B. 插入、删除时不需要移动元素
C. 不必事先估计存储空间　　D. 所需空间与其长度成正比

(10) 以下关于链表的叙述中，不正确的是________。

A. 结点除自身信息外，还包括指针域，因此存储密度小于顺序存储结构
B. 逻辑上相邻的元素物理上不必相邻
C. 可以通过计算直接确定第 i 个结点的存储地址
D. 插入、删除运算操作方便，不必移动结点

(11) 要求线性表的存储密度高，且插入和删除操作不需要移动元素，采用的存储结构是________。

A. 单链表　　B. 静态链表　　C. 双链表　　D. 顺序表

(12) 不带头结点的单链表 head 为空的判定条件是________。

A. head==null　　B. head. next==null
C. head. next==head　　D. head!=null

(13) 某线性表最常用的操作是在最后一个结点之后插入一个结点或删除第一个结点，故采用________存储方式最节省运算时间。

A. 单链表　　B. 仅有头结点的单循环链表
C. 双链表　　D. 仅有尾指针的单循环链表

(14) 如果含有 n 个元素的某表最常用的操作是取第 $i(2\leqslant i\leqslant n)$ 个结点及其前趋结点，则采用________存储方式最节省时间。

A. 单链表　　B. 双链表　　C. 单循环链表　　D. 顺序表

(15) 在一个长度为 $n(n>1)$ 的带头结点的单链表 head 上另设有尾指针 r(指向尾结点)，执行________操作与链表的长度有关。

A. 删除单链表中的第一个元素
B. 删除单链表中的尾结点
C. 在单链表第一个元素前插入一个新结点
D. 在单链表最后一个元素后插入一个新结点

(16) 将长度为 n 的单链表链接到长度为 m 的单链表之后的算法的时间复杂度是________。

A. $O(1)$　　B. $O(n)$　　C. $O(m)$　　D. $O(m+n)$

(17) 已知一个长度为 n 的单链表中的所有结点是递增有序的，以下叙述中正确的是________。

A. 插入一个结点使之有序的算法的时间复杂度为 $O(1)$
B. 删除最大值结点使之有序的算法的时间复杂度为 $O(1)$
C. 找最小值结点的算法的时间复杂度为 $O(1)$
D. 以上都不对

(18) 在一个双链表中，删除 p 结点(非尾结点)的操作是________。

A. p. prior. next=p. next; p. next. prior=p. prior;
B. p. prior=p. prior. prior; p. prior. prior=p;
C. p. next. prior=p; p. next=p. next. next;

D. p. next=p. prior. prior;p. prior=p. prior. prior;

(19) 非空循环单链表 head 的尾结点 p 满足________。

A. p. next==null　　B. p==null

C. p. next==null　　D. p==head

(20) 在长度为 n 的________上,删除第一个元素,其算法的时间复杂度为 $O(n)$。

A. 只有表头指针的不带表头结点的循环单链表

B. 只有表尾指针的不带表头结点的循环单链表

C. 只有表尾指针的带表头结点的循环单链表

D. 只有表头指针的带表头结点的循环单链表

2. 问答题

(1) 简述线性表的顺序表和链表两种存储结构各自的主要特点。

(2) 在什么情况下使用顺序表比使用链表好?

(3) 若频繁地对一个线性表进行插入和删除操作,该线性表宜采用何种存储结构?为什么?

(4) 对单链表设置头结点的作用是什么?(至少说出两条好处)

(5) 对于线性表的以下存储结构,某个中间结点的地址 p 能够遍历所有结点?

① 单链表

② 循环单链表

③ 双链表

(6) 简述静态链表的特点。

3. 算法设计题

(1) 有一个顺序表 L,设计一个算法,找第一个值最小的元素的逻辑序号,并给出算法的时间复杂度和空间复杂度。

(2) 有一个顺序表 L,尽可能设计一个高效算法,删除其中所有值为 x 的元素,并给出算法的时间复杂度和空间复杂度。

(3) 有一个顺序表 L,假设元素值为整数,尽可能设计一个高效算法,将所有值小于 0 的元素移到所有值大于 0 的元素前面,并给出算法的时间复杂度和空间复杂度。

(4) 有一个递增有序顺序表 L,设计一个算法,将 x 插入到适当位置上,以保持该表的有序性,并给出算法的时间复杂度和空间复杂度。

(5) 有两个集合采用递增有序顺序表 L_1、L_2 存储,设计一个在时间上尽可能高效的算法求两个集合的并集,并给出算法的时间复杂度和空间复杂度。

(6) 有两个集合采用递增有序顺序表 L_1、L_2 存储,设计一个在时间上尽可能高效的算法求两个集合的差集,并给出算法的时间复杂度和空间复杂度。

(7) 有两个集合采用递增有序顺序表 L_1、L_2 存储,设计一个在时间上尽可能高效的算法求两个集合的交集,并给出算法的时间复杂度和空间复杂度。

(8) 有一个单链表 L,设计一个算法,删除值最大的结点的后继结点,若不存在这样的结点,返回 false,并给出算法的时间复杂度和空间复杂度。

(9) 有一个单链表 L,设计一个算法,在第 i 个结点之前插入一个元素 x,并给出算法的时间复杂度和空间复杂度。

(10) 有一个单链表 L,假设结点值为整数,设计一个尽可能高效的算法将所有值小于 0 的结点移到所有值大于 0 的结点前面,并给出算法的时间复杂度和空间复杂度。

(11) 有一个递增有序单链表 L,设计一个算法,将 x 插入到适当位置上,以保持该表的有序性,并给出算法的时间复杂度和空间复杂度。

(12) 有 3 个递增有序单链表 L_1、L_2 和 L_3,设计一个 3 路归并算法,产生一个新的递增有序单链表 L,要求空间复杂度为 O(1)。

(13) 有两个集合采用递增有序单链表 L_1、L_2 存储,设计一个在时间上尽可能高效的算法,求两个集合的并集,并给出算法的时间复杂度和空间复杂度。

(14) 有两个集合采用递增有序单链表 L_1、L_2 存储,设计一个在时间上尽可能高效的算法,求两个集合的差集,并给出算法的时间复杂度和空间复杂度。

(15) 有两个集合采用递增有序单链表 L_1、L_2 存储,设计一个在时间上尽可能高效的算法,求两个集合的交集,并给出算法的时间和空间复杂度。

(16) 有一个双链表 L,设计一个算法,将其中所有值为 x 的结点值替换成 y,并给出算法的时间复杂度和空间复杂度。

(17) 有一个双链表 L,设计一个算法,在第 i 个结点之后插入一个元素 x,并给出算法的时间复杂度和空间复杂度。

(18) 有一个循环单链表 L,设计一个算法,判断其元素是否是递增有序的,并给出算法的时间复杂度和空间复杂度。

(19) 有一个循环双链表 L,设计一个算法,删除其中值最小的结点,并给出算法的时间复杂度和空间复杂度。

CHAPTER 3

第3章　栈和队列

栈和队列是两种常用的数据结构，它们的数据元素的逻辑关系也是线性关系，但在运算上不同于线性表。本章介绍栈和队列的基本概念、存储结构和相关运算的实现过程。

3.1　栈

本节首先介绍栈的定义，存储结构和基本运算算法设计，最后通过实例讨论栈的应用。

3.1.1　栈的定义

先看一个示例，假设有一个老鼠洞，口径只能容纳一只老鼠，有若干只老鼠依次进洞，如图 3.1 所示，当到达洞底时，这些老鼠只能一只一只地按原来进洞时相反的次序出洞，如图 3.2 所示。在这个例子中，老鼠洞就是一个栈，由于其口径只能容纳一只老鼠，所以不论洞中有多少只老鼠，它们只能是一只一只地排列，从而构成一种线性关系。再看老鼠洞的主要操作，显然有进洞和出洞，进洞只能从洞口进，出洞也只能从洞口出。

图 3.1　老鼠进洞的情况

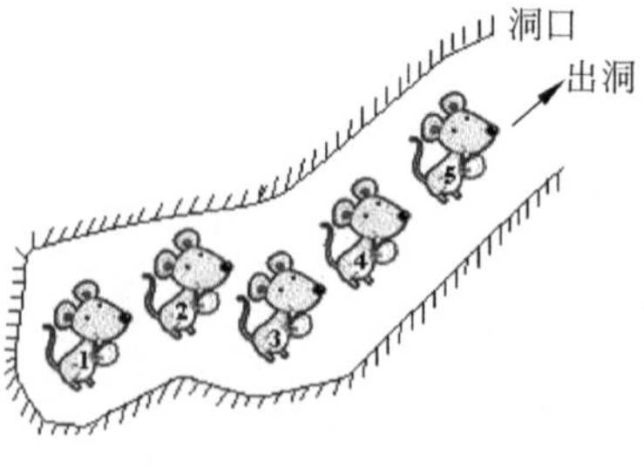

图 3.2　老鼠出洞的情况

抽象起来，栈是一种只能在一端进行插入或删除操作的线性表。表中允许进行插入、删除操作的一端称为**栈顶**。栈顶的当前位置是动态的，由一个称为栈顶指针的位置指示器来指示。表的另一端称为**栈底**。当栈中没有数据元素时，称为**空栈**。栈的插入操作通常称为**进栈**或**入栈**，栈的删除操作通常称为**退栈**或**入栈**。

说明：对于线性表，可以在中间和两端的任何地方插入和删除元素，而栈只能在同一端插入和删除元素。

栈的主要特点是"后进先出"，即后进栈的元素先弹出。每次进栈的数据元素都放在原当前栈顶元素之前成为新的栈顶元素，每次出栈的数据元素都是原当前栈顶元素。栈也称为**后进先出表**。

图3.3是一个栈的动态示意图，图中的箭头表示当前栈顶元素位置。图3.3(a)表示一个空栈；图3.3(b)表示数据元素a进栈以后的状态；图3.3(c)表示数据元素b、c、d进栈以后的状态；图3.3(d)表示出栈一个数据元素以后的状态。

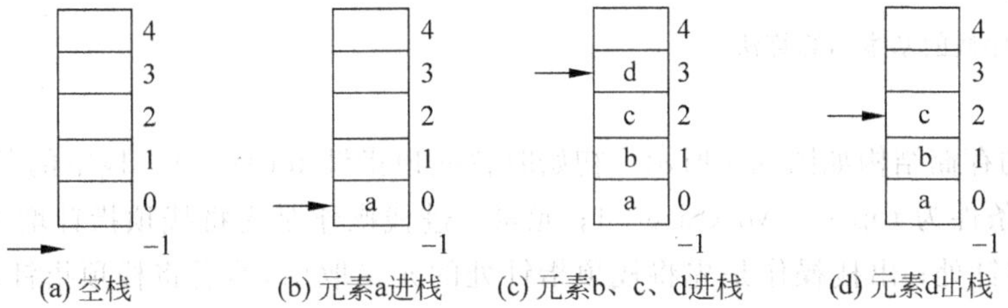

图3.3 栈操作示意图

抽象数据类型栈的定义如下：

```
ADT Stack
{
数据对象：
    D={aᵢ | 1≤i≤n,n≥0,aᵢ 为 ElemType 类型}                  //假设 ElemType 为 string
数据关系：
    R={r}
    r={<aᵢ,aᵢ₊₁> | aᵢ,aᵢ₊₁∈D, i=1,…,n-1}
基本运算：
    bool StackEmpty(string e)：判断栈是否为空，若空栈，返回真；否则返回假。
    bool Push(string e)：进栈，将元素 e 插入到栈中作为栈顶元素。
    bool Pop(ref string e)：出栈，从栈中退出栈顶元素，并将其值赋给 e。
    GetTop(ref string e)：取栈顶元素，返回当前的栈顶元素，并将其值赋给 e。
}
```

【例3.1】 若元素进栈顺序为1234，能否得到3142的出栈顺序？

解：为了让3作为第一个出栈元素，1、2先进栈，此时要么2出栈，要么4进栈后出栈，出栈的第2个元素不可能是1，所以得不到3142的出栈顺序。

【例3.2】 用S表示进栈操作，X表示出栈操作，若元素进栈顺序为1234，为了得到1342的出栈顺序，给出相应的S和X操作串。

解：为了得到1342的出栈顺序，其操作过程是：1进栈，1出栈，2进栈，3进栈，3出栈，4进栈，4出栈，2出栈。因此，相应的S和X操作串为SXSSXSXX。

3.1.2 栈的顺序存储结构及其基本运算的实现

栈可以采用顺序存储结构，分配一块连续的存储空间(大小为常量MaxSize)来存放栈中的元素，并用一个变量指向当前的栈顶，以反映栈中元素的变化。采用顺序存储的栈称为顺序栈。

和顺序表一样，顺序栈类 SqStackClass 的定义如下(本小节的所有算法均包含在 SqStackClass 类中)：

```
class SqStackClass
{   const int MaxSize = 100;                //栈中的最多元素个数即栈的大小
    public string[] data;                   //存放栈中的元素
    public int top;                         //栈顶指针
    public SqStackClass()                   //构造函数，用于栈初始化
    {   data = new string[MaxSize];
        top = -1;
    }
    //顺序栈的基本运算算法
}
```

顺序栈的存储结构如图 3.4 所示。初始时置栈顶指针 top=－1。栈空的条件为 top==－1；栈满的条件为 top==MaxSize－1；元素 e 进栈操作是先将栈顶指针增 1，然后将元素 e 放在栈顶指针处；出栈操作是先将栈顶指针处的元素取出，然后将栈顶指针减 1。

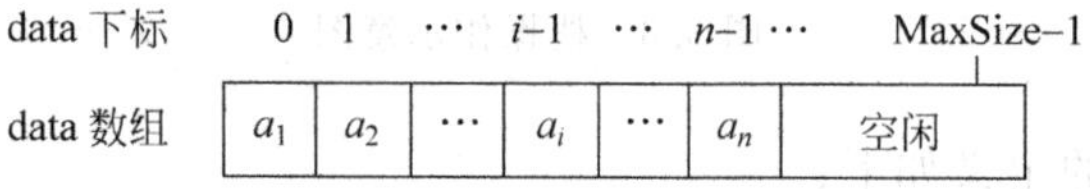

图 3.4　顺序栈的存储结构

顺序栈的基本运算算法如下。

1) 判断栈是否为空 StackEmpty()

若栈顶指针 top 为－1 表示空栈。对应的算法如下：

```
public bool StackEmpty()
{   return(top == -1); }
```

2) 进栈 Push(e)

元素进栈只能从栈顶进，不能从栈底或中间位置进栈，如图 3.5 所示。

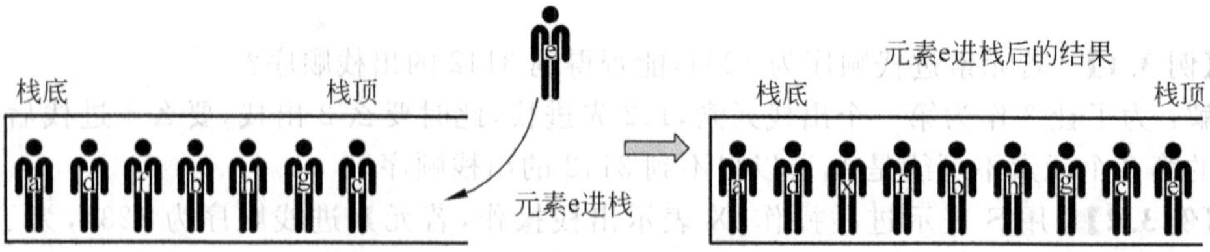

图 3.5　元素进栈示意图

在进栈运算中，在栈不满的条件下，先将栈顶指针增 1，然后在该位置上插入元素 e。对应的算法如下：

```
public bool Push(string x)
{   if (top == MaxSize - 1)                 //栈上溢出时，返回 false
        return false;
```

```
    top++;                              //栈顶指针增 1
    data[top] = x;
    return true;
}
```

3）出栈 Pop(e)

元素出栈只能从栈顶出，不能从栈底或中间位置出栈，如图 3.6 所示。

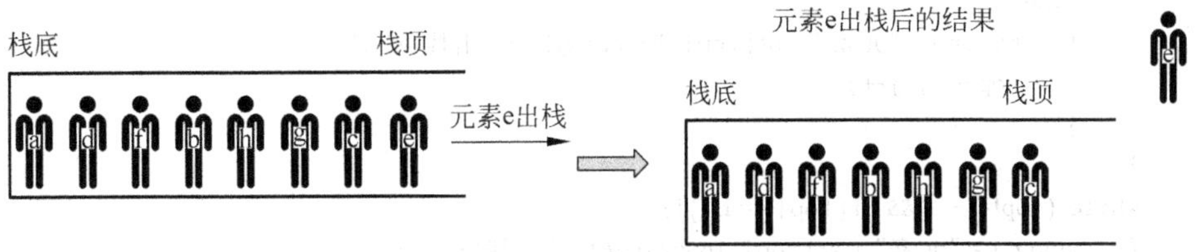

图 3.6 元素出栈示意图

在出栈运算中，在栈不为空的条件下，先将栈顶元素赋给 e，然后将栈顶指针减 1。对应的算法如下：

```
public bool Pop(ref string e)
{   if (StackEmpty())                   //栈下溢出时，返回 false
        return false;
    e = data[top];                      //取栈顶指针位置的元素
    top--;                              //栈顶指针减 1
    return true;
}
```

4）取栈顶元素 GetTop(e)

在栈不为空的条件下，将栈顶元素赋给 e，不移动栈顶指针。对应的算法如下：

```
public bool GetTop(ref string e)
{   if (StackEmpty())                   //栈为空的情况，即栈下溢出
        return false;
    e = data[top];                      //取栈顶指针位置的元素
    return true;
}
```

【例 3.3】 有 n 个元素（假设元素值为 $1\sim n$），依 $1\sim n$ 的次序通过一个栈，设计一个算法，判断序列 str 是否为一个出栈序列，若是出栈序列，给出操作过程。

解：将进栈序列存放到数组 a 中（元素为 $1\sim n$），判断序列 str 存放到数组 b 中，设计一个顺序栈 st，其栈顶指针为 top。令 i、j 的初始值均为 0，即分别指向 a、b 数组的第一个元素。反复执行下列操作：比较栈顶元素 st[top]和 $b[j]$的大小，若两者不相等，则将 $a[i]$进栈，i 加 1；否则出栈栈顶元素，j 加 1。当 i 大于等于 n 或 j 大于等于 n 时，上述循环过程结束。如果序列 str 是出栈序列，则此时必有 $j=n$，用 mystr 字符串保存进栈和出栈的操作过程。对应的算法如下：

```
private bool isSerial(int[] a, int[] b, int n, ref string mystr)
{   int i = 0, j = 0;
    int [] st = new int[MaxSize];       //用作顺序栈
```

```
    int top = -1;                          //用作栈顶指针
    while (i < n && j < n)
    {   if (top == -1 || st[top]!= b[j])
        {   top++; st[top] = a[i];
            mystr += "元素" + a[i].ToString() + "进栈\r\n";
            i++;
        }
        else
        {   mystr += "元素" + st[top].ToString() + "出栈\r\n";
            top--; j++;
        }
    }
    while (top!= -1 && st[top] == b[j])
    {   mystr += "元素" + st[top].ToString() + "出栈\r\n";
        top--; j++;
    }
    if (j == n) return true;               //是出栈序列时返回 true
    else return false;                     //不是出栈序列时返回 false
}
```

例 3.3 算法的一次求解结果如图 3.7 所示。

【例 3.4】 设有两个栈 S_1 和 S_2 都采用顺序栈方式,并且共享一个存储区 s[0‥$M-1$],为了尽量利用空间,减少溢出的可能,请设计这两个栈的存储方式。

解:为了尽量利用空间,减少溢出的可能,可以采用栈顶相向,迎面增长的存储方式,如图 3.8 所示。

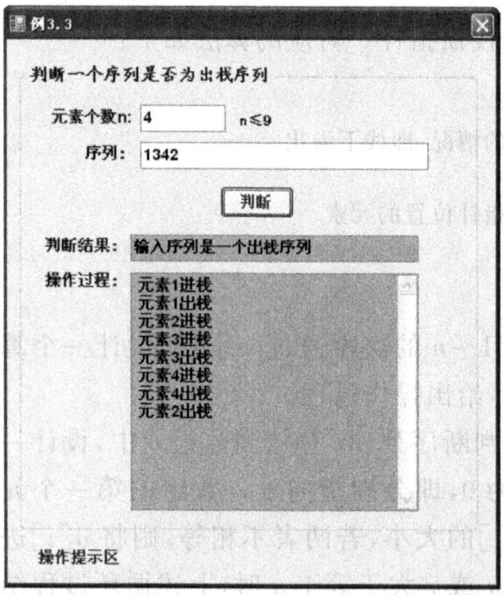

图 3.7 例 3.3 算法的一次求解结果

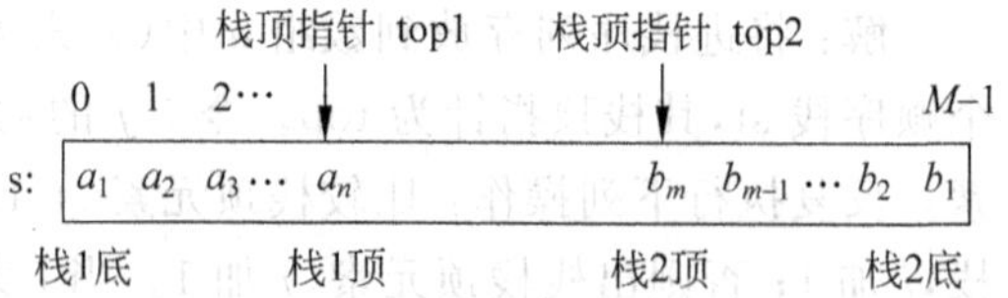

图 3.8 两个顺序栈的存储结构

两个栈的栈顶指针分别为 top1 和 top2。

栈 S_1 空的条件是"top1=-1";栈 S_1 满的条件是"top1=top2-1";元素 e 进栈 S_1(栈不满时)的操作是"top1++;s[top1]=e";元素 e 出栈 S_1(栈不空时)的操作是"e=s[top1];top1--"。

栈 S_2 空的条件是“top2＝M”；栈 S_2 满的条件是“top2＝top1＋1”；元素 e 进栈 S_2(栈不满时)的操作是“top2－－；s[top2]＝e”；元素 e 出栈 S_2(栈不空时)的操作是“e＝s[top2]；top2＋＋”。

顺序栈的实践项目

项目 1：设计顺序栈的基本运算算法，并用相关数据进行测试，其操作界面如图 3.9 所示。

项目 2：设计一个算法，利用顺序栈检查用户输入的表达式中的括号是否配对，并用相关数据进行测试，其操作界面如图 3.10 所示。

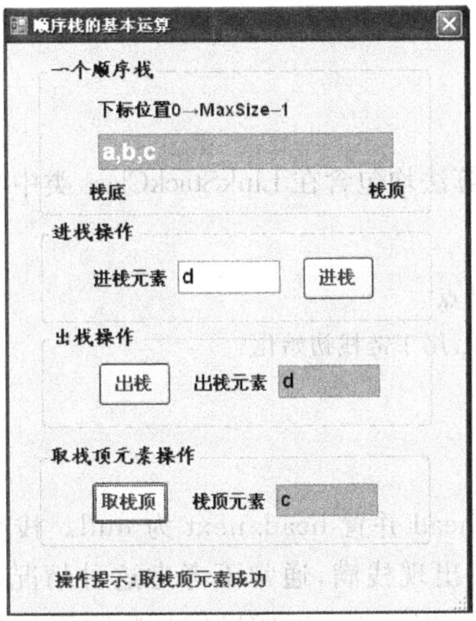

图 3.9　顺序栈——实践项目 1 的操作界面

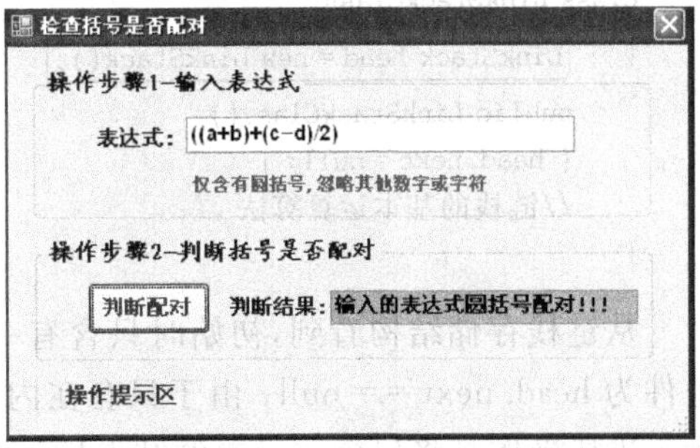

图 3.10　顺序栈——实践项目 2 的操作界面

项目 3：设计一个算法，利用顺序栈判断用户输入的表达式是否为回文，并用相关数据进行测试，其操作界面如图 3.11 所示。

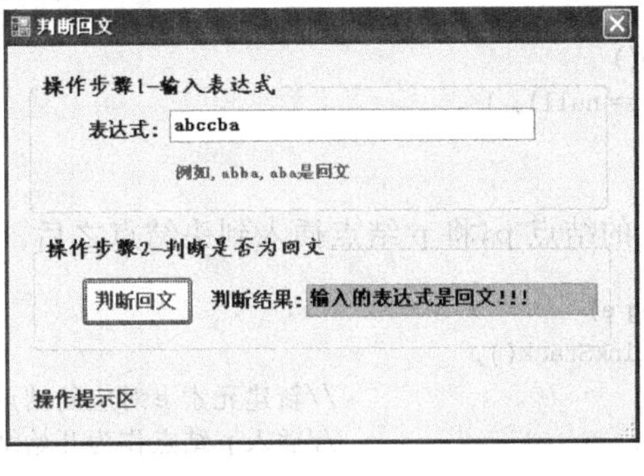

图 3.11　顺序栈——实践项目 3 的操作界面

3.1.3　栈的链式存储结构及其基本运算的实现

采用链式存储的栈称为链栈，这里采用单链表实现。链栈的优点是不需要考虑栈满上溢出的情况。规定栈的所有操作都是在单链表的表头进行的，图 3.12 所示是用带头结点的单链表 head 表示的链栈，第一个数据结点是栈顶结点，最后一个数据结点是栈底结点。栈中的元素自栈顶到栈底依次是 a_1、a_2、…、a_n。

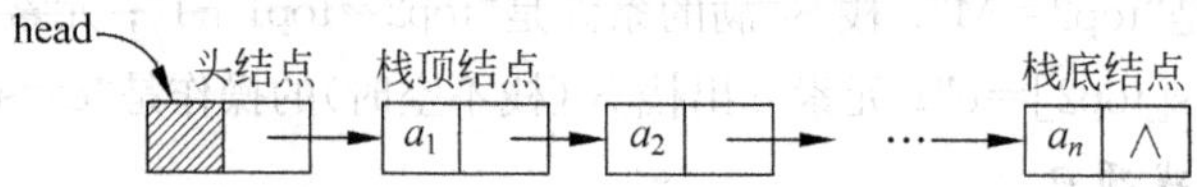

图 3.12 链栈的存储结构

和单链表一样,链栈中每个结点的类型 LinkStack 定义如下:

```
class LinkStack
{    public string data;                          //数据域
     public LinkStack next;                       //指针域
}
```

链栈类 LinkStackClass 的定义如下(本小节的所有算法均包含在 LinkStackClass 类中):

```
class LinkStackClass
{    LinkStack head = new LinkStack();            //链栈头结点
     public LinkStackClass()                      //构造函数,用于链栈初始化
     { head.next = null; }
     //链栈的基本运算算法
}
```

从链栈存储结构看到,初始时只含有一个头结点 head 并置 head.next 为 null。栈空的条件为 head.next==null;由于只有在内存溢出才会出现栈满,通常不考虑这种情况;元素 e 进栈操作是将包含该元素的结点插入作为第一个数据结点;出栈操作是删除第一个数据结点。

在链栈中实现栈的基本运算的算法如下。

1) 判断栈是否为空 StackEmpty()

链栈为空的条件是 head.next==null,即单链表中没有任何数据结点。对应的算法如下:

```
public bool StackEmpty()
{    return (head.next == null); }
```

2) 进栈 Push(e)

新建包含数据元素 e 的结点 p,将 p 结点插入到头结点之后。对应的算法如下:

```
public void Push(string e)
{    LinkStack p = new LinkStack();
     p.data = e;                                  //新建元素 e 对应的结点 p
     p.next = head.next;                          //插入 p 结点作为开始结点
     head.next = p;
}
```

3) 出栈 Pop(e)

在链栈不为空的条件下,将第一个数据结点的数据域赋给 e,然后将其删除。对应的算法如下:

```
public bool Pop(ref string e)
{    LinkStack p;
     if (head.next == null)                       //栈空的情况
```

```
        return false;
    p = head.next;                    //p指向开始结点
    e = p.data;
    head.next = p.next;               //删除 p 结点
    p = null;                         //释放 p 结点
    return true;
}
```

4) 取栈顶元素 GetTop(s,e)

在栈不为空的条件下,将第一个数据结点的数据域赋给 e,但不删除该结点。对应的算法如下:

```
public bool GetTop(ref string e)
{   LinkStack p;
    if (head.next == null)            //栈空的情况
        return false;
    p = head.next;                    //p指向开始结点
    e = p.data;
    return true;
}
```

【例 3.5】 设计一个算法,利用栈的基本运算将链栈中的所有元素逆置。

解:先出栈 st 中所有元素并保存在一个数组 *a* 中,再将数组 *a* 中的所有元素依次进栈,从而实现栈 st 中所有元素的逆置。对应的算法如下:

```
private void Reverse()
{   const int MaxSize = 100;
    string[] a = new string[MaxSize];
    string e = "";
    int i, n = 0;
    while (!st.StackEmpty())          //将出栈的元素放到数组 a 中
    {   st.Pop(ref e);
        a[n] = e; n++;
    }
    for (i = 0; i < n;i++)            //将数组 a 的所有元素进/出栈
        st.Push(a[i]);
}
```

例 3.5 算法的一次执行结果如图 3.13 所示。

链栈的实践项目

项目 1:设计链栈的基本运算算法,并用相关数据进行测试,其操作界面类似图 3.9。

项目 2:设计一个算法,利用链栈检查用户输入的表达式中的括号是否配对,并用相关数据进行测试,其操作界面类似图 3.10。

项目 3:设计一个算法,判断利用链栈用户输入的表达式是否为回文,并用相关数据进行测试,其操作界面类似图 3.11。

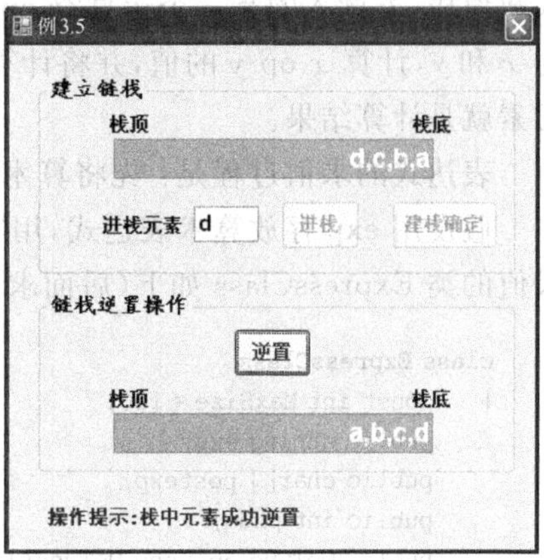

图 3.13 例 3.5 算法的一次执行结果

3.1.4 栈的应用

本小节通过利用栈求简单算术表达式值和求解迷宫问题两个示例来说明栈的应用。

1. 用栈求简单算术表达式的值

1）问题描述

这里限定的简单算术表达式求值问题是：用户输入一个包含“+”、“-”、“*”、“/”、正整数和圆括号的合法数学表达式，计算该表达式的运算结果。

2）数据组织

数学表达式 exp 采用字符数组表示，其中只含有“+”、“-”、“*”、“/”、正整数和圆括号，为了方便，假设该表达式都是合法的数学表达式，例如，exp="1+2*(4+12)"；在设计相关算法中用到两个栈、一个运算符栈和一个运算数栈，均采用顺序栈存储结构，这两个栈的类型如下：

```
struct OpType                              //运算符栈类型
{   public char [] data;                   //存放运算符
    public int top;                        //栈顶指针
};
struct ValueType                           //运算数栈类型
{   public double [] data;                 //存放运算数
    public int top;                        //栈顶指针
};
```

3）设计运算算法

在算术表达式中，运算符位于两个操作数中间的表达式称为中缀表达式，例如，1+2*3 就是一个中缀表达式。中缀表达式是最常用的一种表达式方式。对中缀表达式的运算一般遵循“先乘除，后加减，从左到右计算，先括号内，后括号外”的规则。因此，中缀表达式不仅要依赖运算符优先级，而且还要处理括号。

所谓后缀表达式，就是运算符在操作数的后面，如 1+2*3 的后缀表达式为 123*+。在后缀表达式中已考虑了运算符的优先级，没有括号，只有操作数和运算符。

对后缀表达式求值过程是：从左到右读入后缀表达式，若读入的是一个操作数，就将它入数值栈，若读入的是一个运算符 op，就从数值栈中连续出栈两个元素(两个操作数)，假设为 x 和 y，计算 x op y 的值，并将计算结果入数值栈；对整个后缀表达式读入结束时，栈顶元素就是计算结果。

表达式的求值过程是：先将算术表达式转换成后缀表达式，然后对该后缀表达式求值。

假设用 exp 存放算术表达式，用字符数组 postexp 存放后缀表达式。设计如下求表达式值的类 ExpressClass 如下(后面求表达式值的方法均包含在该类中)：

```
class ExpressClass
{   const int MaxSize = 100;
    public string exp;                          //存放中缀表达式
    public char[] postexp;                      //存放后缀表达式
    public int pnum;                            //postexp 中的字符个数
    public OpType op = new OpType();            //运算符栈
    public ValueType st = new ValueType();      //运算数栈
```

```
    public ExpressClass()                     //构造函数,用于栈等的初始化
    {   postexp = new char[MaxSize];
        pnum = 0;
        op.data = new char[MaxSize];
        op.top = -1;
        st.data = new double[MaxSize];
        st.top = -1;
    }
    //表达式求值运算算法
}
```

将算术表达式转换成后缀表达式 postexp 的过程是：对于数字符，将其直接放到 postexp 中；对于'('，将其直接进栈；对于')'，退栈运算符并将其放到 postexp 中，直到遇到'('（不将'('放到 postexp 中）；对于运算符 op_2，将其和栈顶运算符 op_1 的优先级进行比较，只有当 op_2 的优先级高于 op_1 的优先级时，才将 op_2 直接进栈，否则将栈中的'('（如果有）以前的优先级等于或大于 op_2 的运算符均退栈并放到 postexp 中，如图 3.14 所示，再将 op_2 进栈。其描述如下：

```
while (若 exp 未读完)
{   从 exp 读取字符 ch;
    ch 为数字：将后续的所有数字均依次存放到 postexp 中,并以字符'#'标志数值串结束;
    ch 为左括号'('：将'('进栈;
    ch 为右括号')'：将 op 栈中'('以前的运算符依次出栈并存放到 postexp 中,再将'('退栈;
    若 ch 的优先级高于栈顶运算符优先级,则将 ch 进栈；否则退栈并存入 postexp 中,再将 ch 进栈;
}
若字符串 exp 扫描完毕,则退栈 op 中的所有运算符并存放到 postexp 中。
```

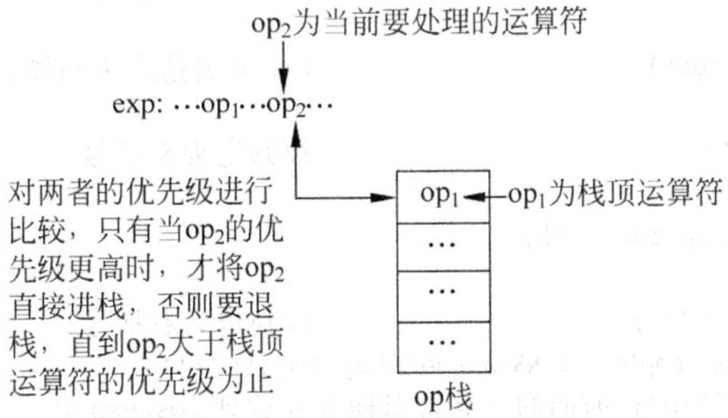

图 3.14　当前运算符的操作

在简单算术表达式中，只有 * 和/运算符的优先级高于＋和－运算符的优先级。所以，上述过程可进一步改为：

```
while (若 exp 未读完)
{   从 exp 读取字符 ch;
    ch 为数字：将后续的所有数字均依次存放到 postexp 中,并以字符'#'标志数值串结束;
    ch 为左括号'('：将'('进栈;
    ch 为右括号')'：将 op 栈中'('以前的运算符依次出栈并存放到 postexp 中,再将'('退栈;
    ch 为'+'或'-'：将 op 栈中'('以前的运算符出栈并存放入 postexp 中,再将'+'或'-'进栈;
    ch 为'*'或'/'：将 op 栈中'('以前的'*'或'/'运算符出栈并放入 postexp 中,再将'*'或'/'进栈;
}
```

若字符串 exp 扫描完毕，则退栈 op 中的所有运算符并存放到 postexp 中。

表达式"(56－20)/(4＋2)"转换成后缀表达式的过程见表 3.1。

表 3.1 表达式"(56－20)/(4＋2)"转换成后缀表达式的过程

op 栈	postexp	说明
(		遇到 ch 为'('，将此括号进栈 op
(	56#	遇到 ch 为数字，将 56 存入数组 exp 中，并插入一个字符'#'
(－	56#	遇到 ch 为'－'，由于 op 中'('以前没有字符，则直接将 ch 进栈 op 中
(－	56#20#	遇到 ch 为数字，将 20# 存入数组 exp 中
	56#20#－	遇到 ch 为')'，则将栈 op 中'('以前的字符依次删除并存入数组 exp 中，然后将'('删除
/	56#20#－	遇到 ch 为"/"，将 ch 进栈 op 中
/(	56#20#－	遇到 ch 为"("，将此括号进栈 op 中
/(	56#20#－4#	遇到 ch 为数字，将 4# 存入数组 exp 中
/(＋	56#20#－4#	遇到 ch 为"＋"，由于 op 中"("以前没有字符，则直接将 ch 进栈 op 中
/(＋	56#20#－4#2#	遇到 ch 为数字，将 2# 存入数组 exp 中
/	56#20#－4#2#＋	遇到 ch 为")"，则将栈 op 中"("以前的字符依次删除存入数组 exp 中，然后将"("删除
	56#20#－4#2#＋/	str 扫描完毕，则将栈 op 中的所有运算符依次弹出并存入数组 exp 中，然后再将 ch 存入数组 exp 中，得到后缀表达式

根据上述原理得到的 Trans()算法如下：

```
public void Trans()                             //将算术表达式 exp 转换成后缀表达式 postexp
{    int i = 0, j = 0;                          //i、j 分别作为 exp 和 postexp 的下标
     char ch;
     while (i < exp.Length)                     //exp 表达式未扫描完时循环
     {    ch = exp[i];
          if (ch == '(')                        //判定为左括号
          {    op.top++;
               op.data[op.top] = ch;
          }
          else if (ch == ')')                   //判定为右括号
          {    while (op.top!= - 1 && op.data[op.top]!= '(')
               {  //将栈中'('前面的运算符退栈并存放到 postexp 中
                    postexp[j++] = op.data[op.top];
                    op.top --;
               }
               op.top --;                       //将'('退栈
          }
          else if (ch == '+' || ch == '-')      //判定为加或减号
          {    while (op.top!= - 1 && op.data[op.top]!= '(')
               {  //将栈中'('前面的运算符退栈并存放到 postexp 中
                    postexp[j++] = op.data[op.top];
                    op.top --;
               }
               op.top++; op.data[op.top] = ch;  //将'+'或'-'进栈
          }
          else if (ch == '*' || ch == '/')      //判定为'*'或'/'号
          {    while (op.top!= - 1 && op.data[op.top]!= '('
```

```
                && (op.data[op.top] == '*' || op.data[op.top] == '/'))
            {   //将栈中'('前面的'*'或'/'运算符依次出栈并存放到 postexp 中
                postexp[j++] = op.data[op.top];
                op.top--;
            }
            op.top++; op.data[op.top] = ch;     //将'*'或'/'进栈
        }
        else                                     //处理数字字符
        {   while (ch>='0' && ch<='9')          //判定为数字
            {   postexp[j++] = ch;
                i++;
                if (i<exp.Length) ch = exp[i];
                else break;
            }
            i--;
            postexp[j++] = '#';                 //用#标识一个数值串结束
        }
        i++;                                     //继续处理其他字符
    }
    while (op.top!= -1)                          //退栈所有运算符并放到 postexp 中
    {   postexp[j++] = op.data[op.top];
        op.top--;
    }
    pnum = j;
}
```

在后缀表达式求值算法中要用到一个数值栈 st。后缀表达式求值过程如下：

```
while (若 postexp 未读完)
{   从 postexp 读取字符 ch;
    ch 为'+': 从栈 st 中出栈两个数值 a 和 b,计算 c=a+b;将 c 进栈;
    ch 为'-': 从栈 st 中出栈两个数值 a 和 b,计算 c=b-a;将 c 进栈;
    ch 为'*': 从栈 st 中出栈两个数值 a 和 b,计算 c=b*a;将 c 进栈;
    ch 为'/': 从栈 st 中出栈两个数值 a 和 b,若 a 不零,计算 c=b/a;将 c 进栈;
    ch 为数字字符: 将连续的数字串转换成数值 d,将 d 进栈;
}
```

后缀表达式“56＃20＃－4＃2＃＋/”的求值过程见表 3.2。

表 3.2 后缀表达式“56＃20＃－4＃2＃＋/”的求值过程

st 栈	说明
56	遇到 56＃，将 56 进栈
56,20	遇到 20＃，将 20 进栈
36	遇到"－"，出栈两次，将 56－20＝36 进栈
36,4	遇到 4＃，将 4 进栈
36,4,2	遇到 2＃，将 2 进栈
36,6	遇到"＋"，出栈两次，将 4＋2＝6 进栈
6	遇到"/"，出栈两次，将 36/6＝6 进栈
	postexp 扫描完毕，算法结束，栈顶数值 6 即为所求

根据上述计算原理得到的算法如下：

```
public bool GetValue(ref double v)            //计算后缀表达式 postexp 的值
{   double a,b,c,d;
    int i = 0;
    char ch;
    while (i < pnum)                          //postexp 字符串未扫描完时循环
    {   ch = postexp[i];
        switch (ch)
        {
        case '+':                             //判定为'+'号
            a = st.data[st.top];
            st.top--;                         //退栈取数值 a
            b = st.data[st.top];
            st.top--;                         //退栈取数值 b
            c = a + b;                        //计算 c
            st.top++;
            st.data[st.top] = c;              //将计算结果进栈
            break;
        case '-':                             //判定为'-'号
            a = st.data[st.top];
            st.top--;                         //退栈取数值 a
            b = st.data[st.top];
            st.top--;                         //退栈取数值 b
            c = b - a;                        //计算 c
            st.top++;
            st.data[st.top] = c;              //将计算结果进栈
            break;
        case '*':                             //判定为'*'号
            a = st.data[st.top];
            st.top--;                         //退栈取数值 a
            b = st.data[st.top];
            st.top--;                         //退栈取数值 b
            c = a * b;                        //计算 c
            st.top++;
            st.data[st.top] = c;              //将计算结果进栈
            break;
        case '/':                             //判定为'/'号
            a = st.data[st.top];
            st.top--;                         //退栈取数值 a
            b = st.data[st.top];
            st.top--;                         //退栈取数值 b
            if (a!= 0)
            {   c = b / a;                    //计算 c
                st.top++;
                st.data[st.top] = c;          //将计算结果进栈
            }
            else return false;                //除零错误,返回 false
            break;
        default:                              //处理数字字符
            d = 0;                            //将连续的数字符转换成数值存放到 d 中
```

```
                while (ch>= '0' && ch<= '9')
                {   d = 10 * d + (ch - '0');
                    i++;
                    ch = postexp[i];
                }
                st.top++;
                st.data[st.top] = d;
                break;
            }
            i++;                                    //继续处理其他字符
        }
        v = st.data[st.top];
        return true;
    }
```

4) 设计求解项目

建立一个求解简单算术表达式值的项目，其中只有一个窗体 Form1，其设计界面如图 3.15 所示。在窗体中定义一个 ExpressClass 对象 obj：

```
ExpressClass obj = new ExpressClass();
```

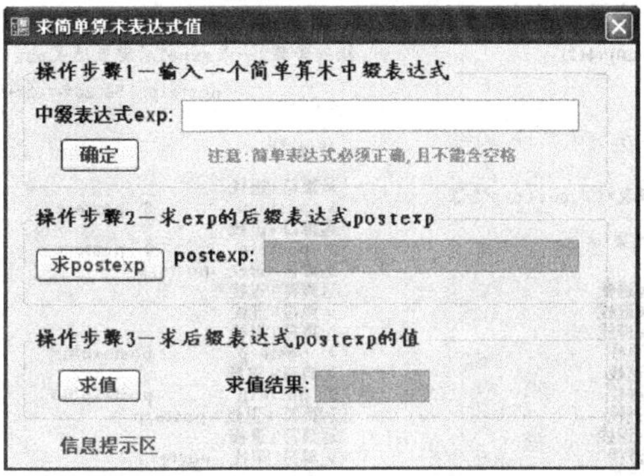

图 3.15　Form1 的设计界面

“求 postexp”命令按钮的单击事件过程包含以下主要代码：

```
obj.Trans();
textBox2.Text = obj.Disppostexp();
```

“求值”命令按钮的单击事件过程包含以下主要代码：

```
double v = 0;
if (obj.GetValue(ref v))
{   textBox3.Text = v.ToString();
    infolabel.Text = "操作提示：成功求出表达式的值";
}
else
    infolabel.Text = "操作提示：输入的表达式错误，不能求值";
```

5) 运行结果

Form1 的执行界面如图 3.16 所示。

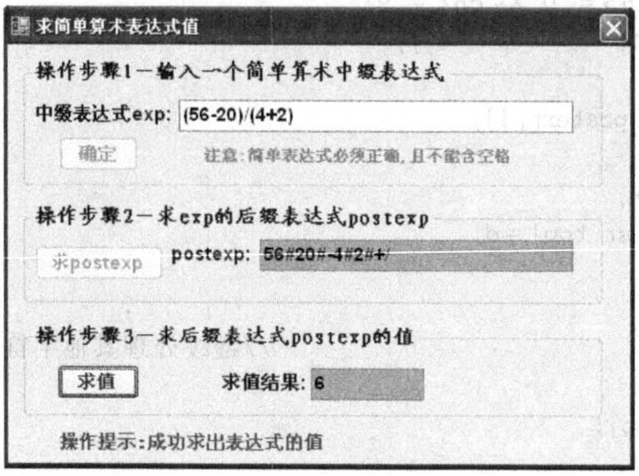

图 3.16　Form1 的执行界面

求表达式值的实践项目

设计一个求简单算术表达式值的项目,给出求后缀表达式 postexp 和求值的过程,并用相关数据进行测试,其操作界面如图 3.17 所示。

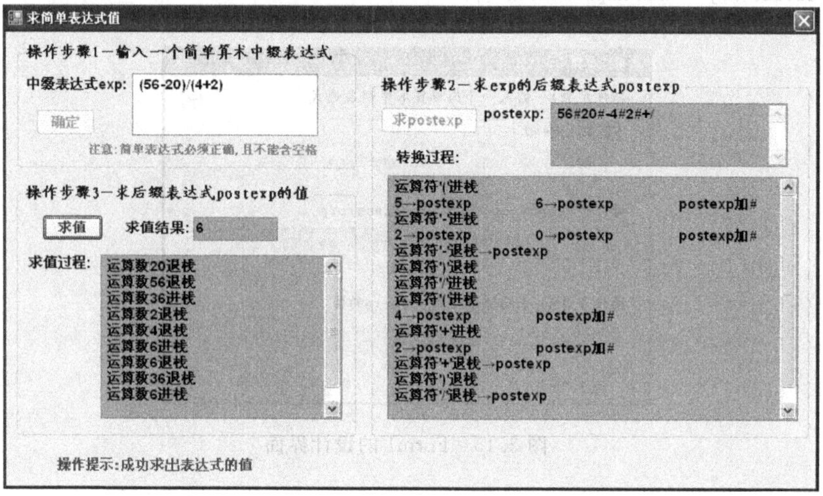

图 3.17　求表达式值的实践项目的操作界面

2. 用栈求解迷宫问题

1) 问题描述

给定一个 $M\times N$ 的迷宫图,求一条从指定入口到出口的路径。假设迷宫图如图 3.18 所示($M=10,N=10$),其中的方块图表示迷宫。对于图中的每个方块,用空白表示通道,用阴影表示墙。要求所求路径必须是简单路径,即在求得的路径上不能重复出现同一通道块。

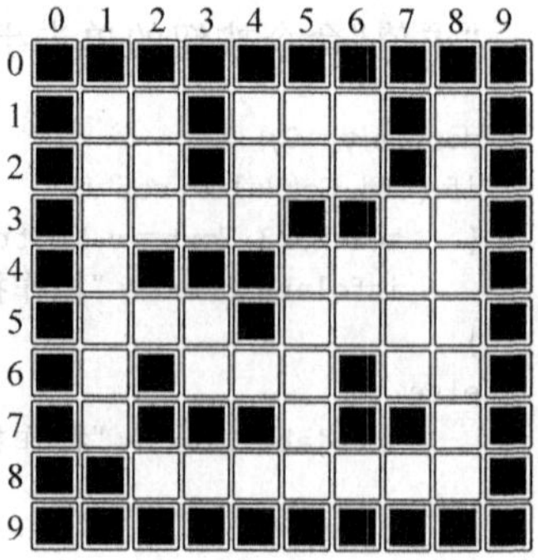

图 3.18　迷宫示意图

2) 数据组织

为了表示迷宫,设置一个数组 a,其中每个元素表示一个方块的状态,为 0 时表示对应方块是通道,为 1 时表示对应方块不可走。为了算法方便，在一般的迷宫外围加了一条围墙。

图 3.18 所示的迷宫对应的迷宫数组 a（由于迷宫四周加了一条围墙，故数组 a 的外围元素均为 1）如下：

```
int [,] a = new int[,] { {1,1,1,1,1,1,1,1,1,1},{1,0,0,1,0,0,0,1,0,1},
                         {1,0,0,1,0,0,0,1,0,1},{1,0,0,0,0,1,1,0,0,1},
                         {1,0,1,1,1,0,0,0,0,1},{1,0,0,0,1,0,0,0,0,1},
                         {1,0,1,0,0,0,1,0,0,1},{1,0,1,1,1,0,1,1,0,1},
                         {1,1,0,0,0,0,0,0,0,1},{1,1,1,1,1,1,1,1,1,1} };
```

另外，在算法中用到的栈采用顺序栈存储结构，即将栈定义如下：

```
struct Box                                    //定义方块结构类型
{   public int i;                             //方块的行号
    public int j;                             //方块的列号
    public int di;                            //di 是下一可走相邻方位的方位号
};
struct StType                                 //定义顺序栈结构体类型
{   public Box [] data;
    public int top;                           //栈顶指针
};
StType st = new StType();                     //定义顺序栈 st
```

3）设计运算算法

求迷宫问题就是在一个指定的迷宫中求出从入口到出口的路径。求解时，通常用的是"穷举求解"的方法，即从入口出发，顺某一方向向前试探，若能走通，则继续往前走；否则沿原路退回，换一个方向再继续试探，直至所有可能的通路都试探完为止。

为了保证在任何位置上都能沿原路退回（称为回溯），需要用一个后进先出的栈来保存从入口到当前位置的路径。

对于迷宫中的每个方块，有上、下、左、右 4 个方块相邻，如图 3.19 所示，第 i 行第 j 列的方块的位置记为 (i,j)，规定上方方块为方位 0，并按顺时针方向递增编号。在试探过程中，假设从方位 0 到方位 3 的方向查找下一个可走的方块。

为了便于回溯，对于可走的方块都要进栈，并试探它的下一可走的方位，将这个可走的方位保存到栈中。

求解迷宫 (x_i, y_i) 到 (x_e, y_e) 路径的过程是：先将入口进栈（其初始方位设置为 −1），在栈不空时循环：取栈顶方块（不退栈），若该方块是出口，则输出栈中所有方块即为路径。否则，找下一个可走的相邻方块，若不存在这样的方块，说明当前路径不可能走通，则回溯，也就是恢复当前方块为 0 后退栈。若存在这样的方块，则将其方位保存到栈顶元素中，并将这个可走的相邻方块进栈（其初始方位设置为 −1）。

求迷宫路径的回溯过程如图 3.20 所示，从前一方块找到一个可走相邻方块即当前方块后，再从当前方块找相邻可走方块，若没有这样的方块，说明当前方块不可能是从入口到出口路径上的一个方块，则从当前方块回溯到前一方块，继续从前一方块找另一个可走的相邻方块。

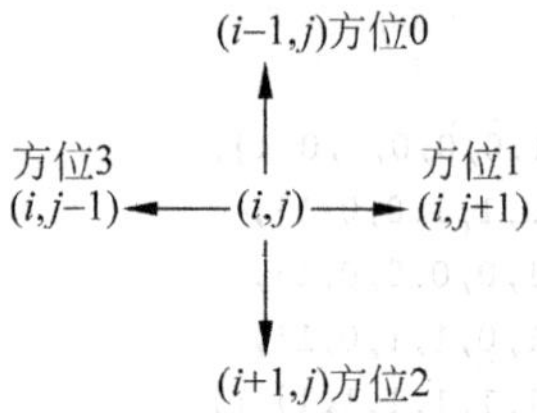

图 3.19 方位图

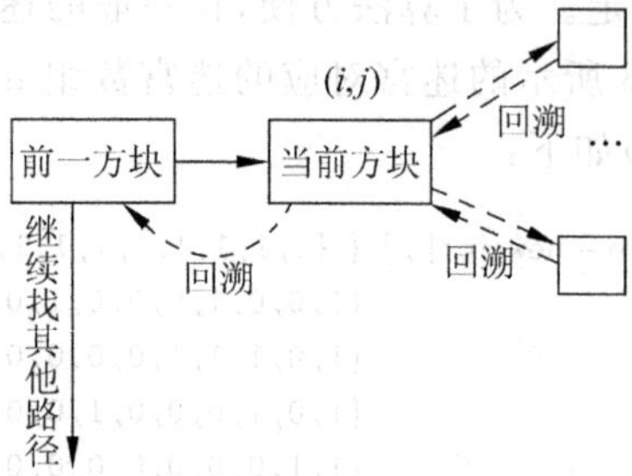

图 3.20 求迷宫路径的回溯过程

为了保证试探的可走相邻方块不是已走路径上的方块,如(i,j)已进栈,在试探$(i+1,j)$的下一可走方块时,又试探到(i,j),这样可能会引起死循环。为此,在一个方块进栈后,将对应的 a 数组元素值改为-1(变为不可走的相邻方块),当退栈时(表示该栈顶方块没有可走相邻方块),将其恢复为 0。

求解一条从入口(x_i,y_i)到出口(x_e,y_e)的迷宫路径的算法如下:

```
public bool mgpath(int xi,int yi,int xe,int ye)
{   int i,j,k,di,find;
    st.data = new Box[MaxSize];
    st.top = -1;                                    //初始化栈顶指针
    st.top++;                                       //初始入口方块进栈
    st.data[st.top].i = xi; st.data[st.top].j = yi;
    st.data[st.top].di = -1; a[xi,yi] = -1;
    while (st.top>-1)                               //栈不空时循环
    {   i = st.data[st.top].i;j = st.data[st.top].j;
        di = st.data[st.top].di;                    //取栈顶方块
        if (i == xe && j == ye)                     //找到了出口,输出路径
            return true;                            //找到一条路径后返回 true
        find = 0;
        while (di < 4 && find == 0)                 //找下一个可走方块
        {   di++;
            switch(di)
            {
            case 0:i = st.data[st.top].i - 1;j = st.data[st.top].j;break;
            case 1:i = st.data[st.top].i;j = st.data[st.top].j + 1;break;
            case 2:i = st.data[st.top].i + 1;j = st.data[st.top].j;break;
            case 3:i = st.data[st.top].i;j = st.data[st.top].j - 1;break;
            }
            if (a[i,j] == 0) find = 1;              //找到下一个可走相邻方块
        }
        if (find == 1)                              //找到了下一个可走方块
        {   st.data[st.top].di = di;                //修改原栈顶元素的 di 值
            st.top++;                               //下一个可走方块进栈
            st.data[st.top].i = i; st.data[st.top].j = j;
            st.data[st.top].di = -1;
            a[i,j] = -1;                            //避免重复走到该方块
        }
        else                                        //没有路径可走,则退栈
```

```
        {   a[st.data[st.top].i,st.data[st.top].j] = 0;
                                              //让该位置变为其他路径可走方块
            st.top -- ;                       //将该方块退栈
        }
    }
    return false;                             //表示没有可走路径,返回 false
}
```

当采用上述过程找到出口时,栈中从栈底到栈顶恰好是一条从入口到出口的迷宫路径,输出栈底到栈顶的所有方块即为一条从入口到出口的迷宫路径。

4) 设计求解项目

建立一个求解迷宫问题的项目,其中只有一个窗体 Form1,其设计界面如图 3.21 所示,采用数据类型为 Button 的二维对象数组 mg 显示迷宫。"找一条路径"命令按钮的单击事件过程包含以下代码:

```
int i;
if (mgpath(1,1,8,8))                          //求入口为(1,1)出口为(8,8)的迷宫路径
{   for (i = 0;i <= st.top;i++)
    {   mg[st.data[i].i, st.data[i].j].BackColor
            = System.Drawing.Color.Red;       //迷宫路径上的方块用红色显示
        switch (st.data[i].di)                //显示方位
        {   case 0:mg[st.data[i].i,st.data[i].j].Text = "↑"; break;
            case 1:mg[st.data[i].i,st.data[i].j].Text = "→"; break;
            case 2:mg[st.data[i].i,st.data[i].j].Text = "↓"; break;
            case 3:mg[st.data[i].i,st.data[i].j].Text = "←"; break;
        }
    }
    mg[1,1].Text = "☻";
    mg[8,8].Text = "☺";
    label3.Text = "成功找到迷宫路径";
}
else label3.Text = "未找到迷宫路径";
```

5) 运行结果

执行本项目,单击"找一条路径"命令按钮,Form1 的执行结果如图 3.22 所示。栈 st 中从栈底到栈顶的所有方块构成了一条迷宫路径,该路径如下:

```
(1,1) (1,2) (2,2) (3,2) (3,1) (4,1) (5,1) (5,2) (5,3) (6,3)
(6,4) (6,5) (5,5) (4,5) (4,6) (4,7) (3,7) (3,8) (4,8) (5,8)
(6,8) (7,8) (8,8)
```

显然,这个解不是最优解,即不是最短路径,在使用队列求解时可以找出最短路径,将在后面介绍。

栈的应用实践项目

设计一个项目,求解迷宫问题的所有路径。要求如下:

(1) 根据用户要求设置一个 $M \times N$ 的迷宫(M、$N \leqslant 10$)以及迷宫的入口和出口。

(2) 提供"找路径"命令按钮,通过单击它显示第一条迷宫路径。

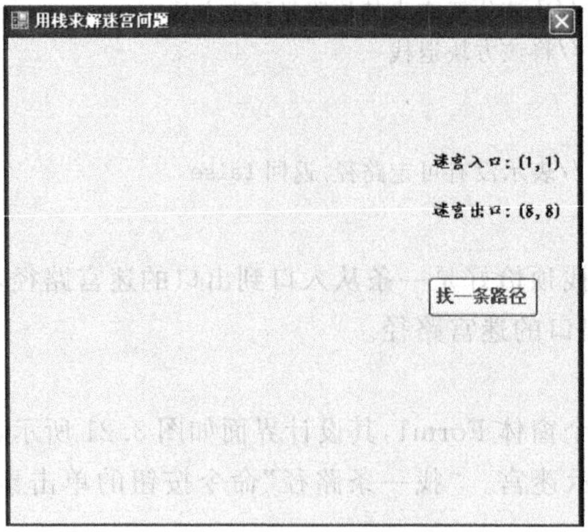

图 3.21 Form1 的设计界面

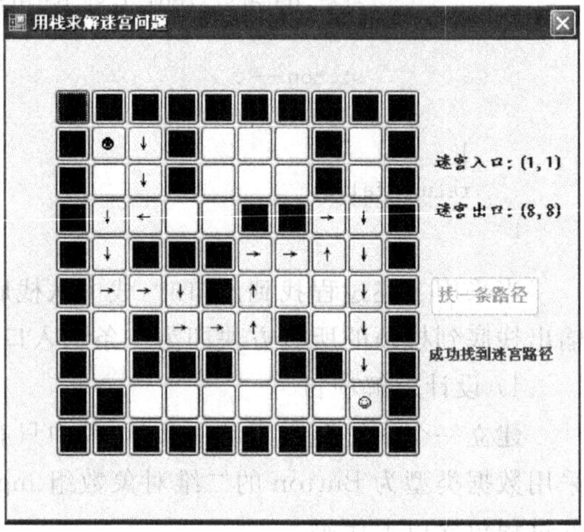

图 3.22 Form1 的执行界面

(3) 提供"找下一条路径"命令按钮，单击它一次显示下一条迷宫路径，直到所有的迷宫路径显示完毕。

图 3.23 所示是用户设置的一个 6×6 的迷宫，入口为(1,1)，出口为(4,4)，单击"找路径"命令按钮显示第 1 条迷宫路径，当单击"找下一条路径"命令按钮显示第 2 条迷宫路径，如此操作，直到显示出所有的迷宫路径。

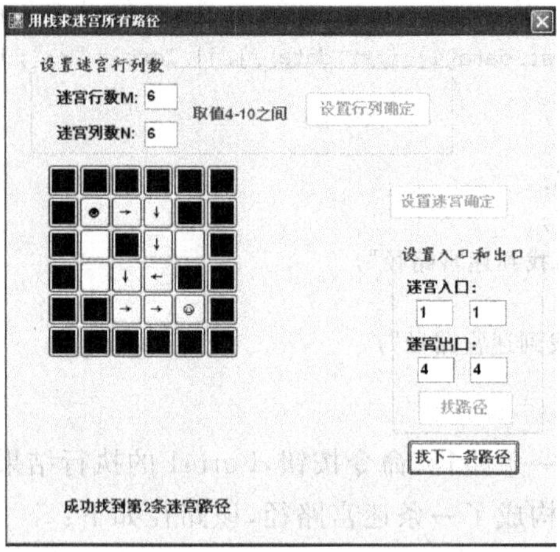

图 3.23 求所有迷宫路径项目的执行界面

3.2 队列

本节首先介绍队列的定义，存储结构和基本运算算法设计，最后通过实例讨论队列的应用。

3.2.1　队列的定义

同样先看一个示例，假设有一个独木桥，桥右侧有一群小兔子要过桥到桥左侧去，桥宽只能容纳一只兔子，那么，这群小兔子怎么过桥呢？结论是只能一个接一个地过桥，如图 3.24 所示。在这个例子中，独木桥就是一个队列，由于其宽度只能容纳一只兔子，所以不论有多少只兔子，它们只能是一只一只地排列过桥，从而构成一种线性关系。再看独木桥的主要操作，显然有上桥和下桥，上桥表示从桥右侧走到桥上，下桥表示离开桥。

图 3.24　一群小兔子过独木桥

归纳起来，队列（简称为队）是一种操作受限的线性表，其限制为仅允许在表的一端进行插入，而在表的另一端进行删除。把进行插入的一端称做**队尾**（rear），进行删除的一端称做**队头**或**队首**（front）。向队列中插入新元素称为**进队**或**入队**，新元素进队后就成为新的队尾元素；从队列中删除元素称为**出队**或**离队**，元素出队后，其直接后继元素就成为队首元素。

由于队列的插入和删除操作分别是在表的各自的一端进行的，每个元素必然按照进入的次序出队，所以又把队列称为**先进先出表**。

图 3.25 所示是一个队列操作的示意图，图中，front 指针指向队首位置（实际上是队首元素的前一个位置），rear 指针指向队尾位置（正好是队尾元素的位置）。图 3.25(a)表示一个空队；图 3.25(b)表示插入 5 个数据元素后的状态；图 3.25(c)表示出队一次后的状态；图 3.25(d)表示再出队 4 次后的状态。

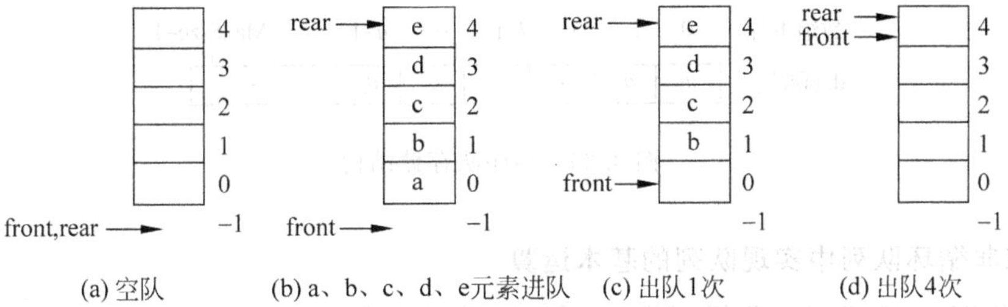

图 3.25　队列操作的示意图

抽象数据类型队列的定义如下：

```
ADT Queue
{
数据对象：
    D = {aᵢ | 1≤i≤n,n≥0,aᵢ 为 ElemType 类型}        //假设 ElemType 为 string
数据关系：
    R = {r}
    r = {<aᵢ,aᵢ₊₁> | aᵢ,aᵢ₊₁∈D, i = 1, …, n-1}
基本运算：
    bool QueueEmpty():判断队列是否为空，若队列为空，返回真；否则返回假。
    bool enQueue(string e):进队运算，将元素 e 进队作为队尾元素。
    bool deQueue(ref string e): 出队运算，从队列中出队一个元素，并将其值赋给 e。
}
```

【例 3.6】 若元素进队顺序为 1234,能否得到 3142 的出队顺序?

解:进队顺序为 1234,则出队的顺序也为 1234(先进先出),所以不能得到 3142 的出队顺序。

3.2.2 队列的顺序存储结构及其基本运算的实现

可以采用顺序存储结构存储一个队列,其中使用一个数组 data 和两个整数型变量,数组 data(大小为常量 MaxSize)顺序存储队列中的所有元素,两个整型变量 front 和 rear 分别作为队首指针(队头指针)和队尾指针。采用顺序存储结构的队列称为顺序队。

顺序队类 SqQueueClass 的定义如下(本小节的所有算法均包含在 SqQueueClass 类中):

```
class SqQueueClass
{   const int MaxSize = 100;             //最多元素个数
    public string[] data;                //存放队中的元素
    public int front, rear;              //队头和队尾指针
    public SqQueueClass()                //构造函数,用于初始化队列
    {   data = new string[MaxSize];
        front = rear = x;                //通常情况下,循环队列 x 为 0,非循环队列 x 为 - 1
    }
                                         //顺序队基本运算算法
}
```

顺序队存储结构如图 3.26 所示。顺序队分为非循环队列和循环队列两种方式。

数组下标	0	1	…	i-1	…	n-1	MaxSize-1
data数组	a_1	a_2	…	a_i	…	a_n	…

图 3.26 顺序队存储结构

1. 在非循环队列中实现队列的基本运算

可以将图 3.25 看成是非循环队列,其中初始时置 front=rear=-1,这样队空的条件为 front==rear;队满的条件为 rear==MaxSize-1(rear 指向数组最大下标时为队满);元素 e 进队的操作是先将队尾指针 rear 增 1,然后将 e 放在队尾处;出队操作是先将队头指针 front 增 1,然后取出队头处的元素。

说明:在顺序队中,队尾指针总是指向当前队列中队尾的元素,而队头指针总是指向当前队列中队头元素的前一个位置。

在非循环队列中实现队列的基本运算算法如下。

1) 判断队列是否为空 QueueEmpty()

若队列满足 front==rear 条件,则返回 true;否则返回 false。对应的算法如下:

```
public bool QueueEmpty()
{   return(front == rear); }
```

2) 进队运算 enQueue(e)

元素进队只能从队尾进,不能从队头或中间位置进队,如图 3.27 所示。

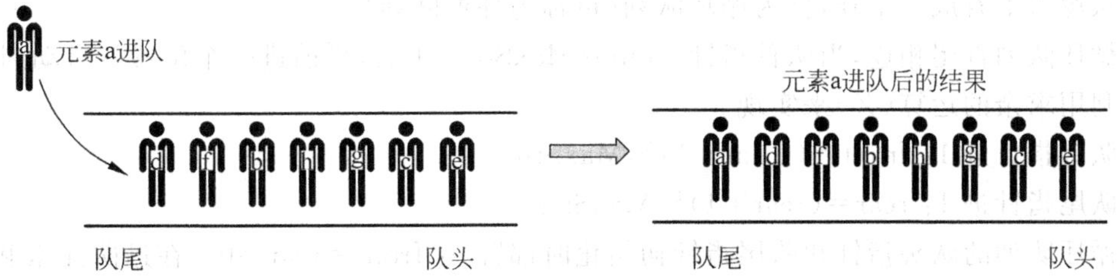

图 3.27　元素进队的示意图

在进队运算中，在队列不满的条件下，先将队尾指针 rear 增 1，然后元素 e 放到该位置处。对应的算法如下：

```
public bool enQueue(string e)
{   if (rear == MaxSize - 1)            //队满上溢出
        return false;                   //返回 false
    rear++;
    data[rear] = e;
    return true;
}
```

3）出队列 deQueue(e)

元素出队只能从队头出，不能从队头或中间位置出队，如图 3.28 所示。

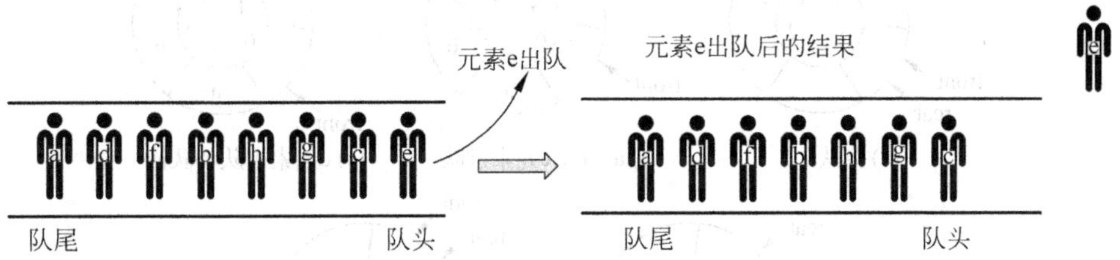

图 3.28　元素出队的示意图

在出队运算中，在队列不为空的条件下，将队首指针 front 增 1，并将该位置的元素值赋给 e。对应的算法如下：

```
public bool deQueue(ref string e)
{   if (front == rear)                  //队空下溢出
        return false;                   //返回 false
    front++;
    e = data[front];
    return true;
}
```

2. 在循环队列中实现队列的基本运算

在非循环队列中，元素进队时队尾指针 rear 增 1，元素出队时队头指针 front 增 1，当进队 MaxSize 个元素后，满足队满的条件，即 rear==MaxSize−1 成立，此时即使出队若干元素，队满条件仍成立（实际上队列中有空位置），这是一种假溢出。为了能够充分地使用数组中的存储空间，把数组的前端和后端连接起来，形成一个循环的顺序表，即把存储队列元素的表从逻辑上看成一个环，称为循环队列(也称为环形队列)。

循环队列首尾相连，当队首指针 front=MaxSize−1 后，再前进一个位置就自动到 0，这可以利用求余的运算(%)来实现。

队首指针进 1：front=(front+1)%MaxSize

队尾指针进 1：rear=(rear+1)%MaxSize

循环队列的队头指针和队尾指针初始化时都置 0：front=rear=0。在进队元素和出队元素时，队头和队尾指针都循环前进一个位置。

那么，循环队列的队满和队空的判断条件是什么呢？显然，循环队列为空的条件是 rear==front。如果进队元素的速度快于出队元素的速度，队尾指针很快就赶上了队首指针，此时可以看出循环队列的队满条件也为 rear==front。

怎样区分这两者之间的差别呢？通常约定在进队时少用一个数据元素空间，以队尾指针加 1 等于队首指针作为队满的条件，即队满的条件为(rear+1) % MaxSize==front。队空的条件仍为 rear==front。

图 3.29 说明了循环队列的几种状态，这里假设 MaxSize 等于 5。图 3.29(a)为空队，此时 front=rear=0；图 3.29(b)中有 3 个元素，当进队元素 d 后，队中有 4 个元素，此时满足队满的条件。

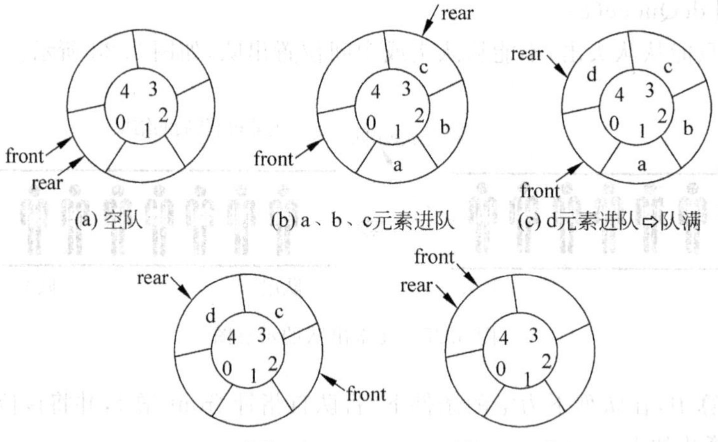

图 3.29　循环队列进队和出队操作示意图

说明：在上述循环队列中，队首指针 front 指向队中队头元素的前一个位置，队尾指针 rear 指向队中的队尾元素，队中的元素个数=(rear−front+MaxSize)%MaxSize。

在这样的循环队列中实现队列的基本运算算法如下。

1) 判断队列是否为空 QueueEmpty(q)

若队列满足 front==rear 条件，返回 true；否则返回 false。对应的算法如下：

```
public bool QueueEmpty()
{    return (front == rear); }
```

2) 进队列 enQueue(q,e)

在队列不满的条件下，先将队尾指针 rear 循环增 1，然后将元素 e 放到该位置处。对应的算法如下：

```
public bool enQueue(string e)
{   if ((rear + 1) % MaxSize == front)          //队满上溢出
        return false;                           //返回 false
    rear = (rear + 1) % MaxSize;
    data[rear] = e;
    return true;
}
```

3）出队列 deQueue(q,e)

在队列不为空的条件下，将队首指针 front 循环增 1，并将该位置的元素值赋给 e。对应的算法如下：

```
public bool deQueue(ref string e)
{   if (front == rear)                          //队空下溢出
        return false;                           //返回 false
    front = (front + 1) % MaxSize;
    e = data[front];
    return true;
}
```

【例 3.7】 对于循环队列来说，如果知道队头指针和队列中的元素个数，则可以计算出队尾指针。也就是说，可以用队列中的元素个数代替队尾指针。设计出这种循环队列的进队、出队、判队空和求队中元素个数的算法。

解：本例的循环队列包含 data 数组、队头指针 rear 和队中的元素个数 count 字段。初始时 front 和 count 均置为 0。队空的条件为 count＝＝0；队满的条件为 count＝＝MaxSize；元素 e 进队操作是，先根据队头指针和元素个数求出队尾指针 rear，将 rear 循环增 1，然后将元素 e 放置在 rear 处；出队操作是，先将队首指针循环增 1，然后取出该位置的元素。设计对应的循环队列类 SqQueueClass2 如下：

```
class SqQueueClass2
{   const int MaxSize = 5;
    private string[] data;                      //存放队中的元素
    private int front;                          //队头指针
    private int count;                          //队列中的元素个数
    public SqQueueClass2()                      //构造函数，用于队列初始化
    {   data = new string[MaxSize];
        front = 0;
        count = 0;
    }
    //-----------顺序队基本运算算法------------------------
    public bool QueueEmpty()                    //判断队列是否为空
    {   return (count == 0); }
    public bool enQueue(string e)               //进队列算法
    {   int rear;
        rear = (front + count) % MaxSize;
        if (count == MaxSize)                   //队满上溢出
```

```
            return false;
        rear = (rear + 1) % MaxSize;
        data[rear] = e;
        count++;
        return true;
    }
    public bool deQueue(ref string e)     //出队列算法
    {   if (count == 0)                   //队空下溢出
            return false;
        front = (front + 1) % MaxSize;
        e = data[front];
        count --;
        return true;
    }
    public int GetCount()                 //求队列中的元素个数
    {   return count; }
}
```

这里,设 MaxSize 为 5,例 3.7 的一次执行结果如图 3.30 所示。从中看到,这样的循环队列中最多可以进队 MaxSize 个元素。

循环队列的实践项目

项目 1:设计循环队列的基本运算算法,并用相关数据进行测试,其操作界面如图 3.31 所示。

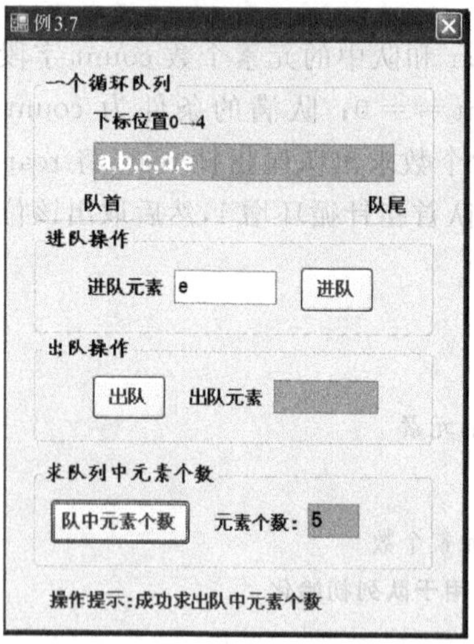

图 3.30 例 3.7 的一次执行结果

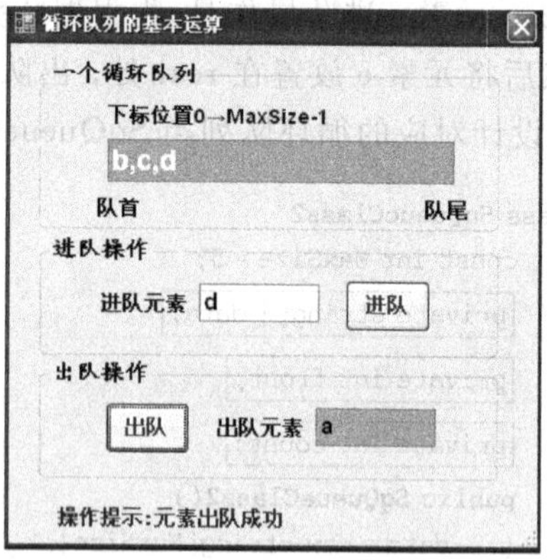

图 3.31 循环队列——实践项目 1 的操作界面

项目 2:设计一个算法,求循环队列中的元素个数,并用相关数据进行测试,其操作界面如图 3.32 所示。

项目 3:设计一个算法,利用队列的基本运算进队和出队第 $k(k \geqslant 1)$ 个元素,并用相关数据进行测试,其操作界面如图 3.33 所示。

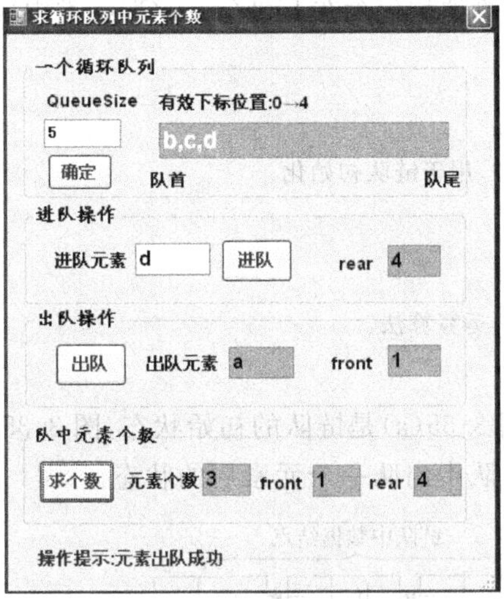

图 3.32　循环队列——实践项目 2 的操作界面

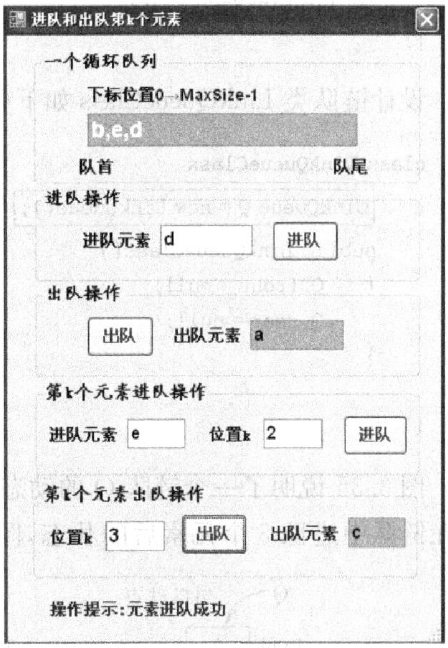

图 3.33　循环队列——实践项目 3 的操作界面

注意：循环队列和非循环队列相比，前者解决了"假溢出"现象，当多次进队和出队时，在队列中可以存放更多的元素。但是，当每个进队的元素对求解结果有用时，如后面介绍的用队列求解迷宫，不应该使用循环队列，而应该使用非循环队列(在非循环队列中，所有进队的元素都没有被覆盖，所以可以用于求解最终结果)。

3.2.3　队列的链式存储结构及其基本运算的实现

队列的链式存储结构也是通过由结点构成的单链表实现的，此时只允许在单链表的表首进行删除操作和在单链表表尾进行插入操作，因此需要使用两个指针：队首指针 front 和队尾指针 rear。用 front 指向队首结点，用 rear 指向队尾结点。用于存储队列的单链表简称为链队。

链队存储结构如图 3.34 所示，其中链队数据结点类 LinkNode 的定义如下：

```
class LinkNode                          //链队数据结点类
{   public string data;                 //结点数据字段
    public LinkNode next;               //指向下一个结点
};
```

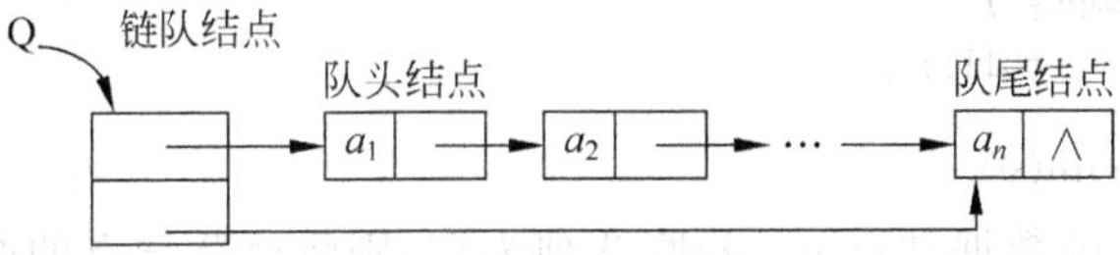

图 3.34　链队存储结构

链队结点类 LinkQueue 的定义如下：

```
class LinkQueueClass                    //链队结点类
{   public LinkNode front;              //指向队头结点
```

```
    public LinkNode rear;                    //指向队尾结点
};
```

设计链队类 LinkQueueClass 如下(本小节的所有算法均包含在 LinkQueueClass 类中):

```
class LinkQueueClass
{   LinkQueue Q = new LinkQueue();           //链队结点
    public LinkQueueClass()                  //构造函数,用于链队初始化
    {   Q.front = null;
        Q.rear = null;
    }
                                             //链队基本运算算法
}
```

图 3.35 说明了一个链队 Q 的动态变化过程。图 3.35(a)是链队的初始状态,图 3.35(b)是在链队中进队 3 个元素后的状态,图 3.35(c)是链队中出队一个元素后的状态。

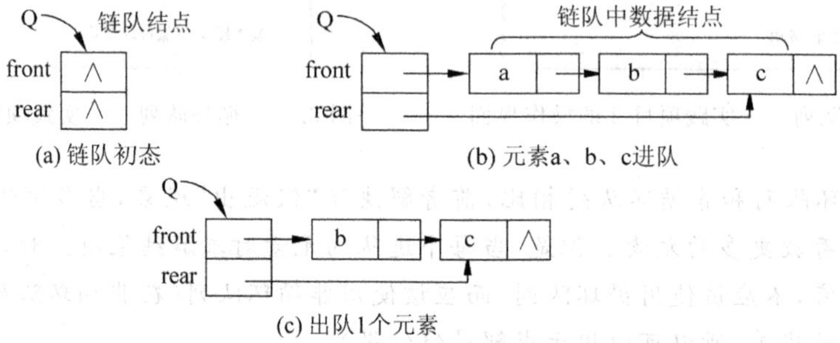

图 3.35　一个链队 Q 的动态变化过程

从图 3.35 中看到,初始时置 Q.rear=Q.front=null。队空的条件为 Q.rear==null 或 Q.front==null 或 Q.front==Q.rear==null,这里不妨设队空的条件为 Q.rear==null;由于只有内存溢出时才出现队满,通常不考虑这样的情况,所以,在链队中可以看成不存在队满;结点 p 进栈的操作是在单链表尾部插入结点 p,并让队尾指针指向它;出队的操作是取出队头所指结点的 data 值,并将其从链队中删除。对应队列的基本运算算法如下。

1) 判断队列是否为空 QueueEmpty()

若链队结点的 rear 域值为 null,表示队列为空,返回 true;否则返回 false。对应的算法如下:

```
public bool QueueEmpty()
{   return(Q.rear == null); }
```

2) 进队列 enQueue(e)

创建 data 域为 e 的数据结点 p。若原队列为空,则将链队结点的两个域均指向 p 结点,否则,将 p 结点链到单链表的末尾,并让链队结点的 rear 域指向它。对应的算法如下:

```
public void enQueue(string e)
{   LinkNode p = new LinkNode();
    p.data = e;
    p.next = null;
```

```
        if (Q.rear == null)                 //若链队为空,则新结点是队首结点,又是队尾结点
            Q.front = Q.rear = p;
        else
        {   Q.rear.next = p;                //将p结点链到队尾,并将rear指向它
            Q.rear = p;
        }
    }
```

3）出队列 deQueue(e)

若原队列不为空，则将第一个数据结点的 data 域值赋给 e，并删除它。若出队之前队列中只有一个结点，则需将链队结点的两个域均置为 null，表示队列已为空。对应的算法如下：

```
    public bool deQueue(ref string e)
    {   LinkNode p;
        if (Q.rear == null)                 //队列为空
            return false;
        p = Q.front;                        //p指向第一个数据结点
        if (Q.front == Q.rear)              //队列中只有一个结点时
            Q.front = Q.rear = null;
        else                                //队列中有多个结点时
            Q.front = Q.front.next;
        e = p.data;
        p = null;
        return true;
    }
```

【例 3.8】 采用一个不带头结点，只有一个尾结点指针 rear 的循环单链表存储队列，设计出这种链队的进队、出队、判队空和求队中元素个数的算法。

解：如图 3.36 所示，用只有尾结点指针 rear 的循环单链表作为队列存储结构，其中每个结点的类型为 LinkNode(为本节前面链队数据结点类型)。

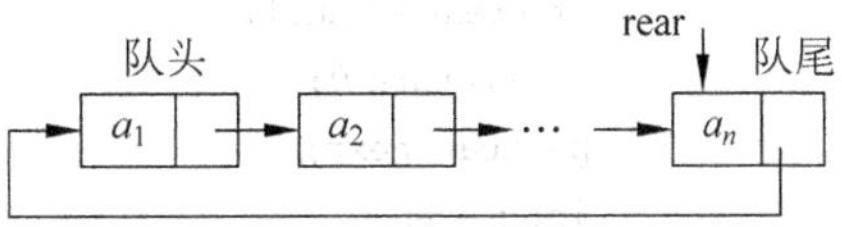

图 3.36　用只有尾结点指针的循环单链表作为队列存储结构

当这样的链队中没有结点时，队列为空，即 rear==null，进队在链表的表尾进行，出队在链表的表头进行。这样的链队类 LinkQueueClass2 的定义如下：

```
    class LinkQueueClass2
    {   LinkNode rear;                      //链队队尾指针
        public LinkQueueClass2()            //构造函数,用于队列初始化
        {   rear = null; }
        public bool QueueEmpty()            //判队空运算算法
        {   return (rear == null); }
        public void enQueue(string e)       //进队运算算法
        {   LinkNode p;
            p = new LinkNode();             //创建新结点
            p.data = e;
```

```
            if (rear == null)                      //原链队为空
            {   p.next = p;                        //构成循环单链表
                rear = p;
            }
            else
            {   p.next = rear.next;                //将 p 结点插入到 rear 结点之后
                rear.next = p;
                rear = p;                          //让 rear 指向这个新插入的结点
            }
        }
        public bool deQueue(ref string e)          //出队运算算法
        {   LinkNode q;
            if (rear == null)                      //队空,返回 false
                return false;
            else if (rear.next == rear)            //原队中只有一个结点
            {   e = rear.data;
                rear = null;
            }
            else                                   //原队中有两个或两个以上的结点
            {   q = rear.next;
                e = q.data;
                rear.next = q.next;
                q = null;
            }
            return true;
        }
        public int GetCount()                      //求链队中的元素个数
        {   LinkNode p = rear;
            if (rear == null)                      //空链表,返回 0
                return 0;
            p = rear.next;
            int n = 1;
            while (p!= rear)
            {   n++;
                p = p.next;
            }
            return n;
        }
    }
```

本例的一次执行结果与图 3.30 类似。

链队的实践项目

项目 1：设计链队的基本运算算法,并用相关数据进行测试,其操作界面类似于图 3.31。

项目 2：设计一个算法,求链队中的元素个数,并用相关数据进行测试,其操作界面类似于图 3.32。

项目 3：设计一个算法,利用队列的基本运算进队和出队第 k 个元素,并用相关数据进行测试,其操作界面类似于图 3.33。

3.2.4　队列的应用

本小节通过用队列求解迷宫问题来讨论队列的应用。

1. 问题描述

参见 3.1.4 小节。

2. 数据组织

用队列解决求迷宫路径问题。使用一个顺序队 qu 保存走过的方块，该队列的相关定义如下：

```
struct Box                              //方块类型
{   public int i,j;                     //方块的位置
    public int pre;                     //本路径中上一方块在队列中的下标
};
struct QuType                           //定义顺序队类型
{   public Box [] data;
    public int front,rear;              //队头指针和队尾指针
};
QuType qu = new QuType();               //定义顺序队
```

这里使用的顺序队列 qu 不是循环队列，因此，在出队时不会将出队元素真正从队列中删除，因为要利用它们输出迷宫路径。

3. 设计运算算法

搜索从(x_i,y_i)到(x_e,y_e)路径的过程是：首先将(x_i,y_i)进队，在队列 qu 不为空时循环：出队一次(由于不是循环队列，所以该出队元素仍在队列中)，称该出队的方块为当前方块，qu. front 为该方块在队列中的下标位置。如果当前方块是出口，则按入口到出口的次序输出该路径并结束。

否则，按顺时针方向找出当前方块的 4 个方位中可走的相邻方块(对应的迷宫 a 数组值为 0)，将这些可走的相邻方块均插入到队列 qu 中，其 pre 设置为本搜索路径中上一方块在 qu 中的下标值，也就是当前方块的 qu. front 值，并将相邻方块对应的 a 数组元素值置为 －1，以避免回过来重复搜索。如果队列为空，表示未找到出口，即不存在路径。

实际上，本算法的思想是从(x_i,y_i)开始，利用队列的特点，一层一层向外扩展可走的点，直到找到出口为止，这个方法就是将在第 7 章介绍的广度优先搜索方法。

在找到路径后，输出路径的过程是：根据当前方块(即出口，其在队列 qu 中的下标为 front)的 pre 值可回推找到迷宫路径。对于图 3.18 所示的迷宫，在路径找到后，队列 qu 中 data 的全部数据见表 3.3。当前的 front＝40(8,8)，qu. data[40]. pre 为 35(8,7)，表示路径的上一方块为 qu. data[35]，qu. data[35]. pre 为 30(8,6)，表示路径的上一方块为 qu. data[30]，qu. data[30]. pre 为 27(8,5)，表示路径的上一方块为 qu. data[27]，…，如此找到入口为 qu. data[0]。在 print 函数中，为了正向输出路径，在前面的回推过程中修改路径上每个方块的 pre 值，使该迷宫路径上的所有方块的 pre 值置为－1，然后从开头输出所有 pre 为－1 的方块，从而就输出了正向的迷宫路径。

表 3.3 队列 qu 中 data 的数据

下标	i	j	pre	下标	i	j	pre
0	1	1	−1	21	1	6	18
1	1	2	0	22	6	5	20
2	2	1	0	23	5	5	22
3	2	2	1	24	7	5	22
4	3	1	2	25	4	5	23
5	3	2	3	26	5	6	23
6	4	1	4	27	8	5	24
7	3	3	5	28	4	6	25
8	5	1	6	29	5	7	26
9	3	4	7	30	8	6	27
10	5	2	8	31	8	4	27
11	6	1	8	32	4	7	28
12	2	4	9	33	5	8	29
13	5	3	10	34	6	7	29
14	7	1	11	35	8	7	30
15	1	4	12	36	8	3	31
16	2	5	12	37	3	7	32
17	6	3	13	38	4	8	32
18	1	5	15	39	6	8	33
19	2	6	16	40	8	8	35
20	6	4	17				

根据上述搜索过程，得到用队列求解从入口(x_i，y_i)到出口(x_e，y_e)的一条迷宫路径的算法如下：

```
public bool mgpath1(int xi,int yi,int xe,int ye)
{   int i,j,find = 0,di;
    qu.data = new Box[MaxSize];
    qu.front = qu.rear = -1;
    qu.rear++;
    qu.data[qu.rear].i = xi; qu.data[qu.rear].j = yi;     //(xi,yi)进队
    qu.data[qu.rear].pre = -1;
    a[xi,yi] = -1;                          //将其赋值-1,以避免回过来重复搜索
    while (qu.front!= qu.rear && find == 0)  //队列不为空且未找到路径时循环
    {   qu.front++;                        //出队,由于不是环形队列,所以该出队元素仍在队列中
        i = qu.data[qu.front].i; j = qu.data[qu.front].j;
        if (i == xe && j == ye)              //找到出口,输出路径
        {   find = 1;
            return true;                     //找到一条路径时,返回 true
        }
        for (di = 0;di < 4;di++)             //循环扫描每个方位,把每个可走的方块插入队列中
        {   switch(di)
            {
            case 0:i = qu.data[qu.front].i - 1;j = qu.data[qu.front].j;break;
            case 1:i = qu.data[qu.front].i;j = qu.data[qu.front].j + 1;break;
```

```
                case 2:i = qu.data[qu.front].i + 1;j = qu.data[qu.front].j;break;
                case 3:i = qu.data[qu.front].i;j = qu.data[qu.front].j - 1;break;
                }
                if (a[i,j] == 0)
                {   qu.rear++;                   //将该相邻方块插入队列中
                    qu.data[qu.rear].i = i; qu.data[qu.rear].j = j;
                    qu.data[qu.rear].pre = qu.front;              //指向路径中上一个方块的下标
                    a[i,j] = - 1;                //将其赋值 - 1,以避免回过来重复搜索
                }
            }
        }
        return false;                            //未找到任何路径时,返回 false
    }
```

4. 设计求解项目

建立一个求解迷宫问题的项目，其中只有一个窗体 Form1，其中“找一条路径”命令按钮的单击事件过程包含以下代码：

```
int i;
if (mgpath1(1,1,8,8))                    //找到一条路径后调用 print 方法输出路径
{   print(qu.front);
    label3.Text = "成功找到迷宫路径";
}
else
    label3.Text = "未找到迷宫路径";
```

5. 运行结果

执行本项目，单击“找一条路径”命令按钮，Form1 的执行结果如图 3.37 所示，找到的一条迷宫路径如下：

```
(1,1) (2,1) (3,1) (4,1) (5,1) (5,2) (5,3) (6,3) (6,4) (6,5)
(7,5) (8,5) (8,6) (8,7) (8,8)
```

显然，这个解是最优解，也是最短路径。

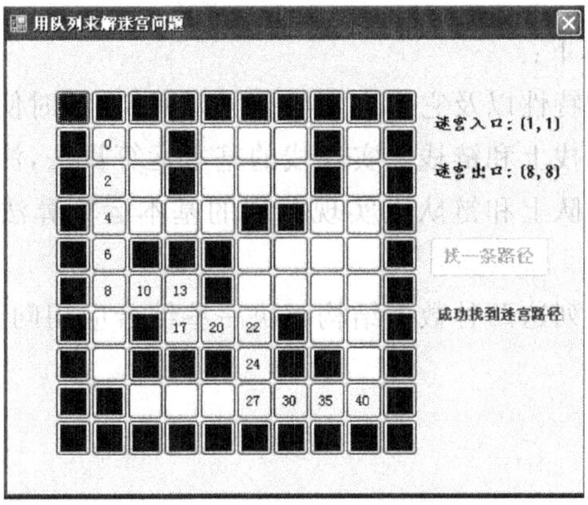

图 3.37 Form1 的执行界面

队列综合应用实践项目

项目1：设计一个项目，采用队列求解迷宫问题。

项目2：设计一个项目，反映病人到医院看病，排队看医生的情况。在病人排队过程中，主要重复两件事：

(1) 病人到达诊室，将病历本交给护士，排到等待队列中候诊。

(2) 护士从等待队列中取出下一位病人的病历，该病人进入诊室就诊。

要求模拟病人等待就诊这一过程。项目用弹出式菜单方式，其选项及功能说明如下：

(1) 一个病人排队——输入排队病人的姓名，加入病人到排队队列中。

(2) 查看排队情况——从队首到队尾列出所有排队病人的姓名。

(3) 一个病人就诊——病人排队队列中最前面的病人就诊，并将其从队列中删除。

(4) 医生下班——从队首到队尾列出所有的排队病人的姓名，并退出程序运行。

项目2的一次执行界面如图3.38所示，用户单击鼠标右键出现弹出式菜单，其中包含上述4个功能的菜单项。

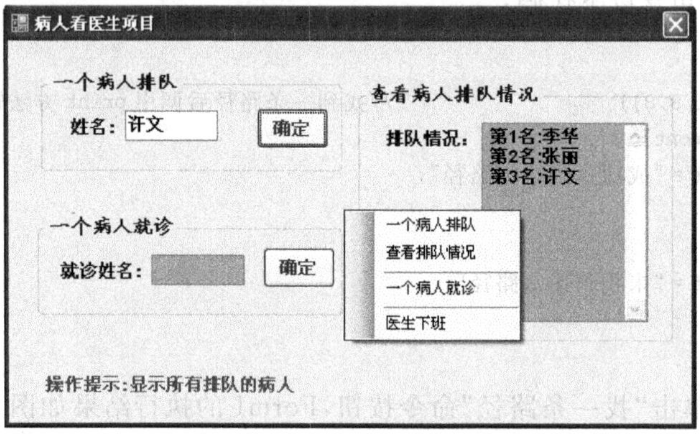

图3.38　项目2的一次执行界面

本章小结

本章基本学习要点如下：

(1) 理解栈和队列的特性以及它们之间的差异，知道在何时使用哪种数据结构。

(2) 重点掌握在顺序栈上和链栈上实现栈的基本运算算法，注意栈满和栈空的条件。

(3) 重点掌握在顺序队上和链队上实现队列的基本运算算法，注意循环队队满和队空的条件。

(4) 灵活运用栈和队列这两种数据结构解决一些综合应用问题。

练习题3

1. 单项选择题

(1) 若元素a、b、c、d、e、f依次进栈，允许进栈、退栈的操作交替进行，但不允许连续3次退栈工作，则不可能得到的出栈序列是________。

A. dcebfa　B. cbdaef　C. bcaefd　D. afedcb

(2) 一个栈的进栈序列是a、b、c、d、e，则栈的不可能的输出序列是________。

A. edcba　B. decba　C. dceab　D. abcde

(3) 已知一个栈的进栈序列是1、2、3、…、n，其输出序列的第一个元素是$i(1\leqslant i\leqslant n)$，则第$j(1\leqslant j\leqslant n)$个出栈元素是________。

A. i　B. $n-i$　C. $j-i+1$　D. 不确定

(4) 已知一个栈的进栈序列是1,2,3,…,n，其输出序列是$p_1,p_2,\cdots,p_n$，若$p_1=n$，则p_i的值为________。

A. i　B. $n-i$　C. $n-i+1$　D. 不确定

(5) 设有5个元素进栈序列是a、b、c、d、e，其输出序列是c、e、d、b、a，则该栈的容量至少是________。

A. 1　B. 2　C. 3　D. 4

(6) 表达式$(a+a*b)*a+c*b/a$的后缀表达式是________。

A. $a\ a\ b\ *\ +\ a\ *\ c\ b\ *\ a\ /\ +$　B. $a\ a\ *\ b\ +\ a\ *\ c\ b\ *\ a\ /\ +$

C. $a\ a\ b\ *\ a\ *\ c\ b\ *\ +\ a\ /\ +$　D. $a\ a\ b\ *\ +\ a\ c\ b\ *\ a\ /\ +\ *$

(7) 若一个栈用数组data[1..n]存储，初始栈顶指针top为$n+1$，则以下元素x进栈的正确操作是________。

A. top++;data[top]=x;　B. data[top]=x;top++;

C. top--;data[top]=x;　D. data[top]=x;top--;

(8) 若一个栈用数组data[1..n]存储，初始栈顶指针top为n，则以下元素x进栈的正确操作是________。

A. top++;data[top]=x;　B. data[top]=x;top++;

C. top--;data[top]=x;　D. data[top]=x; top--;

(9) 若一个栈用数组data[1..n]存储，初始栈顶指针top为0，则以下元素x进栈的正确操作是________。

A. top++;data[top]=x;　B. data[top]=x;top++;

C. top--;data[top]=x;　D. data[top]=x; top--;

(10) 若一个栈用数组data[1..n]存储，初始栈顶指针top为1，则以下元素x进栈的正确操作是________。

A. top++;data[top]=x;　B. data[top]=x;top++;

C. top--;data[top]=x;　D. data[top]=x; top--;

(11) 栈和队列的共同点是________。

A. 都是先进后出　B. 都是后进先出

C. 只允许在端点处插入和删除元素　D. 没有共同点

(12) 栈和队列的不同点是________。

A. 都是线性表

B. 都不是线性表

C. 栈只能在一端进行插入、删除操作,而队列可在不同端进行插入、删除操作

D. 没有不同点

(13) 设循环队列中数组的下标是 $0 \sim N-1$,其队头、队尾指针分别为 f 和 r(f 指向队首元素的前一位置,r 指向队尾元素),则其元素个数为________。

A. r−f　　B. r−f−1

C. (r−f)%N+1　　D. (r−f+N)%N

(14) 设循环队列的存储空间为 $a[0..20]$,且当前队头指针和队尾指针的值分别为 8 和 3,则该队列中的元素个数为________。

A. 5　　B. 6　　C. 16　　D. 17

(15) 若用一个大小为 6 的数组来实现循环队列,且当前 rear 和 front 的值分别为 0 和 3,当从队列中删除一个元素,再加入两个元素后,rear 和 front 的值分别为________。

A. 1 和 5　　B. 2 和 4　　C. 4 和 2　　D. 5 和 1

2. 问答题

(1) 简述线性表、栈和队列的异同。

(2) 有 5 个元素,其进栈次序为 A、B、C、D、E,在各种可能的出栈次序中,以元素 C、D 最先出栈(即 C 第一个且 D 第二个出栈)的次序有哪几个?

(3) 在一个算法中需要建立 $n(n \geqslant 3)$ 个栈时,可以选择下列 3 种方案之一,试问这 3 种方案各有什么优缺点?

① 分别用多个顺序存储空间建立多个独立的栈。

② 多个栈共享一个顺序存储空间。

③ 分别建立多个独立的链栈。

(4) 设栈 S 和队列 Q 的初始状态为空,元素 a、b、c、d、e、f、g、h 依次通过栈 S,每个元素出栈后立即进入队列 Q,若 8 个元素出队列的顺序是 c、f、g、e、h、d、b、a,则栈 S 的容量至少应该是多少?

3. 算法设计题

(1) 假设以 I 和 O 分别表示进栈和出栈操作,栈的初态和终栈均为空,进栈和出栈的操作序列可表示为仅由 I 和 O 组成的序列。

① 下面所示的序列中哪些是合法的?

A. IOIIOIOO　　B. IOOIOIIO　　C. IIIOIOIO　　D. IIIOOIOO

② 通过对①的分析,写出一个算法,判定所给的操作序列是否合法。若合法,返回 1;否则返回 0。(假设被判定的操作序列已存入一维数组中)。

(2) 假设表达式中允许包含 3 种括号:圆括号、方括号和大括号。编写一个算法,判断表达式中的括号是否正确配对。

(3) 用一个一维数组 S(设大小为 MaxSize)作为两个栈的共享空间。说明共享方法,栈满、栈空的判断条件,并用 C/C++语言设计公用的初始化栈运算 InitStack1(st)、判栈空运算 StackEmpty1(st,i)、进栈运算 Push1(st,i,x)和出栈运算 Pop1(st,i,x),其中 i 为 1 或 2,用于表示栈号,x 为入栈或出栈元素。

(4) 设计一个循环队列，用 front 和 rear 分别作为队头和队尾指针，另外用一个标志 tag 标识队列可能空(0)或可能满(1)，加上 front==rear 可以作为队空或队满的条件。要求设计队列的相关基本运算算法。

(5) 已知一循环队列的存储空间是 data[m..n]，其中 $n>m$，队头、队尾指针分别为 front 和 rear，试完成以下各小题：

① 设计该队列的类型。

② 设计相应的初始化队列、判队空否、进队和出队算法。

③ 求队中的元素个数，并设计相应的算法。

CHAPTER 4

第4章 串

串也属于一种线性结构。本章主要介绍串的抽象数据类型、串的两种存储结构、相关运算算法设计和串的模式匹配算法。

4.1 串的基本概念

串在计算机非数值处理中占有重要地位,如信息检索系统和文字编辑等都是以串数据作为处理对象的。本节介绍串相关的定义和串的抽象数据类型。

4.1.1 什么是串

图 4.1 所示的新闻信息就是由串组成的,其中标题、网址、作者和正文等都分别看成是一个文字串。文字串的编辑操作有插入、删队、修改和替换等操作。

2012冬季达沃斯论坛开幕聚焦大转型

http://www.sina.com.cn 2012年01月25日23:12 人民网 微博

人民网特派瑞士记者 吴乐珺

瑞士东部小镇达沃斯近日迎来了罕见大雪，也迎来了世界各地怀揣着热情与期待的客人。2012年达沃斯冬季年会于25日-29日举行，来自100多个国家的2600余名代表参加了此次主题为“大转型：塑造新模式”的盛会，与会代表将围绕“发展与就业”、“领导与创新”、“资源与可持续”和“社会与科技”四个分议题进行研讨。

图 4.1 新闻文字组成的串

归纳起来,**串**(或字符串)是由零个或多个字符组成的有限序列。记作 str="$a_1a_2\cdots a_n$"($n\geqslant 0$),其中 str 是串名,用双引号括起来的字符序列为串值,引号是界限符,a_i($1\leqslant i\leqslant n$)是一个任意字符(字母、数字或其他字符),它称为串的元素,是构成串的基本单位。串中所包含的字符个数 n 称为**串的长度**,当 $n=0$ 时,称为**空串**。

将串值括起来的双引号本身不属于串，它的作用是避免串与常数或与标识符混淆。例如，A="123"是数字字符串，长度为 3，它不同于常整数 123。通常将仅由一个或多个空格组成的串称为空白串。注意空串和空白串的不同，例如，" "(含一个空格)和""(不含任何字符)分别表示长度为 1 的空白串和长度为 0 的空串。

一个串中，由任意连续的字符组成的子序列称为该串的**子串**。例如，"a"、"ab"、"abc"和"abcd"等都是"abcde"的子串。包含子串的串相应地称为**主串**。通常称字符在序列中的序号为该字符在串中的位置。例如，字符元素 $a_i(1\leqslant i\leqslant n)$的序号为 i。子串在主串中的位置则以子串的第一个字符首次出现在主串中的位置来表示。例如，设有两个字符串 s 和 t：

s="This is a string."

t="is"

它们的长度分别为 17、2；t 是 s 的子串，s 为主串。t 在 s 中出现了两次，其中首次出现所对应的主串位置是 3，因此，称 t 在 s 中的序号(或位置)为 3。

若两个串的长度相等且对应字符都相等，则称两个串是相等的。当两个串不相等时，可按"字典顺序"区分大小。

【例 4.1】 设 str 是一个长度为 n 的串，其中的字符各不相同，则 str 中的所有子串个数是多少？

解：对于这样的串 str，有：

空串是其子串，计 1 个。

每 1 个字符构成的串是其子串，计 n 个。

每 2 个连续的字符构成的串是其子串，计 $n-1$ 个。

每 3 个连续的字符构成的串是其子串，计 $n-2$ 个。

⋮

每 $n-1$ 个连续的字符构成的串是其子串，计 2 个。

str 是其自身的子串，计 1 个。

所有的子串个数 $=1+n+(n-1)+\cdots+2+1=n(n+1)/2+1$。例如，str="software"的子串个数 $=(8\times9)/2+1=37$。

说明：串和线性表的唯一区别是串中的每个元素是单个字符，而线性表中的每个元素可以是自定义的其他类型。

4.1.2 串的抽象数据类型

抽象数据类型串的定义如下：

```
ADT String
{
数据对象:
    D = {ai | 1≤i≤n,n≥0,ai 为 char 类型}
数据关系:
    R = {r}
    r = {<ai,ai+1> | ai,ai+1 ∈D, i = 1, …,n - 1}
基本运算:
    void StrAssign(cstr): 由字符串常量 cstr 创建一个串,即生成其值等于 cstr 的串。
    void StrCopy(t): 串复制,由串 t 复制产生一个串。
```

```
    int StrLength(): 求串长,返回当前串中的字符个数。
    String Concat(t): 串连接,返回一个当前串和串 t 连接后的结果。
    String SubStr(i,j): 求子串,返回从当前串中从第 i 个字符开始的 j 个连续字符组成的子串。
    String InsStr(i,s): 串插入,返回串 s 插入到当前串的第 i 个位置后的子串。
    String DelStr(i,j): 串删除,返回从当前串中删除从第 i 个字符开始的 j 个字符后的结果。
    String RepStr(i,j,s): 串替换,返回用串 s 替换当前串中第 i 个字符开始的 j 个字符后的结果。
    DispStr(): 串输出,输出当前串的所有元素值。
}
```

4.2 串的存储结构

如同线性表一样,串也有顺序存储结构和链式存储结构两种。前者简称为顺序串,后者简称为链串。

4.2.1 串的顺序存储结构——顺序串

在顺序串中,串中字符被依次存放在一组连续的存储单元里。一般来说,一个字节(8位)可以表示一个字符(即该字符的 ASCII 码)。和顺序表一样,用一个 data 数组(大小为 MaxSize)和一个整型变量 length 来表示一个顺序串,length 表示 data 数组中实际字符的个数。

定义顺序串类 SqStringClass 如下(本节的所有算法均包含在 SqStringClass 类中):

```
class SqStringClass
{   const int MaxSize = 100;
    public char[] data;                     //存放串中的字符
    public int length;                      //存放串长
    public SqStringClass()                  //构造函数,用于顺序串的初始化
    {   data = new char[MaxSize];
        length = 0;
    }
    //顺序串的基本运算
}
```

说明:C#语言中提供了字符串类型 string,包含了前面列出的大部分串运算功能。本节主要通过自己组织和实现串来介绍数据结构算法的一般设计方法。

下面讨论在顺序串上实现串基本运算的算法。

1) 建立串 StrAssign(cstr)

由一个字符串常量 cstr 建立一个串,即生成一个其值等于 cstr 的串。对应的算法如下:

```
public void StrAssign(string cstr)
{   int i;
    for (i = 0;i < cstr.Length;i++)
        data[i] = cstr[i];
    length = i;
}
```

例如，cstr="abcdef"，执行 StrAssign(cstr)方法的结果如图 4.2 所示。

2) 串复制 StrCopy(t)

将串 t 复制给当前串对象。对应的算法如下：

```
public void StrCopy(SqStringClass t)
{   int i;
    for (i = 0;i < t.length;i++)
        data[i] = t.data[i];
    length = t.length;
}
```

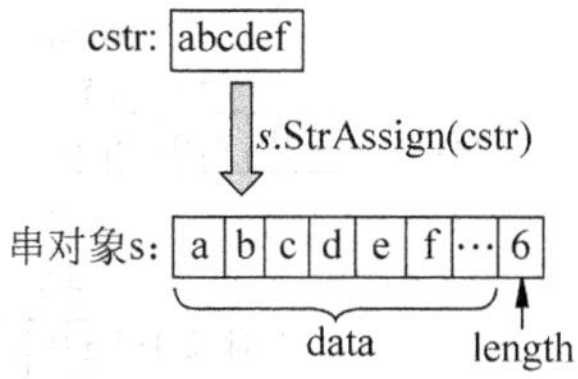

图 4.2　串赋值示意图

3) 求串长度 StrLength()

返回当前串中的字符个数。对应的算法如下：

```
public int StrLength()
{   return length; }
```

4) 串连接 Concat(t)

将当前串和串 t 的所有字符连接在一起形成的新串，并返回这个新串。对应的算法如下：

```
public SqStringClass Concat(SqStringClass t)
{   SqStringClass nstr = new SqStringClass();   //新建一个空串
    int i;
    nstr.length = length + t.length;
    for (i = 0;i < length;i++)                  //将当前串 data[0..str.length - 1]⇨到 nstr
        nstr.data[i] = data[i];
    for (i = 0;i < t.length;i++)                //将 t.data[0..t.length - 1]⇨nstr
        nstr.data[length + i] = t.data[i];
    return nstr;                                //返回新串 nstr
}
```

例如，串对象 s 和 t 连接产生新串对象 s1 的过程如图 4.3 所示。

5) 求子串 SubStr(i,j)

产生由当前串中第 i 个字符开始的、连续 j 个字符组成的子串，并返回这个子串。当参数 i、j 不正确时，返回一个空串。对应的算法如下：

```
public SqStringClass SubStr(int i,int j)
{   SqStringClass nstr = new SqStringClass();   //新建一个空串
    int k;
    if (i <= 0 || i > length || j < 0 || i + j - 1 > length)
        return nstr;                            //参数不正确时,返回空串
    for (k = i - 1;k < i + j - 1;k++)           //将 str.data[i..i + j - 1]⇨nstr
        nstr.data[k - i + 1] = data[k];
    nstr.length = j;
    return nstr;                                //返回新建的顺序串
}
```

例如，由串对象 s 产生子串 t 对象的过程如图 4.4 所示。

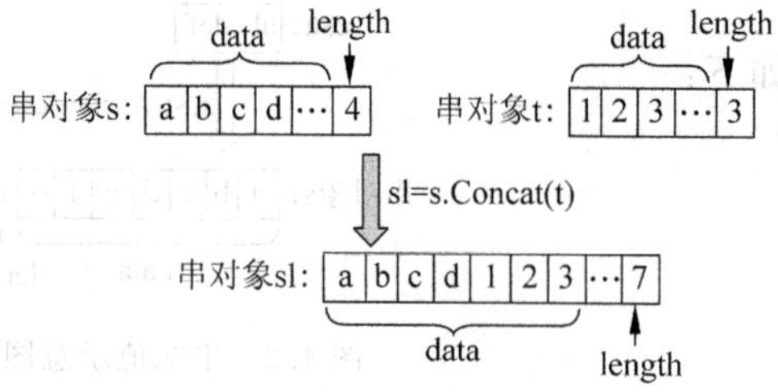

图 4.3　串连接示意图

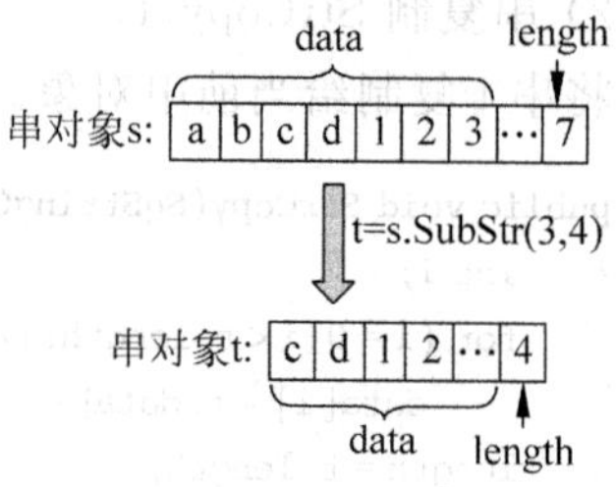

图 4.4　求子串示意图

6）串插入 InsStr(*i*,s)

将串 s 插入当前串的第 *i* 个位置中产生一个新串，并返回这个新串。当参数不正确时，返回一个空串。对应的算法如下：

```
public SqStringClass InsStr(int i,SqStringClass s)
{    int j;
     SqStringClass nstr = new SqStringClass();       //新建一个空串
     if (i<=0 || i>length+1)                         //参数不正确时，返回空串
         return nstr;
     for (j=0;j<i-1;j++)                             //将当前串 data[0..i-2]⇨nstr
         nstr.data[j] = data[j];
     for (j=0;j<s.length;j++)                        //将 s.data[0..s.length-1]⇨nstr
         nstr.data[i+j-1] = s.data[j];
     for (j=i-1;j<length;j++)                        //将当前串 data[i-1..length-1]⇨nstr
         nstr.data[s.length+j] = data[j];
     nstr.length = length + s.length;
     return nstr;                                    //返回新建的顺序串
}
```

例如，将串对象 s 插入串对象 t 中产生对象 t1 的过程如图 4.5 所示。

7）串删除 DelStr(*i*,*j*)

从当前串中删除第 *i* 个字符开始的、连续 *j* 个字符产生一个子串，并返回这个子串。当参数不正确时，返回一个空串。对应的算法如下：

```
public SqStringClass DelStr(int i,int j)
{    int k;
     SqStringClass nstr = new SqStringClass();       //新建一个空串
     if (i<=0 || i>length || i+j-1>length)           //参数不正确时，返回空串
         return nstr;
     for (k=0;k<i-1;k++)                             //将当前串 data[0..i-2]⇨nstr
         nstr.data[k] = data[k];
     for (k=i+j-1;k<length;k++)                      //将当前串 data[i+j-1..length-1]⇨nstr
         nstr.data[k-j] = data[k];
     nstr.length = length - j;
     return nstr;                                    //返回新建的顺序串
}
```

例如，删除串对象 s 中的一个子串，产生串对象 t 的过程如图 4.6 所示。

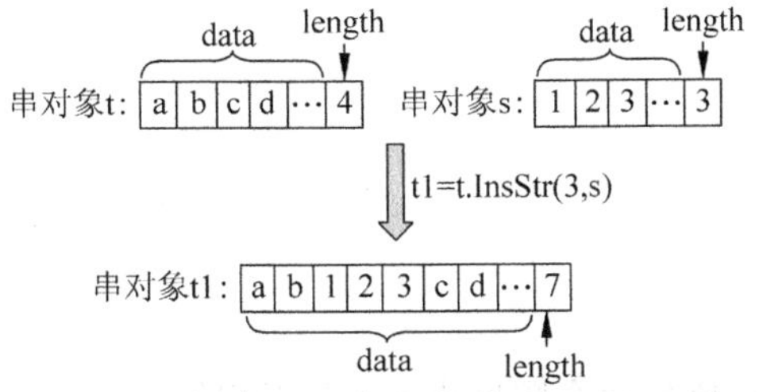

图 4.5　串插入示意图

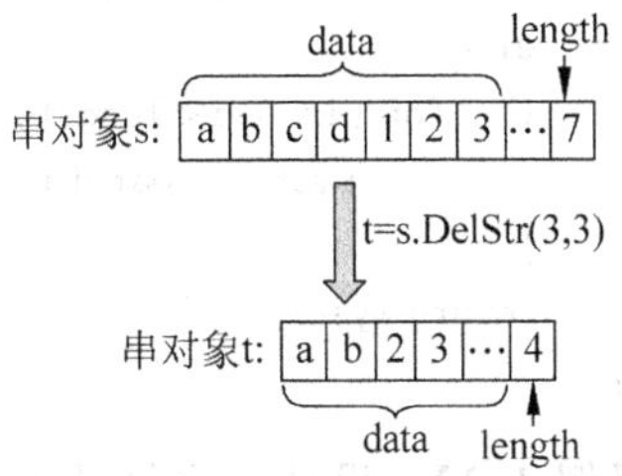

图 4.6　串删除示意图

8）串替换 RepStr(i,j,s)

将当前串中第 i 个字符开始的、连续 j 个字符用串 s 替换而产生一个新串，并返回这个新串。当参数不正确时，返回一个空串。对应的算法如下：

```
public SqStringClass RepStr(int i,int j,SqStringClass s)
{   int k;
    SqStringClass nstr = new SqStringClass();          //新建一个空串
    if (i<=0 || i>length || i+j-1>length)           //参数不正确时,返回空串
        return nstr;
    for (k=0;k<i-1;k++)                             //将当前串 data[0..i-2]⇨nstr
        nstr.data[k] = data[k];
    for (k=0;k<s.length;k++)                        //将 s.data[0..s.length-1]⇨nstr
        nstr.data[i+k-1] = s.data[k];
    for (k=i+j-1;k<length;k++)                      //将当前串 data[i+j-1..length-1]⇨nstr
        nstr.data[s.length+k-j] = data[k];
    nstr.length = length-j+s.length;
    return nstr;                                    //返回新建的顺序串
}
```

例如，将串对象 t 中的某个子串替换为串对象 s，产生 t_1 串对象的过程如图 4.7 所示。

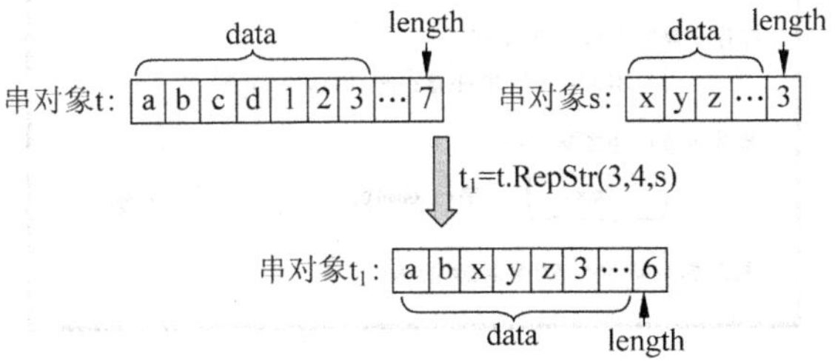

图 4.7　串替换示意图

9）串输出 DispStr()

将当前串 s 的所有字符构成一个字符串并输出。对应的算法如下：

```
public string DispStr()
{   int i;
    string mystr = "";
```

```
    if (length == 0)
        mystr = "空串";
    else
    {   for (i = 0;i < length;i++)
            mystr += data[i].ToString();
    }
    return mystr;
}
```

【例 4.2】 设计一个算法 StrEqueal(s,t),比较两个顺序串 s、t 是否相等。

解:两个顺序串对象 s、t 相等的条件是它们的长度相等且所有对应位置上的字符均相同。对应的算法如下:

```
public bool StrEqueal(SqStringClass s, SqStringClass t)
{   int i;
    if (s.length!= t.length)
        return false;
    for (i = 0; i < s.length;i++)
        if (s.data[i]!= t.data[i])
            return false;
    return true;
}
```

顺序串的实践项目

项目 1:设计顺序串的基本运算(1),包括建立串、输出串、求串长度和串复制,并用相关数据进行测试,其操作界面如图 4.8 所示。

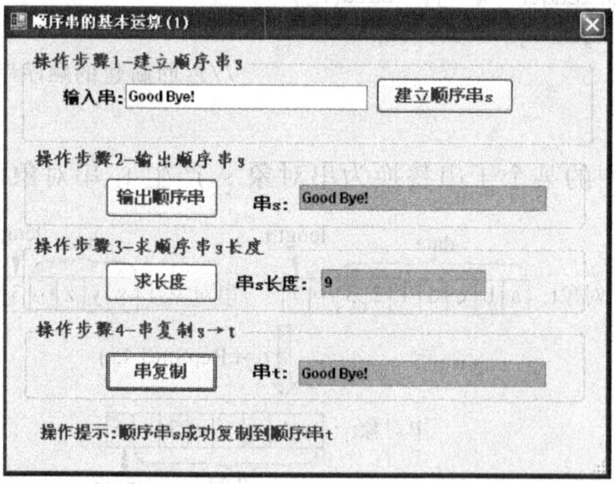

图 4.8 顺序串——实践项目 1 的操作界面

项目 2:设计顺序串的基本运算(2),包括建立串连接、求子串、删除子串和子串替换,并用相关数据进行测试,其操作界面如图 4.9 所示。

项目 3:有两个顺序串 s 和 t,设计一个算法,按"字典顺序"比较它们的大小,并用相关数据进行测试,其操作界面如图 4.10 所示。

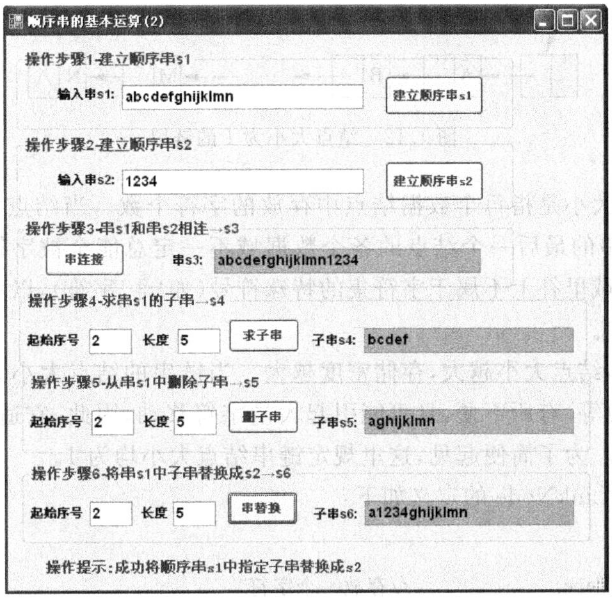

图 4.9 顺序串——实践项目 2 的操作界面

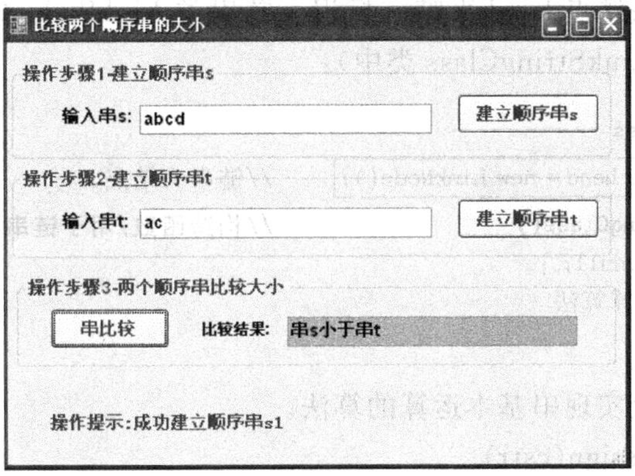

图 4.10 顺序串——实践项目 3 的操作界面

4.2.2 串的链式存储结构——链串

链串的组织形式与一般的链表类似。二者的主要区别在于，链串中的一个结点可以存储多个字符。通常将链串中每个结点所存储的字符个数称为结点大小。图 4.11 和图 4.12 分别表示了同一个串“ABCDEFGHIJKLMN”的结点大小为 4(存储密度大)和 1(存储密度小)的链式存储结构。

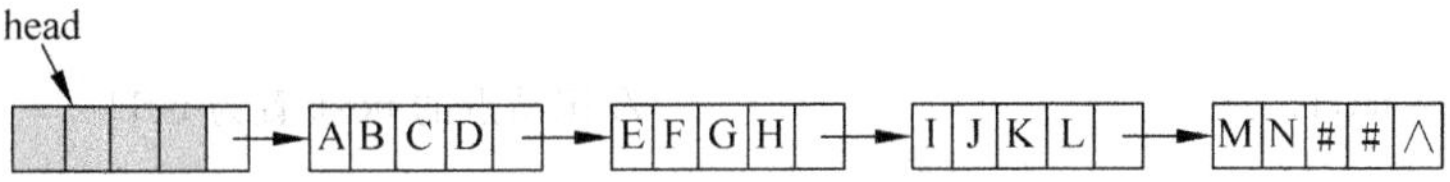

图 4.11 结点大小为 4 的链串

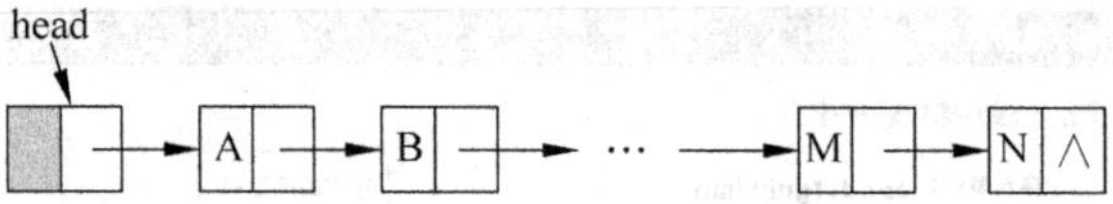

图 4.12　结点大小为 1 的链串

链串中的结点大小是指每个数据结点中存放的字符个数。当结点大小大于 1(如结点大小等于 4)时,链串的最后一个结点的各个数据域不一定总能全被字符占满。此时,应在这些未占用的数据域里补上不属于字符集的特殊符号(如'#'字符),以示区别(参见图 4.11 中的最后一个结点)。

在设计链串时,结点大小越大,存储密度越大。当链串的结点大小大于 1 时,一些操作(如插入、删除、替换等)有所不便,且可能引起大量字符移动,因此,它适合在串基本保持静态使用方式时采用。为了简便起见,这里规定链串结点大小均为 1。

链串的结点类 LinkNode 的定义如下:

```
class LinkNode
{   public char data;                  //存放一个字符
    public LinkNode next;              //指向下一个结点
};
```

一个链串用一个头结点 head 来唯一标识。链串类 LinkStringClass 的定义如下(本节的所有算法均包含在 LinkStringClass 类中):

```
class LinkStringClass
{   public LinkNode head = new LinkNode();      //链串头结点
    public LinkStringClass()                    //构造函数,用于链串初始化
    {   head.next = null; }
    //链串的基本运算算法
}
```

下面讨论在链串上实现串基本运算的算法。

1) 建立链串 StrAssign(cstr)

由一个字符串常量 cstr 建立一个链串,其头结点为 head。以下采用尾插法建立链串。对应的算法如下:

```
public void StrAssign(string cstr)
{   int i;
    LinkNode r = head,p;                    //r 始终指向尾结点
    for (i = 0;i < cstr.Length;i++)         //循环建立字符结点
    {   p = new LinkNode();
        p.data = cstr[i];
        r.next = p; r = p;                  //将 p 结点插入到尾部
    }
    r.next = null;                          //尾结点的 next 置为 null
}
```

例如,cstr="abcdef",执行 StrAssign(cstr)方法的结果如图 4.13 所示。

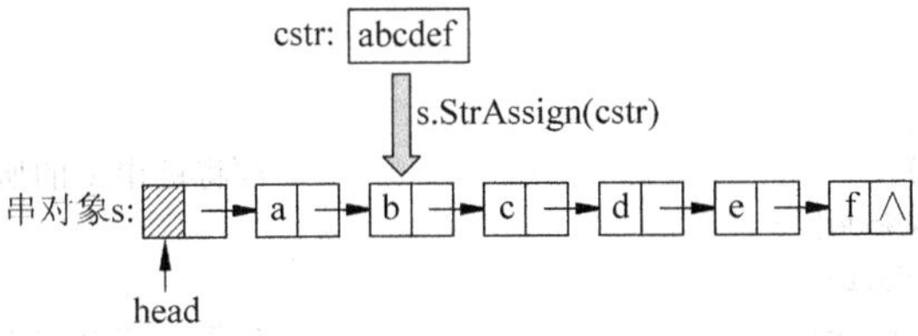

图 4.13　串赋值示意图

2）串复制 StrCopy(t)

将串 t 的每个结点复制并链接到当前串尾。以下采用尾插法建立当前链串。对应的算法如下：

```
public void StrCopy(LinkStringClass t)
{   LinkNode p = t.head.next,q,r;
    r = head;                       //r 始终指向尾结点
    while (p!= null)                //将 t 的结点 p 复制产生结点 q
    {   q = new LinkNode();
        q.data = p.data;
        r.next = q; r = q;          //将 q 结点插入到尾部
        p = p.next;
    }
    r.next = null;                  //尾结点的 next 置为 null
}
```

3）求串长 StrLength()

返回当前串中的字符个数。对应的算法如下：

```
public int StrLength()
{   int i = 0;
    LinkNode p = head.next;         //p 指向第一个字符结点
    while (p!= null)
    {   i++;
        p = p.next;                 //p 移到下一个字符结点
    }
    return i;
}
```

4）串连接 Concat(t)

返回由当前串 s 和串 t 所有字符连接在一起形成的新串。以下采用尾插法建立链串 nstr 并返回。对应的算法如下：

```
public LinkStringClass Concat(LinkStringClass t)
{   LinkStringClass nstr = new LinkStringClass();       //新建一个空串
    LinkNode p = head.next,q,r;
    r = nstr.head;
    while (p!= null)                                    //将当前链串的所有结点⇨nstr
    {   q = new LinkNode();
        q.data = p.data;
        r.next = q; r = q;                              //将 q 结点插入到尾部
```

```
            p = p.next;
        }
        p = t.head.next;
        while (p!= null)                          //将链串 t 的所有结点⇨nstr
        {   q = new LinkNode();
            q.data = p.data;
            r.next = q; r = q;                    //将 q 结点插入到尾部
            p = p.next;
        }
        r.next = null;                            //尾结点的 next 置为 null
        return nstr;                              //返回新建的链串
}
```

例如,串对象 s 和 t 连接产生新串对象 s1 的过程如图 4.14 所示。

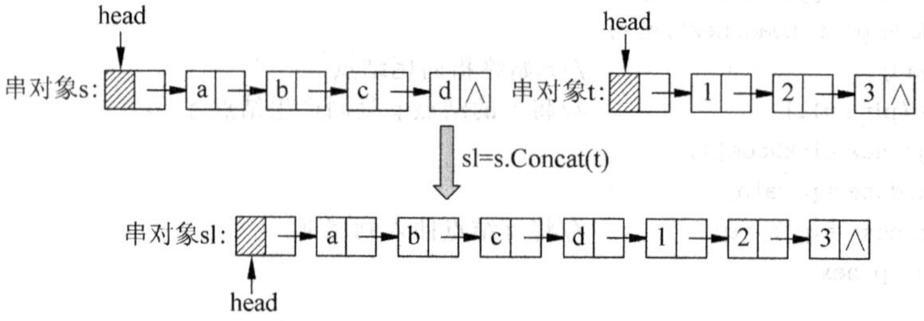

图 4.14　串连接示意图

5) 求子串 SubStr(i,j)

返回当前串中从第 i 个字符开始的、连续 j 个字符组成的子串。当参数不正确时,返回一个空串。以下采用尾插法建立链串 nstr 并返回。对应的算法如下:

```
public LinkStringClass SubStr(int i,int j)
{   LinkStringClass nstr = new LinkStringClass();   //新建一个空串
    int k;
    LinkNode p = head.next,q,r;
    r = nstr.head;                                   //r 指向新建链表的尾结点
    if (i <= 0 || i > StrLength() || j < 0 || i + j - 1 > StrLength())
        return nstr;                                 //参数不正确时,返回空串
    for (k = 0;k < i - 1;k++)
        p = p.next;
    for (k = 1;k <= j;k++)                           //将 s 的第 i 个结点开始的、j 个结点⇨nstr
    {   q = new LinkNode();
        q.data = p.data;
        r.next = q; r = q;                           //将 q 结点插入尾部
        p = p.next;
    }
    r.next = null;                                   //尾结点的 next 置为 null
    return nstr;                                     //返回新建的链串
}
```

例如,由串对象 s 产生子串 t 对象的过程如图 4.15 所示。

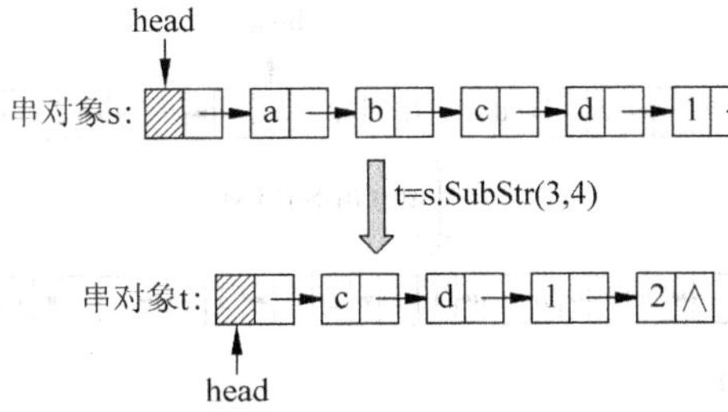

图 4.15　求子串示意图

6）串插入 InsStr(i,t)

将串 t 插入当前串中的第 i 个位置产生一个新串，并返回这个新串。当参数不正确时，返回一个空串。以下采用尾插法建立链串 nstr 并返回。对应的算法如下：

```
public LinkStringClass InsStr(int i,LinkStringClass t)
{   LinkStringClass nstr = new LinkStringClass();          //新建一个空串
    int k;
    LinkNode p = head.next,p1 = t.head.next,q,r;
    r = nstr.head;                                         //r 指向新建链表的尾结点
    if (i <= 0 || i > StrLength() + 1)                     //参数不正确时,返回空串
        return nstr;
    for (k = 1; k < i; k++)                                //将当前链串的前 i 个结点⇨nstr
    {   q = new LinkNode();
        q.data = p.data;
        r.next = q; r = q;                                 //将 q 结点插入尾部
        p = p.next;
    }
    while (p1!= null)                                      //将 t 的所有结点⇨nstr
    {   q = new LinkNode();
        q.data = p1.data;
        r.next = q; r = q;                                 //将 q 结点插入尾部
        p1 = p1.next;
    }
    while (p!= null)                                       //将 p 及其后的结点⇨nstr
    {   q = new LinkNode();
        q.data = p.data;
        r.next = q; r = q;                                 //将 q 结点插入尾部
        p = p.next;
    }
    r.next = null;                                         //尾结点的 next 置为 null
    return nstr;                                           //返回新建的链串
}
```

例如，将串对象 s 插入串对象 t 中产生对象 t1 的过程如图 4.16 所示。

7）子串删除 DelStr(i,j)

从当前串中删除从第 i 个字符开始、连续 j 个字符而产生一个新串，并返回这个新串。当参数不正确时，返回一个空串。以下采用尾插法建立链串 nstr 并返回。对应的算法如下：

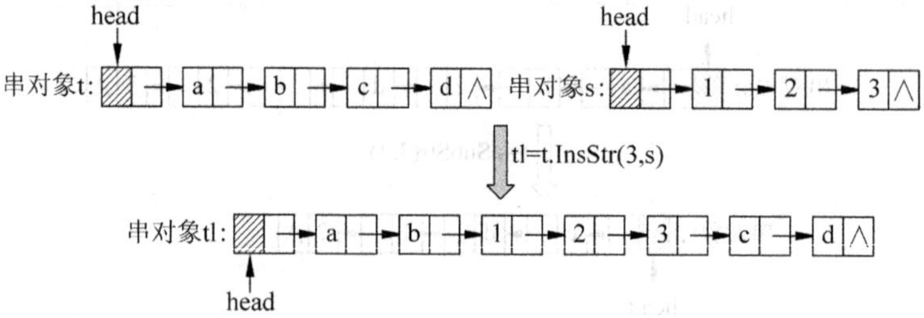

图 4.16　串插入示意图

```
public LinkStringClass DelStr(int i,int j)
{   LinkStringClass nstr = new LinkStringClass();          //新建一个空串
    int k;
    LinkNode p = head.next,q,r;
    r = nstr.head;                                          //r 指向新建链表的尾结点
    if (i<=0 || i>StrLength() || j<0 || i+j-1>StrLength())
        return nstr;                                        //参数不正确时,返回空串
    for (k=0; k<i-1;k++)                                    //将 s 的前 i-1 个结点⇨nstr
    {   q = new LinkNode();
        q.data = p.data;
        r.next = q; r = q;                                  //将 q 结点插入尾部
        p = p.next;
    }
    for (k=0;k<j;k++)                                       //让 p 沿 next 跳 j 个结点
        p = p.next;
    while (p!= null)                                        //将 p 及其后的结点⇨nstr
    {   q = new LinkNode();
        q.data = p.data;
        r.next = q; r = q;                                  //将 q 结点插入到尾部
        p = p.next;
    }
    r.next = null;                                          //将尾结点的 next 置为 null
    return nstr;                                            //返回新建的链串
}
```

例如,删除串对象 s 中的一个子串产生串对象 t 的过程如图 4.17 所示。

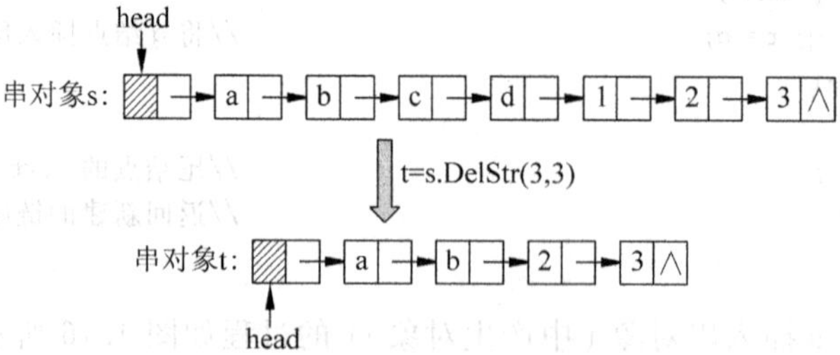

图 4.17　串删除示意图

8) 串替换 RepStr(i,j,t)

将当前串中第 i 个字符开始的、连续 j 个字符用串 t 替换而产生一个新串,并返回这个

新串。当参数不正确时，返回一个空串。以下采用尾插法建立链串 nstr 并返回。对应的算法如下：

```
public LinkStringClass RepStr(int i,int j,LinkStringClass t)
{   LinkStringClass nstr = new LinkStringClass();        //新建一个空串
    int k;
    LinkNode p = head.next,p1 = t.head.next,q,r;
    r = nstr.head;                                       //r 指向新建链表的尾结点
    if (i<=0 || i>StrLength() || j<0 || i+j-1>StrLength())
        return nstr;                                     //参数不正确时，返回空串
    for (k = 0; k<i-1; k++)                              //将 s 的前 i-1 个结点⇨nstr
    {   q = new LinkNode();
        q.data = p.data;
        r.next = q; r = q;                               //将 q 结点插入尾部
        p = p.next;
    }
    for (k = 0;k<j;k++)                                  //让 p 沿 next 跳 j 个结点
        p = p.next;
    while (p1!= null)                                    //将 t 的所有结点⇨nstr
    {   q = new LinkNode();
        q.data = p1.data;
        r.next = q; r = q;                               //将 q 结点插入尾部
        p1 = p1.next;
    }
    while (p != null)                                    //将 p 及其后的结点⇨nstr
    {   q = new LinkNode();
        q.data = p.data;
        r.next = q; r = q;                               //将 q 结点插入尾部
        p = p.next;
    }
    r.next = null;                                       //将尾结点的 next 置为 null
    return nstr;                                         //返回新建的链串
}
```

例如，将串对象 t 中某个子串替换为串对象 s 产生 t_1 串对象的过程如图 4.18 所示。

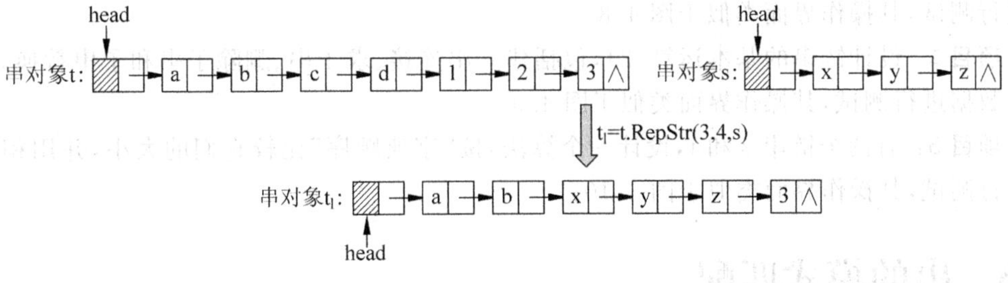

图 4.18 串替换示意图

9) DispStr()

将当前链的所有结点值构成一个字符串并返回。对应的算法如下：

```
public string DispStr()
```

```
{   string mystr = "";
    LinkNode p = head.next;                    //p指向链串的头结点
    if (p == null)
        mystr = "空串";                        //返回一个表示空串的信息
    else
    {   while (p!= null)
        {   mystr += p.data.ToString();
            p = p.next;                        //p指向下一个结点
        }
    }
    return mystr;                              //返回字符串mystr
}
```

【例 4.3】 以链串为存储结构,重做例 4.2。

解:用 p、q 分别遍历链串 s 和 t 的数据结点,当两者都没有遍历完时,比较它们的 data 字段,若不相等,返回 false。循环结束后若两个链串都遍历完,则返回 true,否则返回 false。对应的算法如下:

```
public bool StrEqueal(LinkStringClass s, LinkStringClass t)
{   LinkNode p = s.head.next;
    LinkNode q = t.head.next;
    while (p!= null && q!= null)
    {   if (p.data!= q.data)
            return false;
        p = p.next;
        q = q.next;
    }
    if (p == null && q == null)
        return true;
    else
        return false;
}
```

链串的实践项目

项目 1:设计链串的基本运算(1),包括建立串、输出串、求串长度和串复制,并用相关数据进行测试,其操作界面类似于图 4.8。

项目 2:设计链串的基本运算(2),包括建立串连接、求子串、删除子串和子串替换,并用相关数据进行测试,其操作界面类似于图 4.9。

项目 3:有两个链串 s 和 t,设计一个算法,按"字典顺序"比较它们的大小,并用相关数据进行测试,其操作界面类似于图 4.10。

4.3 串的模式匹配

设有主串 s 和子串 t,子串 t 的定位就是要在主串 s 中找到一个与子串 t 相等的子串。通常把主串 s 称为**目标串**,把子串 t 称为**模式串**,因此定位也称作模式匹配。模式匹配成功是指在目标串 s 中找到一个模式串 t;不成功则指目标串 s 中不存在模式串 t。

模式匹配是一个比较复杂的串操作。许多人对此提出了许多效率各不相同的算法。在此仅介绍两种算法，并设串均采用顺序存储结构。

4.3.1 Brute-Force 算法

Brute-Force 算法简称为 BF 算法，也称简单匹配算法，其基本思路是：从目标串 s＝"$s_0 s_1 \cdots s_{n-1}$"的第一个字符开始和模式串 t＝"$t_0 t_1 \cdots t_{m-1}$"中的第一个字符比较，若相等，则继续逐个比较后续字符；否则从目标串 s 的第二个字符开始重新与模式串 t 的第一个字符进行比较。依此类推，若从模式串 s 的第 i 个字符开始，每个字符依次和目标串 t 中的对应字符相等，则匹配成功，该算法返回 i；否则，匹配失败，算法返回－1。

说明：为了简单，本节规定串中的字符位置采用物理位置，即下标从 0 开始。

例如，设目标串 s＝"aaaaab"，模式串 t＝"aaab"。s 的长度为 $n(n=6)$，t 的长度为 $m(m=4)$。用指针 i 指示目标串 s 的当前比较字符位置，用指针 j 指示模式串 t 的当前比较字符位置。BF 模式匹配过程如图 4.19 所示。

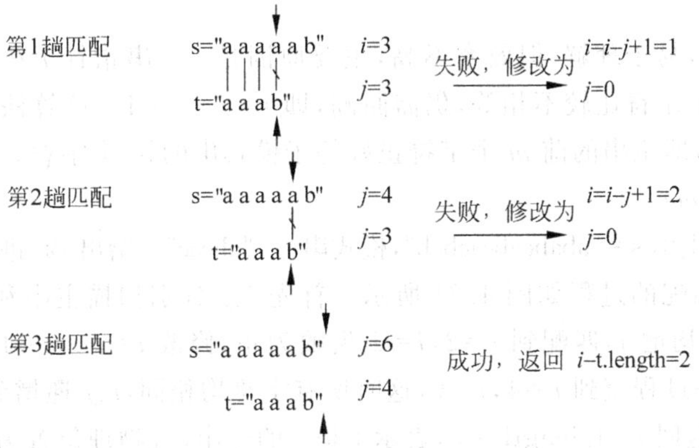

图 4.19　BF 模式匹配过程

由上述过程可以推知以下两点：

(1) 第 $k(k\geqslant 1)$次比较是从 s 中字符 s_{k-1} 开始与 t 中的第一个字符 t_0 比较。

(2) 设某一次匹配有 $s_i \neq t_j$，其中 $0\leqslant i\leqslant n, 0\leqslant j<m, i\geqslant j$，则应有 $s_{i-1}=t_{j-1}, \cdots, s_{i-j+1}=t_1, s_{i-j}=t_0$。再由(1)知(此时 $k=i-j$)，下一次比较目标串的字符 s_{i-j+1} 和模式串的字符 t_0。BF 模式匹配的一般性过程如图 4.20 所示。

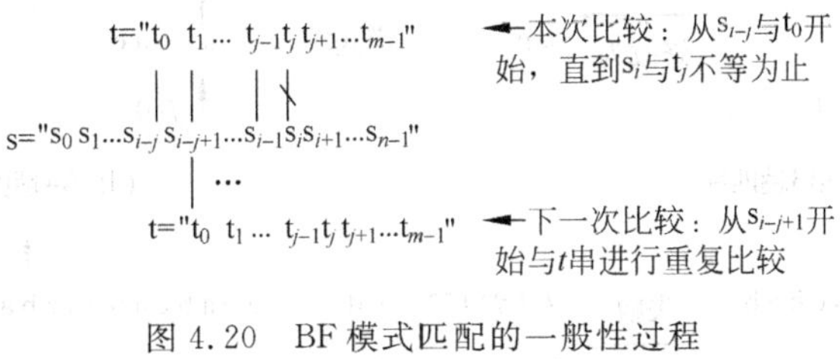

图 4.20　BF 模式匹配的一般性过程

也就是说，若某一次匹配有 $s_i=t_j$，则继续比较各自的下一个字符，即 i++，j++。若某一次匹配有 $s_i\neq t_j$，则 s 从字符 s_{i-j+1}，t 从字符 t_0 开始比较，即 $i=i-j+1$(i 回溯)，$j=0$。对应的 BF 算法如下：

```
public int Index()
{   int i = 0, j = 0;
    while (i < s.length && j < t.length)
    {   if (s.data[i] == t.data[j])              //继续匹配下一个字符
        {   i++;                                 //主串和子串依次匹配下一个字符
            j++;
        }
        else                                     //主串、子串指针回溯,重新开始下一次匹配
        {   i = i - j + 1;                       //主串从下一个位置开始匹配
            j = 0;                               //子串从头开始匹配
        }
    }
    if (j >= t.length)
        return (i - t.length);                   //返回匹配的第一个字符的下标
    else
        return (-1);                             //模式匹配不成功
}
```

这个算法简单,易于理解,但效率不高,主要原因是:主串指针 i 在若干个字符序列比较相等后,若有一个字符比较不相等,仍需回溯,即 $i=i-j+1$。该算法在最好情况下的时间复杂度为 $O(m)$,即主串的前 m 个字符正好等于模式串的 m 个字符。在最坏情况下的时间复杂度为 $O(n\times m)$。

【例 4.4】 设主串 s="ababcabcacbab",模式串 t="abcac"。给出 BF 进行模式匹配的过程。

解:BF 模式匹配的过程如图 4.21 所示。首先 i、j 分别扫描主串和模式串。$i=0,j=0$,当前字符相同时均增 1,匹配到 $i=2,j=2$ 失败为止,修改 $i=i-j+1=1$(回溯到前面),$j=0$;…,继续这一过程直到 $i=4,j=0$,这时所有字符均相同,i、j 递增到模式串扫描完毕,此时 $i=10,j=5$,返回 $i-$t.length=5,表示 t 是 s 的子串,且物理位置为 5。

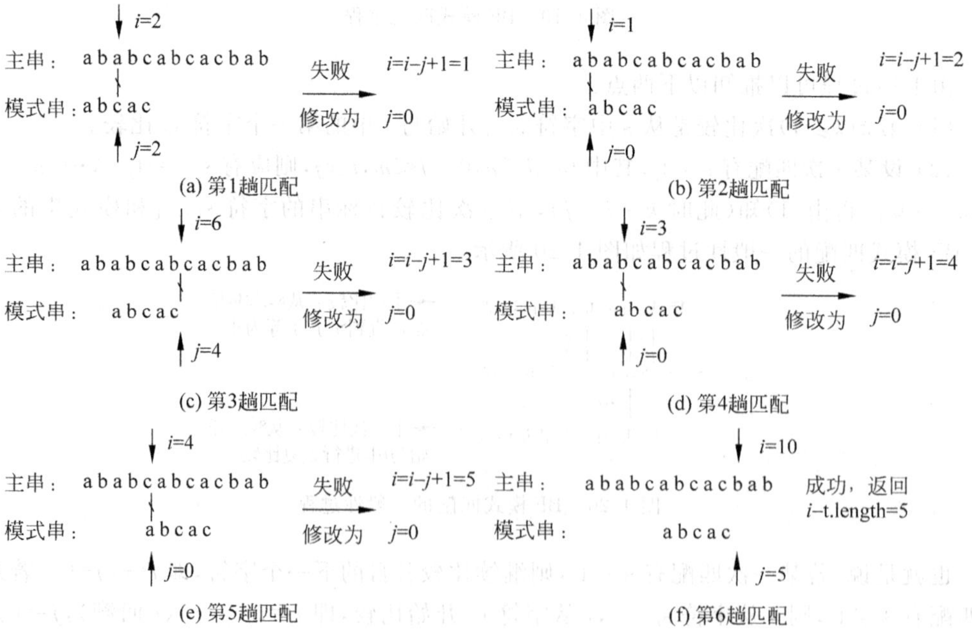

图 4.21　BF 模式匹配的过程

【例 4.5】 假设串采用链串存储，设计相应的 BF 算法。

解：初始时，p 指向 s 串的第一个数据结点，i 置为 0，让 p_1 指向 p 结点，q 指向 t 串的第一个数据结点，p_1 和 q 结点的字符相等时同步后移，若 q 为 null，表示串 t 比较完毕，说明串 t 是串 s 的子串，返回物理序号 i，否则 p 移向串 s 的下一个结点，继续上述过程。如果 p 为 null，即串 s 比较完毕，表示串 t 不是串 s 的子串，则返回 −1。对应的算法如下：

```
public int Index1(LinkStringClass s,LinkStringClass t)
{   LinkNode p = s.head.next,p1;              //p 指向 s 串的第一个数据结点
    LinkNode q;
    int i = 0;                                //p 的第一个数据结点的物理序号为 0
    while (p != null)
    {   p1 = p;
        q = t.head.next;                      //q 指向 t 串的第一个数据结点
        while (p1!= null && q!= null && p1.data == q.data)
        {   //比较 p1 结点和 q 结点的字符,相等时同步后移
            p1 = p1.next;
            q = q.next;
        }
        if (q == null) return i;              //t 串比较完毕,返回 i
        p = p.next;                           //p 移到 s 串的下一个结点
        i++;
    }
    return -1;                                //串 t 不是串 s 的子串时,返回 -1
}
```

4.3.2 KMP 算法

KMP 算法是 D. E. Knuth、J. H. Morris 和 V. R. Pratt 共同提出的，所以称为 Knuth-Morris-Pratt 算法，简称 KMP 算法。该算法较 Brute-Force 算法有较大改进，主要是消除了主串指针的回溯，从而使算法效率有了某种程度的提高。

如何消除了主串指针的回溯呢？需分析模式串 t，对于 t 的每个字符 $t_j(0 \leqslant j \leqslant m-1)$，若存在一个整数 $k(k<j)$，使得模式 t 中 k 所指字符之前的 k 个字符（$t_0 t_1 \cdots t_{k-1}$）依次与 t_j 的前面 k 个字符（$t_{j-k} t_{j-k+1} \cdots t_{j-1}$）相同，并与主串 s 中 i 所指字符之前的 k 个字符相等，那么就可以利用这种信息，避免不必要的回溯了。

例如，目标串 s="aaaaab"，模式串 t="aaab"。当进行第 1 趟匹配时，匹配失败处为 $i=3$，$j=3$。尽管本次匹配失败了，但得到这样的启发信息：s 的前 3 个字符 $s_0 s_1 s_2$ 与 t 的前 3 个字符 $t_0 t_1 t_2$ 相同，另外从 t 中看到，$t_0 t_1$ 与 $t_1 t_2$ 相同，所以有 $s_1 s_2 = t_1 t_2 = t_0 t_1$。下一趟匹配从 s_1 开始，由于 $s_1 s_2 = t_0 t_1$，所以只需将 s_3 与 t_2 开始比较即可，如图 4.22 所示。s_3 对应的序号正好是目标串第 1 次匹配失败的位置，即 $i=3$，那么如何确定 j 应为 2 呢？这需要从 t 中找到这种信息，因为对于 t，其匹配失败处的字符为 b，它的前面有两个字符，即 $t_1 t_2$ 正好与 t 开头的两个字符

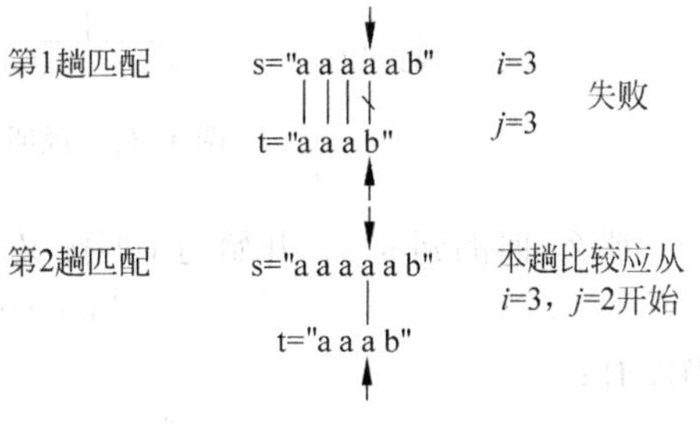

图 4.22　利用启发信息进行的匹配

t_0t_1 相同,这种信息对于加快匹配过程是有用的,所以,在模式匹配之前用一个数组 next 存放 t 中每个字符的这种"部分匹配"信息。

对于例 4.4,模式串 t="abcac",用 next 数组存放这些"部分匹配"信息,对于 0 号字符 a,规定 next[0]=-1;对于 1 号字符 b,规定 next[1]=0;对于 2 号字符 c,前一个字符 b 不等于模式 t 的开头字符,即 next[2]=0;对于 3 号字符 a,前面子串"bc"和"c"都不与模式串 t 的开头字符匹配,即 next[3]=0;对于 4 号字符 c,前面子串"bca"、"ca"和"a"中,只有"a"与模式串 t 的开头字符匹配,它只有一个字符,即 next[4]=1。所以,模式串的 next 数组值见表 4.1。

表 4.1　模式串的 next 数组值

j	0	1	2	3	4
t[*j*]	a	b	c	a	c
next[*j*]	-1	0	0	0	1

实际上,模式串中的"部分匹配"信息就是真子串。所谓真子串,就是指模式串 t 存在某个 $k(0<k<j)$,使得"$t_0t_1\cdots t_{k-1}$"="$t_{j-k}t_{j-k+1}\cdots t_{j-1}$"成立。例如,t="abcac"就是包含真子串的模式串。归纳起来,求模式 t 的 next[*j*]数组的公式如下:

$$\text{next}[j]=\begin{cases}\text{MAX}\{k \mid 0<k<j \text{ 且 } "t_0t_1\cdots t_{k-1}"="t_{j-k}t_{j-k+1}\cdots t_{j-1}"\} & \text{当此集合非空时}\\ -1 & \text{当 } j=0 \text{ 时}\\ 0 & \text{其他情况}\end{cases}$$

下面讨论一般情形,设主串 s="$s_0s_1\cdots s_{n-1}$",模式串 t="$t_0t_1\cdots t_{m-1}$",在进行第 i 趟匹配时,出现如图 4.23 所示的情况。

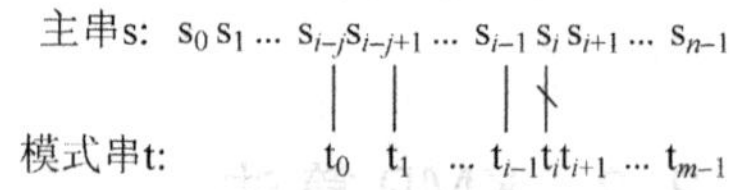

图 4.23　主串和模式串匹配的一般情况

这时,应有:

$$"t_0t_1\cdots t_{j-1}"="s_{i-j}s_{i-j+1}\cdots s_{i-1}" \tag{4.1}$$

如果在模式 t 中有:

$$"t_0t_1\cdots t_{j-1}"\neq"t_1t_2\cdots t_j" \tag{4.2}$$

则回溯到 s_{i-j+1} 开始与 t 匹配,必然"失配",理由很简单:由式(4.1)和式(4.2)可知:

$$"t_0t_1\cdots t_{j-1}"\neq"s_{i-j+1}s_{i-j+2}\cdots s_i"$$

既然如此,回溯到 s_{i-j+1} 开始与 t 匹配可以不做,如图 4.24 所示。

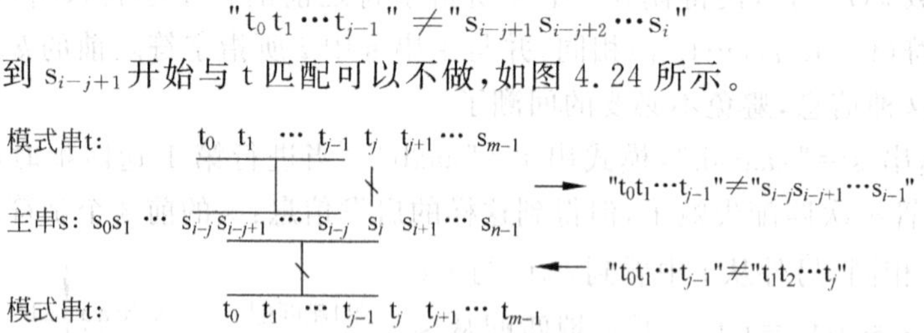

图 4.24　说明回溯到 s_{i-j+1} 是没有必要的

那么,回溯到 s_{i-j+2} 开始与 t 匹配又怎么样?从上面的推理可知,如果

$$"t_0t_1\cdots t_{j-2}"\neq"t_2t_3\cdots t_j"$$

仍然有:

$$"t_0t_1\cdots t_{j-2}"\neq"s_{i-j+2}s_{i-j+3}\cdots s_i"$$

这样的比较仍然"失配"。依此类推,直到对于某一个值 k,使得:

$$"t_0 t_1 \cdots t_{k-2}" \neq "t_{j-k+1} t_{j-k+2} \cdots t_{j-1}" \text{ 且 } "t_0 t_1 \cdots t_{k-1}" = "t_{j-k} t_{j-k+1} \cdots t_{j-1}"$$

才有：

$$"t_{j-k} t_{j-k+1} \cdots t_{j-1}" = "s_{i-k} s_{i-k+1} \cdots s_{i-1}" = "t_0 t_1 \cdots t_{k-1}"$$

说明下一次可直接比较 s_i 和 t_k，这样，可以直接把第 i 趟比较“失配”时的模式 t 从当前位置直接右滑 $j-k$ 位。而这里的 k 即为 next[j]，如图 4.25 所示。

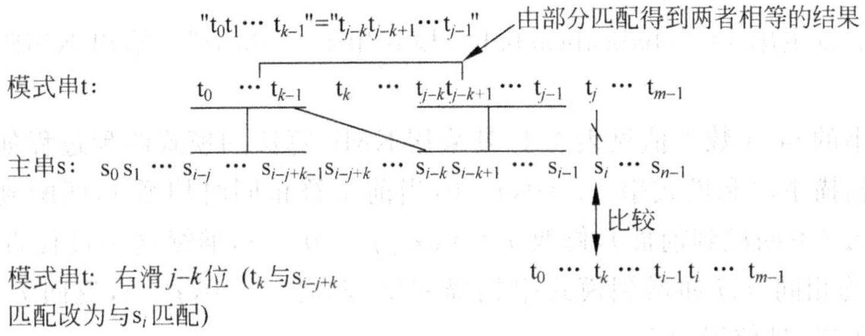

图 4.25 模式串右滑 $j-k$ 位

因此，KMP 算法的思想是：设 s 为目标串，t 为模式串，并设 i 指针和 j 指针分别指示目标串和模式串中正待比较的字符，令 i 和 j 的初值均为 0。若有 $s_i = t_j$，则 i 和 j 分别增 1；否则，i 不变，j 退回到 j = next[j]的位置(即模式串右滑)，比较 s_i 和 t_j，若相等，则指针各增 1，否则 j 再退回到下一个 j = next[j]的位置(即模式串继续右滑)，再比较 s_i 和 t_j。依此类推，直到出现下列两种情况之一：一种情况是 j 退回到某个 j = next[j]位置时有 $s_i = t_j$，指针各增 1 后继续匹配；另一种情况是 j 退回到 $j = -1$ 时，此时令 i、j 指针各增 1，即下一次比较 s_{i+1} 和 t_0。KMP 算法如下：

```
public void GetNext()                              //由模式串 t 求出 next 值
{   int j,k;
    j = 0; k = - 1;
    next[0] = - 1;
    while (j < t.length - 1)
    {   if (k == - 1 || t.data[j] == t.data[k])    //k 为 - 1 或比较的字符相等时
        {   j++;k++;
            next[j] = k;
        }
        else k = next[k];
    }
}
public int KMPIndex()                              //KMP 算法
{   int i = 0,j = 0;
    GetNext();                                     //求出部分匹配信息 next 数组
    while (i < s.length && j < t.length)
    {   if (j == - 1 || s.data[i] == t.data[j])
        {   i++;
            j++;                                   //i,j 各增 1
        }
        else j = next[j];                          //i 不变,j 后退
    }
    if (j >= t.length)
        return(i - t.length);                      //返回匹配模式串的首字符下标
```

```
    else
        return(-1);                                //返回不匹配标志
}
```

设主串 s 的长度为 n，子串 t 的长度为 m，在 KMP 算法中求 next 数组的时间复杂度为 $O(m)$，在后面的匹配中因主串 s 的下标 i 不减即不回溯，比较次数可记为 n，所以 KMP 算法总的时间复杂度为 $O(n+m)$。

【例 4.6】 设主串 s="ababcabcacbab"，模式串 t="abcac"。给出 KMP 进行模式匹配的过程。

解：模式串的 next 数组值见表 4.1，其采用 KMP 算法的模式匹配过程如图 4.26 所示。首先 i、j 分别扫描主串和模式串。$i=0,j=0$，当前字符相同时均增 1，匹配到 $i=2,j=2$ 失败为止，i 值不变(不回溯到前面)，修改 $j=$ next[j]=0；…，继续这一过程直到 $i=6,j=1$，这时所有字符均相同，i、j 递增到模式串扫描完毕，此时 $i=10,j=5$，返回 $i-$t.length=5，表示 t 是 s 的子串，且位置为 5。

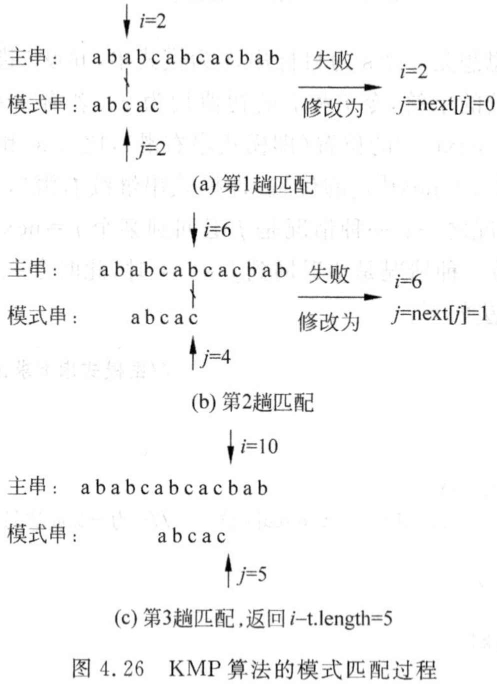

图 4.26 KMP 算法的模式匹配过程

上述定义的 next[]在某些情况下尚有缺陷。例如，设主串 s 为"aaabaaaab"，模式串 t 为"aaaab"。模式串 t 的 next 数组值见表 4.2。

表 4.2 模式串 t 的 next 数组值

j	0	1	2	3	4
t[j]	a	a	a	a	b
next[j]	−1	0	1	2	3

KMP 算法的模式匹配过程如图 4.27 所示。从中看到，当 $i=3/j=3$ 时，$s_3 \neq t_3$，由 next[j] 的指示还需进行 $i=3/j=2$、$i=3/j=1$、$i=3/j=0$ 共 3 次比较。实际上，因为模式中的第 1、

2、3 个字符和第 4 个字符都相等，因此，不需要再和主串中的第 4 个字符相比较，而可以将模式一次向右滑动 4 个字符的位置，直接进行 $i=4/j=0$ 时的字符比较。

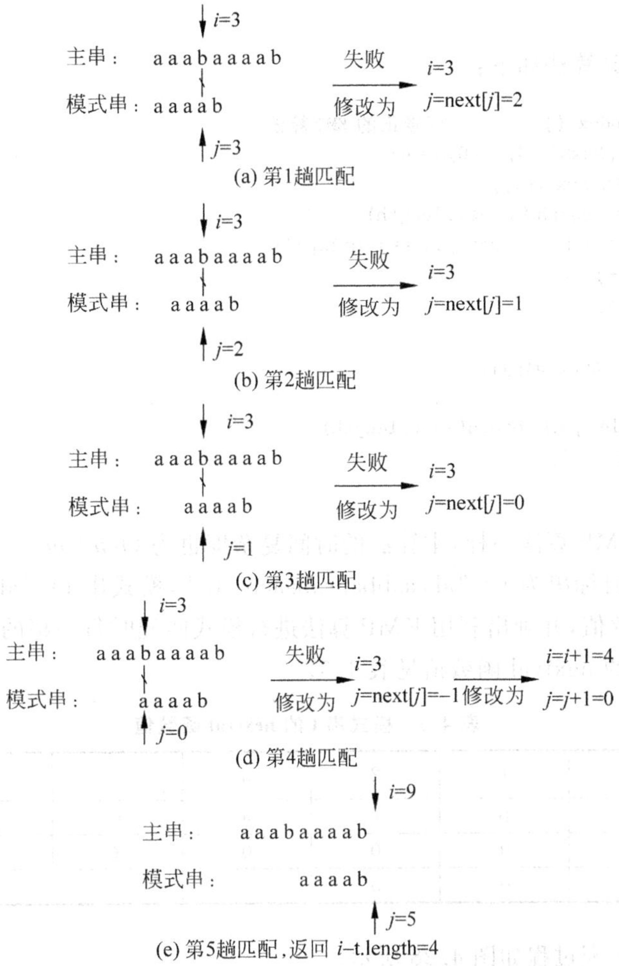

图 4.27 KMP 算法的模式匹配过程

这就是说，若按上述定义得到 next[j]=k，而模式中 $t_j=t_k$，则主串中字符 s_i 和模式串中字符 t_j 比较不等时，不需要再和 t_k 进行比较，而直接和 $t_{next[k]}$ 进行比较，换句话说，此时的 next[j]应和 next[k]相同。为此，将 next[j]修正为 nextval[j]。

修正后的求 nextval 数组的算法如下：

```
public void GetNextval()        //由模式串 t 求出 nextval 值
{   int j = 0,k = -1;
    nextval[0] = -1;
    while (j < t.length)
    {   if (k == -1 || t.data[j] == t.data[k])
        {   j++;k++;
            if (t.data[j]!= t.data[k])
                nextval[j] = k;
            else
                nextval[j] = nextval[k];
```

```
            }
            else k = nextval[k];
        }
    }
```

修正后的 KMP 算法如下：

```
public int KMPIndex1()            //修正的 KMP 算法
{   int nextval[MaxSize], i = 0, j = 0;
    GetNextval(t, nextval);
    while (i < s.length && j < t.length)
    {   if (j == -1 || s.data[i] == t.data[j])
        {   i++;
            j++;
        }
        else j = nextval[j];
    }
    if (j >= t.length) return(i - t.length);
    else return(-1);
}
```

与改进前的 KMP 算法一样，本算法的时间复杂度也为 $O(n+m)$。

【例 4.7】 设目标串为 t＝"abcaabbabcabaacbacba"，模式串 t＝"abcabaa"。计算模式串 t 的 nextval 函数值，并画出利用 KMP 算法进行模式匹配时每一趟的匹配过程。

解：模式串 t 的 nextval 函数值见表 4.3。

表 4.3 模式串 t 的 nextval 函数值

j	0	1	2	3	4	5	6
模式 t	a	b	c	a	b	a	a
next[j]	−1	0	0	0	1	2	1
nextval[j]	−1	0	0	−1	0	2	1

KMP 算法的匹配过程如图 4.28 所示。

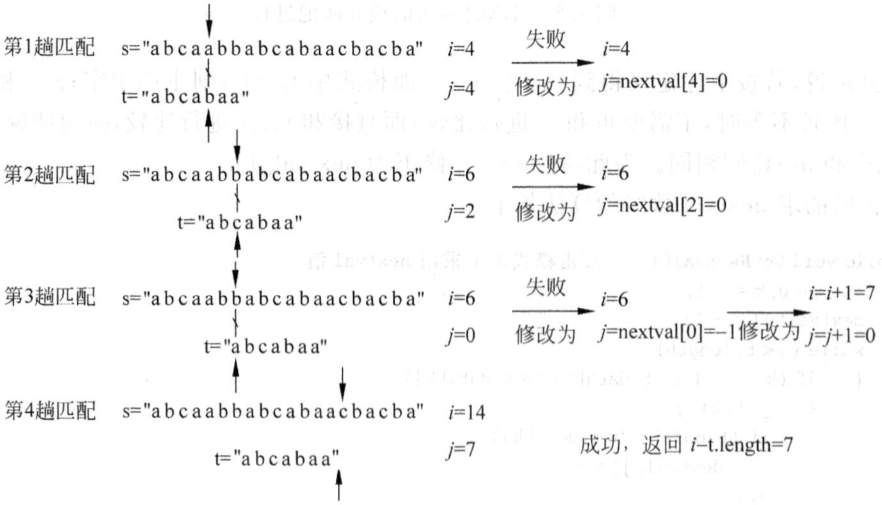

图 4.28 KMP 算法的匹配过程

串模式匹配的实践项目

设计一个串模式匹配的实践项目，要求如下：

(1) 建立各含有 20 个字符的主串基和子串基，由主串基循环 2000 次、子串基循环 1000 次产生主串和子串数据，并将子串插入到主串中。

(2) 求出 BF 算法重复 n 次所花费的时间及匹配结果。

(3) 求出 KMP 算法重复 n 次所花费的时间及匹配结果。

串的模式匹配实践项目的操作界面如图 4.29 所示，这里的主串基为"aaaaaaaaaaaaaaaaaaab"，子串基为"aaaaaaaaaaaaaaaaaaaa"，n 为 20，最后产生的主串含 60 000 个字符，子串含 20 000 个字符。从执行结果看到，二者模式匹配的结果相同，均为 39 820，但 BF 算法的总时间为 187.5ms，KMP 算法的总时间为 46.875ms，KMP 算法明显优于 BF 算法。

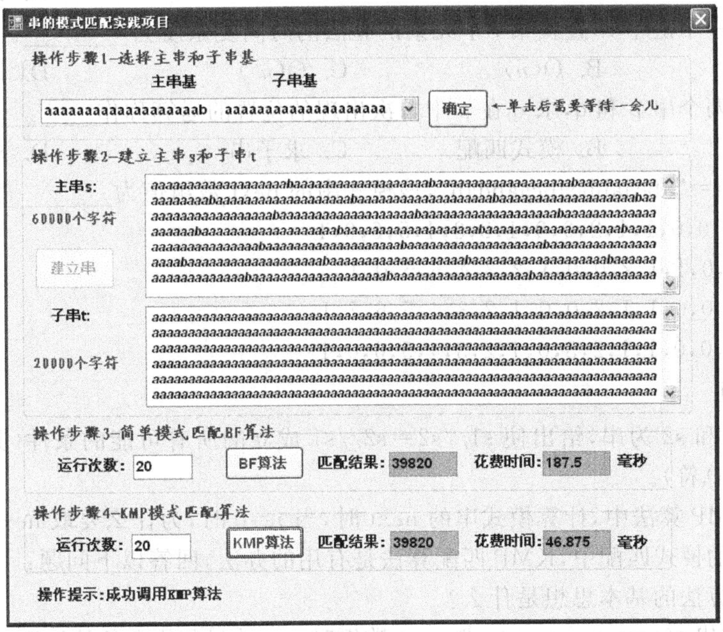

图 4.29 串的模式匹配实践项目的操作界面

是否在任何情况下，KMP 算法都优于 BF 算法呢？读者可以给出不同主串基和子串基来分析结果。

提示：本项目之所以要建立主串基和子串基，是因为在主串和子串较短时，不论哪种算法所花时间极少，以毫秒为单位时其结果都为 0，这样无法比较算法的优劣。

本章小结

本章基本学习要点如下：

(1) 理解串和一般线性表之间的差异。

(2) 重点掌握在顺序串上和链串上实现串的基本运算算法。

(3) 掌握串的简单匹配算法和 KMP 算法。

(4) 灵活运用串这种数据结构解决一些综合应用问题。

练习题 4

1. 单项选择题

(1) 串是一种特殊的线性表,其特殊性体现在________。

A. 可以顺序存储　　B. 数据元素是单个字符

C. 可以链接存储　　D. 数据元素可以是多个字符

(2) 以下________是"abcd321ABCD"串的子串。

A. abcd　　B. 321AB　　C. "abcABC"　　D. "21AB"

(3) 对于一个链串 s,查找第一个元素值为 x 的算法的时间复杂度为________。

A. O(1)　　B. $O(n)$　　C. $O(n^2)$　　D. 以上都不对

(4) 对于一个链串 s,查找第 i 个元素的算法的时间复杂度为________。

A. O(1)　　B. $O(n)$　　C. $O(n^2)$　　D. 以上都不对

(5) 设有两个串 p 和 q,求 q 在 p 中首次出现的位置的运算称作________。

A. 连接　　B. 模式匹配　　C. 求子串　　D. 求串长

(6) 已知 t="abcaabbcabcaabdab",该模式串的 next 数组值为________。

A. −1,0,0,0,1,1,2,0,0,1,2,3,4,5,6,0,1

B. 0,1,0,0,1,1,2,0,0,1,2,3,4,5,6,0,1

C. −1,0,0,0,1,1,2,0,0,1,2,3,4,5,6,7,1

D. −1,0,0,0,1,1,2,3,0,1,2,3,4,5,6,0,1

2. 问答题

(1) 若 s1 和 s2 为串,给出使 s1//s2=s2//s1 成立的所有可能的条件(其中,"//"表示两个串连接运算符)。

(2) 在 KMP 算法中,计算模式串的 next 时,当 $j=0$ 时,为什么要取 next[0]=−1?

(3) 在串的模式匹配中,KMP 匹配算法是有用的办法,回答以下问题:

① KMP 算法的基本思想是什么?

② 对模式串 $t(t=t_0t_1\cdots t_{m-1})$,求 next 数组时,next[$i$]在什么条件下取−1 值。

(4) 设目标串为 s="abcaabbcaaabababaabca",模式串为 p="babab"。

① 计算模式 p 的 nextval 函数值。

② 不写算法,只画出利用 KMP 算法进行模式匹配时每一趟的匹配过程。

3. 算法设计题

(1) 设计一个算法,计算一个顺序串 s 中每个字符出现的次数。

(2) 设计一个算法,将一个链串 s 中的所有子串"abc"删除。

(3) 设计一个算法,判断链串 s 中的所有元素是否为递增排列。

(4) 假设以链式结构存储一个串 s。设计一个算法,求 s 中最长平台的长度,所谓平台是指连续相同字符。

(5) 设计一个算法,在串 str 中查找子串 substr 最后一次出现的位置(不能使用任何字符串标准函数)。

(6) 采用顺序结构存储串设计一个算法,求串 s 中出现的第一个最长重复子串的下标和长度。

CHAPTER 5

第5章 数组和广义表

数组和广义表都可以看成是线性表的推广。由于在广义表算法设计中大量采用递归方法，为此通过一节专门介绍递归算法设计。本章主要介绍数组、稀疏矩阵、递归和广义表的有关内容。

5.1 数组

本节介绍数组的定义、数组的存储结构和几种特殊矩阵的压缩存储等。

5.1.1 数组的定义

几乎所有的计算机语言都提供了数组类型，但直接将数组看成“连续的存储单元集合”是片面的。数组也分为逻辑结构和存储结构，尽管在计算机语言中实现数组是采用连续的存储单元集合，但并不能说数组只能这样实现。

从逻辑结构上看，数组是一个二元组(index，value)的集合，对于每个index，都有一个value值与之对应。index称为下标，可以由一个整数、两个整数或多个整数构成，下标含有$d(d\geqslant 1)$个整数称为维数是d。数组按维数可分为一维、二维和多维数组。

一维数组A是由$n(n>1)$个相同类型数据元素a_1、a_2、…、a_n构成的有限序列，其逻辑表示为$A=(a_1,a_2,\cdots,a_n)$，其中，A是数组名，$a_i(1\leqslant i\leqslant n)$为数组$A$的第$i$个元素。

一个二维数组可以看做是每个数据元素都是相同类型的一维数组的一维数组。依此类推，任何多维数组都可以看做一个线性表，这时线性表中的每个数据元素也是一个线性表。多维数组是线性表的推广。

也可以这样看，一个d维数组中含有$b_1\times b_2\times\cdots\times b_d$(假设第$i$维的大小为$b_i$)个数据元素，每个元素受$d$个关系的约束，且这$d$个关系都是线性关系。

当 $d=1$ 时，d 维数组就退化为定长的线性表，当 $d>1$ 时，d 维数组也可以看成是线性表的推广。例如，图 5.1 所示的二维数组的逻辑关系可用二元组表示如下：

$$\begin{bmatrix} 1 & 2 & 3 & 4 \\ 5 & 6 & 7 & 8 \\ 9 & 10 & 11 & 12 \end{bmatrix}$$

图 5.1　一个二维数组

$\boldsymbol{B}=(\boldsymbol{D},\boldsymbol{R})$

$R=\{r_1,r_2\}$

$r_1=\{,<1,2>,<2,3>,<3,4>,<5,6>,<6,7>,<7,8>,<9,10>,<10,11>,<11,12>\}$

$r_2=\{<1,5>,<5,9>,<2,6>,<6,10>,<3,7>,<7,11>,<4,8>,<8,12>\}$

其中含有 12 个元素，这些元素之间有两种关系，r_1 表示行关系，r_2 表示列关系，r_1 和 r_2 均为线性关系。

数组具有以下特点：

- 数组中的各元素都具有统一的类型。
- $d(d\geqslant 1)$维数组中的非边界元素具有 d 个前趋元素和 d 个后继元素。
- 数组维数确定后，数据元素个数和元素之间的关系不再发生改变，特别适合顺序存储。
- 每组有意义的下标都存在一个与其相对应的数组元素值。

抽象数据类型 d 维数组定义如下：

ADT Array

{

数据对象：

　　$D=\{a_{j_1,j_2,\cdots,j_d} \mid j_i=1,\cdots,b_i, i=1,2,..,d\}$　　　//第 i 维的长度为 b_i

数据关系：

　　$R=\{r_1,r_2,\cdots,r_d\}$

　　　$r_i=\{<a_{j_1,\cdots,j_i,\cdots,j_d},a_{j_1,\cdots,j_2+1,\cdots,j_d}> \mid 1\leqslant j_k\leqslant b_k, 1\leqslant k\leqslant d$ 且 $k\neq i, 1\leqslant j_i\leqslant b_i-1, i=2,\cdots,d\}$

基本运算：

　　$Value(A,i_1,i_2,\cdots,i_d)$：A 是已存在的 d 维数组，其运算结果是返回 $A[i_1,i_2,\cdots,i_d]$值.

　　$Assign(A,e,i_1,i_2,\cdots,i_d)$：A 是已存在的 d 维数组，其运算结果是置 $A[i_1,i_2,\cdots,i_d]=e$.

　　$ADisp(A,b_1,b_2,\cdots,b_d)$：输出 d 维数组 A 的所有元素值.

　　…

}

5.1.2 数组的存储结构

数组通常采用顺序存储方式来实现。

一维数组的所有元素依逻辑次序存放在一片连续的内存存储单元中，其起始地址为第一个元素 a_1 的地址，即 $LOC(a_1)$。假设每个数据元素占用 k 个存储单元，则任一数据元素 a_i 的存储地址 $LOC(a_i)$，可由以下公式求出：

$$LOC(a_i)=LOC(a_1)+(i-1)\times k\ (2\leqslant i\leqslant n) \tag{5.1}$$

式(5.1)说明一维数组中任一数据元素的存储地址可直接计算得到，即一维数组中的任一数据元素可直接存取，正因如此，所以，一维数组具有随机存储特性。同样，二维及多维数组也满足随机存储特性。

对于 $d(d\geqslant 2)$维数组，其数据元素的存储必须约定存放次序，即存储方案，这是因为存储单元是一维的(计算机的存储结构是线性的)，而数组是 d 维的。通常，存储方案有两种：

• 以行序为主序，如 C/C++、C＃、PASCAL 和 Basic 等语言采用。

• 以列序为主序，如 FORTRAN 语言采用。

下面以二维数组为例进行讨论。对于一个 m 行 n 列的二维数组 $\mathbf{A}_{m\times n}$，有：

$$\mathbf{A}_{m\times n}=\begin{bmatrix} a_{1,1} & a_{1,2} & a_{1,n} \\ a_{2,1} & a_{2,2} & a_{2,n} \\ \vdots & \vdots & \vdots \\ a_{m,1} & a_{m,2} & a_{m,n} \end{bmatrix} \tag{5.2}$$

若采用以行序为主序的存储方式，即先存储第 1 行，紧接着存储第 2 行，…，最后存储第 m 行。此时，二维数组的线性排列次序为：

$$a_{1,1},a_{1,2},\cdots,a_{1,n},a_{2,1},a_{2,2},\cdots,a_{2,n},\cdots,a_{m,1},a_{m,2},\cdots,a_{m,n}$$

如果已知第一个数据元素 $a_{1,1}$ 的存储地址 $\mathrm{LOC}(a_{1,1})$ 和每个数据元素所占用的存储单元数 k 后，则该二维数组中任一数据元素 $a_{i,j}$ 的存储地址可由下式确定：

$$\mathrm{LOC}(a_{i,j})=\mathrm{LOC}(a_{1,1})+[(i-1)\times n+(j-1)]\times k \quad (2\leqslant i\leqslant m,2\leqslant j\leqslant n) \tag{5.3}$$

式(5.3)的推导思路如下：在内存中，数组的 $a_{i,j}$ 元素前面已存放了 $i-1$ 行，即已存放了 $(i-1)\times n$ 个元素，占用了 $(i-1)\times n\times k$ 个内存单元；在第 i 行中 $a_{i,j}$ 前有 $j-1$ 个元素，即已存放了 $j-1$ 个数据元素，占用了 $(j-1)\times k$ 个内存单元；该数组是从基地址 $\mathrm{LOC}(a_{1,1})$ 开始存放的。所以，数组元素 $a_{i,j}$ 的内存地址为上述 3 部分之和。

若采用以列序为主序的存储方式，即先存储第 1 列，然后紧接着存储第 2 列，…，最后存储第 n 列。此时，二维数组的线性排列次序为：

$$a_{1,1},a_{2,1},\cdots,a_{m,1},a_{1,2},a_{2,2},\cdots,a_{m,2},\cdots,a_{1,n},a_{2,n},\cdots,a_{m,n}$$

同理可推出，在以列序为主序的计算机系统中有：

$$\mathrm{LOC}(a_{i,j})=\mathrm{LOC}(a_{1,1})+[(j-1)\times m+(i-1)]\times k \quad (2\leqslant i\leqslant m,2\leqslant j\leqslant n) \tag{5.4}$$

从式(5.3)和式(5.4)可以得知：类似于一维数组，一旦二维数组的下标值确定，数据元素类型确定，对应数组元素的存储位置也就可以确定，即二维数组也具有随机存储特性。上述推导公式和结论可推广至三维甚至多维数组中。

以上讨论的均是假设二维数组的行、列下界为 1。在更一般的情况下，假设二维数组的行下界是 c_1，行上界是 d_1，列下界是 c_2，列上界是 d_2，即数组 $\mathbf{A}[c_1..d_1,c_2..d_2]$[①]，则式(5.3)可改写为：

$$\mathrm{LOC}(a_{i,j})=\mathrm{LOC}(a_{c_1,c_2})+[(i-c_1)\times(d_2-c_2+1)+(j-c_2)]\times k \tag{5.5}$$

式(5.4)可改写为：

$$\mathrm{LOC}(a_{i,j})=\mathrm{LOC}(a_{c_1,c_2})+[(j-c_2)\times(d_1-c_1+1)+(i-c_1)]\times k \tag{5.6}$$

对于 C＃语言中的三维数组 $\mathbf{A}[d_1,d_2,d_3]$（即 $\mathbf{A}[0..d_1-1,0..d_2-1,0..d_3-1]$），假设每个元素存储一个存储单元，采用以行序为主序的存储方式，可以看成 d_1 个 $d_2\times d_3$ 的二维数组。要计算 $\mathbf{A}[i,j,k]$ 的地址，首先确定 $\mathbf{A}[i,0,0]$ 的地址为 $\mathrm{LOC}(\mathbf{A}[0,0,0])+i\times d_2\times d_3$，因为这个元素之前共有 i 个二维数组，计有 $i\times d_2\times d_3$ 个存储单元，再根据上述二维数

① $\mathbf{A}[c_1..d_1,c_2..d_2]$表示数组 $\mathbf{A}$ 的行号从 c_1 到 c_2，列号从 d_1 到 d_2。例如，由于 C＃语言中规定数组下标从 0 开始，所以 $\mathbf{A}[m]$数组可以表示为 $\mathbf{A}[0..m-1]$，$\mathbf{A}[m][n]$或 $\mathbf{A}[m,n]$数组可以表示为 $\mathbf{A}[0..m-1,0..n-1]$。

组的定位,求得 $\mathbf{A}[i,j,k]$的地址为 $\mathrm{LOC}(\mathbf{A}[0,0,0])+i\times d_2\times d_3+k$。

对于C#语言中的 $n(n>3)$维数组 $\mathbf{A}[d_1,d_2,\cdots,d_n]$,假设每个元素存储一个存储单元,计算 $\mathbf{A}[i_1,i_2,\cdots,i_n]$的地址。求得 $\mathbf{A}[i_1,0,\cdots,0]$的地址为 $\mathrm{LOC}(\mathbf{A}[0,0,\cdots,0])+i_1\times d_2\times\cdots\times d_n$,再求得 $\mathbf{A}[i_1,i_2,0,\cdots,0]$的地址为 $\mathrm{LOC}(\mathbf{A}[0,0,\cdots,0])+i_1\times d_2\times\cdots\times d_n+i_2\times d_3\times\cdots\times d_n$,…,重复该过程,求得 $\mathbf{A}[i_1,i_2,\cdots,i_n]$的地址为:

$$\mathrm{LOC}(\mathbf{A}[0,0,\cdots,0])+i_1\times d_2\times\cdots\times d_n+i_2\times d_3\times\cdots\times d_n+i_3\times d_4\times\cdots\times d_n+\cdots+i_{n-1}\times d_n+i_n$$

【例 5.1】 在C#中定义二维数组 a:

```
double[,] a = new double[4,5];
```

假设数组 a 的起始地址为2000,且每个数组元素长度为4个字节,求数组元素 $a[3,2]$的内存地址。

解:由于C#中数组的行、列下界均为0,且采用以行序为主序的存储方式,可以采用式(5.5),其中 $c_1=0/d_1=3$,$c_2=0/d_2=4$,$k=4$,$i=3$,$j=2$。有:

$$\begin{aligned}\mathrm{LOC}(a_{3,2})&=\mathrm{LOC}(a_{0,0})+[(i-c_1)\times(d_2-c_2+1)+(j-c_2)]\times k\\&=2000+(3\times5+2)\times4=2068\end{aligned}$$

从中可以看到,对于C#的数组 $a[m,n]$,求 $a[i,j]$元素的地址为:

$$\mathrm{LOC}(a_{i,j})=\mathrm{LOC}(a_{0,0})+(i\times n+j)\times k \tag{5.7}$$

5.1.3 特殊矩阵的压缩存储

二维数组也称为矩阵。一个 m 行 n 列的矩阵,当 $m=n$ 时,称为方阵,方阵的元素可以分为三部分,即上三角部分、主对角部分和下三角部分,如图5.2所示。

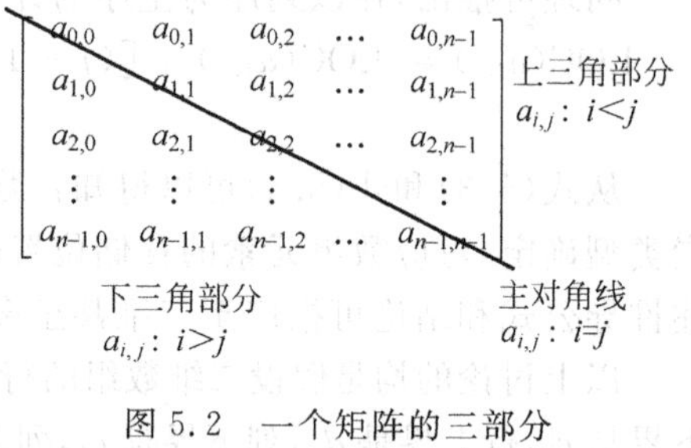

图5.2 一个矩阵的三部分

矩阵可以用二维数组 d[MAXR,MAXC]来存储,这样可以随机地访问每个元素。

所谓特殊矩阵,是指非零元素或零元素的分布有一定规律的矩阵。为了节省存储空间,特别是在高阶矩阵的情况下,可以利用特殊矩阵的规律,对它们进行压缩存储。也就是说,使多个相同的非零元素共享同一个存储单元,对零元素不分配存储空间。特殊矩阵的主要形式有对称矩阵和对角矩阵等,它们都是方阵,即行数和列数相同。

1. 对称矩阵的压缩存储

若一个 n 阶方阵 $a[n,n]$中的元素满足 $a_{i,j}=a_{j,i}(0\leqslant i,j\leqslant n-1)$,则称其为 n 阶对称矩阵。

由于对称矩阵中的元素关于主对角线对称,因此在存储时可只存储对称矩阵中的上三角或下三角中的元素,使得对称的元素共享一个存储空间。如不失一般性,以行序为主序存储其主对角线和下三角部分的元素,即将一个对称矩阵按如下顺序存储到一个一维数组中:

$$a_{0,0},a_{1,0},a_{1,1},a_{2,0},a_{2,1},a_{2,2},\cdots,a_{n-1,0},a_{n-1,1},a_{n-1,2},\cdots,a_{n-1,n-1}$$

这样，就可以将 n^2 个元素压缩存储到 $n(n+1)/2$ 个元素的空间中。

假设以一维数组 $b[0..n(n+1)/2-1]$ 作为 n 阶对称矩阵 a 的存储结构，a 数组元素 $a_{i,j}$ 存储在 b 数组的 b_k 元素中（a 数组的上三角部分的元素 $a_{j,i}$ 在 b 数组中对应的元素就是 $a_{i,j}$ 在 b 数组中对应的元素）。

对于 a 数组的主对角或下三角部分的元素 $a_{i,j}(i \geqslant j)$，不包括当前行，它前面共有 i 行（行号为 $0 \sim i-1$）：

第 0 行有 1 个元素；

第 1 行有 2 个元素；

⋮

第 $i-1$ 行有 i 个元素；

这 i 行有 $1+2+\cdots+i=i(i+1)/2$ 个元素。在当前行中，元素 $a_{i,j}$ 的前面也有 j 个元素，则元素 $a_{i,j}$ 之前共有 $i(i+1)/2+j$ 个元素。所以，a 中的任一元素 $a_{i,j}$ 和 b_k 之间存在着如下对应关系：

$$k=\begin{cases}\dfrac{i(i+1)}{2}+j & \text{当 } i \geqslant j \\ \dfrac{j(j+1)}{2}+i & \text{当 } i<j\end{cases} \tag{5.8}$$

有些非对称的矩阵也可借用此方法存储，如 n 阶下（上）三角矩阵。所谓 n 阶下（上）三角矩阵，是指矩阵的上（下）三角（不包括对角线）中的元素均为常数 c 的 n 阶方阵。设以一维数组 $b[0..n(n+1)/2]$ 作为 n 阶三角矩阵 a 的存储结构，则 a 中的任一元素 $a_{i,j}$ 和 b 中的元素 b_k 之间都存在着如下对应关系：

上三角矩阵：

$$k=\begin{cases}\dfrac{i\times(2n-i+1)}{2}+j-i & \text{当 } i \leqslant j \\ \dfrac{n(n+1)}{2} & \text{当 } i>j\end{cases} \tag{5.9}$$

下三角矩阵：

$$k=\begin{cases}\dfrac{i(i+1)}{2}+j & \text{当 } i \geqslant j \\ \dfrac{n(n+1)}{2} & \text{当 } i<j\end{cases} \tag{5.10}$$

其中，数组 b 的元素 $b_{n(n+1)/2}$ 中存放着常数 c。

2. 对角矩阵的压缩存储

若一个 n 阶方阵 a 满足其所有非零元素都集中在以主对角线为中心的带状区域中，则称其为 n 阶对角矩阵。其主对角线上下方各有 l 条次对角线，称 l 为矩阵半带宽，$(2l+1)$ 为矩阵的带宽。对于半带宽为 $l(0 \leqslant l \leqslant (n-1)/2)$ 的对角矩阵，其 $|i-j| \leqslant l$ 的元素 $a_{i,j}$ 不为零，其余元素为零。图 5.3 所示是半带宽为 l 的对角矩阵。

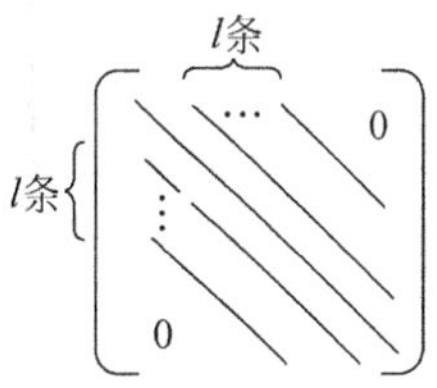

图 5.3　半带宽为 l 的对角矩阵

特别地，对于 $l=1$ 的三对角矩阵，只存储其非零元素，并存储到一维数组 b 中，即以行序为主序将 a 的非零元素 $a_{i,j}$ 存

储到 b 的元素 b_k 中。归纳起来,有 $k=2i+j$。

以上讨论的对称矩阵、三角矩阵、对角矩阵的压缩存储方法是把有一定分布规律的值相同的元素(包括 0)压缩存储到一个存储空间中。这样的压缩存储只需在算法中按公式作一映射即可实现矩阵元素的随机存取。

数组的实践项目

项目 1:设计一个项目,求用户设定的二维数组中某指定元素的位置,并用相关数据进行测试,其操作界面如图 5.4 所示。

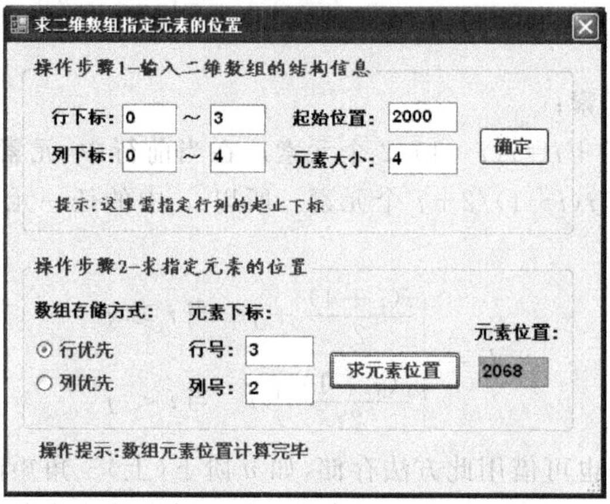

图 5.4　数组——实践项目 1 的操作界面

项目 2:设计一个项目,用于上三角矩阵的压缩存储,并用相关数据进行测试,其操作界面如图 5.5 所示。

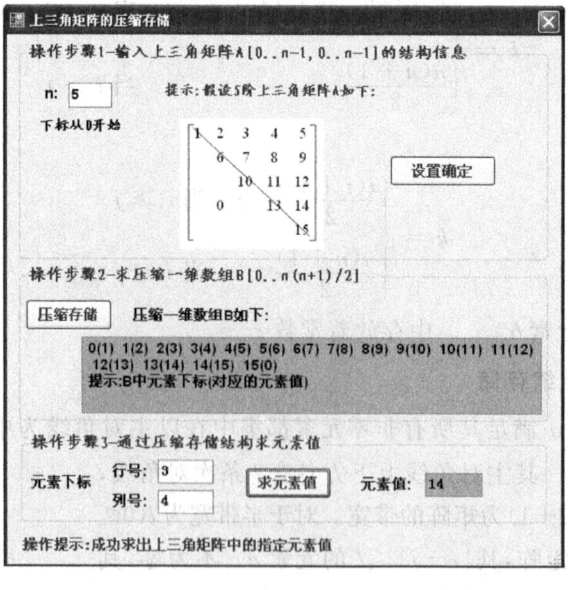

图 5.5　数组——实践项目 2 的操作界面

5.2　稀疏矩阵

一个阶数较大的矩阵中的非零元素个数 s 相对于矩阵元素的总个数 t 非常小时，即 $s \ll t$ 时，称该矩阵为稀疏矩阵。例如，一个 100×100 的矩阵，若其中只有 100 个非零元素，就可称其为稀疏矩阵。

抽象数据类型稀疏矩阵与抽象数据类型 $d(d=2)$ 维数组定义相似，这里不再介绍。

5.2.1　稀疏矩阵的三元组表示

不同于以上讨论的几种特殊矩阵的压缩存储方法，稀疏矩阵的压缩存储方法是只存储非零元素。由于稀疏矩阵中非零元素的分布没有任何规律，所以在存储非零元素时还必须同时存储该非零元素所对应的行下标和列下标。这样，稀疏矩阵中的每一个非零元素需由一个三元组$(i,j,a_{i,j})$唯一确定，稀疏矩阵中的所有非零元素构成三元组线性表。

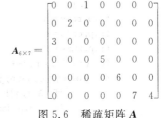

$$\mathbf{A}_{6\times7}=\begin{bmatrix}0&0&1&0&0&0&0\\0&2&0&0&0&0&0\\3&0&0&0&0&0&0\\0&0&0&5&0&0&0\\0&0&0&0&6&0&0\\0&0&0&0&0&7&4\end{bmatrix}$$

图 5.6　稀疏矩阵 **A**

假设有一个 6×7 阶的稀疏矩阵 **A**（为图示方便，所取的行列数都很小），如图 5.6 所示，则对应的三元组线性表为：

((0,2,1),(1,1,2),(2,0,3),(3,3,5),(4,4,6),(5,5,7),(5,6,4))

若把稀疏矩阵的三元组线性表按顺序存储结构存储，则称为稀疏矩阵的**三元组顺序表**。三元组顺序表的数据类型 TSMatrix 的定义如下：

```
public struct TupNode             //单个三元组的类型
{   public int r;                 //行号
    public int c;                 //列号
    public int d;                 //元素值
};
public struct TSMatrix            //三元组顺序表类型
{   public int rows;              //行数
    public int cols;              //列数
    public int nums;              //非零元素个数
    public TupNode[] data;
};
```

其中，data 数组中表示的非零元素通常以行序为主序顺序排列，它是一种下标按行有序的存储结构。这种有序存储结构可简化大多数稀疏矩阵运算算法。后面讨论假设 data 数组按行有序存储的情况。

设计稀疏矩阵三元组存储结构类 SMatrixClass 如下（本节的所有算法均包含在 SMatrixClass 类中）：

```
class SMatrixClass
{   …
    public TSMatrix trip;         //稀疏矩阵对应的三元组顺序表
    public SMatrixClass()         //构造函数，用于初始化
```

```
    {    trip = new TSMatrix();
         trip.data = new TupNode[MaxSize];
    }
    //稀疏矩阵三元组表示的运算算法
}
```

稀疏矩阵运算通常包括矩阵转置、矩阵加、矩阵减和矩阵乘等。这里仅讨论基本运算和矩阵转置运算算法。

1) 从一个二维稀疏矩阵创建其三元组表示

以行序方式扫描二维稀疏矩阵 **A**,将其非零的元素插入到三元组 trip 中。对应的算法如下:

```
public void CreateTSMatrix()
{    int i,j;
     trip.rows = m;
     trip.cols = n;
     trip.nums = 0;
     for (i = 0;i < m;i++)
     {    for (j = 0;j < n;j++)
             if (A[i,j]!= 0)        //只存储非零元素
             {    trip.data[trip.nums].r = i;
                  trip.data[trip.nums].c = j;
                  trip.data[trip.nums].d = A[i,j];
                  trip.nums++;
             }
     }
}
```

2) 三元组元素赋值

对于稀疏矩阵 **A**,执行 $A[i,j]=x$。先在三元组 trip 中找到适当的位置 k,若找到了这样的元素,直接将其 d 值置为 x,否则将 k～t.nums 个元素后移一个位置,将指定元素 x 插入 t.data[k]处。当位置错误时,返回 false。对应的算法如下:

```
public bool Setvalue(int i,int j,int x)
{    int k = 0, k1;
     if (i < 0 || i >= trip.rows || j < 0 || j >= trip.cols)
         return false;                                  //下标错误时,返回 false
     while (k < trip.nums && i > trip.data[k].r)
         k++;                                           //查找第 i 行的第一个非零元素
     while (k < trip.nums && i == trip.data[k].r && j > trip.data[k].c)
         k++;                                           //在第 i 行中查找第 j 列的元素
     if (trip.data[k].r == i && trip.data[k].c == j)    //找到了这样的元素
         trip.data[k].d = x;
     else                                               //不存在这样的元素时,插入一个元素
     {   for (k1 = trip.nums - 1; k1 >= k;k1 -- )       //后移元素,以便插入
         {   trip.data[k1 + 1].r = trip.data[k1].r;
             trip.data[k1 + 1].c = trip.data[k1].c;
             trip.data[k1 + 1].d = trip.data[k1].d;
         }
         trip.data[k].r = i;
         trip.data[k].c = j;
```

```
            trip.data[k].d = x;
            trip.nums++;
        }
        return true;                                    //赋值成功时,返回 true
    }
```

3）将指定位置的元素值赋给变量

对于稀疏矩阵 **A**，执行 $x=\mathbf{A}[i,j]$。先在三元组 trip 中找到指定的位置，将该处的元素值赋给 x，当位置错误时，返回 false。对应的算法如下：

```
public bool GetValue(int i,int j,ref int x)
{   int k = 0;
    if (i < 0 || i >= trip.rows || j < 0 || j >= trip.cols)
        return false;                                   //下标错误时,返回 false
    while (k < trip.nums && trip.data[k].r < i)
        k++;                                            //查找第 i 行的第一个非零元素
    while (k < trip.nums && trip.data[k].r == i && trip.data[k].c < j)
        k++;                                            //在第 i 行中查找第 j 列的元素
    if (trip.data[k].r == i && trip.data[k].c == j)     //找到了这样的元素
        x = trip.data[k].d;
    else
        x = 0;                                          //在三元组中没有找到,表示是零元素
    return true;                                        //取值成功时,返回 true
}
```

4）输出三元组

从头到尾扫描三元组 trip，将所有元素值及其位置构成一个字符串返回。对应的算法如下：

```
public string DispTSMatrix()
public string DispTSMatrix()
{   string mystr = ""; int i;
    if (trip.nums <= 0)                                 //没有非零元素时返回
        return mystr;
    mystr += "i\tj\td\r\n";
    mystr += "----------------------------------------\r\n";
    for (i = 0;i < trip.nums; i++)
        mystr += trip.data[i].r.ToString() + "\t" + trip.data[i].c.ToString() +
            "\t" + trip.data[i].d.ToString() + "\r\n";
    mystr += "共有" + trip.nums.ToString() + "个非零元素";
    return mystr;
}
```

5）矩阵转置

对于一个 $m\times n$ 的稀疏矩阵 $\boldsymbol{a}_{m\times n}$，其转置矩阵是一个 $n\times m$ 的矩阵 $\boldsymbol{b}_{n\times m}$，满足 $\boldsymbol{b}_{j,i}=\boldsymbol{a}_{i,j}$，其中 $0\leqslant i\leqslant m-1, 0\leqslant j\leqslant n-1$。用形参 tb 表示稀疏矩阵 $\boldsymbol{b}$ 对应的三元组。对应的算法如下：

```
public void Transpose(ref SMatrixClass tb)
{   int p,q = 0,v;                                      //q 为 tb.trip.data 的下标
    tb.trip.rows = trip.cols;
    tb.trip.cols = trip.rows;
    tb.trip.nums = trip.nums;
```

```
    if (trip.nums!= 0)                          //当前三元组表示中存在非零元素时执行转置
    {   for (v = 0;v < trip.cols;v++)          //tb.trip.data[q]中的记录以c域的次序排列
        for (p = 0;p < trip.nums;p++)          //p为trip.data的下标
            if (trip.data[p].c == v)
            {   tb.trip.data[q].r = trip.data[p].c;
                tb.trip.data[q].c = trip.data[p].r;
                tb.trip.data[q].d = trip.data[p].d;
                q++;
            }
    }
}
```

以上算法的时间复杂度为O(cols×nums),其中cols为稀疏矩阵的列数,nums为非零元素个数。在最坏情况下,稀疏矩阵中的非零元素个数和$m\times n$同数量级时,上述转置算法的时间复杂度为$O(m\times n^2)$。而用二维数组存储在一个m行n列的稀疏矩阵时,其转置算法的时间复杂度为$O(m\times n)$。可见,常规的非稀疏矩阵应当采用二维数组存储,只有当矩阵中的非零元素个数远小于$m\times n$时,才可采用三元组顺序表存储结构。这个结论同样适用于下面要讨论的十字链表。

说明：从上述算法可以看到,若稀疏矩阵采用一个二维数组存储,此时具有随机存取功能;若稀疏矩阵采用一个三元组顺序表存储,此时不再具有随机存取功能。

【例5.2】 采用三元组存储稀疏矩阵,设计两个稀疏矩阵相加的运算算法。

解：实现相加运算的两个稀疏矩阵三元组对象$\boldsymbol{a}$和$\boldsymbol{b}$的行数、列数都必须相同。用i和j两个变量扫描三元组对象$\boldsymbol{a}$和$\boldsymbol{b}$,按行序优先方式进行处理,并将结果存放在三元组对象$\boldsymbol{c}$中。当$\boldsymbol{a}$的当前元素和$\boldsymbol{b}$的当前元素的行号、列号均相等时,将它们的值相加,只有在相加值不为0时,才在$\boldsymbol{c}$中添加一个新的元素,表示相加后的结果。对应的算法如下:

```
public bool MatAdd(SMatrixClass a,SMatrixClass b,ref SMatrixClass c)
{   int i = 0,j = 0,k = 0;
    int v;
    if (a.trip.rows!= b.trip.rows || a.trip.cols!= b.trip.cols)
        return false;                               //行数或列数不等时,不能进行相加运算
    c.trip.rows = a.trip.rows;
    c.trip.cols = a.trip.cols;                      //c的行列数与a的相同
    while (i < a.trip.nums && j < b.trip.nums)      //处理a和b中的每个元素
    {   if (a.trip.data[i].r == b.trip.data[j].r)   //行号相等时
        {   if(a.trip.data[i].c < b.trip.data[j].c) //a元素的列号小于b元素的列号
            {   c.trip.data[k].r = a.trip.data[i].r; //将a元素添加到c中
                c.trip.data[k].c = a.trip.data[i].c;
                c.trip.data[k].d = a.trip.data[i].d;
                k++;i++;
            }
            else if (a.trip.data[i].c > b.trip.data[j].c)
                                                    //a元素的列号大于b元素的列号
            {   c.trip.data[k].r = b.trip.data[j].r; //将b元素添加到c中
                c.trip.data[k].c = b.trip.data[j].c;
                c.trip.data[k].d = b.trip.data[j].d;
                k++;j++;
```

```
            }
            else                                          //a 元素的列号等于 b 元素的列号
            {   v = a.trip.data[i].d + b.trip.data[j].d;
                if (v!= 0)                                //只将不为 0 的结果添加到 c 中
                {   c.trip.data[k].r = a.trip.data[i].r;
                    c.trip.data[k].c = a.trip.data[i].c;
                    c.trip.data[k].d = v;
                    k++;
                }
                i++;j++;
            }
        }
        else if (a.trip.data[i].r < b.trip.data[j].r) //a 元素的行号小于 b 元素的行号
        {   c.trip.data[k].r = a.trip.data[i].r;      //将 a 元素添加到 c 中
            c.trip.data[k].c = a.trip.data[i].c;
            c.trip.data[k].d = a.trip.data[i].d;
            k++;i++;
        }
        else                                          //a 元素的行号大于 b 元素的行号
        {   c.trip.data[k].r = b.trip.data[j].r;      //将 b 元素添加到 c 中
            c.trip.data[k].c = b.trip.data[j].c;
            c.trip.data[k].d = b.trip.data[j].d;
            k++;j++;
        }
        c.trip.nums = k;
    }
    return true;                                      //成功时,返回 true
}
```

两个稀疏矩阵三元组相加运算的操作界面如图 5.7 所示。

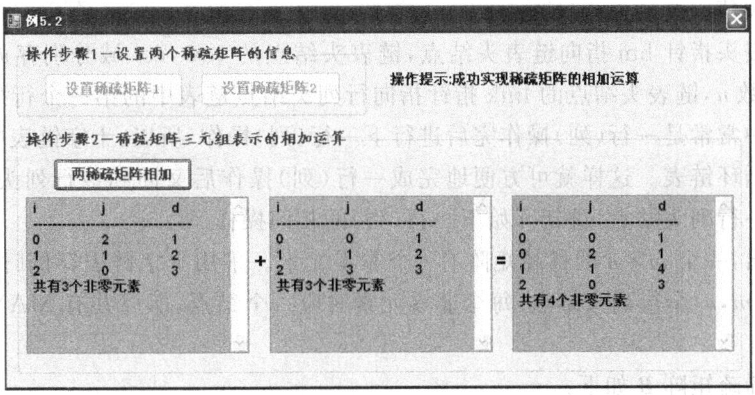

图 5.7 两个稀疏矩阵三元组相加运算的操作界面

5.2.2 稀疏矩阵的十字链表表示

十字链表为稀疏矩阵的每一行设置一个单独链表,同时也为每一列设置一个单独链表。这样,稀疏矩阵的每一个非零元素就同时包含在两个链表中,即每一个非零元素同时包含在所在行的行链表中和所在列的列链表中。这就大大降低了链表的长度,方便了算法中行方向和列方向的搜索,因而大大降低了算法的时间复杂度。

对于一个 $m\times n$ 的稀疏矩阵,每个非零元素用一个结点表示,结点结构可以设计成如图 5.8(a)所示的结构。其中 row、col、value 分别代表非零元素所在的行号、列号和相应的非零元素值; down 和 right 分别称为向下指针和向右指针,用来链接同列中和同行中的下一个非零元素结点。也就是说,稀疏矩阵中同一列的所有非零元素通过 down 指针链接成一个列链表,同一行中的所有非零元素通过 right 指针链接成一个行链表。对稀疏矩阵的每个非零元素来说,它既是某个行链表中的一个结点,同时又是某个列链表中的一个结点。每个非零元素就好比在一个十字路口,由此称作十字链表。

row	col	value
down	right	

(a) 结点结构

row	col	link
down	right	

(b) 头结点结构

图 5.8　十字链表的结点结构

在十字链表中设置行头结点、列头结点和链表头结点。它们采用和非零元素结点类似的结点结构,具体如图 5.8(b)所示。其中,行头结点和列头结点的 row、col 域值不置任何有意义的值;行头结点的 right 指针指向该行链表的第一个结点,它的 down 指针为空;列头结点的 down 指针指向该列链表的第一个结点,它的 right 指针为空。行头结点和列头结点必须顺序链接,这样当需要逐行(列)搜索时,才能一行(列)搜索完后顺序搜索下一行(列),行头结点和列头结点均用 link 指针完成顺序链接。对比行头结点和列头结点可以看到,行头结点中未用 down 指针。列头结点中未用 right 指针。link 指针完成行或列头结点的顺序链接,row 域和 col 域未用。因此,行和列的头结点可以合用,即第 i 行和第 i 列头结点共用一个头结点。称这些合并后的头结点为行列头结点,行列头结点数为矩阵行数 m 和列数 n 的最大值。

十字链表头指针 hm 指向链表头结点,链表头结点的 row,col 域分别存放稀疏矩阵的行数 m 和列数 n,链表头结点的 link 指针指向行列头结点链表中的第一个行列头结点。由于矩阵运算中常常是一行(列)操作完后进行下一行(列)操作,所以,十字链表中的所有单链表均链接成循环链表。这样就可方便地完成一行(列)操作后又回到该行列头结点,由 link 指针进入下一行列头结点,重新开始下一行(列)的相同操作。

从上看出,一个 $m\times n$ 的稀疏矩阵有 t 个非零元素。采用十字链表存储时,有一个头结点,有 $\mathrm{MAX}\{m,n\}$ 个行列头结点,每个非零元素对应一个结点,所以共有 $\mathrm{MAX}\{m,n\}+t+1$ 个结点。

设一个稀疏矩阵 $\boldsymbol{B}$ 如下:

$$\boldsymbol{B}_{3\times 4}=\begin{bmatrix}1 & 0 & 0 & 2\\ 0 & 0 & 3 & 0\\ 0 & 0 & 0 & 4\end{bmatrix}$$

则对应的十字链表如图 5.9 所示。为图示方便清楚,把每个行列头结点分别画成两个,而实际上,行头结点 $h[i]$($0\leqslant i\leqslant 3$)与列头结点 $h[i]$只存在一个这样的结点,即 $h[i]$.down 域指向第 i 列的第一个结点,$h[i]$.right 域指向第 i 行的第一个结点。

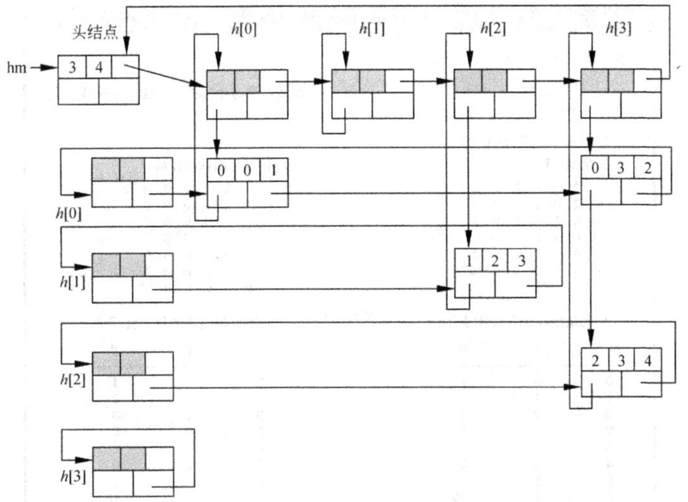

图 5.9　一个稀疏矩阵的十字链表

由于在十字链表存储结构中实现稀疏矩阵的相关算法比较复杂,所以在此不再讨论。

说明:十字链表是稀疏矩阵的一种链式存储结构,该存储结构不具备随机存取特性。

稀疏矩阵的实践项目

项目 1:设计一个算法,用于建立稀疏矩阵的三元组存储结构,并用相关数据进行测试,其操作界面如图 5.10 所示。

项目 2:设计在稀疏矩阵采用三元组表示时元素赋值和取元素的算法,并用相关数据进行测试,其操作界面如图 5.11 所示。

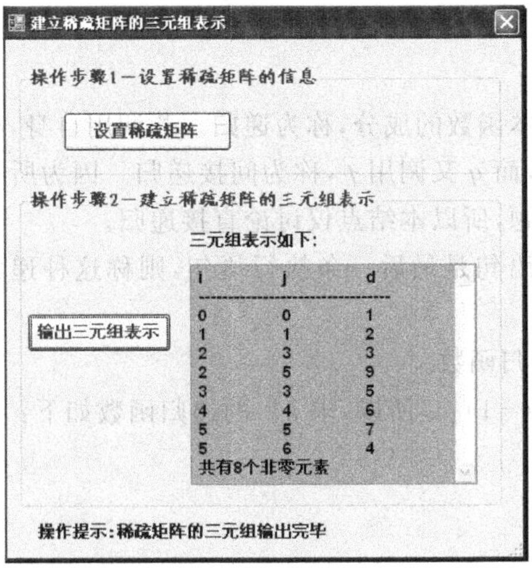

图 5.10　稀疏矩阵——实践项目 1 的操作界面

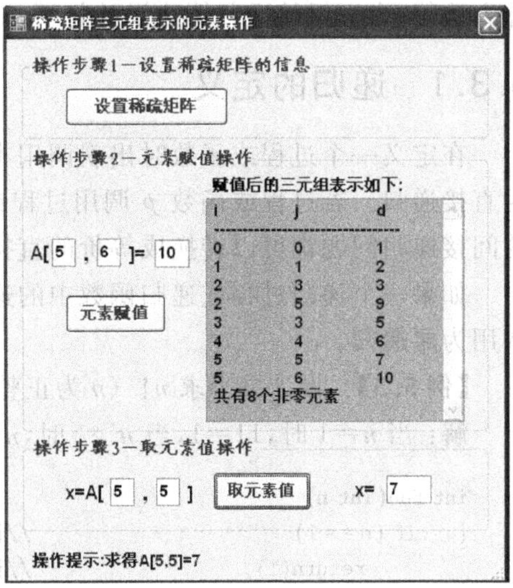

图 5.11　稀疏矩阵——实践项目 2 的操作界面

项目 3:设计通过三元组表示实现稀疏矩阵转置操作的算法,并用相关数据进行测试,其操作界面如图 5.12 所示。

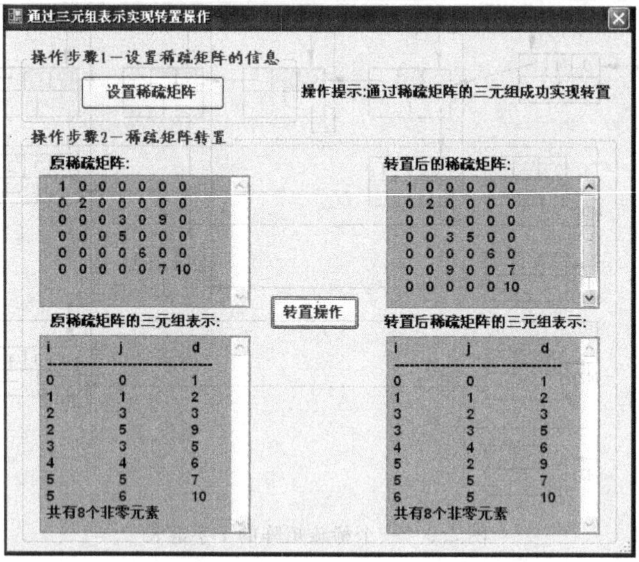

图 5.12　稀疏矩阵——实践项目 3 的操作界面

5.3　递归

在算法设计中经常需要用递归方法求解，下一节的广义表和本书后面的二叉树、查找和排序等章节中会大量地遇到递归算法。递归是计算机科学中一个重要的工具，很多程序设计语言，如 C/C++和 C#等都支持递归程序设计。本节主要介绍递归的定义和递归算法设计方法等，为以后的递归算法设计打下基础。

5.3.1　递归的定义

在定义一个过程或函数时出现调用本过程或本函数的成分，称为**递归**。若调用自身，称为直接递归。若过程或函数 p 调用过程或函数 q，而 q 又调用 p，称为间接递归。因为所有的间接递归问题都可以转换成等价的直接递归问题，所以本结点仅讨论直接递归。

如果一个递归过程或递归函数中的递归调用语句是最后一条执行语句，则称这种递归调用为**尾递归**。

【例 5.3】　设计一个求 $n!$（n 为正整数）的递归函数。

解：当 $n=1$ 时，$1!=1$，当 $n>1$ 时，$n!=n\times(n-1)!$。所以，求 $n!$ 的递归函数如下：

```
int fun(int n)
{    if (n == 1)                     //语句 1
         return(1);                  //语句 2
     else                            //语句 3
         return(fun(n - 1) * n);     //语句 4
}
```

在函数 fun(n)的求解过程中，直接调用 fun($n-1$)（语句 4）自身。所以，它是一个直接递归函数。又由于递归调用是最后一条语句，所以它又属于尾递归。

递归算法通常把一个大的复杂问题层层转化为一个或多个与原问题相似的规模较小的问题来求解。递归策略只需少量的代码就可以描述出解题过程所需要的多次重复计算，大大减少了算法的代码量。

一般来说，能够用递归解决的问题应该满足以下 3 个条件：

(1) 需要解决的问题可以转化为一个或多个子问题来求解，而这些子问题的求解方法与原问题完全相同，只是在数量规模上有所不同。

(2) 递归调用的次数必须是有限的。

(3) 必须有结束递归的条件来终止递归。

5.3.2 何时使用递归

在以下 3 种情况下，常常要用到递归的方法。

1. 定义是递归的

有许多数学公式和数列等的定义是递归的。例如，求 $n!$ 和 Fibonacci 数列等。这些问题的求解过程可以将其递归定义直接转化为对应的递归算法。例如，求 Fibonacci 数列的递归算法如下：

```
int Fib(int n)
{   if (n == 1 || n == 2)
        return(1);
    else
        return(Fib(n - 1) + Fib(n - 2));
}
```

2. 数据结构是递归的

有些数据结构是递归的。例如，以后介绍的二叉树是一种递归数据结构，线性表的单链表存储结构是一种递归存储结构。例如，单链表中结点类型的定义如下：

```
class LinkNode
{   int data;                //存放数据元素
    LinkNode next;           //指向下一个结点
};
```

在 LinkNode 类型中，next 字段是一种相同类对象的指针。对于不带头结点的单链表 head，其 head.next 也是一个单链表。

对于递归数据结构，采用递归的方法编写算法既方便，又有效。例如，求一个不带头结点的单链表 head 的所有 data 域(假设为 int 型)之和的递归算法如下：

```
int Sum(LinkNode head)
{   if (head == null)
        return 0;
    else
        return(head.data + Sum(head.next));
}
```

3. 问题的求解方法是递归的

有些问题的解法是递归的，典型的有 Hanoi 问题求解，该问题的描述是：设有 3 个分别命名为 x、y 和 z 的塔座，在塔座 x 上有 n 个直径各不相同，从小到大依次编号为 1,2,…,n 的圆盘，现要求将 x 塔座上的 n 个圆盘移到塔座 z 上并仍按同样顺序叠放，圆盘移动时必须遵守以下规则：每次只能移动一个圆盘；圆盘可以插在 x、y 和 z 中任一塔座；任何时候都不能将一个较大的圆盘放在较小的圆盘上。设计递归求解算法。

设 Hanoi(n,x,y,z)表示将 n 个圆盘从 x 通过 y 移动到 z 上，递归分解的过程如下：

Hanoi(n,x,y,z) ⟶ Hanoi($n-1$,x,z,y)；
move(n,x,z)；将第 n 个圆盘从 x 移到 z；
Hanoi($n-1$,y,x,z)

由此得到 Hanoi()递归算法如下：

```
void Hanoi(int n,char x,char y,char z)
{   if (n==1)
        Console.WriteLine("将第{0}个圆盘从{1}移动到{2}\n",n,x,z);
    else
    {   Hanoi(n-1,x,z,y);
        Console.WriteLine("将第{0}个圆盘从{1}移动到{2}\n",n,x,z);
        Hanoi(n-1,y,x,z);
    }
}
```

5.3.3 递归模型

递归模型是递归算法的抽象，它反映一个递归问题的递归结构。例如，例 5.3 的递归算法对应的递归模型如下：

$$f(n)=1 \qquad 当\ n=1$$
$$f(n)=n\times f(n-1) \qquad 当\ n>1$$

其中，第一个式子给出了递归的终止条件，第二个式子给出了 $f(n)$的值与 $f(n-1)$的值之间的关系，把第一个式子称为**递归出口**，把第二个式子称为**递归体**。

求解 Hanoi 问题的递归模型如下：

$f(n,\mathrm{x},\mathrm{y},\mathrm{z}) \equiv$ 将 n 号圆盘从 x 移动到 z　　当 $n=1$ 时

$f(n,\mathrm{x},\mathrm{y},\mathrm{z}) \equiv f(n-1,\mathrm{x},\mathrm{z},\mathrm{y})$；将 n 号圆盘从 x 移动到 z；　当 $n>1$ 时
$f(n-1,\mathrm{y},\mathrm{x},\mathrm{z})$

其中，符号"≡"表示等价关系，即"大问题"可以等价地转换成若干个"小问题"。前面递归模型中的"="表示等值关系，即"大问题"的解等于若干个"小问题"的解经过某种非递归运算的结果。

一般地，一个递归模型由递归出口和递归体两部分组成，前者确定递归到何时结束，即指出明确的递归结束条件，后者确定递归求解时的递推关系。递归出口的一般格式如下：

$$f(s_1)=m_1 \tag{5.11}$$

这里的 s_1 与 m_1 均为常量，有些递归问题可能有几个递归出口。递归体的一般格式如下：

$$f(s_{n+1})=g(f(s_i),f(s_{i+1}),\cdots,f(s_n),c_j,c_{j+1},\cdots,c_m) \tag{5.12}$$

其中，n、i、j、m 均为正整数。这里的 s_{n+1} 是一个递归"大问题"，s_i、s_{i+1}、…、s_n 为递归"小问题"，c_j、c_{j+1}、…、c_m 是若干个可以直接(用非递归方法)解决的问题，g 是一个非递归函数，可以直接求值。

实际上，递归思路是把一个不能或不好直接求解的“大问题”转化成一个或几个“小问题”来解决，再把这些“小问题”进一步分解成更小的“小问题”来解决，如此分解，直至每个“小问题”都可以直接解决（此时分解到递归出口）。但递归分解不是随意的分解，递归分解要保证“大问题”与“小问题”相似，即求解过程与环境都相似。

为了讨论方便，简化上述递归模型为：

$$f(s_1) = m_1 \tag{5.13}$$

$$f(s_n) = g(f(s_{n-1}), c_{n-1}) \tag{5.14}$$

求 $f(s_n)$ 的分解过程如下：

$$f(s_n) \Rightarrow f(s_{n-1}) \Rightarrow \cdots \Rightarrow f(s_2) \Rightarrow f(s_1)$$

一旦遇到递归出口，分解过程结束，开始求值过程，所以分解过程是“量变”过程，即原来的“大问题”在慢慢变小，但尚未解决，遇到递归出口后，便发生了“质变”，即原递归问题便转化成直接问题。上面的求值过程如下：

$$f(s_1) = m_1 \Rightarrow f(s_2) = g(f(s_1), c_1) \Rightarrow f(s_3)$$
$$= g(f(s_2), c_2) \Rightarrow \cdots \Rightarrow f(s_n) = g(f(s_{n-1}), c_{n-1})$$

这样，$f(s_n)$ 便计算出来了。因此，递归的执行过程由分解和求值两部分构成。例如，求 5! 的递归的执行过程如图 5.13 所示。

一般地，递归算法的执行过程中包含多重的分解和求值过程，而不像图 5.13 那样简单直接，只有一重分解和求值过程。例如，求 Fibonacci 数列中的第 5 项时，Fib(5)的执行过程如图 5.14 所示，向下的实线箭头表示分解过程，向上的虚线箭头表示求值过程。描述递归算法执行过程的这种树称为**递归树**。

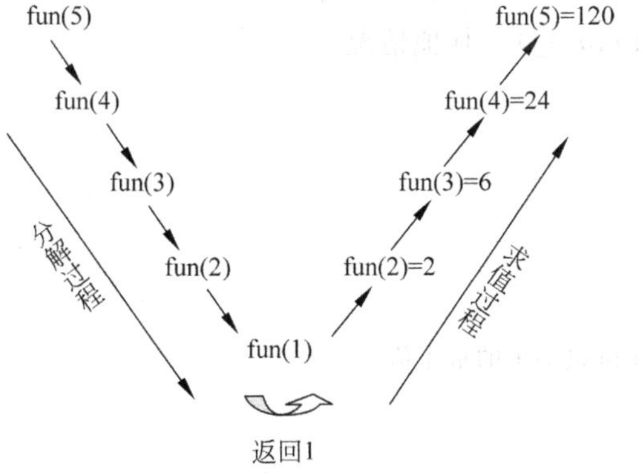

图 5.13 求 5! 的递归的执行过程

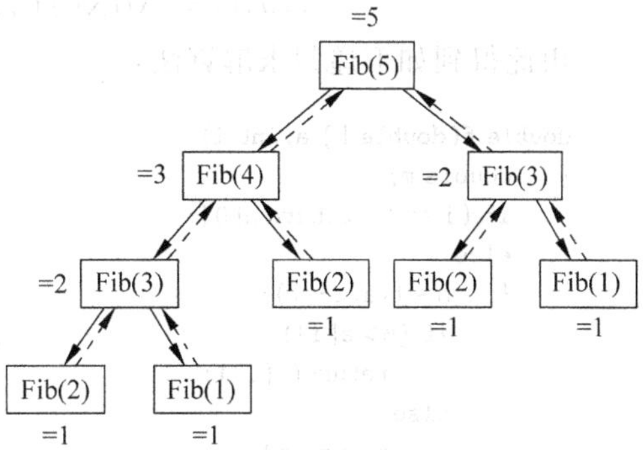

图 5.14 求 Fib(5)的执行过程

5.3.4 递归算法设计的步骤

递归算法求解过程的特征是先将整个问题划分为若干个子问题，通过分别求解子问题，最后获得整个问题的解。而这些子问题具有与原问题相同的求解方法，于是可以再将它们划分成若干个子问题，分别求解，如此反复进行，直到不能再划分成子问题，或已经可以求解为止。这种自上而下将问题分解、求解，再自上而下引用、合并，求出最后解答的过程称为递归求解过程。这是一种分而治之的算法设计方法。

递归算法设计先推导出求解问题的递归模型,再转换成对应的C#语言函数。

对于式(5.13)和式(5.14)简化的递归模型而言,要解决 $f(s_n)$,不是直接求其解,而是转化为计算 $f(s_{n-1})$ 和一个常量 c_{n-1}。求解 $f(s_{n-1})$ 的方法与环境和求解 $f(s_n)$ 的方法与环境相似,但 $f(s_n)$ 是一个"大问题",而 $f(s_{n-1})$ 是一个"较小问题",尽管 $f(s_{n-1})$ 还未解决,但向解决目标靠近了一步,这就是一个"量变",如此到达递归出口时,便发生了"质变",递归问题解决了。因此,递归设计就是要给出合理的"较小问题",然后确定"大问题"的解与"较小问题"之间的关系,即确定递归体;最后朝此方向分解,必然有一个简单的基本问题解,以此作为递归出口。由此得出推导递归模型的一般步骤如下:

(1) 对原问题 $f(s_n)$ 进行分析,假设出合理的"较小问题" $f(s_{n-1})$(与数学归纳法中假设 $i=n-1$ 时等式成立相似)。

(2) 假设 $f(s_{n-1})$ 是可解的,在此基础上确定 $f(s_n)$ 的求解方式,即给出 $f(s_n)$ 与 $f(s_{n-1})$ 之间的关系(与数学归纳法中求证 $i=n$ 时等式成立的过程相似)。

(3) 确定一个特定情况(如 $f(1)$ 或 $f(0)$)的解,由此作为递归出口(与数学归纳法中求证 $i=1$ 或 $i=0$ 时等式成立相似)。

【例 5.4】 采用递归算法求实数数组 $a[0..n-1]$ 中的最小值。

解:假设 $f(a,i)$(为"大问题"),求数组元素 $a[0..i]$(共 $i+1$ 个元素)中的最小值。当 $i=0$ 时,有 $f(a,i)=a[0]$(得到递归出口);假设 $f(a,i-1)$(相对于 $f(a,i)$ 而言,它是"小问题")已经求得,则 $f(a,i)=\mathrm{MIN}(f(a,i-1),a[i])$(得到递归体),其中 MIN() 为求两个值中的较小值函数,它是一个非递归函数。

因此得到如下递归模型:

$$f(a,i) = a[0] \qquad \text{当 } i = 0 \text{ 时}$$

$$f(a,i) = \mathrm{MIN}(f(a,i-1),a[i]) \qquad \text{其他情况}$$

由此得到如下递归求解算法:

```
double f(double [] a, int i)
{   double m;
    if (i == 0) return a[0];
    else
    {   m = f(a,i - 1);
        if (m > a[i])                       //求 m 和 a[i]中的最小值
            return(a[i]);
        else
            return(m);
    }
}
```

对于含有 5 个元素的数组 b,调用 $f(b,4)$ 即可求得该数组中的最小元素值。递归方法是一种分治的思想,本例也可采用如下分治算法:

```
double f1(double [] a, int i, int j)
{   int mid;
    double min, min1, min2;
    if (i == j)
        min = a[i];                          //递归出口
    else
```

```
    {   mid = (i + j)/2;
        min1 = f1(a,i,mid);              //递归调用 1
        min2 = f1(a,mid + 1,j);          //递归调用 2
        if (min1 < min2) min = min1;
        else min = min2;
    }
    return(min);
}
```

该算法是将数组 a 中的元素分为($a_0, a_1, \cdots, a_{mid}$)和($a_{mid+1}, \cdots, a_{n-1}$)两个子表,分别求得子表中的最小元素 min1 和 min2,比较求出最小者 min,就可以求得整个数组 a 中的最小元素。而求解子表中的最小元素的方法与总表相同,即再将它们分成两个更小的子表,如此不断分解,直到表中只有一个元素为止(当只有一个元素时,该元素便是该表的最大元素)。

对于含有 5 个元素的数组 b,调用 f1(b,0,4)即可求得该数组中的最小元素值。

说明:通常情况下,尾递归可以用循环语句转换为等价的非递归算法,其他递归算法可以用栈等价的非递归算法。递归算法和等价的非递归算法相比,后者的执行效率更高些。

通常情况下,递归数据结构包含基本的递归操作。递归数据结构的基本递归操作具有封闭性,设 D 是一个是递归数据结构,op 是一个基本递归操作,则 op(D)∈D。例如,对于不带头结点的单链表 head,它基本的递归操作是取 head 结点的 next,所以 head. next 也是一个单链表(空单链表也是一个单链表)。设 f 为单链表的某种运算,则 f(head)为"大问题",而 f(head. next)为"小问题",如图 5.15 所示,设计 f 的递归模型时只需找出 f(head)和 f(head. next)之间的关系即可。对于前面求一个不带头结点的单链表 head 的所有 data 域(假设为 int 型)之和的示例,假设 f(head. next)已求出,则有 f(head)= head. data+ f(head. next),再考虑特殊情况,便得到求解该问题的递归模型。

$$f(\text{head}) = 0 \qquad \text{当 head} = \text{null}$$
$$f(\text{head}) = \text{head.data} + f(\text{head.next}) \qquad \text{否则}$$

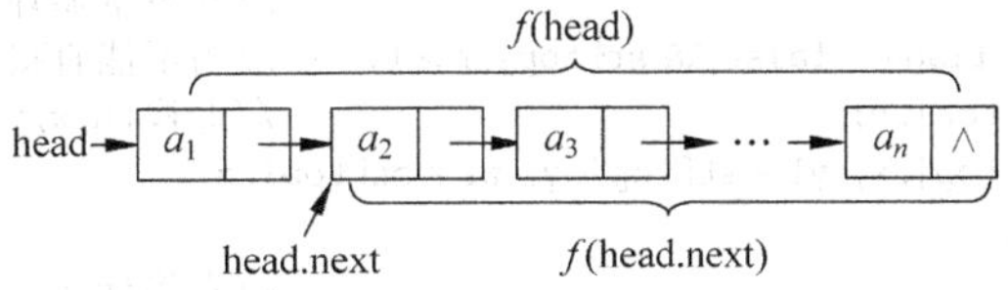

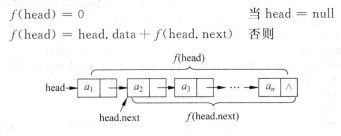

图 5.15　不带头结点的单链表的递归处理

5.3.5　递归算法转换为非递归算法

递归算法的执行效率往往不如对应的非递归算法,有时需要将递归算法转换成对应的非递归算法。

对于尾递归算法,其转换比较容易,通常采用循环语句来实现这种转换。例如,求 n! 的递归算法就是一个尾递归算法,等价的非递归算法如下:

```
int fun1(int n)
{   int i,s = 1;
    for (i = 1;i <= n;i++)
        s * = i;
    return s;
}
```

对于非尾递归的递归算法,其转换比较复杂,通常用一个栈来实现这种转换。例如,对于 Hanoi 问题,当 $n>1$ 时,需要将 Hanoi(n,x,y,z)转换成 Hanoi($n-1$,x,z,y)、move(n,x,z)、Hanoi($n-1$,y,x,z)三步,所以需要用一个栈暂时存放 Hanoi($n-1$,x,z,y)和 Hanoi($n-1$,y,x,z)两步,但栈的特点是先进后出,所以要先将 Hanoi($n-1$,y,x,z)进栈,后将 Hanoi($n-1$,x,z,y)进栈。其中,栈 st 采用顺序栈,其元素类型定义如下:

```
public struct StType                                    //顺序栈元素类型
{   public int n;
    public char x,y,z;
    public bool flag;                                   //可直接移动时为 true,否则为 false
};
```

等价的非递归算法 Hanoi2()如下:

```
public string Hanoi2(int n, char x, char y, char z)
//非递归算法,返回存放搬动圆盘步骤的字符串
{   string mystr = "搬动圆盘过程:\r\n";
    const int MaxSize = 100;
    StType[] st = new StType[MaxSize];
    int top = -1;
    int n1; char x1,y1,z1;
    if (n<=0)                                           //参数错误,返回一个空串
        return "";
    else if (n==1)
    {   mystr += "\t 将编号为 1 的圆盘从" + x.ToString() + "移动到" + z.ToString();
        return mystr;
    }
    top++;                                              //初值(n,x,y,z)进栈
    st[top].n = n; st[top].x = x; st[top].y = y; st[top].z = z;
    st[top].flag = false;
    while (top>-1)                                      //栈不空循环
    {   if (st[top].flag == false && st[top].n > 1)     //当不能直接移动时
        {   n1 = st[top].n;                             //退栈(n,x,y,z)
            x1 = st[top].x; y1 = st[top].y; z1 = st[top].z;
            top--;
            top++;                                      //先将(n-1,y,x,z)进栈
            st[top].n = n1-1;
            st[top].x = y1; st[top].y = x1; st[top].z = z1;
            if (n1 - 1 == 1)                            //只有一个圆盘时,可直接移动
                st[top].flag = true;
            else
                st[top].flag = false;
            top++;                                      //将第 n 个圆盘从 x 移到 z
            st[top].n = n1;
            st[top].x = x1; st[top].z = z1; st[top].flag = true;
            top++;                                      //再将(n-1,x,z,y)进栈
            st[top].n = n1 - 1;
            st[top].x = x1; st[top].y = z1; st[top].z = y1;
            if (n1 - 1 == 1)                            //只有一个圆盘时,可直接移动
                st[top].flag = true;
            else
                st[top].flag = false;
        }
```

```
        else if (st[top].flag == true)                //当可以直接移动时
        {   mystr += "\t 将编号为" + st[top].n.ToString() + "的圆盘从" +
                st[top].x.ToString() + "移动到" + st[top].z.ToString() + "\r\n";
            top -- ;                                  //移动圆盘后退栈
        }
    }
    return mystr;
}
```

计算机编译系统中提供了一个将递归算法转换成非递归算法的通用过程，这里不再详细介绍。

递归的实践项目

项目 1：设计用递归方法求顺序表中最大和最小元素的递归算法，并用相关数据进行测试，其操作界面如图 5.16 所示。

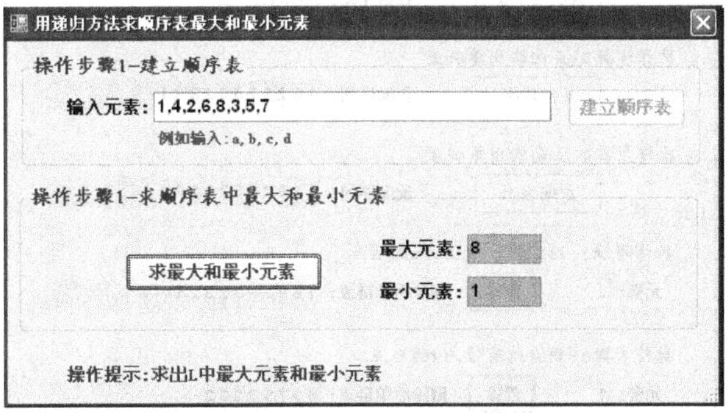

图 5.16　递归——实践项目 1 的操作界面

项目 2：设计一个递归算法，求解 Hanoi 问题，并用相关数据进行测试，其操作界面如图 5.17 所示。

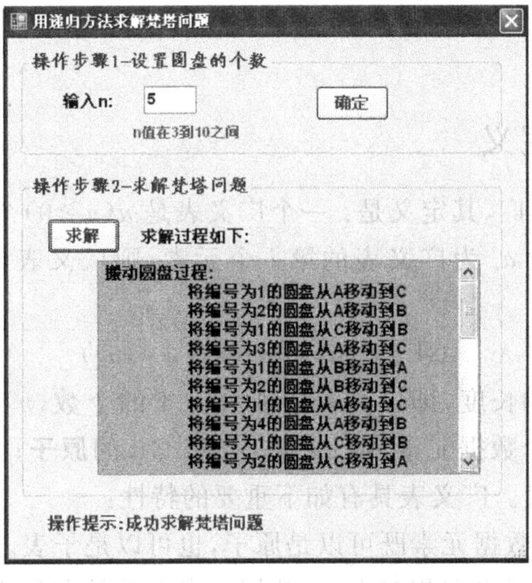

图 5.17　递归——实践项目 2 的操作界面

项目 3：对于不带头结点的单链表，设计完成以下功能的递归算法：

(1) 求结点个数。

(2) 正向输出所有结点值。

(3) 反向输出所有结点值。

(4) 删除第一个值为指定值的结点。

(5) 删除所有值为指定值的结点。

并用相关数据进行测试，其操作界面如图 5.18 所示。

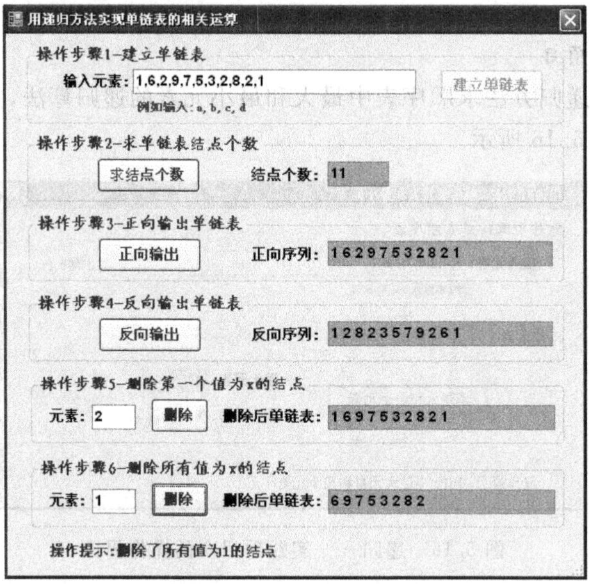

图 5.18 递归——实践项目 3 的操作界面

5.4 广义表

5.4.1 广义表的定义

广义表是线性表的推广，其定义是：一个广义表是 $n(n\geqslant 0)$ 个元素的一个有限序列，若 $n=0$ 时，则称为空表。设 a_i 为广义表的第 i 个元素，则广义表 GL 的一般表示与线性表相同。

$$\mathrm{GL}=(a_1,a_2,\cdots,a_i,\cdots,a_n)$$

其中，n 表示广义表的长度，即广义表中所含元素的个数，$n\geqslant 0$，当 $n=0$ 时为空表，用(#)表示。如果 a_i 是单个数据元素，则 a_i 为广义表 GL 的**原子**；如果 a_i 是一个广义表，则称 a_i 为广义表 GL 的**子表**。广义表具有如下重要的特性：

(1) 一个广义表中的数据元素既可以是原子，也可以是子表。

(2) 广义表中的数据元素有相对次序，数据元素个数是有限的。

(3) 广义表的长度定义为最外层包含元素个数。

(4) 广义表的深度定义为所含括号的重数。其中，原子的深度为 0，空表的深度为 1。

(5) 广义表可以共享；一个广义表可以被其他广义表共享；这种共享广义表称为再入表。

(6) 广义表可以是一个递归的表。一个广义表可以是自己的子表，这种广义表称为递归表。递归表的深度是无穷值，长度是有限值。

(7) 任何一个非空广义表 GL 均可分解为表头 head(GL)＝a_1 和表尾 tail(GL)＝(a_2,…,a_n)两部分；空表不能求表头和表尾。例如，GL＝(a,(b,(c),(#)))，则 head(GL)＝a，tail(GL)＝((b,(c),(#)))，表尾总是一个广义表，空表用"(#)"表示。

抽象数据类型广义表的定义如下：

```
ADT Glist
{
数据对象：
    D = {eᵢ | i = 1,2, … ,n;n≥0;eᵢ ∈ AtomSet 或 eᵢ ∈ GList,AtomSet 为原子数据类型}
数据关系：
    R = {r}
    r = {< eᵢ₋₁,eᵢ >| eᵢ₋₁,eᵢ ∈ D,2≤i≤n}
基本运算：
    CreatGL(string str)：由括号表示法 str 创建广义表的链式存储结构；
    DispGL()：输出广义表，采用括号表示法输出广义表的链式存储结构；
    GLLength()：求广义表的长度；
    GLDepth()：求广义表的深度；
    …
}
```

为了简单起见，下面讨论的广义表不包括前面定义的再入表和递归表，即只讨论一般的广义表。另外，规定用小写字母表示原子，用大写字母表示广义表的表名。例如：

A＝(#)

B＝(e)

C＝(a,(b,c,d))

D＝(A,B,C)＝((#),(e),(a,(b,c,d)))

E＝((a,(a,b),((a,b),c)))

其中：

A 是一个空表，其长度为 0。

B 是一个只含有单个原子 e 的表，其长度为 1。

C 中有两个元素，一个是原子，另一个是子表，C 的长度为 2。

D 中有 3 个元素，每个元素又都是一个表，D 的长度为 3。

E 中只含有一个元素，该元素是一个表，E 的长度为 1。

如果把每个表的名称(若有的话)写在其表的前面(没有给出名称的子表为匿名表，假设其表名为・)，则上面的 5 个广义表可相应地表示如下：

A(#)

B(e)

C(a,・(b,c,d))

D(A(#),B(e),C(a,(b,c,d)))

E(·(a,·(a,b),·(·(a,b),c)))

若用圆圈和方框分别表示表和原子,并用线段把表和它的元素(元素结点应在其表结点的下方)连接起来,则可得到一个广义表的图形表示。例如,上面5个广义表的图形表示如图5.19所示。

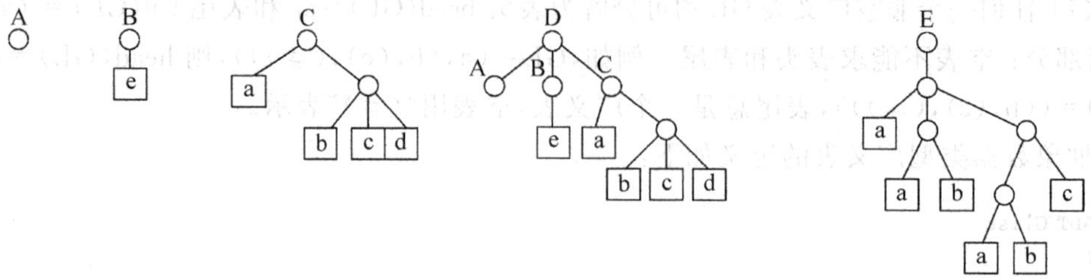

图5.19 广义表的图形表示

其中,广义表A和B的深度为1(注意广义表A和广义表B的深度相同,因为它们均只有一重括号),广义表C、D、E的深度分别为2、3、4。

5.4.2 广义表的存储结构

广义表是一种递归的数据结构,因此很难为每个广义表分配固定大小的存储空间,所以其存储结构只有采用动态链式结构。

从图5.19中看到,广义表有两类结点:一类为圆圈结点,对应子表;另一类为方形结点,对应原子。

为了使子表和原子两类结点既能在形式上保持一致,又能进行区别,可采用如下结构形式:

tag	data	sublist	link

其中,tag为标志字段,用于区分两类结点。sublist或data字段由tag决定,若tag=0,表示该结点为原子结点,第2个字段data才有意义,用于存放相应原子元素的信息;若tag=1,表示该结点为表结点,第3个域为sublist才有意义,用于存放相应子表第一个元素对应结点的地址。link字段用于指向下一个元素的结点,当没有下一个元素时,其link字段为null。例如,前面的广义表C的存储结构如图5.20所示(由于data和sublist字段在任何时刻只有一个是有意义的,所以图中将它们合起来作为每个结点的第2个字段,下同),这是广义表的带头结点的链式存储结构。

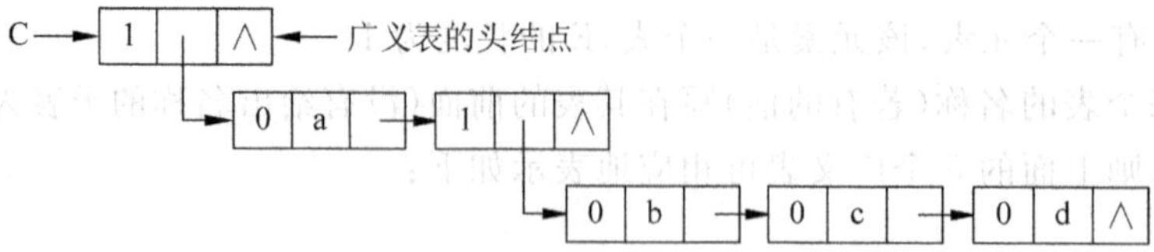

图5.20 广义表C的存储结构

采用C#语言描述广义表结点的类型GLNode的定义如下:

```
class GLNode
{   public int tag;                 //结点类型标识为 1:表/子表结点,0:原子结点
    public char data;               //存放原子的值
    public GLNode sublist;          //指向子表的指针
    public GLNode link;             //指向下一个元素
};
```

说明：在 C# 语言中没有像 C/C++ 语言那样的 union 共同体类型，所以这里 GLNode 中用了 4 个字段。

定义广义表类 GenTableClass 如下(本节的所有算法均包含在 GenTableClass 类中)：

```
class GenTableClass
{   public GLNode head = new GLNode();        //广义表头结点
    string glstr;                             //用于递归算法中输出字符串
    //广义表的基本运算算法
}
```

5.4.3 广义表的运算

广义表的运算主要有求广义表的长度和深度，向广义表插入元素和从广义表中查找或删除元素，建立广义表的存储结构和输出广义表等。由于广义表是一种递归的数据结构，所以对广义表的运算一般采用递归的算法。

1. 求广义表的长度

在广义表中，同一层次的每个结点是通过 link 域链接起来的，所以可把它看做是由 link 域链接起来的单链表。非空广义表的基本结构如图 5.21 所示。这样，求广义表的长度就是求单链表的长度，可以采用以前介绍过的求单链表长度的方法求其长度。

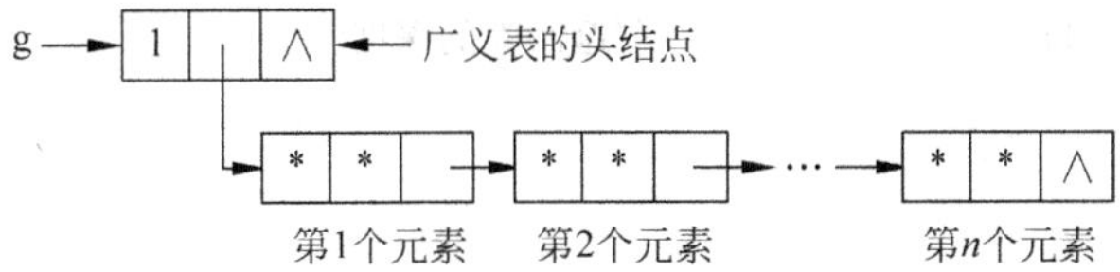

图 5.21 非空广义表的基本结构

求广义表长度的非递归算法如下：

```
public int GLLength()
{   int n = 0;
    GLNode g = head.sublist;              //g 指向广义表的第一个元素
    while (g!= null)
    {   n++;                              //累加元素个数
        g = g.link;
    }
    return n;
}
```

2. 求广义表的深度

对于广义表g,其深度的递归定义是它等于所有元素的最大深度加1。若g为原子,其深度为0。求广义表深度的递归模型$f()$如下:

```
f(g) = 0                                   若g为原子
f(g) = 1                                   若g为空表
f(g) = MAX{f(subg)} + 1(subg为g的子表)     其他情况
```

对于广义表g,求其深度的算法如下:

```
public int GLDepth()                        //求广义表的深度
{
    return GLDepth1(head);
}
private int GLDepth1(GLNode g)              //被GLDepth方法调用
{   GLNode g1;
    int max = 0,dep;
    if (g.tag == 0)                         //为原子时,返回0
        return 0;
    g1 = g.sublist;                         //g1指向第一个元素
    if (g1 == null)                         //为空表时,返回1
        return 1;
    while (g1!= null)                       //遍历表中的每一个元素
    {   if (g1.tag == 1)                    //元素为子表的情况
        {   dep = GLDepth1(g1);             //递归调用,求出子表的深度
            if (dep > max)                  //max为同一层所求过的子表中深度的最大值
                max = dep;
        }
        g1 = g1.link;                       //使g1指向下一个元素
    }
    return (max + 1);                       //返回表的深度
}
```

3. 输出广义表

对于非空广义表中的g结点,其递归特性如图5.22所示,g.sublist指向它的元素,g.link指向它的兄弟。广义表递归算法通常是先递归处理g的元素,再递归处理g的兄弟。

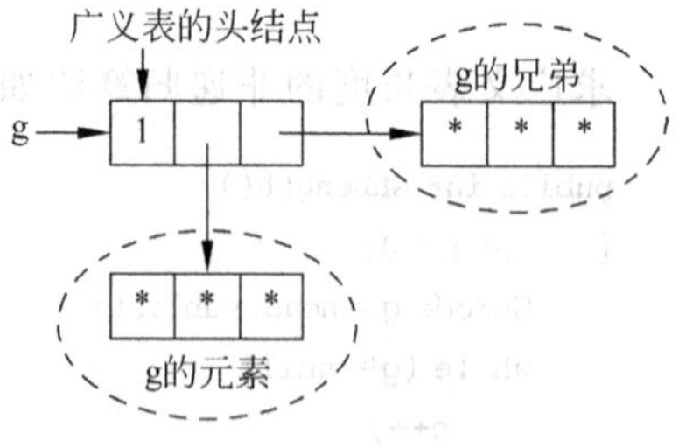

图5.22 广义表的递归特性

输出广义表g的过程$f(g)$为:若g不为null,先输出g的元素,当有兄弟时,再输出兄弟。输出g的元素的过程是,若该元素为原子,则直接输出原子值,若为子表,输出'(',如果为空表,则输出'#',如果为子表,则递归调用$f(g.sublist)$,以输出子表,再输出')'。输出g的兄弟的过程是,输出',',递归调用$f(g.link)$,以输出兄弟。

输出一个广义表的算法如下:

```
public string DispGL()                           //输出广义表
```

```
{   glstr = "";
    DispGL1(head);
    return glstr;
}
private void DispGL1(GLNode g)              //被 DispGL 方法调用
{   if (g!= null)                           //表不为空判断
    {                                       //先输出 g 的元素
        if (g.tag == 0)                     //g 元素为原子时
            glstr += g.data.ToString();     //输出原子值
        else                                //g 元素为子表时
        {   glstr += "(";                   //输出一个"("
            if (g.sublist == null)          //为空表时
                glstr += "#";               //输出一个"#"
            else                            //为非空子表时
                DispGL1(g.sublist);         //递归输出子表
            glstr += ")";                   //输出一个")"
        }
        if (g.link!= null)
        {   glstr += ",";                   //输出一个","
            DispGL1(g.link);                //递归输出 g 的兄弟
        }
    }
}
```

4. 建立广义表的链式存储结构

假定广义表中的元素类型为 char 类型，每个原子的值被限定为单个英文字母，并假定广义表是一个正确的表达式，其格式为：元素之间用一个逗号分隔，表元素的起止符号分别为左、右圆括号。例如，"(a,(b,c,d),(#))"就是一个符合上述规定的广义表格式。

建立广义表存储结构的算法同样是一个递归算法。该算法使用一个具有广义表格式的字符串参数 str，返回由它生成的广义表存储结构的头结点 head。

在算法的执行过程中需要从头到尾扫描 str 的每一个字符。当碰到'('时，表明它是一个表或子表的开始，则应建立一个表或子表结点 h，并用它的 sublist 域作为子表的表头指针进行递归调用，来建立子表的存储结构；当碰到一个字符时，表明它是一个原子，则应建立一个由 h 指向的原子结点；当遇到一个')'字符时，表明前面的子表已处理完毕，则将 h 置为空；当遇到一个'#'字符时，表明前面的子表是空表，则将 h 置为空。

当建立一个由 h 指向的结点后，接着遇到','时，表明存在兄弟结点，需要建立当前结点(即由 h 指向的结点)的兄弟；当碰到其他字符时，表明当前结点没有兄弟了，将当前结点的 link 域置为空。

根据以上分析，对应的生成广义表链式存储结构的算法如下：

```
public void CreateGL(string str)                //由括号表示法建立广义表的链式存储结构
{   int i = 0;
    head = CreateGL1(str, ref i);
}
public GLNode CreateGL1(string str, ref int i)  //被 CreateGL 方法调用
```

```
{   GLNode h;
    char ch = str[i];                          //取一个字符
    i++;
    if (i < str.Length)                        //串未结束判断
    {   h = new GLNode();                      //创建一个新结点
        if (ch == '(')                         //当前字符为左括号时
        {   h.tag = 1;                         //新结点作为表头结点
            h.sublist = CreateGL1(str, ref i); //递归构造子表并链到表头结点
        }
        else if (ch == ')')
            h = null;                          //遇到')'字符,h置为空
        else if (ch == '#')                    //遇到'#'字符,表示空表
            h = null;
        else                                   //为原子字符
        {   h.tag = 0;                         //新结点作为原子结点
            h.data = ch;
        }
    }
    else                                       //串结束,h置为空
        h = null;
    if (i < str.Length)
    {   ch = str[i];                           //取下一个字符
        i++;
        if (h != null)                         //串未结束,继续构造兄弟结点
        if (ch == ',')                         //当前字符为','
            h.link = CreateGL1(str, ref i);    //递归构造兄弟结点
        else                                   //没有兄弟了,将兄弟指针置为null
            h.link = null;
    }
    return h;                                  //返回广义表头结点 h
}
```

该算法需要扫描输入广义表中的所有字符,并且处理每个字符都是简单的比较或赋值操作,其时间复杂度为 O(1),所以整个算法的时间复杂度为 $O(n)$,其中 n 表示广义表中所有字符的个数。在这个算法中既包含子表的递归调用,也包含兄弟的递归调用,所以,递归调用的最大深度不会超过生成的广义表中所有结点的个数,因而其空间复杂度也为 $O(n)$。

【例 5.5】 设计一个递归算法,将广义表中的第一个原子 x 替换成 y。

解:设 $f(g,x,y)$ 表示将广义表 g 中的第一个原子 x 替换成 y。让 g 指向该广义表的第一个元素结点,若 g 为原子结点,如果其值为 x,将其替换成 y 并结束整个算法,否则让 g 指向下一个元素结点;若 g 为子表结点,则对该子表递归调用 $f(g.sublist,x,y)$,完成后并让 g 指向下一个元素结点。直到 g 为 null。对应的递归算法如下:

```
public void Replace(char x, char y)            //将广义表中的第一个原子 x 替换成 y
{
    Replace1(head.sublist, x, y);              //head.sublist 为广义表的第一个元素
}
private void Replace1(GLNode g, char x, char y) //被 Replace 方法调用
{   while (g != null)                           //对每个元素进行循环处理
    {   if (g.tag == 0)                         //为原子时
```

```
        {   if (g.data == x)                          //data 值为 x 时
            {   g.data = y;                           //将 data 值改为 y
                return;                               //算法结束
            }
        }
        else                                          //为子表时
            Replace1(g.sublist,x,y);                  //递归将子表中的 x 改为 y
        g = g.link;                                   //递归处理兄弟元素
    }
}
```

归纳起来，广义表递归算法设计通常有两种方法。

解法 1：给定广义表的第一个元素 g 结点，由于每个元素的存储结构与整个表的存储结构类似，所以可以通过循环处理每个元素，若元素为原子，则直接处理，若元素为子表，则对其进行递归处理。其一般格式如下：

```
void fun1(GLNode g)
{   while (g!= null)
    {   if (g.tag == 1)                               //为子表时，递归调用
            fun1(g.sublist);
        else                                          //为原子时，进行相应的处理
            原子处理语句;
        gl = g.link;                                  //处理后继元素
    }
}
```

解法 2：给定广义表的第一个元素 g 结点，当第一个元素为子表时，其存储结构与整个表的存储结构 g 类似，而且后继元素的存储结构也与整个表的存储结构类似，所以可以对子表的第一个元素和后继元素进行递归处理。其一般格式如下：

```
void fun2(GLNode g)
{   if (g!= null)
    {   if (g.tag == 1)                               //为子表时，递归调用
            fun2(g.sublist);
        else                                          //为原子时，进行相应的处理
            原子处理语句;
        fun1(g.link);                                 //递归处理后继元素
    }
}
```

例 5.5 中的 Replace1 算法采用的是第一种解法，可以等价地改为第二种解法，其等价的 Replace2 算法如下：

```
public void Replace2(GLNode g,char x,char y)
{   if (g!= null)
    {   if (g.tag == 0)                               //为原子时
        {   if (g.data == x)                          //data 域值为 x 时
            {   g.data = y;                           //将 data 值改为 y
                return;                               //算法结束
            }
```

```
            else                                    //为子表时
                Replace2(g.sublist,x,y);            //递归将子表中的x改为y
        }
        Replace2(g.link, x, y);                     //递归处理后继元素
    }
}
```

广义表的实践项目

项目1：设计建立广义表存储结构和输出广义表的算法，并用相关数据进行测试，其操作界面如图5.23所示。

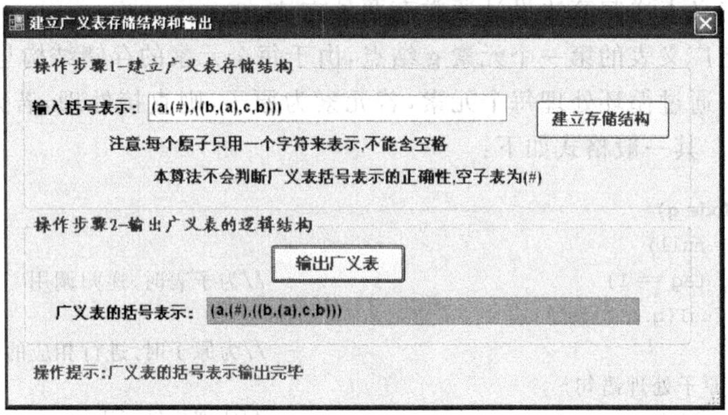

图5.23　广义表——实践项目1的操作界面

项目2：设计求广义表的长度和深度的算法，并用相关数据进行测试，其操作界面如图5.24所示。

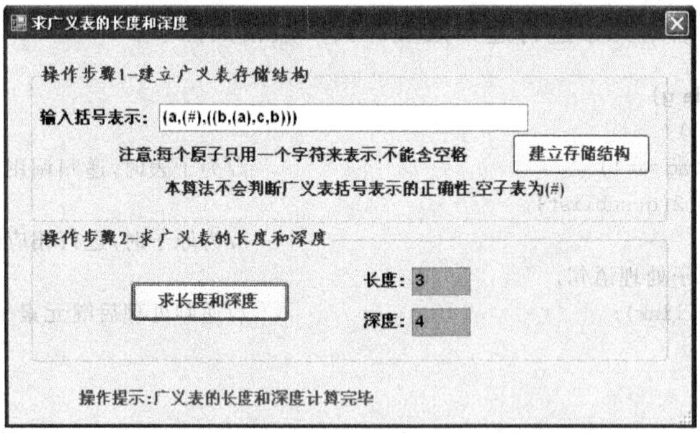

图5.24　广义表——实践项目2的操作界面

项目3：设计求广义表中原子个数的算法，并用相关数据进行测试，其操作界面如图5.25所示。

项目4：设计将广义表中的所有原子 x 替换成 y 的算法，并用相关数据进行测试，其操作界面如图5.26所示。

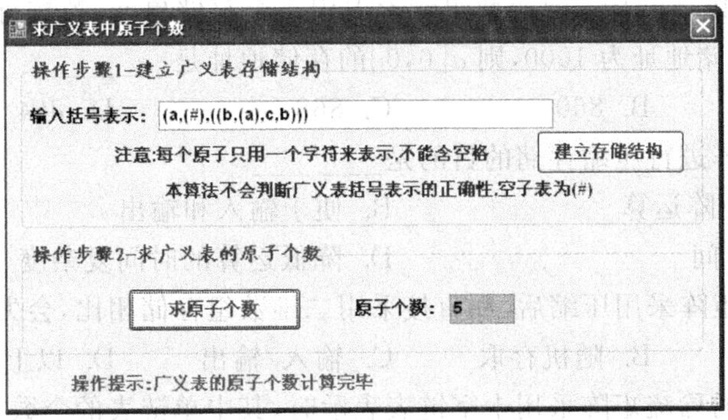

图 5.25　广义表——实践项目 3 的操作界面

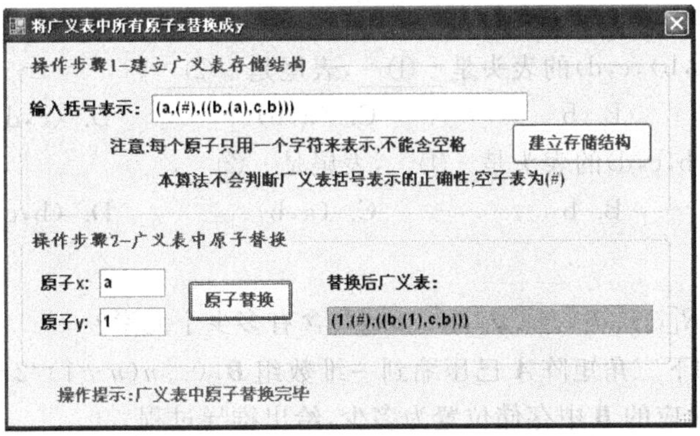

图 5.26　广义表——实践项目 4 的操作界面

本章小结

本章基本学习要点如下：

(1) 理解数组和一般线性表之间的差异。

(2) 重点掌握数组的存储结构和元素地址计算方法。

(3) 掌握各种特殊矩阵，如对称矩阵，上、下三角矩阵和对角矩阵的压缩存储方法。

(4) 掌握稀疏矩阵的各种存储结构，以及基本运算实现算法。

(5) 掌握递归和递归模型的定义，以及基本的递归算法设计方法。

(6) 掌握广义表的递归特性、存储结构和广义表递归算法设计。

练习题 5

1. 单项选择题

(1) 设二维数组 $a[6,10]$，每个数组元素占用 4 个存储单元，若按行优先顺序存放的数组元素 $a[0,0]$ 的存储地址为 860，则 $a[3,5]$ 的存储地址是________。

A. 1000　　B. 860　　C. 1140　　D. 1200

(2) 设二维数组 $a[6,10]$，每个数组元素占用 4 个存储单元，若按行优先顺序存放的数组元素 $a[3,5]$ 的存储地址为 1000，则 $a[0,0]$ 的存储地址是________。

A. 872　　B. 860　　C. 868　　D. 864

(3) 对稀疏矩阵进行压缩存储的目的是________。

A. 便于进行矩阵运算　　B. 便于输入和输出

C. 节省存储空间　　D. 降低运算的时间复杂度

(4) 一个稀疏矩阵采用压缩后，和直接采用二维数组存储相比，会失去________特性。

A. 顺序存储　　B. 随机存取　　C. 输入/输出　　D. 以上都不对

(5) m 行 n 列的稀疏矩阵采用十字链表表示时，其中单链表的个数为________。

A. $m+1$　　B. $n+1$　　C. $m+n+1$　　D. $\mathrm{MAX}\{m,n\}+1$

(6) 将递归算法转换成非递归算法时，通常要借助的数据结构是________。

A. 线性表　　B. 栈　　C. 队列　　D. 树

(7) 广义表((a,b),c,d)的表头是__①__，表尾是__②__。

A. a　　B. b　　C. (a,b)　　D. (c,d)

(8) 广义表(a,b,c,d)的表头是__①__，表尾是__②__。

A. a　　B. b　　C. (a,b)　　D. (b,c,d)

2. 问答题

(1) 三维数组 $R[c_1..d_1,c_2..d_2,c_3..d_3]$ 共含有多少个元素？

(2) 设 $n\times n$ 的下三角矩阵 $\boldsymbol{A}$ 已压缩到一维数组 $\boldsymbol{B}[0..n(n+1)/2-1]$ 中，若按行为主序存储，则 $\boldsymbol{A}[i,j]$ 对应的 $\boldsymbol{B}$ 中存储位置为多少，给出推导过程。

(3) 简述广义表、数组和线性表之间的异同。

(4) 设 3 个广义表为 A=(a,b,c)，B=(A,(c,d))，C=(a,(B,A),(e,f))，请给出下列各运算的结果。

① head[A]。

② tail[B]。

③ head[head[head[tail[C]]]]。

3. 算法设计题

(1) 设二维整数数组 $B[0..m-1,0..n-1]$ 的数据在行、列方向上都按从小到大的顺序排列，且整型变量 x 中的数据在 B 中存在。试设计一个算法，找出一对满足 $B[i,j]=x$ 的 i、j 值。要求比较次数不超过 $m+n$。

(2) 设计一个算法，将含有 n 个元素的数组 A 的元素 $A[0\cdots n-1]$ 循环右移 m 位。要求算法的空间复杂度为 O(1)。

(3) 设计一个算法，计算一个三元组表表示的稀疏矩阵的对角线元素之和。

(4) 设计一个递归算法，将一个串中的所有元素逆置。

(5) 设计一个算法 Same(g_1,g_2)，判断两个广义表 g_1 和 g_2 是否相同。

CHAPTER 6

第6章 树和二叉树

前面介绍了几种常用的线性结构，本章讨论树形结构。树形结构属非线性结构。常用的树形结构有树和二叉树。在树形结构中，一个结点可以与多个结点相对应，因此能够表示元素或结点之间一对多的关系。本章主要讨论树和二叉树的定义、存储结构和遍历算法等。

6.1 树

树是一种最典型的树形结构。图6.1所示就是一棵现实生活中的树，它由树根、树枝和树叶组成。本节介绍树的定义、逻辑结构表示、树的性质、树的基本运算和存储结构等。

图6.1 一棵树

6.1.1 树的定义

树是由 $n(n\geqslant 0)$ 个结点组成的有限集合（记为T）。如果 $n=0$，则它是一棵空树，这是树的特例；如果 $n>0$，这 n 个结点中存在（仅存在）一个结点作为树的根结点(root)，其余结点可分为 $m(m\geqslant 0)$ 个互不相交的有限集 T_1、T_2、…、T_m，其中每个子集本身又是一棵符合本定义的树，称为根结点的子树。

树的定义是递归的，因为在树的定义中又用到树的定义。它刻画了树的固有特性，即一棵树由若干棵互不相交的子树构成，而子树又由更小的若干棵子树构成。

树是一种非线性数据结构，具有以下特点：它的每一个结点可以有零个或多个后继结点，但有且只有一个前趋结点（根结点除外）；这些数据结点按分支关系组织起来，清晰地反映了数据元素之间的层次关系。可以看出，数据元素之间存在的关系是一对多的关系。

抽象数据类型树的定义如下：

```
ADT Tree
{
数据对象:
    D = {aᵢ | 1≤i≤n,n≥0,aᵢ 为 ElemType 类型}      //假设 ElemType 为 string
数据关系:
    R = {r}
    r = {<aᵢ,aⱼ> | aᵢ,aⱼ∈D, 1≤i,j≤n,其中每个结点最多只有一个前趋结点、
        可以有零个或多个后继结点,有且仅有一个结点,即根结点没有前趋结点}
基本运算:
    bool CreateTree(): 由树的逻辑结构表示建立其存储结构。
    string DispTree(): 输出树。
    string GetParent(int i): 求编号为 i 的结点的双亲结点。
    string GetSons(int i): 求编号为 i 的结点的所有孩子结点。
    …
}
```

6.1.2 树的逻辑结构表示方法

树的逻辑结构表示方法有多种,但不管采用哪种表示方法,都应该能够正确表达出树中数据元素之间的层次关系。下面是几种常见的逻辑结构表示方法。

(1) 树形表示法：用一个圆圈表示一个结点,圆圈内的符号代表该结点的数据信息,结点之间的关系通过连线表示。虽然每条连线上都不带有箭头(即方向),但它仍然是有向的,其方向隐含着从上向下,即连线的上方结点是下方结点的前趋结点,下方结点是上方结点的后继结点。它的直观形象是一棵倒置的树(树根在上,树叶在下),如图 6.2(a)所示。

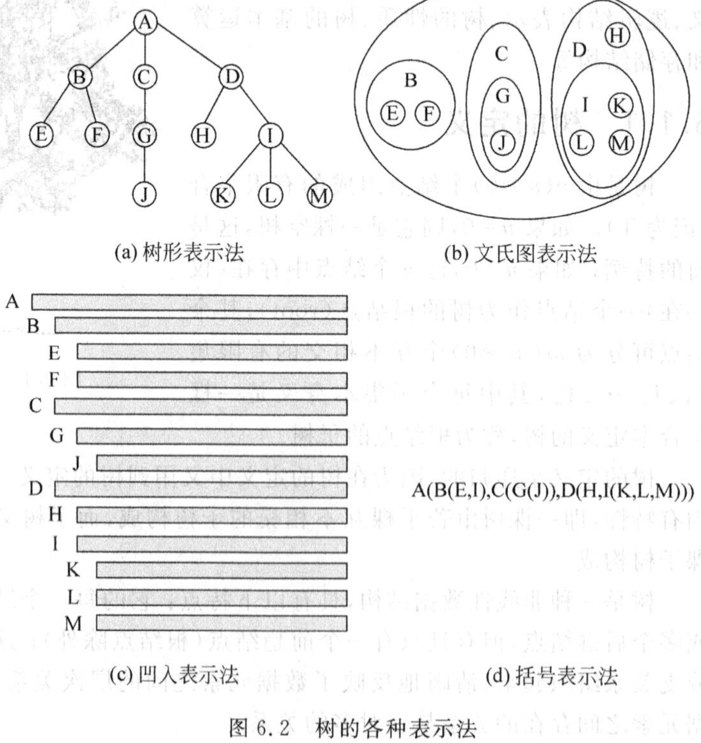

图 6.2 树的各种表示法

(2) 文氏图表示法：每棵树对应一个圆圈，圆圈内包含根结点和子树的圆圈，同一个根结点下的各子树对应的圆圈是不能相交的。用这种方法表示的树中，结点之间的关系是通过圆圈的包含来表示的。图 6.2(a)所示的树对应的文氏图表示法如图 6.2(b)所示。

(3) 凹入表示法：每棵树的根对应一个条形，子树的根对应一个较短的条形，且树根在上，子树的根在下，同一个根下的各子树的根对应的条形长度是一样的。图 6.2(a)所示的树对应的凹入表示法如图 6.2(c)所示。

(4) 括号表示法：每棵树对应一个由根作为名字的表，表名放在表的左边，表是由在一个括号里的各子树对应的表组成的，各子树对应的表之间用逗号分开。用这种方法表示的树中，结点之间的关系是通过括号的嵌套表示的。图 6.2(a)所示的树对应的括号表示法如图 6.2(d)所示。

6.1.3 树的基本术语

下面介绍树的常用术语。

(1) 结点的度与树的度：树中某个结点的子树的个数称为该结点的度。树中各结点的度的最大值称为**树的度**，通常将度为 m 的树称为 m 次树。例如，图 6.2(a)是一棵 3 次树。

(2) 分支结点与叶子结点：度不为零的结点称为非终端结点，又叫**分支结点**。度为零的结点称为**终端结点**或**叶子结点**。在分支结点中，每个结点的分支数就是该结点的度。如对于度为 1 的结点，其分支数为 1，被称为单分支结点；对于度为 2 的结点，其分支数为 2，被称为双分支结点，其余类推。例如，图 6.2(a)所示的树中，B、C 和 D 等是分支结点，而 E、F 和 J 等是叶子结点。

(3) 路径与路径长度：对于任意两个结点 k_i 和 k_j，若树中存在一个结点序列 k_i、k_{i1}、k_{i2}、…、k_j，使得序列中除 k_i 外的任一结点都是其在序列中的前一个结点的后继结点，则称该结点序列为由 k_i 到 k_j 的一条**路径**，用路径所通过的结点序列(k_i，k_{i1}，k_{i2}，…，k_j)表示这条路径。**路径长度**等于路径所通过的结点个数减 1(即路径上的分支数目)。可见，路径就是从 k_i 出发“自上而下”到达 k_j 所通过的树中的结点序列。显然，从树的根结点到树中其余结点均存在一条路径。例如，图 6.2(a)所示的树中，从结点 A 到结点 K 的路径为 A-D-I-K，其长度为 3。

(4) 孩子结点、双亲结点和兄弟结点：在一棵树中，每个结点的后继结点，被称作该结点的**孩子结点**，或**子女结点**。相应地，该结点被称作孩子结点的**双亲结点**，或**父母结点**。具有同一双亲的孩子结点互为**兄弟结点**。进一步推广这些关系，可以把每个结点的所有子树中的结点称为该结点的**子孙结点**，从树根结点到达该结点的路径上经过的所有结点(除自身外)被称作该结点的**祖先结点**。例如，图 6.2(a)所示的树中，结点 B、C 互为兄弟结点、结点 D 的子孙结点有 H、I、K、L 和 M；结点 I 的祖先结点有 A 和 D。

(5) 结点的层次和树的高度：树中的每个结点都处在一定的层次上。结点的层次从树根开始定义，根结点为第一层，它的孩子结点为第二层，依此类推，一个结点所在的层次为其双亲结点所在的层次加 1。树中结点的最大层次称为**树的高度**，或**树的深度**。

(6) 有序树和无序树：若树中各结点的子树是按照一定的次序从左向右安排的，且相对次序是不能随意变换的，则称为**有序树**，否则称为**无序树**。

(7) 森林：$n(n>0)$个互不相交的树的集合称为森林。森林的概念与树的概念十分相近,因为只要把树的根结点删除就成了**森林**。反之,只要给 n 棵独立的树加上一个结点,并把这 n 棵树作为该结点的子树,则森林就变成了树。

6.1.4 树的性质

性质 1 树中的结点数等于所有结点的度数加 1。

证明：根据树的定义,在一棵树中,除树根结点外,每个结点有且仅有一个前趋结点。也就是说,每个结点与指向它的一个分支一一对应。所以,除树根之外的结点数等于所有结点的分支数(度数),从而可得树中的结点数等于所有结点的度数加 1。

性质 2 度为 m 的树中第 i 层上至多有 m^{i-1} 个结点($i \geqslant 1$)。

证明：采用数学归纳法证明：

对于第一层,因为树中的第一层上只有一个结点,即整个树的根结点,而将 $i=1$ 代入 m^{i-1},得 $m^{i-1}=m^{1-1}=1$,也同样得到只有一个结点,显然结论成立。

假设对于第 $i-1$ 层($i>1$)命题成立,即度为 m 的树中第 $i-1$ 层上至多有 m^{i-2} 个结点,则根据树的度的定义,度为 m 的树中每个结点至多有 m 个孩子结点,所以第 i 层上的结点数至多为第 $i-1$ 层上结点数的 m 倍,即至多为 $m^{i-2} \times m = m^{i-1}$ 个,这与命题相同,故命题成立。

推广：当一棵 m 次树的第 i 层有 m^{i-1} 个结点($i \geqslant 1$)时,称该层是满的。若一棵 m 次树的所有叶子结点在同一层,而且每一层都是满的,称为**满 m 次树**。显然,满 m 次树是所有相同高度的 m 次树中结点总数最多的树。也可以说,对于 n 个结点,构造的 m 次树为满 m 次树或者接近满 m 次树,此时树的高度最小。

性质 3 高度为 h 的 m 次树至多有$\dfrac{m^h-1}{m-1}$个结点。

证明：由树的性质 2 可知,第 i 层上的最多结点数为 $m^{i-1}(i=1,2,\cdots,h)$。显然,当高度为 h 的 m 次树(即度为 m 的树)为满 m 次树时,整棵 m 次树具有最多的结点数。因此,有：

整个树的最多结点数=每一层最多结点数之和$=m^0+m^1+m^2+\cdots+m^{h-1}=\dfrac{m^h-1}{m-1}$

所以,满 m 次树的另一种定义为：当一棵高度为 h 的 m 次树上的结点数等于$\dfrac{m^h-1}{m-1}$时,则称该树为满 m 次树。例如,对于一棵高度为 5 的满 2 次树,则结点数为$\dfrac{2^5-1}{2-1}=31$；对于一棵高度为 5 的满三次树,则结点数为$\dfrac{3^5-1}{3-1}=121$。

性质 4 具有 n 个结点的 m 次树的最小高度为$\lceil \log_m(n(m-1)+1) \rceil$。[①]

证明：设具有 n 个结点的 m 次树的高度为 h,若在该树中前 $h-1$ 层都是满的,即每一层的结点数都等于 m^{i-1} 个($1 \leqslant i \leqslant h-1$),第 h 层(即最后一层)的结点数可能满,也可能不满,则该树具有最小的高度。其高度 h 可计算如下：

根据树的性质 3 可得：$$\frac{m^{h-1}-1}{m-1} < n \leqslant \frac{m^h-1}{m-1}$$

乘$(m-1)$后,得：$$m^{h-1} < n(m-1)+1 \leqslant m^h$$

① $\lceil x \rceil$表示大于等于 x 的最小整数,例如,$\lceil 2.4 \rceil=3$；$\lfloor x \rfloor$表示小于等于 x 的最大整数,例如,$\lfloor 2.8 \rfloor=2$。

以 m 为底取对数后，得： $h-1<\log_m(n(m-1)+1)\leqslant h$

即： $\log_m(n(m-1)+1)\leqslant h<\log_m(n(m-1)+1)+1$

因为 h 只能取整数，所以 $h=\lceil\log_m(n(m-1)+1)\rceil$，结论得证。

例如，对于 2 次树，求最小高度的计算公式为 $\lceil\log_2(n+1)\rceil$，若 $n=20$，则最小高度为 5；对于三次树，求最小高度的计算公式为 $\lceil\log_3(2n+1)\rceil$，若 $n=20$，则最小高度为 4。

【例 6.1】 若一棵三次树中度为 3 的结点为 2 个，度为 2 的结点为 1 个，度为 1 的结点为 2 个，则该三次树中总的结点个数和度为 0 的结点个数分别是多少？

解：设该三次树中总结点个数、度为 0 的结点个数、度为 1 的结点个数、度为 2 的结点个数和度为 3 的结点个数分别为 n、n_0、n_1、n_2 和 n_3。显然，每个度为 i 的结点在所有结点的度数之和中贡献 i 个度。依题意，有 $n_1=2$，$n_2=1$，$n_3=2$。由树的性质 1 可知：

n = 所有结点的度数之和 $+1=0\times n_0+1\times n_1+2\times n_2+3\times n_3+1=1\times 2+2\times 1+3\times 2+1=11$

又因为 $n=n_0+n_1+n_2+n_3$

即 $n_0=n-n_1-n_2-n_3=11-2-1-2=6$

所以，该三次树中总的结点个数和度为 0 的结点个数分别是 11 和 6。

说明：在 m 次树中计算结点时常用的关系式有：①树中所有结点的度之和 $=n-1$；②所有结点的度之和 $=n_1+2n_2+\cdots+m\times n_m$；③$n=n_0+n_1+\cdots+n_m$。

6.1.5 树的基本运算

由于树是非线性结构，结点之间的关系较线性结构复杂得多，所以树的运算较以前讨论过的各种线性数据结构的运算要复杂许多。

树的运算主要分为三大类：

(1) 寻找满足某种特定关系的结点，如寻找当前结点的双亲结点等。

(2) 插入或删除某个结点，如在树的当前结点上插入一个新结点或删除当前结点的第 i 个孩子结点等。

(3) 遍历树中的每个结点。

树的遍历运算是指按某种方式访问树中的每一个结点且每一个结点只被访问一次。树的遍历运算主要有先根遍历、后根遍历和层次遍历 3 种。注意，下面的先根遍历和后根遍历算法都是递归的。

1. 先根遍历

先根遍历的过程如下：

(1) 访问根结点。

(2) 按照从左到右的次序先根遍历根结点的每一棵子树。

例如，对于图 6.2(a)的树，采用先根遍历得到的结点序列为 ABEFCGJDHIKLM。

2. 后根遍历

后根遍历的过程如下：

(1) 按照从左到右的次序后根遍历根结点的每一棵子树。

(2) 访问根结点。

例如,对于图 6.2(a)的树,采用后根遍历得到的结点序列为 EFBJGCHKLMIDA。

3. 层次遍历

层次遍历的过程为:从根结点开始,按从上到下、从左到右的次序访问树中的每一个结点。

例如,对于图 6.2(a)的树,采用层次遍历得到的结点序列为 ABCDEFGHIJKLM。

6.1.6 树的存储结构

树的存储要求既要存储结点的数据元素本身,又要存储结点之间的逻辑关系。有关树的存储结构很多,下面介绍 3 种常用的存储结构,即双亲存储结构、孩子链存储结构和孩子兄弟链存储结构。

1. 双亲存储结构

这种存储结构是一种顺序存储结构,用一组连续空间存储树的所有结点,同时在每个结点中附设一个伪指针,指示其双亲结点的位置。

双亲存储结构中结点类型 PTree 的定义如下:

```
public struct PTree                              //双亲存储结构结点类型
{   public string data;                          //存放结点的值
    public int parent;                           //存放双亲的位置
};
public PTree[ ] t = new PTree[MaxSize];          //双亲存储结构 t
```

例如,图 6.3(a)所示树对应的双亲存储结构为图 6.3(b),其中,根结点 A 的伪指针为-1,其孩子结点 B、C 和 D 的双亲伪指针均为 0,E、F 和 G 的双亲伪指针均为 2。

该存储结构利用了每个结点(根结点除外)只有唯一双亲的性质。在这种存储结构中,求某个结点的双亲结点十分容易,但求某个结点的孩子结点时需要遍历整个结构。

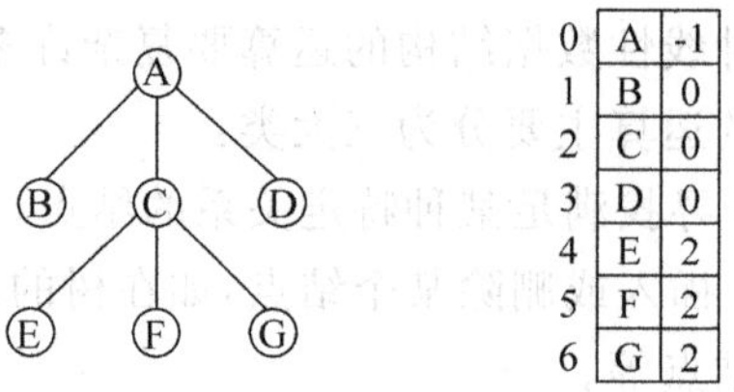

(a) 一棵树　　(b) 对应的双亲存储结构

图 6.3 树的双亲存储结构

2. 孩子链存储结构

这种存储结构中,每个结点不仅包含数据值,还包括指向所有孩子结点的指针。由于树中每个结点的子树个数(即结点的度)不同,如果按各个结点的度设计变长结构,则每个结点的孩子结点指针域个数增加使算法实现非常麻烦。孩子链存储结构可按树的度(即树中所有结点度的最大值)设计结点的孩子结点指针域个数。

孩子链存储结构的结点类型 TSonNode 的定义如下:

```
public class TSonNode
{   public string data;                                      //结点的值
    public TSonNode[ ] sons = new TSonNode[MaxSons];         //指向孩子结点
};
```

其中,MaxSons 为最多的孩子结点个数,或为该树的度。

例如,如图 6.4(a)所示的一棵树,其度为 3,所以在设计其孩子链存储结构时,每个结点的指针域个数应为 3,对应的孩子链存储结构如图 6.4(b)所示。

孩子链存储结构的优点是查找某结点的孩子结点十分方便,其缺点是查找某结点的双亲结点比较费时。另外,当树的度较大时,存在较多的空指针域,可以证明含有 n 个结点的 m 次树采用孩子链存储结构时有 $mn-n+1$ 个空指针域。

3. 孩子兄弟链存储结构

孩子兄弟链存储结构是为每个结点设计 3 个域:一个数据元素域,一个指向该结点的第一个孩子结点的指针域和一个指向该结点的下一个兄弟结点指针域。

兄弟链存储结构中结点类型 TSBNode 的定义如下:

```
public class TSBNode
{    public string data;                        //结点的值
     public TSBNode hp;                         //指向兄弟结点
     public TSBNode vp;                         //指向孩子结点
};
```

例如,如图 6.4(a)所示树的孩子兄弟链存储结构如图 6.4(c)所示。

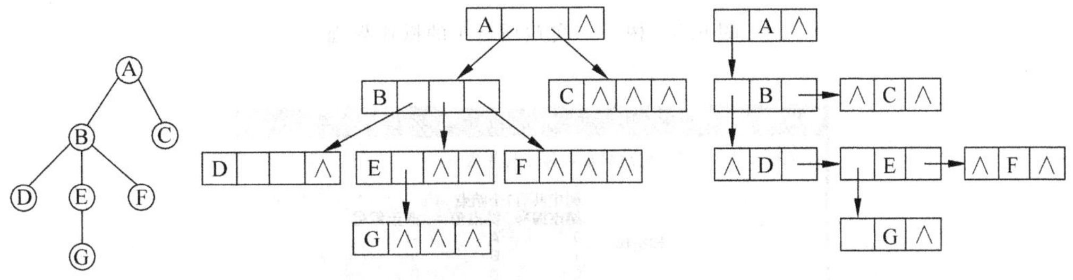

(a) 一棵树　(b) 孩子链存储结构　(c) 孩子兄弟链存储结构

图 6.4　树的孩子链存储结构和孩子兄弟链存储结构

由于树的孩子兄弟链存储结构中,每个结点固定只有两个指针域,并且这两个指针是有序的(即兄弟域和孩子域不能混淆),所以孩子兄弟链存储结构实际上是把该树转换为二叉树的存储结构。后面将会讨论到,把树转换为二叉树所对应的结构恰好就是这种孩子兄弟链存储结构。所以,孩子兄弟链存储结构的最大优点是可以方便地实现树和二叉树的相互转换。但是,孩子兄弟链存储结构的缺点和孩子链存储结构的缺点一样,即从当前结点查找双亲结点比较麻烦,需要从树的根结点开始逐个结点比较查找。

说明:当树采用孩子兄弟链存储结构时,树的算法和广义表的算法的设计方法十分相似。

树的实践项目

项目 1:设计一个项目,建立树的双亲存储结构并输出树,并用相关数据进行测试,其操作界面如图 6.5 所示。

项目 2:设计一个项目,在树的双亲存储结构中实现树的几个基本运算,如求某个结点的双亲和求某个结点的孩子列表,并用相关数据进行测试,其操作界面如图 6.6 所示。

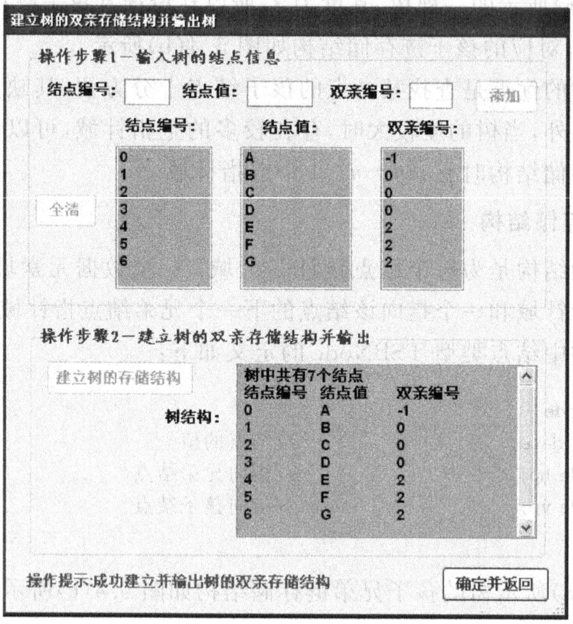

图 6.5　树——实践项目 1 的操作界面

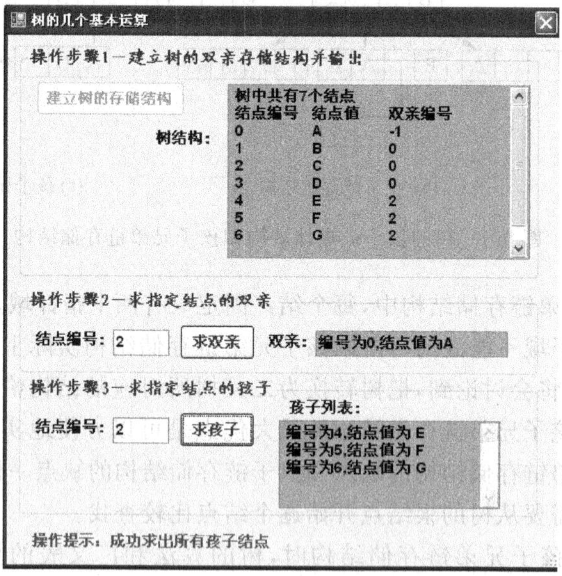

图 6.6　树——实践项目 2 的操作界面

6.2　二叉树

二叉树和树一样都属于树形结构,但属于两种不同的树形结构。本节主要讨论二叉树的定义、二叉树的性质、二叉树的存储结构、二叉树遍历等运算算法设计和线索二叉树等。

6.2.1　二叉树的定义

1. 二叉树的定义

二叉树也称为二分树，它是有限的结点集合，这个集合或者是空，或者由一个根结点和两棵互不相交的称为左子树和右子树的二叉树组成。

显然，和树的定义一样，二叉树的定义也是一个递归定义。二叉树的结构简单，存储效率高，其运算算法也相对简单，而且任何 m 次树都可以转化为二叉树结构。因此，二叉树具有很重要的地位。

二叉树和度为 2 的树(2 次树)是不同的，其差别表现在，对于非空树：

- 度为 2 的树中至少有一个结点的度为 2，而二叉树没有这种要求。
- 度为 2 的树不区分左、右子树，而二叉树是严格区分左、右子树的。

二叉树有 5 种基本形态，如图 6.7 所示，任何复杂的二叉树都是这 5 种基本形态的复合。其中，图 6.7(a)是空二叉树，图 6.7(b)是单结点的二叉树，图 6.7(c)是右子树为空的二叉树，图 6.7(d)是左子树为空的二叉树，图 6.7(e)是左右子树都不空的二叉树。

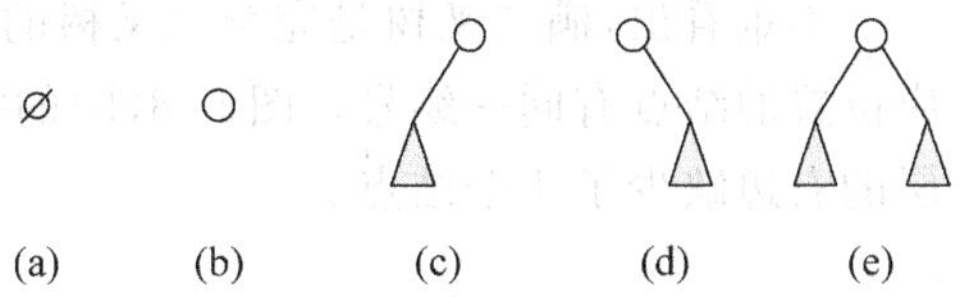

图 6.7　二叉树的 5 种基本形态

二叉树的表示法也与树的表示法一样，有树形表示法、文氏图表示法、凹入表示法和括号表示法等。另外，上一节介绍的树的所有术语对于二叉树都适用。

2. 二叉树的抽象数据类型

二叉树抽象数据类型的描述如下：

```
ADT BTree
{
数据对象:
    D = {ai | 1≤i≤n,n≥0,ai 为 ElemType 类型}      //假设 ElemType 为 char
数据关系:
    R = {r}
    r = {<ai,aj> | ai,aj∈D, 1≤i,j≤n,当 n = 0 时,称为空二叉树; 否则其中有一个根结点,
        其他结点构成根结点的互不相交的左、右子树,该左、右两棵子树也是二叉树}
基本运算:
    void CreateBTNode(string str): 根据二叉树的括号表示(逻辑结构)建立其存储结构。
    string DispBTNode(): 输出二叉树的括号表示法字符串。
    BTNode FindNode(x): 在二叉树中查找值为 x 的结点。
    int BTNodeHeight(): 求二叉树的高度。
    char GetParent(char x): 返回值为 x 的结点的双亲结点值。
    string GetSons(char x): 返回值为 x 结点的所有孩子结点值构成的字符串。
    …
}
```

3. 满二叉树和完全二叉树

在一棵二叉树中，如果所有分支结点都有左孩子结点和右孩子结点，并且叶子结点都集中在二叉树的最下一层，这样的二叉树称为**满二叉树**。图 6.8(a)所示就是一棵满二叉树。

可以对满二叉树的结点进行层序编号,约定编号从树根1开始,按照层数从小到大、同一层从左到右的次序进行,图6.8(a)中每个结点外边的数字为对该结点的编号。也可以从结点个数和树高度之间的关系来定义满二叉树,即一棵高度为 h 且有 2^h-1 个结点的二叉树称为**满二叉树**。

满二叉树的特点如下:

- 叶子结点都在最下一层。
- 只有度为0和度为2的结点。

若二叉树中最多只有最下面两层的结点的度数可以小于2,并且最下面一层的叶子结点都依次排列在该层最左边的位置上,则这样的二叉树称为**完全二叉树**,如图6.8(b)所示为一棵完全二叉树。同样,可以对完全二叉树中的每个结点进行层序编号,编号的方法同满二叉树相同,图6.8(b)中每个结点外边的数字为对该结点的编号。

不难看出,满二叉树是完全二叉树的一种特例,并且完全二叉树与同高度的满二叉树对应位置的结点有同一编号。图6.8(b)的完全二叉树与等高度的满二叉树相比,它在最后一层的右边缺少了4个结点。

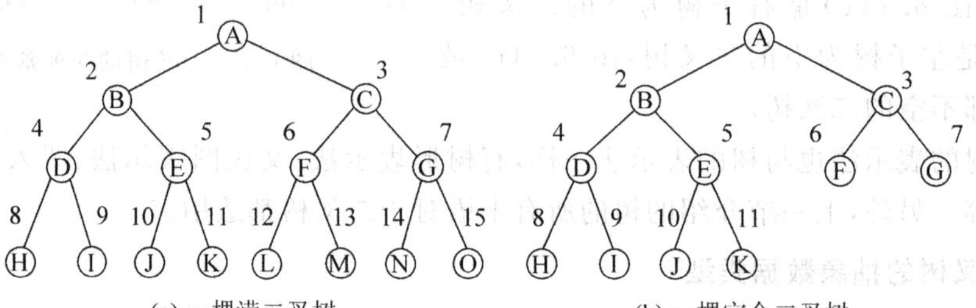

图6.8 满二叉树和完全二叉树

完全二叉树的特点如下:

- 叶子结点只可能在层次最大的两层上出现。
- 对于最大层次中的叶子结点,都依次排列在该层最左边的位置上。
- 如果有度为1的结点,只可能有一个,且该结点只有左孩子,而无右孩子。
- 按层序编号后,一旦出现某结点(其编号为 i)为叶子结点或只有左孩子,则编号大于 i 的结点均为叶子结点。
- 当结点总数 n 为奇数时,$n_1=0$;当结点总数 n 为偶数时,$n_1=1$。

6.2.2 二叉树的性质

性质1 非空二叉树上的叶子结点数等于双分支结点数加1。

证明:设二叉树上的叶子结点数为 n_0,单分支结点数为 n_1,双分支结点数为 n_2(如没有特别指出,后面均采用这种设定),则总结点数 $n=n_0+n_1+n_2$。在一棵二叉树中,所有结点的分支数(即所有结点的度之和)应等于单分支结点数加上双分支结点数的两倍,即总的分支数 $=n_1+2n_2$。

由于二叉树中除根结点外,每个结点都有唯一的一个分支指向它,因此二叉树中有总的分支数=总结点数−1。

由上述 3 个等式可得：$n_1+2n_2=n_0+n_1+n_2-1$，即 $n_0=n_2+1$。

说明：在二叉树中计算结点时常用的关系式有①所有结点的度之和 $=n-1$；②所有结点的度之和 $=n_1+2n_2$；③$n=n_0+n_1+n_2$。

性质 2　非空二叉树上第 i 层上至多有 2^{i-1} 个结点（$i\geqslant 1$）。

由树的性质 2 可推出。

性质 3　高度为 h 的二叉树至多有 2^h-1 个结点（$h\geqslant 1$）。

由树的性质 3 可推出。

性质 4　对完全二叉树中编号为 i 的结点（$1\leqslant i\leqslant n, n\geqslant 1$，$n$ 为结点数），有

(1) 若 $i\leqslant\lfloor n/2\rfloor$，即 $2i\leqslant n$，则编号为 i 的结点为分支结点，否则为叶子结点。

(2) 若 n 为奇数，则每个分支结点都既有左孩子结点，也有右孩子结点（如图 6.8(b) 的完全二叉树就是这种情况，其中 $n=11$，分支结点 1～5 都有左、右孩子结点）；若 n 为偶数，则编号最大的分支结点（其编号为 $n/2$）只有左孩子结点，没有右孩子结点，其余分支结点都有左、右孩子结点。

(3) 若编号为 i 的结点有左孩子结点，则左孩子结点的编号为 $2i$；若编号为 i 的结点有右孩子结点，则右孩子结点的编号为 $2i+1$。

(4) 除树根结点外，若一个结点的编号为 i，则它的双亲结点的编号为 $\lfloor i/2\rfloor$。也就是说，当 i 为偶数时，其双亲结点的编号为 $i/2$，它是双亲结点的左孩子结点，当 i 为奇数时，其双亲结点的编号为 $(i-1)/2$，它是双亲结点的右孩子结点。

上述性质均可采用归纳法证明，请读者自己完成。

性质 5　具有 n 个（$n>0$）结点的完全二叉树的高度为 $\lceil\log_2(n+1)\rceil$ 或 $\lfloor\log_2 n\rfloor+1$。

由完全二叉树的定义和树的性质 3 可推出。

说明：对于一棵完全二叉树，结点总数 n 可以确定其形态，n_1 只能是 0 或 1，当 n 为偶数时，$n_1=1$；当 n 为奇数时，$n_1=0$。

【例 6.2】　一棵含有 882 个结点的二叉树中有 365 个叶子结点，求度为 1 的结点个数和度为 2 的结点个数。

解：这里 $n=882$，$n_0=365$。由二叉树的性质 1 可知 $n_2=n_0-1=364$，而 $n=n_0+n_1+n_2$，即 $n_1=n-n_0-n_2=882-365-364=153$。所以，该二叉树中度为 1 的结点个数和度为 2 的结点个数分别是 153 和 364。

【例 6.3】　若用 $f(n)$ 表示结点个数为 n 的不同形态的二叉树个数（假设所有结点值不同），试推导 $f(n)$ 的循环公式。

解：一棵非空二叉树包括树根 x、左子树 L 和右子树 R。设 n 为该二叉树的结点个数，n_L 为左子树的结点个数，n_R 为右子树的结点个数。则 $n=1+n_L+n_R$。对于 (n_L, n_R)，共有 n 种不同的可能：$(0,n-1),(1,n-2),\cdots,(n-1,0)$。对于 $(0,n-1)$ 的情况，L 是空子树，R 为有 $n-1$ 个结点的子树，这种情况共有 $f(0)\times f(n-1)$ 种不同的二叉树；对于 $(1,n-2)$ 的情况，共有 $f(1)\times f(n-2)$ 种不同的二叉树；…，对于 $(n-1,0)$ 的情况，共有 $f(n-1)\times f(0)$ 种不同的二叉树。因此，有：

$$
\begin{aligned}
f(n) &= f(0)\times f(n-1)+f(1)\times f(n-2)+\cdots f(n-1)\times f(0)\\
&= \sum_{i=1}^{n} f(i-1)\times f(n-i)
\end{aligned}
$$

其中，$f(0)=1$(不含任何结点的二叉树个数为1)，$f(1)=1$(含1个结点的二叉树个数为1)。

可以推出：$f(n)=\frac{1}{n+1}C_{2n}^{n}$。例如，由3个不同的结点可以画出$\frac{1}{3+1}C_{6}^{3}=5$种不同形态的二叉树。

【例 6.4】 在一棵完全二叉树中，结点总个数为n，则编号最大的分支结点的编号是多少？

解：由二叉树的性质1可知：$n_0=n_2+1$，而二叉树的所有度数$=2n_2+n_1$，因此，有$n=n_0+n_1+n_2=2n_2+n_1+1$，则$n_2=\frac{n-n_1-1}{2}$。

在完全二叉树中，n_1只能为0或1。当$n_1=0$时(此时n为奇数)，二叉树只有度为2的结点和叶子结点，所以最大分支结点编号就是n_2，此时$n_2=\frac{n-1}{2}=\lfloor n/2\rfloor$。

当$n_1=1$时(此时n为偶数)，二叉树中只有一个度为1的结点(该结点是最后一个分支结点)，此时最大分支结点编号为$n_2+1=n/2$。

归纳起来，编号最大的分支结点的编号是$\lfloor n/2\rfloor$。

【例 6.5】 一棵完全二叉树中有501个叶子结点，则至少有多少个结点？

解：该二叉树中有，$n_0=501$，由二叉树性质1可知$n_0=n_2+1$，所以$n_2=n_0-1=500$，则$n=n_0+n_1+n_2=1001+n_1$，由于完全二叉树中$n_1=0$或$n_1=1$，则$n_1=0$时结点个数最少，此时$n=1001$，即至少有1001个结点。

6.2.3 二叉树与树、森林之间的转换

树、森林与二叉树之间有一个自然的对应关系，它们之间可以互相进行转换，即任何一个森林或一棵树都可以唯一地对应一棵二叉树，而任一棵二叉树也能唯一地对应到一个森林或一棵树上。正是由于有这样的一一对应关系，可以把在树的处理中的问题对应到二叉树中进行处理，从而可以把问题简单化。因此，二叉树在树的应用中显得特别重要。下面将介绍森林、树与二叉树相互转换的方法。

对于一般的树来说，树中结点的左右次序无关紧要，只要其双亲结点与孩子结点的关系不发生错误就可以了。但在二叉树中，左、右孩子结点的次序不能随意颠倒。因此，下面讨论的二叉树与一般树之间的转换都是约定按照树在图形上的结点次序进行的，即把一般树作为有序树来处理，这样不至于引起混乱。

1. 树和二叉树的转换

1) 树转换为二叉树

对于一棵任意的树，可以按照以下规则转换为二叉树。

(1) 加线：在各兄弟结点之间加一连线，将其隐含的“兄－弟”关系以“双亲－右孩子”关系显示出来。

(2) 抹线：对任意结点，除了其最左子树外，抹掉该结点与其他子树之间的“双亲－孩子”关系。

(3) 调整：以树的根结点作为二叉树的根结点，将树根与其最左子树之间的“双亲－孩

子"关系改为"双亲—左孩子"关系，且将各结点按层次排列，形成二叉树。

经过这种方法转换所对应的二叉树是唯一的，并具有以下特点：

- 此二叉树的根结点只有左子树，而没有右子树。
- 转换生成的二叉树中各结点的左孩子是它原来树中的最左孩子，右孩子是它在原来树中的下一个兄弟。

【例 6.6】 将如图 6.9(a)所示的一棵树转换为对应的二叉树。

解：其转换过程如图 6.9(b)～(d)所示，图 6.9(d)为最终转换成的二叉树。

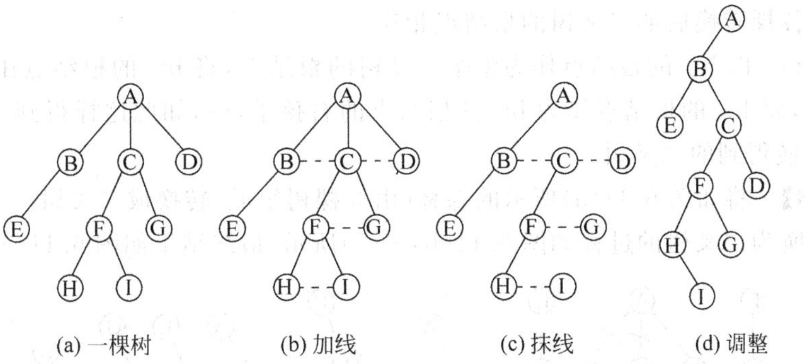

图 6.9　一棵树转换成一棵二叉树

2）将一棵由树转换的二叉树还原为树

这样的二叉树根结点没有右子树，可以按照以下规则还原其相应的树。

(1) 加线：在各结点的双亲与该结点右链上的每个结点之间加一连线，以"双亲—孩子"关系显示出来。

(2) 抹线：抹掉二叉树中所有双亲结点与其右孩子之间的"双亲—右孩子"关系。

(3) 调整：以二叉树的根结点作为树的根结点，将各结点按层次排列，形成树。

【例 6.7】 将如图 6.10(a)所示的二叉树还原成树。

解：其转换过程如图 6.10(b)～(d)所示。图 6.10(d)为最终由一棵二叉树还原成的树。

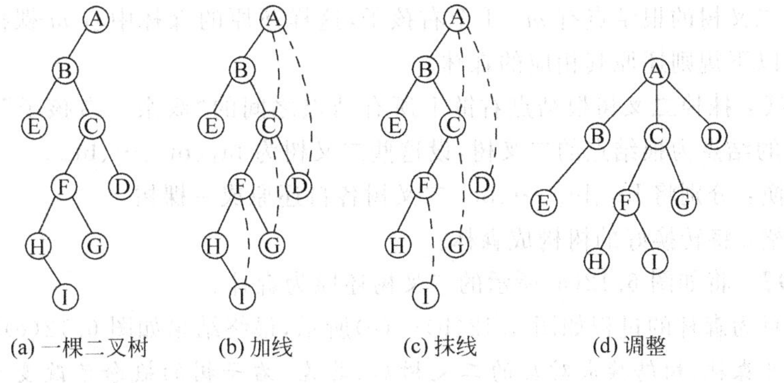

图 6.10　一棵二叉树还原成一棵树

2. 森林与二叉树的转换

从树与二叉树的转换中可知,转换之后的二叉树的根结点没有右子树,如果把森林中的第二棵树的根结点看成是第一棵树的根结点的兄弟,则同样可以导出森林和二叉树的对应关系。

1) 森林转换为二叉树

对于含有两棵或两棵以上树的森林,可以按照以下规则转换为二叉树。

(1) 转换:将森林中的每一棵树转换成二叉树,设转换成的二叉树为 bt_1、bt_2、…、bt_m。

(2) 将各棵转换后的二叉树的根结点相连。

(3) 调整:以 bt_1 的根结点作为整个二叉树的根结点,将 bt_2 的根结点作为 bt_1 的根结点的右孩子,将 bt_3 的根结点作为 bt_2 的根结点的右孩子,…,如此这样得到一棵二叉树,即为该森林转换得到的二叉树。

【例 6.8】 将如图 6.11(a)所示的森林(由 3 棵树组成)转换成二叉树。

解:转换为二叉树的过程如图 6.11(b)～(e)所示,最终结果如图 6.11(e)所示。

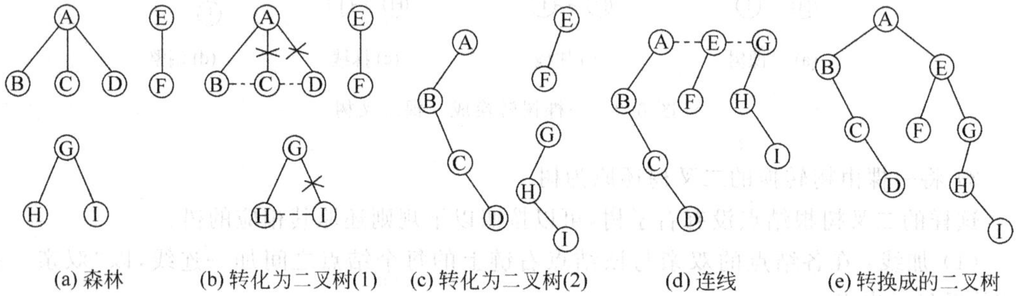

(a) 森林　(b) 转化为二叉树(1)　(c) 转化为二叉树(2)　(d) 连线　(e) 转换成的二叉树

图 6.11　森林和转换成的二叉树

说明:从上述转换过程看到,当有 m 棵树的森林转化为二叉树时,除第一棵树外,其余各棵树均变成二叉树中根结点的右子树中的结点。图 6.11 中的森林有 3 棵树,转换成二叉树后,根结点 A 有两个右下孩子。

2) 二叉树还原为森林

当一棵二叉树的根结点有 $m-1$ 个右孩子,这样还原的森林中有 m 棵树。这样的二叉树可以按照以下规则还原其相应的森林。

(1) 抹线:抹掉二叉树根结点右链上所有结点之间的"双亲－右孩子"关系,分成若干个以右链上的结点为根结点的二叉树,设这些二叉树为 bt_1、bt_2、…、bt_m。

(2) 转换:分别将 bt_1、bt_2、…、bt_m 二叉树各自还原成一棵树。

(3) 调整:将转换好的树构成森林。

【例 6.9】 将如图 6.12(a)所示的二叉树还原为森林。

解:还原为森林的过程如图 6.12(b)～(e)所示,最终结果如图 6.12(e)所示。

注意:当森林、树转换成对应的二叉树后,其左、右子树的概念已改变为:左链是原来的孩子关系,右链是原来的兄弟关系。

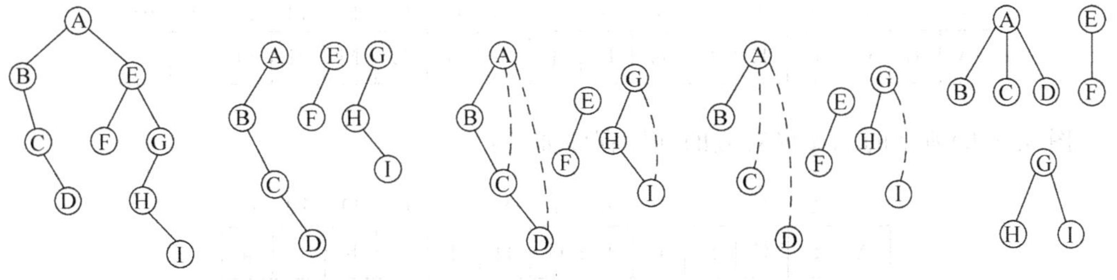

图 6.12 一棵二叉树及还原成的树

6.2.4 二叉树的存储结构

二叉树主要有顺序存储结构和链式存储结构两种。本小节分别予以介绍。

1. 二叉树的顺序存储结构

二叉树的顺序存储结构就是用一组地址连续的存储单元来存放二叉树的数据元素。因此,必须确定好树中各数据元素的存放次序,使得各数据元素在这个存放次序中的相互位置能反映出数据元素之间的逻辑关系。

二叉树的顺序存储结构设计是:首先对该树中的每个结点进行完全二叉树的层序编号,树中各结点的编号与等高度的完全二叉树中对应位置上结点的编号相同,即先把树根结点的编号定为 1,然后按照层次从上到下、每层从左到右的顺序对每一结点进行编号,对于不存在的结点,也占用一个编号。然后将所有结点值存放在相同编号的数组下标中。

根据二叉树的性质 5,在二叉树的顺序存储中的各结点之间的关系可通过编号(存储位置)确定。对于编号为 i 的结点(即第 i 个存储单元),其双亲结点的编号为$\lfloor i/2 \rfloor$;若存在左孩子结点,则左孩子结点的编号(下标)为 $2i$;若存在右孩子结点,则右孩子结点的编号(下标)为 $2i+1$。因此,访问每一个结点的双亲和左、右孩子结点(若有的话)都非常方便。

二叉树顺序存储结构用以下数组来存放(假设每个结点值为单个字符):

```
char [ ] sqbtree = new char[MaxSize];     //二叉树的顺序存储结构用 sqbtree 数组存储
```

当二叉树中的某结点为空结点或无效结点(不存在该编号的结点)时,对应位置的值用特殊值('#')表示。

【例 6.10】 给出图 6.8(a)、(b)所示二叉树和图 6.13 所示二叉树的顺序存储结果。

解:图 6.8(a)所示的二叉树对应的顺序存储如下:

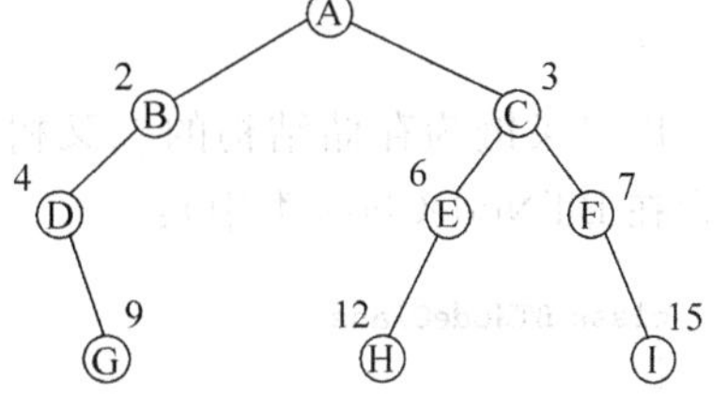

图 6.13 一棵二叉树

1	2	3	4	5	6	7	8	9	10	11	12	13	14	15	16	…
A	B	C	D	E	F	G	H	I	J	K	L	M	N	O	#	#

图 6.9(b)所示的二叉树对应的顺序存储如下：

1	2	3	4	5	6	7	8	9	10	11	12	…
A	B	C	D	E	F	G	H	I	J	K	#	#

图 6.13 所示的二叉树对应的顺序存储(先采用完全二叉树的编号方式，没有编号的结点在对应位置用'#'表示)如下：

1	2	3	4	5	6	7	8	9	10	11	12	13	14	15	16	…
A	B	C	D	#	E	F	#	G	#	#	H	#	#	I	#	#

对于完全二叉树来说，其顺序存储是十分合适的，它能够充分利用存储空间。但对于一般的二叉树，特别是对于那些单分支结点较多的二叉树来说，是很不合适的，因为可能只有少数存储单元被利用，特别是对退化的二叉树(即每个分支结点都是单分支的)，空间浪费更是惊人。由于顺序存储结构这种固有的缺陷，使得二叉树的插入和删除等运算十分不方便。因此，对于一般二叉树，通常采用后面介绍的链式存储方式。

2. 二叉树的链式存储结构

二叉树的链式存储结构是指用一个链表来存储一棵二叉树，二叉树中的每一个结点用链表中的一个链结点来存储。在二叉树中，标准存储方式的结点结构如下：

lchild	data	rchild

其中，data 表示值域，用于存储对应的数据元素，lchild 和 rchild 分别表示左指针域和右指针域，分别用于存储左孩子结点和右孩子结点(即左、右子树的根结点)的存储位置。这种链式存储结构通常简称为**二叉链**。

对应 C#语言的结点类型 BTNode 的定义如下：

```
public class BTNode                      //二叉链中结点类型
{   public char data;                     //数据元素
    public BTNode lchild;                 //指向左孩子结点
    public BTNode rchild;                 //指向右孩子结点
};
```

以二叉链为存储结构的二叉树类 BTNodeClass 如下(6.2.4～6.2.7 节的所有算法均包含在 BTNodeClass 类中)：

```
class BTNodeClass                         //二叉树类(采用二叉链存储结构)
{   …
    public string btstr;                  //用作类中的全局变量，用于在递归算法中建立返回字符串
    BTNode r = new BTNode();              //二叉树的根结点 r
    public BTNodeClass()                  //构造函数，用于根结点的初始化
    {   r.lchild = r.rchild = null; }
```

```
    //二叉树的基本运算算法
}
```

例如，图 6.14(a)所示的二叉树对应的二叉链存储结构如图 6.14(b)所示。

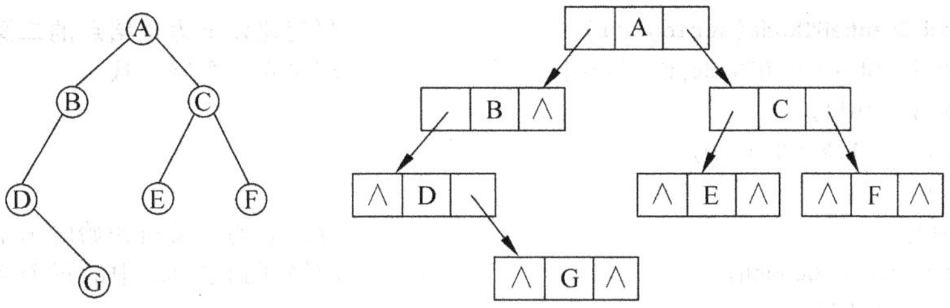

(a) 一棵二叉树　　(b) 二叉链存储结构

图 6.14　二叉树及其二叉链存储结构

6.2.5　二叉树的基本运算及其实现

1. 二叉树的基本运算

归纳起来，二叉树主要有以下基本运算。在后面的算法设计中均假设二叉树采用二叉链存储结构进行存储，为了算法设计方便，每个结点值都为单个字符。

- 创建二叉树 CreateBTNode(str)：根据二叉树括号表示法字符串 str 生成对应的二叉链存储结构。
- 查找结点 FindNode(x)：在二叉树中寻找 data 域值为 x 的结点，并返回指向该结点的指针。
- 求高度 BTNodeHeight()：求二叉树的高度。若二叉树为空，则其高度为 0；否则，其高度等于左子树与右子树中的最大高度加 1。
- 输出二叉树 DispBTNode()：以括号表示法输出一棵二叉树。

2. 二叉树的基本运算算法实现

本小节采用二叉链存储结构，讨论二叉树基本运算算法。

1) 创建二叉树 CreateBTNode(str)

假设采用括号表示法表示的二叉树字符串 str 是正确的，且每个结点的值是单个字符。用 ch 扫描 str，其中只有 4 类字符，各类字符的处理方式如下：

- 若 ch='('：表示前面刚创建的 p 结点存在孩子结点，需将其进栈，以便建立它和其孩子结点的关系(如果一个结点刚创建完毕，其后一个字符不是'('，表示该结点是叶子结点，不需要进栈)。然后开始处理该结点的左孩子，因此置 $k=1$，表示其后创建的结点将作为这个结点(栈顶结点)的左孩子结点。
- 若 ch=')'：表示以栈顶结点为根结点的子树创建完毕，将其退栈。
- 若 ch=','：若 ch=','：表示开始处理栈顶结点的右孩子结点，置 $k=2$。
- 其他情况：只能是单个字符，表示要创建一个新结点 p，根据 k 值建立 p 结点与栈顶结点之间的联系，当 $k=1$ 时，表示 p 结点作为栈顶结点的左孩子结点，当 $k=2$ 时，表示 p 结点作为栈顶结点的右孩子结点。

如此循环,直到 str 处理完毕。在算法中使用一个栈 St 保存双亲结点,top 为栈顶指针,k 指定其后处理的结点是双亲结点(栈顶结点)的左孩子结点($k=1$)还是右孩子结点($k=2$)。对应的算法如下:

```
public void CreateBTNode(string str)                    //创建以 r 为根结点的二叉链存储结构
{   BTNode [ ] St = new BTNode[MaxSize];                //建立一个顺序栈
    BTNode p = null;
    int top = -1,k = 0,j = 0;
    char ch;
    r = null;                                           //建立的二叉树初始时为空
    while (j < str.Length)                              //循环扫描 str 中的每个字符
    {   ch = str[j];
        switch(ch)
        {   case '(':top++; St[top] = p; k = 1;break;  //开始处理左孩子结点
            case ')':top--; break;
            case ',':k = 2; break;                      //开始处理右孩子结点
            default: p = new BTNode();
                     p.lchild = p.rchild = null;
                     p.data = ch;
                     if (r == null)                     //若尚未建立根结点
                         r = p;                         //p 为二叉树的根结点
                     else                               //已建立二叉树根结点
                     {   switch(k)
                         {   case 1:St[top].lchild = p; break;
                             case 2:St[top].rchild = p; break;
                         }
                     }
                     break;
        }
        j++;
    }
}
```

说明:本算法并不判断采用括号表示法表示二叉树的正确性。当不正确时,算法得不到正确的结果。

例如,对于括号表示法字符串"A(B(D(,G)),C(E,F))",建立二叉树链式存储结构的过程见表 6.1(栈中的元素 A 表示 A 结点对象),最后生成的二叉链如图 6.14(b)所示。

表 6.1 建立二叉树链式存储结构的过程

ch	算法执行的操作	St(栈底⇨栈顶)
A	建立 A 结点,r 指向该结点	空
(	A 结点进栈,置 $k=1$	A
B	建立 B 结点,因 $k=1$,所以将其作为栈顶 A 结点的左孩子结点	A
(	B 结点进栈,置 $k=1$	AB
D	建立 D 结点,因 $k=1$,所以将其作为栈顶 B 结点的左孩子结点	AB
(	D 结点进栈,置 $k=1$	ABD
,	置 $k=2$	ABD
G	建立 G 结点,因 $k=2$,所以将其作为栈顶 D 结点的右孩子结点	ABD

续表

ch	算法执行的操作	St(栈底⇨栈顶)
)	退栈一次	AB
)	退栈一次	A
,	置 $k=2$	A
C	建立 C 结点，因 $k=2$，所以将其作为栈顶 A 结点的右孩子结点	A
(	C 结点进栈，置 $k=1$	AC
E	建立 E 结点，因 $k=1$，所以将其作为栈顶 C 结点的左孩子结点	AC
,	置 $k=2$	AC
F	建立 F 结点，因 $k=2$，所以将其作为栈顶 C 结点的右孩子结点	AC
)	退栈一次	A
)	退栈一次	空
ch 扫描完毕	算法结束	

2) 查找结点 FindNode(x)

采用递归算法 $f(t,x)$ 在以 t 为根结点的二叉树中查找值为 x 的结点，找到后返回其指针，否则返回 null。其递归模型如下：

$f(t,x) = \text{null}$　　若 t==null

$f(t,x) = t$　　若 t.data==x

$f(t,x) = p$　　若在左子树中找到了，即 $p=f(t.\text{lchild},x)$ 且 p!=null

$f(t,x) = f(t.\text{rchild},x)$　　其他情况

对应的递归算法如下：

```
public BTNode FindNode(char x)                  //查找值为 x 的结点算法
{
    return FindNode1(r,x);
}
private BTNode FindNode1(BTNode t,char x)   //被 FindNode 方法调用
{   BTNode p;
    if (t == null)                              //t 结点为空时,返回 null
        return null;
    else if (t.data == x)                       //t 结点值为 x 时,返回 t
        return t;
    else
    {   p = FindNode1(t.lchild,x);              //在左子树中查找
        if (p!= null)                           //在左子树中找到 p 结点,返回 p
            return p;
        else                                    //在左子树中未找到,返回在右子树中查找的结果
            return FindNode1(t.rchild,x);
    }
}
```

3) 求高度 BTNodeHeight()

求以 t 为根结点二叉树的高度的递归模型 $f(t)$ 如下：

$f(t) = 0$　　若 t = null

$f(t) = \text{MAX}\{f(t.\text{lchild}),f(t.\text{rchild})\}+1$　　其他情况

对应的递归算法如下:

```
public int BTNodeHeight()                                //求二叉树高度的算法
{
    return BTNodeHeight1(r);
}
private int BTNodeHeight1(BTNode t)                      //被 BTNodeHeight 方法调用
{   int lchildh,rchildh;
    if (t == null)
        return 0;                                        //空树的高度为 0
    else
    {   lchildh = BTNodeHeight1(t.lchild);               //求左子树的高度为 lchildh
        rchildh = BTNodeHeight1(t.rchild);               //求右子树的高度为 rchildh
        return (lchildh>rchildh)?(lchildh + 1):(rchildh + 1);
    }
}
```

4) 输出二叉树 DispBTNode()

其过程是:对于非空二叉树 t(t 为根结点),先输出 t 结点的值,当 t 结点存在左孩子结点或右孩子结点时,输出一个"("符号,然后递归处理左子树;当存在右孩子时,输出一个","符号,递归处理右子树,最后输出一个")"符号。对应的递归算法如下:

```
public string DispBTNode()                     //将二叉链转换成括号表示法
{   btstr = "";                                //btstr 为二叉树类字段
    DispBTNode1(r);
    return btstr;
}
private void DispBTNode1(BTNode t)             //被 DispBTNode 方法调用
{   if (t!= null)
    {   btstr += t.data.ToString();            //输出根结点值
        if (t.lchild!= null || t.rchild!= null)
        {   btstr += "(";                      //有孩子结点时,才输出"("
            DispBTNode1(t.lchild);             //递归处理左子树
            if (t.rchild!= null)
                btstr += ",";                  //有右孩子结点时,才输出","
            DispBTNode1(t.rchild);             //递归处理右子树
            btstr += ")";                      //有孩子结点时,才输出")"
        }
    }
}
```

例如,调用前面的函数 CreateBTNode("A(B(D(,G)),C(E,F))")构造一棵二叉树,再调用 DispBTNode(),其执行结果如下:

A(B(D(,G)),C(E,F))

6.2.6 二叉树的遍历

1. 二叉树遍历的概念

二叉树遍历是指按照一定次序访问二叉树中的所有结点,并且每个结点仅被访问一次的过程。通过遍历得到二叉树中某种结点的线性序列,即将非线性结构线性化,这里的"访问”的含义可以很多，如输出结点值或对结点值实施某种运算等。二叉树遍历是最基本的运算，是二叉树中所有其他运算的基础。

在遍历一棵树时，根据访问根结点、遍历子树的先后关系产生两种遍历方法，即先根和后根遍历。在二叉树中，左子树和右子树是有严格区别的，因此在遍历一棵非空二叉树时，根据访问根结点、遍历左子树和遍历右子树之间的先后关系可以组合成 6 种遍历方法（假设 N 为根结点，L、R 分别为左、右子树，这 6 种遍历方法是 NLR、LNR、LRN、NRL、RNL、RLN），若再规定先遍历左子树，后遍历右子树，则对于非空二叉树，可得到如下 3 种递归的遍历方法（NLR、LNR 和 LRN）。

1）先序遍历

先序遍历二叉树的过程是：

（1）访问根结点。

（2）先序遍历左子树。

（3）先序遍历右子树。

例如，图 6.14(a)的二叉树的先序序列为 ABDGCEF。显然，在一棵二叉树的先序序列中，第一个元素即为根结点对应的结点值。

2）中序遍历

中序遍历二叉树的过程是：

（1）中序遍历左子树。

（2）访问根结点。

（3）中序遍历右子树。

例如，图 6.14(a)的二叉树的中序序列为 DGBAECF。显然，在一棵二叉树的中序序列中，根结点值将其序列分为前后两部分，前部分为左子树的中序序列，后部分为右子树的中序序列。

3）后序遍历

后序遍历二叉树的过程是：

（1）后序遍历左子树。

（2）后序遍历右子树。

（3）访问根结点。

例如，图 6.14(a)的二叉树的后序序列为 GDBEFCA。显然，在一棵二叉树的后序序列中，最后一个元素即为根结点对应的结点值。

4）层次遍历

除前面介绍的几种遍历方法外，还有一种层次遍历方法，其过程是：

若二叉树非空（假设其高度为 h），则

（1）访问根结点（第 1 层）。

（2）从左到右访问第 2 层的所有结点。

（3）从左到右访问第 3 层的所有结点、…、第 h 层的所有结点。

例如，图 6.14(a)的二叉树的层次遍历序列为 ABCDEFG。

2. 先序、中序和后序遍历递归算法

假设二叉树采用二叉链存储结构，由二叉树的先序、中序和后序三种遍历过程直接得到

相应的递归算法。

1）先序遍历的递归算法

从根结点 t 出发进行先序遍历的递归算法 PreOrder1(t)如下，它被 PreOrder 方法调用以返回由先序遍历序列构成的字符串。

```
public string PreOrder()                          //先序遍历的递归算法
{   btstr = "";                                   //btstr 为二叉树类字段
    PreOrder1(r);
    return btstr;                                 //返回先序遍历序列字符串
}
private void PreOrder1(BTNode t)                  //被 PreOrder 方法调用
{   if (t!= null)
    {   btstr += t.data.ToString() + " ";        //访问根结点
        PreOrder1(t.lchild);                      //先序遍历左子树
        PreOrder1(t.rchild);                      //先序遍历右子树
    }
}
```

2）中序遍历的递归算法

从根结点 t 出发进行中序遍历的递归算法 InOrder1(t)如下，它被 InOrder 方法调用，以返回由中序遍历序列构成的字符串。

```
public string InOrder()                           //中序遍历的递归算法
{   btstr = "";                                   //btstr 为二叉树类字段
    InOrder1(r);
    return btstr;                                 //返回中序遍历序列字符串
}
private void InOrder1(BTNode t)                   //被 InOrder 方法调用
{   if (t!= null)
    {   InOrder1(t.lchild);                       //中序遍历左子树
        btstr += t.data.ToString() + " ";        //访问根结点
        InOrder1(t.rchild);                       //中序遍历右子树
    }
}
```

3）后序遍历的递归算法

从根结点 t 出发进行后序遍历的递归算法 PostOrder1(t)如下，它被 PostOrder 方法调用，以返回由后序遍历序列构成的字符串。

```
public string PostOrder()                         //后序遍历的递归算法
{   btstr = "";                                   //btstr 为二叉树类字段
    PostOrder1(r);
    return btstr;                                 //返回后序遍历序列字符串
}
private void PostOrder1(BTNode t)                 //被 PostOrder 方法调用
{   if (t!= null)
    {   PostOrder1(t.lchild);                     //后序遍历左子树
        PostOrder1(t.rchild);                     //后序遍历右子树
        btstr += t.data.ToString() + " ";        //访问根结点
    }
}
```

上述递归算法在执行中需多次调用自身。例如，对于图 6.14(b)所示的二叉树，PreOrder1(A)的执行过程如图 6.15 所示(为了描述简便，其中参数 A 表示 A 结点对象，其余类同)。图中，实线表示调用(含递归调用)，虚线表示返回。

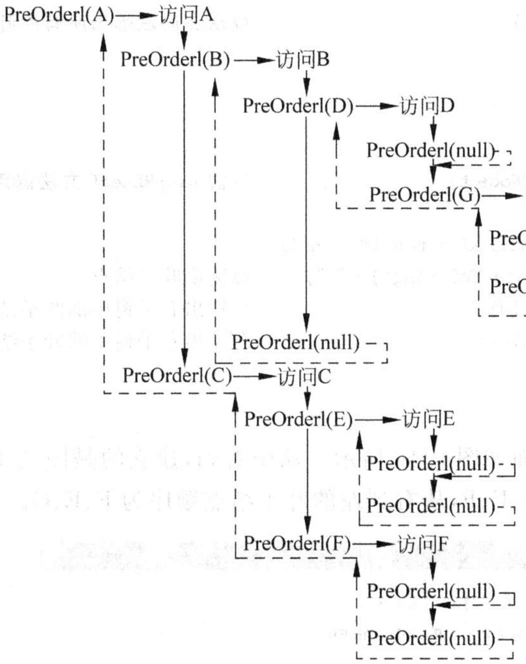

图 6.15　PreOrder1(A)的执行过程

【例 6.11】 假设二叉树采用二叉链存储结构存储，试设计一个算法，输出一棵给定二叉树的所有叶子结点。

解：输出一棵以 t 为根结点的二叉树的所有叶子结点的递归模型 $f(t)$ 如下：

$f(t)$≡不做任何事件　　　　　　若 t==null

$f(t)$≡输出 t 结点的 data 域　　若 t 为叶子结点

$f(t)$≡$f(t.lchild)$；$f(t.rchild)$　　其他情况

对应的递归算法如下：

```
public string DispLRLeaf()                    //从左向右输出所有的叶子结点
{   btstr = "";
    DispLeaf1(r);
    return btstr;
}
private void DispLeaf1(BTNode t)              //被 DispLeaf 方法调用
{   if (t!= null)
    {   if (t.lchild == null && t.rchild == null)
            btstr += t.data.ToString() + " ";  //输出叶子结点
        DispLeaf1(t.lchild);                   //输出左子树中的叶子结点
        DispLeaf1(t.rchild);                   //输出右子树中的叶子结点
    }
}
```

上述算法实际上是采用先序遍历递归算法输出所有叶子结点的,所以叶子结点是以从左到右的次序输出的,若要改成从右到左的次序输出所有叶子结点,显然将先序遍历方式的左、右子树访问次序倒过来即可,对应的算法如下:

```
public string DispRLLeaf()                          //从右向左输出所有的叶子结点
{   btstr = "";
    DispLeaf2(r);
    return btstr;
}
private void DispLeaf2(BTNode t)                    //被 DispRLLeaf 方法调用
{   if (t!= null)
    {   if (t.lchild == null && t.rchild == null)
            btstr += t.data.ToString() + " ";       //输出叶子结点
        DispLeaf2(t.rchild);                        //输出右子树中的叶子结点
        DispLeaf2(t.lchild);                        //输出左子树中的叶子结点
    }
}
```

例 6.11 算法的执行界面如图 6.16 所示。从中看到,建立的是图 6.14(a)的二叉树,从左到右的叶子结点顺序为 G、E、F,从右到左的叶子结点顺序为 F、E、G。

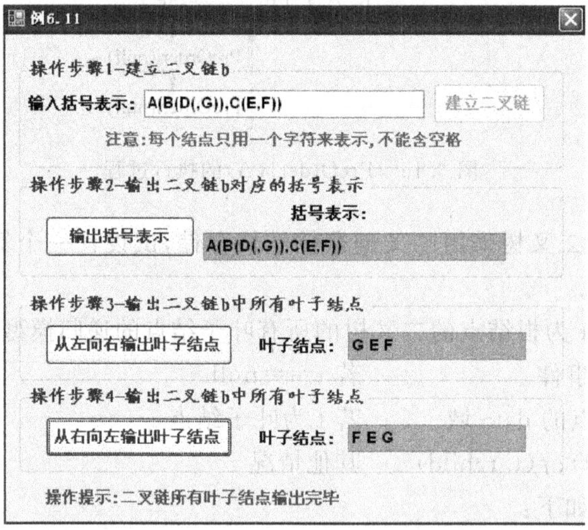

图 6.16 例 6.11 算法的执行界面

【例 6.12】 假设二叉树采用二叉链存储结构,设计一个算法,输出值为 x 的结点的所有祖先。

解:根据二叉树中祖先的定义可知,若某结点的左孩子或右孩子值为 x 时,该结点为祖先结点;若某结点的左孩子或右孩子为其祖先结点时,则该结点也为祖先结点。设 $f(\mathrm{t},x)$ 表示 t 结点是否为值是 x 的结点的祖先结点,对应的递归模型 $f(\mathrm{t},x)$ 如下:

$f(\mathrm{t},x)=$false　　若 t==null

$f(\mathrm{t},x)=$true,并输出 t.data　　若 t 结点有左孩子且左孩子值为 x

$f(\mathrm{t},x)=$true,并输出 t.data　　若 t 结点有右孩子且右孩子值为 x

$f(\mathrm{t},x)=$true,并输出 t.data　　若 $f(\mathrm{t.lchild},x)$ 为 true 或 $f(\mathrm{t.rchild},x)$ 为 true

$f(t,x)$=false　　　　　　　　　其他情况

对应的递归算法如下：

```
public string Ancestor(char x)           //输出值为 x 的结点的所有祖先
{   btstr = "";
    Ancestor1(r, x);
    return btstr;
}
private bool Ancestor1(BTNode t, char x)     //被 Ancestor 方法调用
{   if (t == null) return false;
    if (t.lchild!= null && t.lchild.data == x)
    {   btstr += t.data.ToString() + " ";
        return true;
    }
    if (t.rchild!= null && t.rchild.data == x)
    {   btstr += t.data.ToString() + " ";
        return true;
    }
    if (Ancestor1(t.lchild,x) || Ancestor1(t.rchild,x))
    {   btstr += t.data.ToString() + " ";
        return true;
    }
    else return false;
}
```

例 6.12 算法的执行界面如图 6.17 所示。从中看到，建立的是图 6.14(a)的二叉树，结点 G 的祖先结点有 D、B、A。

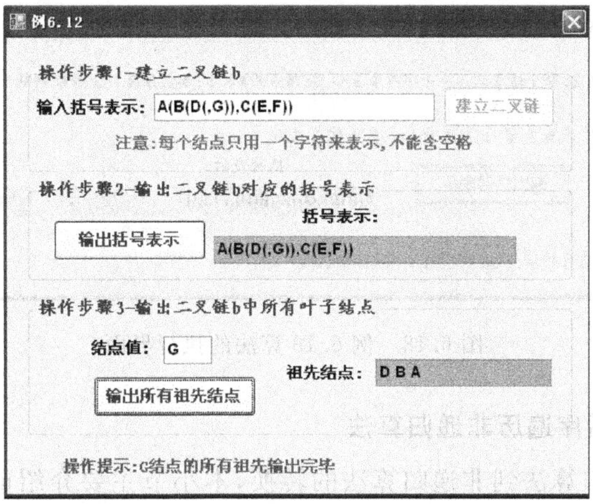

图 6.17　例 6.12 算法的执行界面

【例 6.13】　假设一棵二叉树采用顺序存储结构，设计一个算法，建立对应的二叉链存储结构。

解：本例将二叉树的顺序存储结构转换成二叉链存储结构。由二叉树顺序存储结构 a 产生以 t 为根结点的二叉链的递归模型如下：

$f(a,i,t) \equiv t=$null　　　　　　　　　　　　当 $i \geqslant$ MaxSize 或 a[i]='#'

$f(a,i,t)$≡建立 t 结点,置 $t.data=a[i]$;　　　　其他情况

　　　　$f(a,2*i,t.lchild)$;$f(a,2*i+1,t.rchild)$;

由 a[1]元素来创建二叉链对象 b 的根结点 r,所以调用时应为 $f(a,1,ref\ b.r)$。对应的算法如下:

```
public void Trans(char[] sqbtree, ref BTNodeClass b)
//由顺序存储结构产生二叉链存储结构
{   b = new BTNodeClass();                          //建立一个空二叉链对象
    Trans1(sqbtree,1,ref b.r);
}
public void Trans1(char[] sqbtree,int i,ref BTNode t)    //被 Trans 方法调用
{   if (i < MaxSize)
    {   if (sqbtree[i]!= '#')
        {   t = new BTNode();                       //建立根结点
            t.data = sqbtree[i];
            Trans1(sqbtree,2 * i,ref t.lchild);     //递归转换左子树
            Trans1(sqbtree,2 * i + 1,ref t.rchild); //递归转换右子树
        }
        else t = null;                              //无效结点建立一个空结点
    }
    else t = null;                                  //无效结点建立一个空结点
}
```

例 6.13 的算法执行界面如图 6.18 所示,输入的是图 6.13 所示二叉树的顺序存储结构,从结果可看到算法的正确性。

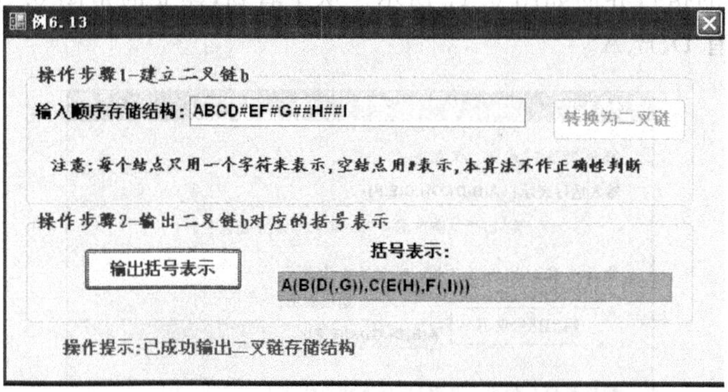

图 6.18　例 6.13 算法的执行界面

3. 先序、中序和后序遍历非递归算法

第 5 章讨论过递归算法到非递归算法的转换,本小节主要介绍前面 3 种递归遍历算法的非递归实现方法。

1) 先序遍历的非递归算法

先序遍历的非递归算法主要有两种设计方法。

解法 1:类似于非递归求解 Hanoi 问题,将遍历整棵二叉树的过程转换为访问根结点、遍历左、右子树。由于栈的特点是先进后出,而在先序遍历中先遍历左子树,再遍历右子树,所以当 p 结点不是叶子结点时,访问 p 结点后应先将其右孩子进栈,再将其左孩子进栈。对应的非递归过程如下:

```
if (当前二叉树 t 不空)
{   将根结点 t 进栈;
    while (栈不空)
    {   出栈结点 p 并访问之;
        若 p 结点有右孩子,将其右孩子进栈;
        若 p 结点有左孩子,将其左孩子进栈;
    }
}
```

对应的先序非递归算法如下：

```
public string PreOrder2()                        //先序遍历的非递归算法 1
{
    return PreOrder21(r);
}
private string PreOrder21(BTNode t)              //被 PreOrder2 方法调用
{   string mystr = "";
    BTNode [ ] st = new BTNode[MaxSize];         //定义一个顺序栈
    int top = -1;                                //栈顶指针初始化
    BTNode p;
    top++; st[top] = t;                          //根结点 t 进栈
    while (top!= -1)                             //栈不为空时循环
    {   p = st[top]; top--;                      //退栈结点
        mystr += p.data.ToString() + " ";        //访问 p 结点
        if (p.rchild!= null)                     //p 结点有右孩子时,将右孩子进栈
        {   top++;
            st[top] = p.rchild;
        }
        if (p.lchild!= null)                     //p 结点有左孩子时,将左孩子进栈
        {   top++;
            st[top] = p.lchild;
        }
    }
    return mystr;
}
```

解法 2：由于先序遍历顺序是根结点、左子树、右子树，所以对一棵根结点为 p 的二叉树，先访问 p 结点及其所有左下结点，由于二叉链中无法由孩子结点找到其双亲结点，所以需将这些访问过的结点进栈保存起来。此时，当前栈顶结点要么没有左子树，要么左子树已遍历过，所以转向处理它的右子树。对应的非递归过程如下：

```
if (当前二叉树 t 不空)
{   p = t;
    while (栈不空或者 p!= null)
    {   while (p 有左孩子)                       //对于 p 结点及其所有左下结点,访问它并进栈
        {   访问 p 结点;将 p 进栈;
            p = p.lchild
        }
        //此时栈顶结点要么没有左子树,要么左子树已遍历过
        if (栈不空)
        {   出栈 p;
            p = p.rchild;
        }
```

```
    }
}
```

对应的先序非递归算法如下：

```
public string PreOrder3()                          //先序遍历的非递归算法 2
{
    return PreOrder31(r);
}
private string PreOrder31(BTNode t)                //被 PreOder3 方法调用
{   string mystr = "";
    BTNode [] st = new BTNode[MaxSize];            //定义一个顺序栈
    int top = -1;                                  //栈顶指针初始化
    BTNode p;
    p = t;
    while (top!= -1 || p!= null)
    {   while (p!= null)                           //访问 p 结点及其所有左下结点并进栈
        {   mystr += p.data.ToString() + " ";      //访问 p 结点
            top++;
            st[top] = p;
            p = p.lchild;
        }
        if (top!= -1)                              //若栈不空
        {   p = st[top];top--;                     //出栈 p 结点
            p = p.rchild;                          //转向处理右子树
        }
    }
    return mystr;
}
```

算法从根结点 t 开始遍历，将根结点 t 及其左下结点访问并依次进栈，当 p 指向根结点 t 的最左下结点时，如图 6.19 所示，此时 p 结点(值为 a_m 的结点)在栈顶，它本身已访问且没有左子树，所以转向遍历它的右子树，当其右子树处理完毕，栈顶变为 a_{m-1} 结点，它本身已访问且左子树已处理完毕，又可以转向遍历它的右子树了，重复这一过程，直到所有结点遍历完毕。算法中的 p 指向当前要遍历的结点，栈中存放的是尚未遍历的结点，所以只有当两者都处理完，即 p==null 且栈空时，循环过程才结束。

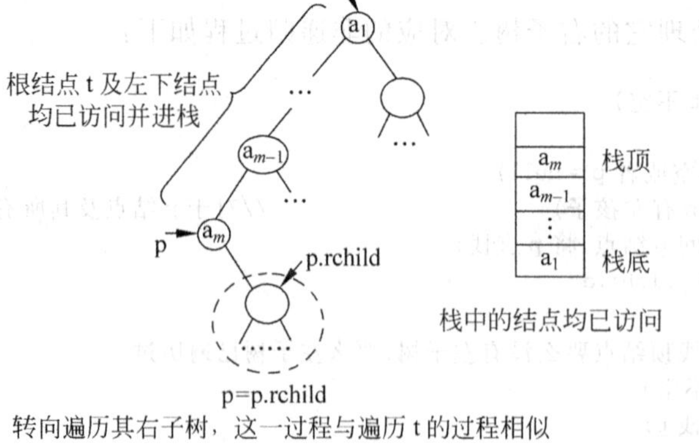

图 6.19　先序遍历中当 p 指向根结点 t 的最左下结点的情形

2）中序遍历的非递归算法

中序遍历的非递归算法是在前面先序遍历的非递归算法 2 的基础上修改的。中序遍历的顺序是左子树、根结点、右子树。所以需将根结点 t 及其左下结点依次进栈，但还不能访问，因为它们的左子树没有遍历。例如，当 p 指向根结点 t 的最左下结点时，如图 6.20 所示，此时 p 结点（值为 a_m 的结点）在栈顶，它本身没有左子树，可以访问它，然后转向遍历它的右子树。遍历其右子树的过程与遍历整棵二叉树的过程相似。

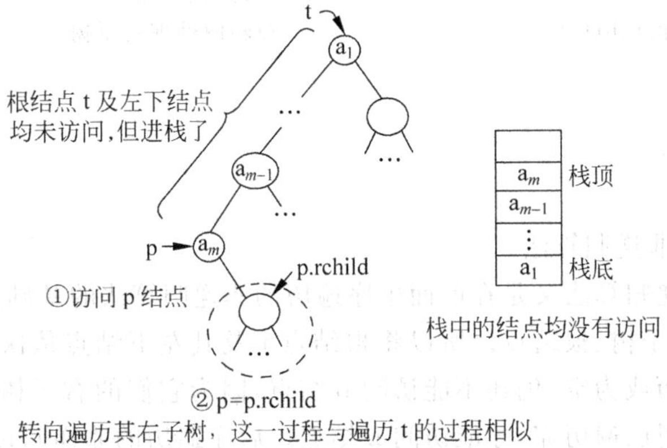

图 6.20　中序遍历中当 p 指向根结点 t 的最左下结点的情形

中序遍历的非递归过程如下：

```
if (当前二叉树 t 不空)
{    p = b;
     while (栈不空或者 p!= null)
     {    while (p 有左孩子)
          {    将 p 进栈;
               p = p.lchild;
          }
          if (栈不空)
          {    出栈 p 并访问之;                    //此时栈顶结点没有左子树或左子树已遍历过
               p = p.rchild;
          }
     }
}
```

对应的中序非递归算法如下：

```
public string InOrder2()                        //中序遍历的非递归算法
{
     return InOrder21(r);
}
private string InOrder21(BTNode t)              //被 InOrder2 方法调用
{    string mystr = "";
     BTNode [ ] st = new BTNode[MaxSize];       //定义一个顺序栈
     int top = -1;                              //栈顶指针初始化
     BTNode p = t;
```

```
    while (top!= -1 || p!= null)              //栈不空或者p不空时循环
    {   while (p!= null)                      //扫描p的所有左结点并进栈
        {   top++; st[top] = p;
            p = p.lchild;
        }
        if (top>-1)                           //若栈不空
        {   p = st[top];top--;                //出栈p结点
            mystr += p.data + " ";            //访问p结点
            p = p.rchild;                     //转向处理右子树
        }
    }
    return mystr;
}
```

3）后序遍历的非递归算法

后序遍历的非递归算法又是在前面中序遍历的非递归算法的基础上修改的。后序遍历的顺序是左子树、右子树、根结点。所以将根结点 t 及其左下结点依次进栈后，即使栈顶结点 p 的左子树已遍历或为空，仍还不能访问 p 结点，因为它们的右子树没有遍历，只有当这样的 p 结点的右子树已遍历完，才能访问 p 结点。后序遍历的非递归过程如下：

```
if (当前二叉树t不空)
{   p = t;
    do
    {     while (p有左孩子)
        {   将p进栈;
            p = p.lchild;
        }
        while (栈不空且p结点的左子树已遍历或为空)
        {   出栈结点p;
            if (b的右子树已访问)
            {   访问p结点;
                退栈;
            }
            else p = p.rchild;          //转向处理右子树
        }
    } while (栈不空);
}
```

其中的主要难点是如何判断一个结点 p 的右子树已访问过。例如，当 p 指向根结点 t 的最左下结点时，如图 6.21 所示，此时 p 结点(值为 a_m 的结点)在栈顶，它本身没有左子树，但不知其右子树是否遍历过。于是设置一个变量 q，用于保存刚刚访问过的结点，如果有 p.rchild==q 成立，则说明 p 结点的右子树已遍历，因为右子树的根结点是该右子树后序遍历中最后访问的结点，这样就确定了 p 结点的左、右子树均已遍历，可以访问 p 结点了。如果 p 结点的右子树没有遍历，就转向遍历它的右子树。遍历其右子树的过程与遍历整棵二叉树的过程相似。

另外，如何确定一个结点的左子树已访问或为空呢？这和中序非递归算法中的判断方

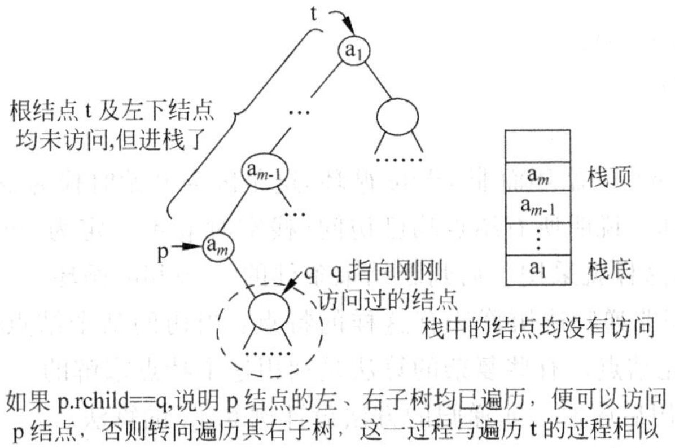

图 6.21 后序遍历中当 p 指向根结点 t 的最左下结点的情形

法相同。这里设置一个 flag 变量,当 p 结点是刚出栈的结点,则其左子树已访问或为空,置 flag=true,否则若 p 结点是刚转向右子树处理的结点(尚未执行以下算法中 do-while 循环中的第一个 while 循环),则说明它的左子树还没有遍历,置 flag=false。

对应的后序非递归算法如下：

```
public string PostOrder2()              //后序遍历的非递归算法
{
    return PostOrder21(r);
}
private string PostOrder21(BTNode t)    //被 PostOder2 方法调用
{   string mystr = "";
    BTNode [] st = new BTNode[MaxSize]; //定义一个顺序栈
    int top = -1;                       //栈指针置初值
    BTNode p = t,q;
    bool flag;                          //若当前结点的左子树已处理,则为 true,否则为 false
    do
    {   while (p!= null)                //将 p 结点及其所有左下结点进栈
        {   top++; st[top] = p;
            p = p.lchild;
        }
        q = null;                       //q 指向栈顶结点的前一个已访问的结点或为 null
        flag = true;                    //表示 p 结点的左子树已遍历或为空
        while (top!= -1 && flag == true)
        {   p = st[top];                //取出当前的栈顶结点
            if (p.rchild == q)          //若 p 结点的右子树已访问或为空
            {   mystr += p.data.ToString() + " ";  //访问 p 结点
                top--;                  //结点访问后退栈
                q = p;                  //让 q 指向被访问的结点
            }
            else                        //若 p 结点的右子树没有遍历
            {   p = p.rchild;           //转向处理 p 的右子树
                flag = false;           //此时 p 的左子树未遍历
            }
```

```
        }
    } while (top!= -1);
    return mystr;
}
```

算法中采用 do-while 循环而非 while 循环，这是因为开始时栈为空，而栈中保存尚未访问过的结点，当栈空时，说明所有结点均已访问(栈空时 p 不一定为 null)，所以只能以栈空作为循环结束条件，这样就采用了后判断结束条件的 do-while 循环。

说明：以上后序非递归遍历算法有这样的特点：当访问某个结点时，栈中保存的刚好是该结点的所有祖先结点。有些复杂的算法是利用这个特点求解的。

【例 6.14】 采用后序遍历非递归的方法设计例 6.12 的算法。

解：修改后序遍历非递归算法，当访问某个结点时，再判断它的值是否为 x，若是，只将栈中的结点输出即可(不含栈顶结点，因为栈顶结点就是其所有祖先的结点)。对应的算法如下：

```
public string Ancestor3(char x)                //基于后序非递归遍历算法求 x 结点的所有祖先
{   string mystr = "";
    BTNode[] st = new BTNode[MaxSize];         //定义一个顺序栈
    int top = -1, i;                           //栈指针置初值
    BTNode p = r, q;                           //p 指向根结点 r
    bool flag;                                 //若当前结点的左子树已处理,则为 true,否则为 false
    do
    {   while (p!= null)                       //将 p 结点及其所有左下结点进栈
        {   top++; st[top] = p;
            p = p.lchild;
        }
        q = null;                              //q 指向栈顶结点的前一个已访问的结点或为 null
        flag = true;                           //表示 p 结点的左子树已访问或为空
        while (top!= -1 && flag == true)
        {   p = st[top];                       //取出当前的栈顶结点
            if (p.rchild == q)                 //若 p 结点的右子树已访问或为空
            {   if (p.data == x)               //当前访问的结点的值为 x
                {   for (i = 0;i < top;i++)    //输出栈中的所有祖先结点
                        mystr += st[i].data.ToString() + " ";
                    return mystr;              //算法结束
                }
                else                           //当前访问的结点的值不为 x
                {   top--;                     //退栈已访问的结点
                    q = p;                     //让 q 指向刚被访问的结点
                }
            }
            else                               //若 p 结点的右子树没有遍历
            {   p = p.rchild;                  //转向处理 p 的右子树
                flag = false;                  //此时 p 的左子树未遍历
            }
        }
    } while (top!= -1);
```

```
    return "";                                //找不到值为 x 的结点时,返回空串
}
```

本例算法的执行界面如图 6.17 所示。

4. 层次遍历算法

进行层次遍历时,访问完某一层的结点后,再按照它们的访问次序对各个结点的左、右孩子顺序访问,这样一层一层进行,先访问的结点其左、右孩子也要先访问,这样与队列的操作原则比较吻合。因此,层次遍历算法采用一个循环队列 qu 来实现。

层次遍历过程是:先将根结点 r 进队,在队不空时循环,即从队列中出列一个结点 p,访问它;若它有左孩子结点,将左孩子结点进队;若它有右孩子结点,将右孩子结点进队。如此操作,直到队空为止。对应的算法如下:

```
public string LevelOrder()                           //返回二叉树的层次遍历序列
{   string mystr = "";
    BTNode p;
    BTNode[] qu = new BTNode[MaxSize];               //定义循环队列,存放结点指针
    int front,rear;                                  //定义队头和队尾指针
    front = rear = 0;                                //置队列为空队列
    rear++;
    qu[rear] = r;                                    //根结点 r 进入队列
    while (front!= rear)                             //队列不为空
    {   front = (front + 1) % MaxSize;
        p = qu[front];                               //队头出队列
        mystr += p.data.ToString() + " ";            //访问 p 结点
        if (p.lchild!= null)                         //有左孩子时将其进队
        {   rear = (rear + 1) % MaxSize;
            qu[rear] = p.lchild;
        }
        if (p.rchild!= null)                         //有右孩子时将其进队
        {   rear = (rear + 1) % MaxSize;
            qu[rear] = p.rchild;
        }
    }
    return mystr;
}
```

说明:层次遍历算法和先序非递归算法十分相似,只是一个使用队列,另一个使用栈来暂存中间数据,却得到不同的结果。这正好体现了队列和栈的不同特点。

【例 6.15】 采用层次遍历方法设计例 6.12 的算法。

解:这里设计的队列为非循环队列 qu(类似于第 3 章求解迷宫问题时使用的队列),将所有已访问过的结点进队,并在队列中保存双亲结点的位置。队列的元素类型如下:

```
public struct QUType                                 //队列类型
{   public BTNode node;                              //结点
    public int parent;                               //当前结点的双亲位置
}
```

当找到一个值为 x 的结点时，在队列中通过双亲结点的位置输出所有的祖先结点。对应的算法如下：

```
public string Ancestor2(char x)                    //基于层次遍历,求x结点的所有祖先算法
{    string mystr = "";
     BTNode p;
     QUType[ ] qu = new QUType[MaxSize];           //定义非循环队列
     int front,rear,i;                             //定义队头和队尾指针
     front = rear = -1;                            //置队列为空队列
     rear++;
     qu[rear].node = r;                            //根结点指针进入队列
     qu[rear].parent = -1;                         //根结点的双亲置为-1
     while (front!= rear)                          //队列不为空时循环
     {    front++;
          p = qu[front].node;                      //队头结点出队
          if (p.data == x)                         //找到值为x的结点
          {    i = qu[front].parent;
               if (i!= -1)
               {    while (qu[i].parent!= -1)
                    {    mystr += qu[i].node.data.ToString() + " ";
                                                   //输出祖先结点
                         i = qu[i].parent;         //继续找双亲
                    }
                    mystr += qu[i].node.data.ToString() + " ";    //输出根结点
                    return mystr;                  //返回所有的祖先结点
               }
          }
          if (p.lchild!= null)                     //有左孩子时将其进队
          {    rear++;
               qu[rear].node = p.lchild;
               qu[rear].parent = front;            //置双亲为p结点
          }
          if (p.rchild!= null)                     //有右孩子时将其进队
          {    rear++;
               qu[rear].node = p.rchild;
               qu[rear].parent = front;            //置双亲为p结点
          }
     }
     return mystr;
}
```

本例算法的执行界面如图 6.17 所示。

说明：从前面的示例看出，二叉树的遍历算法是二叉树的核心算法，很多其他算法的设计都是以它们为基础的，读者必须牢固地掌握这些遍历算法。

二叉树的实践项目

项目 1：设计一个项目，实现二叉树的基本运算，并用相关数据进行测试，其操作界面如图 6.22 所示。

项目 2：设计一个项目，实现二叉树的遍历，包括先序、中序、后序递归算法和非递归算法以及层次遍历算法，并用相关数据进行测试，其操作界面如图 6.23 所示。

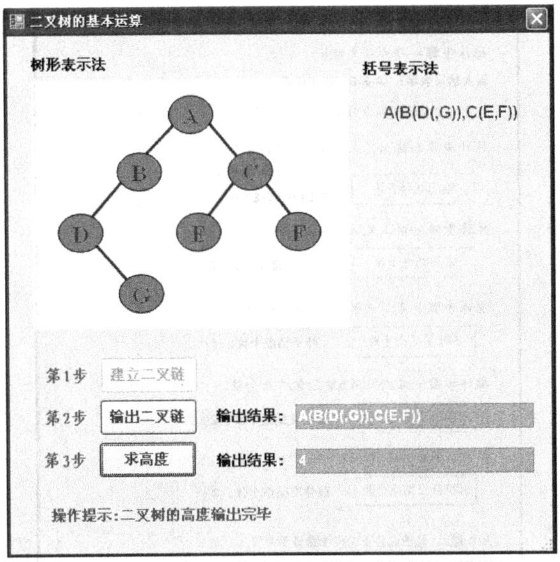

图6.22 二叉树——实践项目1的操作界面

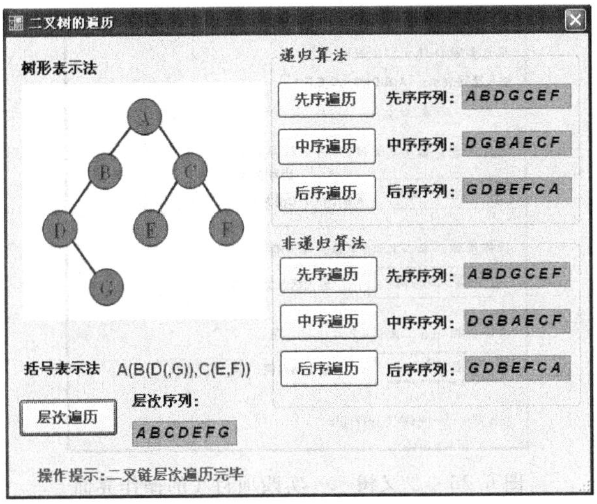

图6.23 二叉树——实践项目2的操作界面

项目3：设计计算二叉树中各类结点个数的算法，并用相关数据进行测试，其操作界面如图6.24所示。

项目4：设计求二叉树中最大值和最小值的算法，并用相关数据进行测试，其操作界面如图6.25所示。

项目5：设计一个算法，实现二叉树的复制，并用相关数据进行测试，其操作界面如图6.26所示。

项目6：设计一个算法，判断两棵二叉树的相似性，并用相关数据进行测试，其操作界面如图6.27所示。

项目7：设计一个算法，求二叉树中指定结点的层次，并用相关数据进行测试，其操作界面如图6.28所示。

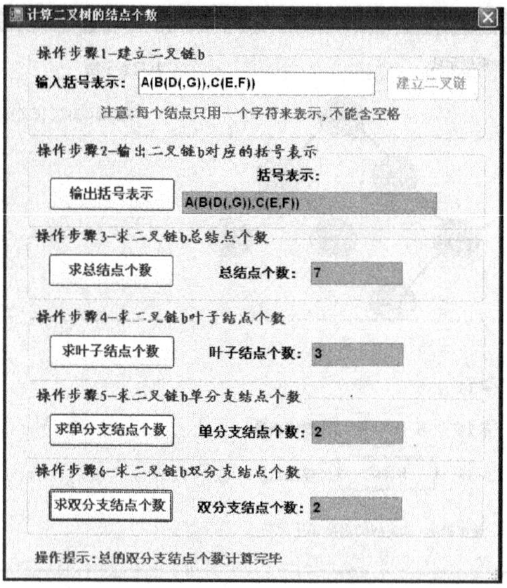

图 6.24　二叉树——实践项目 3 的操作界面

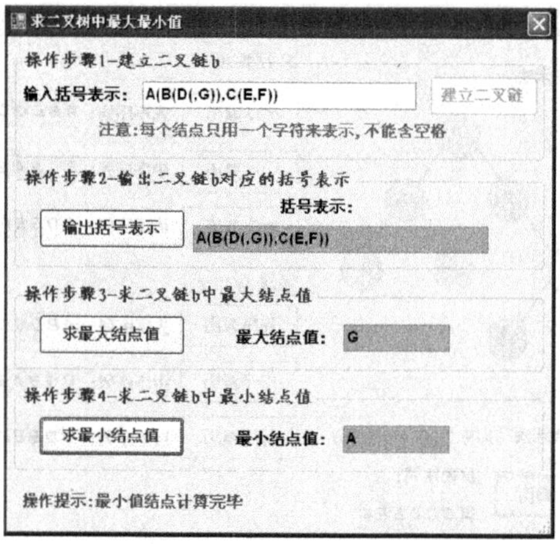

图 6.25　二叉树——实践项目 4 的操作界面

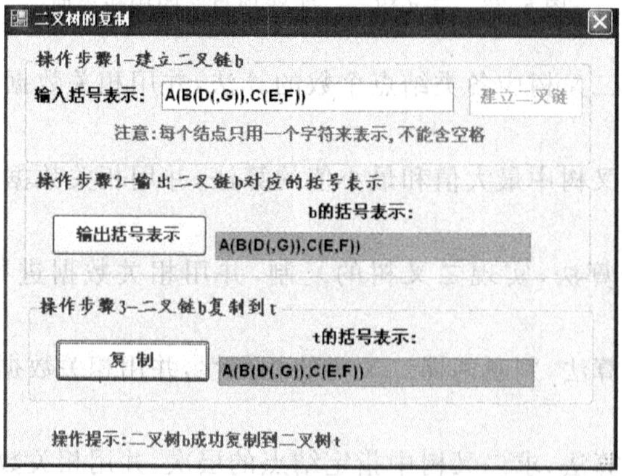

图 6.26　二叉树——实践项目 5 的操作界面

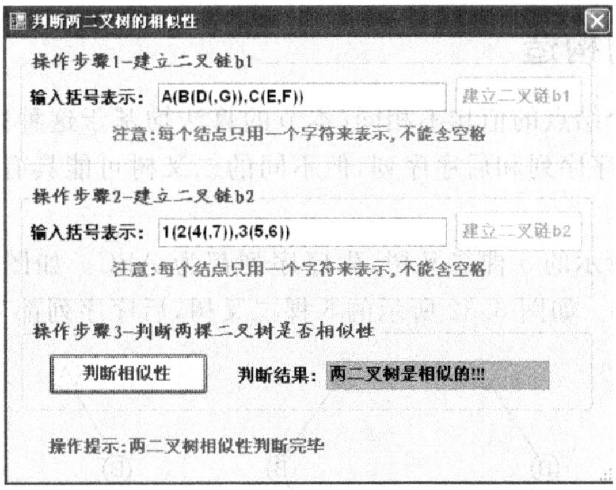

图 6.27　二叉树——实践项目 6 的操作界面

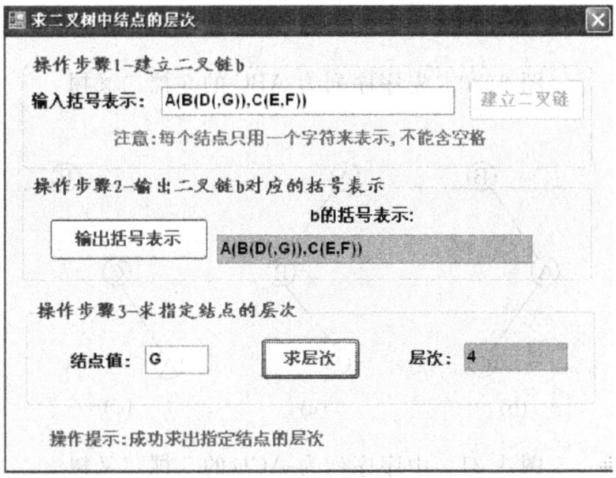

图 6.28　二叉树——实践项目 7 的操作界面

项目 8：设计一个算法，求二叉树中所有根结点到叶子结点的路径，并用相关数据进行测试，其操作界面如图 6.29 所示。

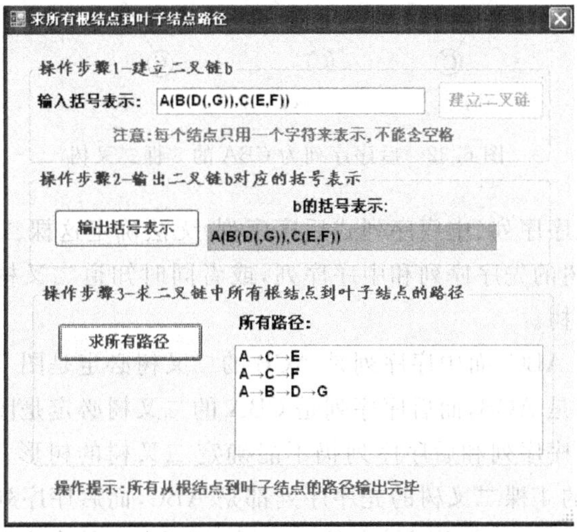

图 6.29　二叉树——实践项目 8 的操作界面

6.2.7 二叉树的构造

假设二叉树中每个结点的值均不相同(本节的算法均基于这种假设),同一棵二叉树具有唯一的先序序列、中序序列和后序序列,但不同的二叉树可能具有相同的先序序列、中序序列和后序序列。

例如,如图 6.30 所示的 5 棵二叉树,先序序列都为 ABC。如图 6.31 所示的 5 棵二叉树,中序序列都为 ACB。如图 6.32 所示的 5 棵二叉树,后序序列都为 CBA。

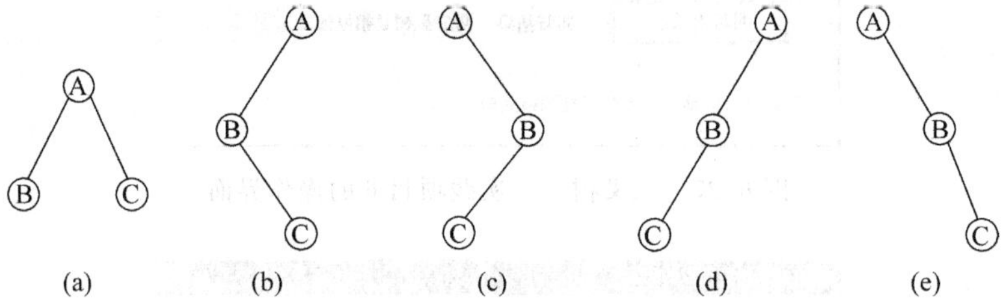

图 6.30 先序序列为 ABC 的 5 棵二叉树

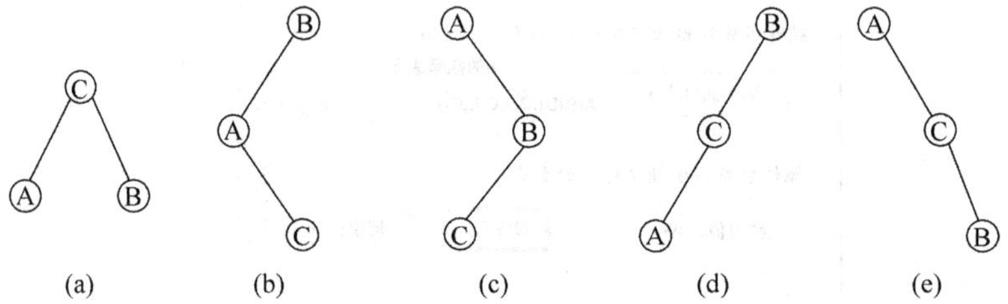

图 6.31 中序序列为 ACB 的 5 棵二叉树

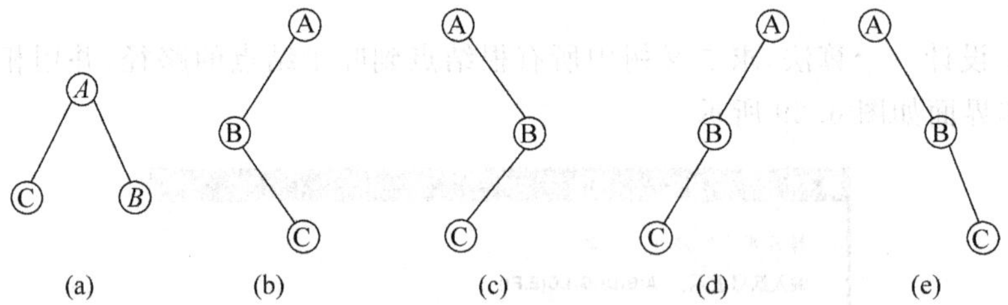

图 6.32 后序序列为 CBA 的 5 棵二叉树

显然,仅由一个先序序列(中序序列式后序序列)无法确定这棵二叉树的树形。但是,如果同时知道一棵二叉树的先序序列和中序序列,或者同时知道二叉树的中序序列和后序序列,就能确定这棵二叉树。

例如,先序序列是 ABC,而中序序列是 ACB 的二叉树必定是图 6.30(c)。

类似地,中序序列是 ACB,而后序序列是 CBA 的二叉树必定是图 6.31(c)。

但是,同时知道先序序列和后序序列仍不能确定二叉树的树形。如图 6.30 和图 6.32 中除第一棵二叉树外的 4 棵二叉树的先序序列都是 ABC,而后序序列都是 CBA。

定理 6.1:任何 $n(n\geqslant 0)$ 个不同结点的二叉树,都可由它的中序序列和先序序列唯一地确定。

证明：采用数学归纳法证明。

当 $n=0$ 时，二叉树为空，结论正确。

假设结点数小于 n 的任何二叉树，都可以由其先序序列和中序序列唯一地确定。

若某棵二叉树具有 $n(n>0)$ 个不同结点，其先序序列是 $a_0a_1\cdots a_{n-1}$；中序序列是 $b_0b_1\cdots b_{k-1}b_kb_{k+1}\cdots b_{n-1}$。

因为在先序遍历过程中访问根结点后，紧跟着是遍历左子树，最后再遍历右子树，所以，a_0 必定是二叉树的根结点，而且 a_0 必然在中序序列中出现。也就是说，在中序序列中必有某个 $b_k(0\leqslant k\leqslant n-1)$ 就是根结点 a_0。

由于 b_k 是根结点，而在中序遍历过程中，先遍历左子树，再访问根结点，最后再遍历右子树。所以，在中序序列中，$b_0b_1\cdots b_{k-1}$ 必是根结点 b_k（也就是 a_0）左子树的中序序列，即 b_k 的左子树有 k 个结点（注意，$k=0$ 表示结点 b_k 没有左子树。）而 $b_{k+1}\cdots b_{n-1}$ 必是根结点 b_k（也就是 a_0）右子树的中序序列，即 b_k 的右子树有 $n-k-1$ 个结点（注意，$k=n-1$ 表示结点 b_k 没有右子树）。

另外，在先序序列中，紧跟在根结点 a_0 之后的 k 个结点 $a_1\cdots a_k$ 就是左子树的先序序列，$a_{k+1}\cdots a_{n-1}$ 这 $n-k-1$ 个结点就是右子树的先序序列，其示意图如图 6.33 所示。

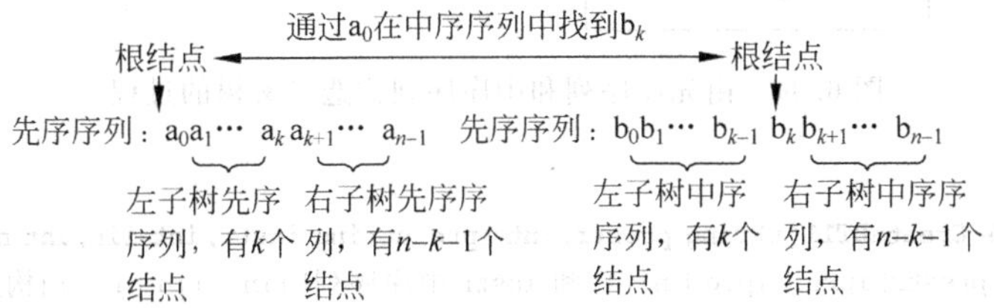

图 6.33 由先序序列和中序序列确定一棵二叉树

根据归纳假设，由于子先序序列 $a_1\cdots a_k$ 和子中序序列 $b_0b_1\cdots b_{k-1}$ 可以唯一地确定根结点 a_0 的左子树，而子先序序列 $a_{k+1}\cdots a_{n-1}$ 和子中序序列 $b_{k+1}\cdots b_{n-1}$ 可以唯一地确定根结点 a_0 的右子树。

综上所述，这棵二叉树的根结点已经确定，而且其左、右子树都唯一地确定了，所以整个二叉树也就唯一地确定了。

实际上，先序序列的作用是确定一棵二叉树的根结点（其第一个元素即为根结点），中序序列的作用是确定左、右子树的中序序列（含各自的结点个数）。反过来，又可以确定左、右子树的先序序列。

例如，已知先序序列为 ABDGCEF，中序序列为 DGBAECF，则构造二叉树的过程如图 6.34 所示。

假设二叉树的每个结点值都为单个字符，且没有相同值的结点。由上述定理可得到以下构造二叉树的算法：

```
public void CreateBT1(string prestr,string instr)
//由先序序列 prestr 和中序序列 instr 构造二叉链
{   int n = prestr.Length;
    r = CreateBT11(prestr,0,instr,0,n);
```

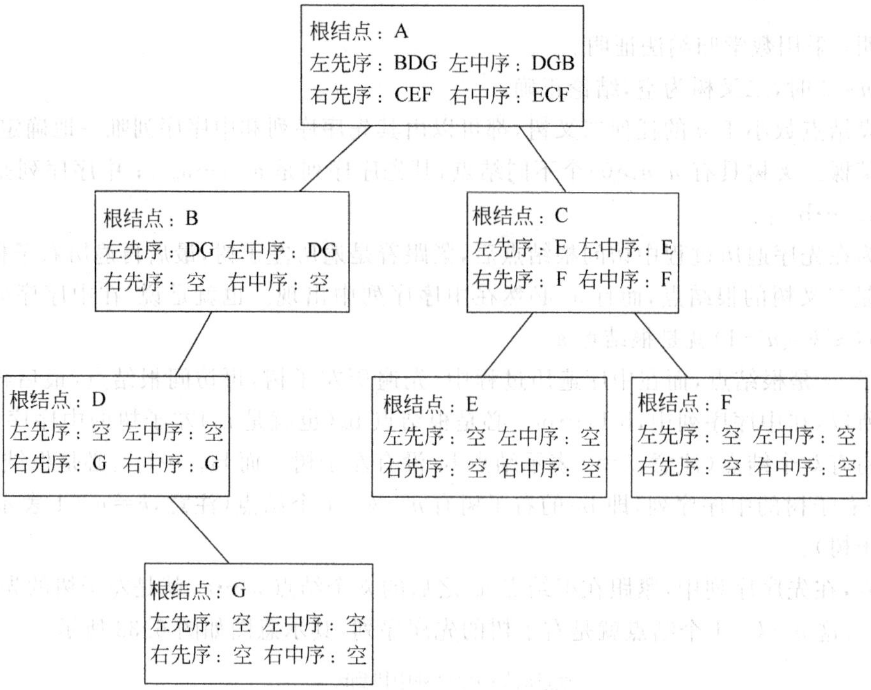

图 6.34　由先序序列和中序序列构造二叉树的过程

```
}
private BTNode CreateBT11(string prestr, int ipre, string instr, int iin, int n)
//由先序序列 prestr[ipre..ipre+n-1]和 instr 中序序列[iin..iin+n-1]构造二叉链
{   BTNode t;
    char ch; int p,k;
    if (n <= 0) return null;
    t = new BTNode();                           //创建二叉树结点 t
    ch = prestr[ipre];
    t.data = ch;                                //ch 为先序序列中的第一个结点值
    p = iin;
    while (p < iin + n)                         //在中序序列中找等于 ch 的位置 k
    {   if (instr[p] == ch)
            break;                              //在 instr 中找到后退出循环
        p++;
    }
    k = p - iin;                                //确定根结点在 instr 中的位置
    t.lchild = CreateBT11(prestr, ipre + 1, instr, iin, k);
                                                //递归构造左子树
    t.rchild = CreateBT11(prestr, ipre + k + 1, instr, p + 1, n - k - 1);
                                                //递归构造右子树
    return t;
}
```

定理 6.2：任何 $n(n>0)$ 个不同结点的二叉树，都可由它的中序序列和后序序列唯一地确定。

证明：同样采用数学归纳法证明。

当 $n=0$ 时，二叉树为空，结论正确。

若结点数小于 n 的任何二叉树，都可以由其中序序列和后序序列唯一地确定。

已知某棵二叉树具有 $n(n>0)$ 个不同结点，其中序序列是 $b_0b_1\cdots b_{n-1}$；后序序列是 $a_0a_1\cdots a_{n-1}$。

因为在后序遍历过程中，先遍历左子树，再遍历右子树，最后访问根结点。所以，a_{n-1} 必定是二叉树的根结点，而且 a_{n-1} 必然在中序序列中出现。也就是说，在中序序列中必有某个 $b_k(0\leqslant k\leqslant n-1)$ 就是根结点 a_{n-1}。

由于 b_k 是根结点，而在中序遍历过程中，先遍历左子树，再访问根结点，最后再遍历右子树。所以，在中序序列中，$b_0\cdots b_{k-1}$ 必是根结点 b_k（也就是 a_{n-1}）左子树的中序序列，即 b_k 的左子树有 k 个结点（注意，$k=0$ 表示结点 b_k 没有左子树。）而 $b_{k+1}\cdots b_{n-1}$ 必是根结点 b_k（也就是 a_{n-1}）右子树的中序序列，即 b_k 的右子树有 $n-k-1$ 个结点（注意，$k=n-1$ 表示结点 b_k 没有右子树）。

另外，在后序序列中，在根结点 a_{n-1} 之前的 $n-k-1$ 个结点 $a_k\cdots a_{n-2}$ 就是右子树的后序序列，$a_0\cdots a_{k-1}$ 这 k 个结点就是左子树的后序序列，其示意图如图 6.35 所示。

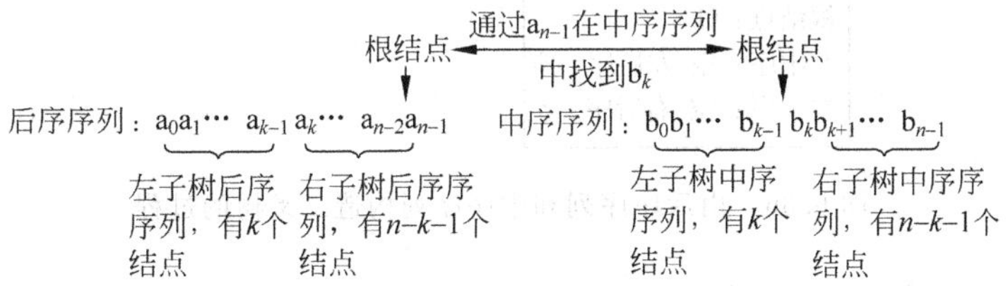

图 6.35　由后序序列和中序序列确定一棵二叉树

根据归纳假设，由于子中序序列 $b_0\cdots b_{k-1}$ 和子后序序列 $a_0\cdots a_{k-1}$ 可以唯一地确定根结点 b_k（也就是 a_{n-1}）的左子树，而子中序序列 $b_{k+1}\cdots b_{n-1}$ 和子后序序列 $a_k\cdots a_{n-2}$ 可以唯一地确定根结点 b_k 的右子树。

综上所述，这棵二叉树的根结点已经确定，而且其左、右子树都唯一地确定了，所以整个二叉树也就唯一地确定了。

例如，已知中序序列为 DGBAECF，后序序列为 GDBEFCA，则构造二叉树的过程如图 6.36 所示。

假设二叉树的每个结点值都为单个字符，且没有相同值的结点。由上述定理可得到以下构造二叉树的算法：

```
public void CreateBT2(string poststr, string instr)
//由后序序列 poststr 和中序序列 instr 构造二叉链
{   int n = poststr.Length;
    r = CreateBT22(poststr,0,instr,0,n);
}
private BTNode CreateBT22(string poststr,int ipost,string instr,int iin,int n)
//由后序序列 poststr[ipost..ipost + n - 1]和 instr 中序序列[iin..iin + n - 1]构造二叉链
{   BTNode t;
    char ch; int p, k;
    if (n <= 0) return null;
    t = new BTNode();
```

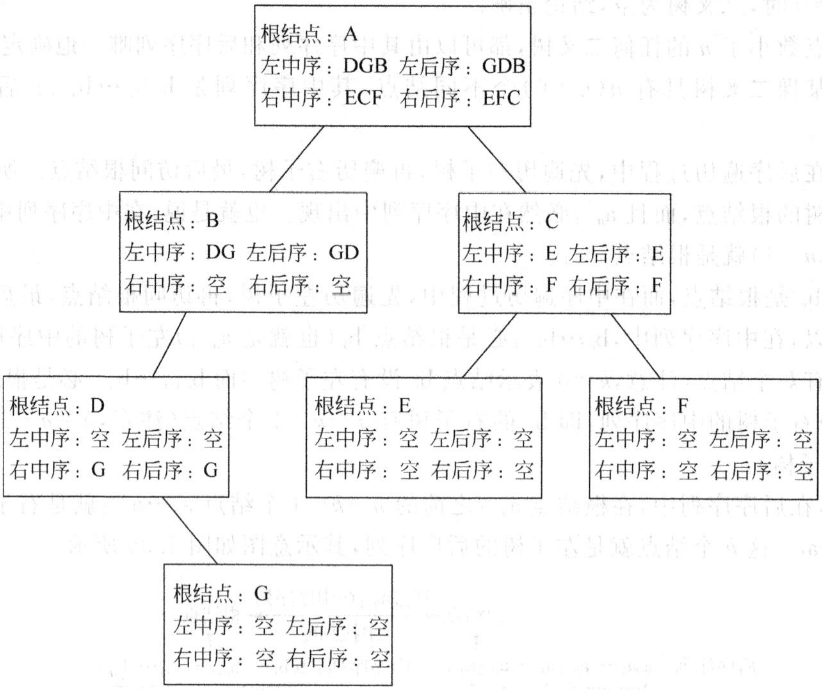

图 6.36　由后序序列和中序序列构造二叉树的过程

```
    ch = poststr[ipost + n - 1];
    t.data = ch;
    p = iin;
    while (p< iin + n)                  //在中序序列中找等于 prestr[ipre]的位置 k
    {   if (instr[p] == ch)
            break;                      //在 instr 中找到后退出循环
        p++;
    }
    k = p - iin;                        //确定根结点在 instr 中的位置
    t.lchild = CreateBT22(poststr,ipost,instr,iin,k);           //递归构造左子树
    t.rchild = CreateBT22(poststr,ipost + k,instr,p + 1,n - k - 1);  //递归构造右子树
    return t;
}
```

【例 6.16】 若某非空二叉树的先序序列和后序序列正好相同，则该二叉树的形态是什么？

解：用 N 表示根结点，L、R 分别表示根结点的左、右子树。二叉树的先序序列是 NLR，后序序列是 LRN。要使 NLR=LRN 成立，则 L 和 R 均为空。所以，满足条件的二叉树只有一个根结点。

【例 6.17】 若某非空二叉树的先序序列和中序序列正好相反，则该二叉树的形态是什么？

解：二叉树的先序序列是 NLR，中序序列是 LNR。要使 NLR=RNL(中序序列反序)成立，则 R 必须为空。所以，满足条件的二叉树的形态是所有结点没有右子树。

构造二叉树的实践项目

项目 1：设计一个算法，通过先序和中序序列构造二叉树，并用相关数据进行测试，其操作界面如图 6.37 所示。

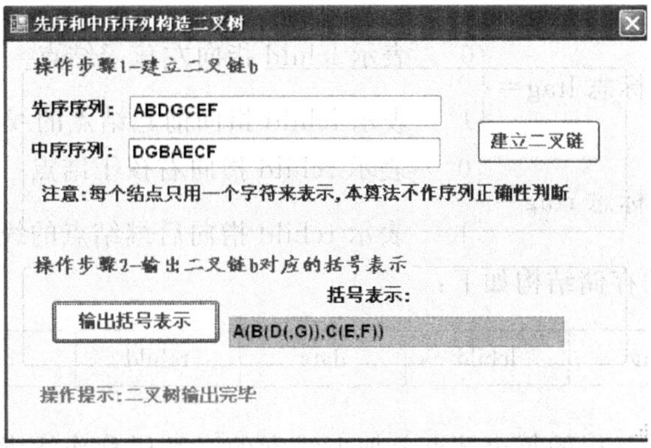

图 6.37　构造二叉树——实践项目 1 的操作界面

项目 2：设计一个算法，通过后序和中序序列构造二叉树，并用相关数据进行测试，其操作界面如图 6.38 所示。

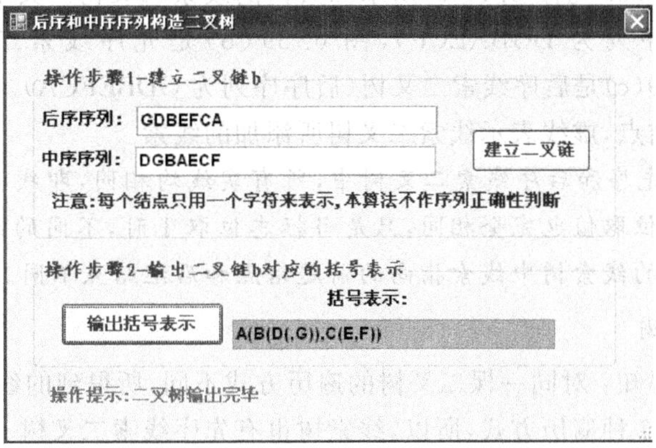

图 6.38　构造二叉树——实践项目 2 的操作界面

6.2.8　线索二叉树

1. 线索二叉树的定义

对于具有 n 个结点的二叉树，采用二叉链存储结构时，每个结点有两个指针域，总共有 $2n$ 个指针域，又由于只有 $n-1$ 个结点被有效指针所指向（n 个结点中只有树根结点没有被有效指针域所指向），则共有 $2n-(n-1)=n+1$ 个空链域。

遍历二叉树的结果是一个结点的线性序列。可以利用这些空链域存放指向结点的前趋结点和后继结点的指针。这样的指向该线性序列中的“前趋结点”和“后继结点”的指针，称作线索。

由于遍历方式不同，产生的遍历线性序列也不同，可以做如下规定：当某结点的左指针为空时，令该指针指向按某种方式遍历二叉树时得到的该结点的前趋结点；当某结点的右指针为空时,令该指针指向按某种方式遍历二叉树时得到的该结点的后继结点。但如何区分左指针指向的结点到底是左孩子结点还是前趋结点,右指针指向的结点到底是右孩子结点还是后继结点呢。为此,在结点的存储结构上增加两个标志位来区分这两种情况。

$$左标志\ ltag=\begin{cases}0 & 表示\ lchild\ 指向左孩子结点\\1 & 表示\ lchild\ 指向前趋结点的线索\end{cases}$$

$$右标志\ rtag=\begin{cases}0 & 表示\ rchild\ 指向右孩子结点\\1 & 表示\ rchild\ 指向后继结点的线索\end{cases}$$

这样,每个结点的存储结构如下:

ltag	lchild	data	rchild	rtag

按上述原则,在二叉树的每个结点上加上线索的二叉树称作线索二叉树。对二叉树以某种方式遍历使其变为线索二叉树的过程称作按该方式对二叉树进行线索化。

为了使算法设计方便,在线索二叉树中再增加一个头结点。头结点的 data 域为空;lchild 指向无线索时的根结点,ltag 为 0;rchild 指向按某种方式遍历二叉树时的最后一个结点,rtag 为 1。图 6.39 为图 6.14(a)所示二叉树的线索二叉树。其中,图 6.39(a)是中序线索二叉树(中序序列为 DGBAECF),图 6.39(b)是先序线索二叉树(先序序列为 ABDGCEF),图 6.39(c)是后序线索二叉树(后序序列为 GDBEFCA)。图中,实线表示二叉树原来指针所指的结点,虚线表示线索二叉树所添加的线索。

注意:在中序、先序和后序线索二叉树中,所有实线均相同,即线索化之前的二叉树相同,所有结点的标志位取值也完全相同,只是当标志位取 1 时,不同的线索二叉树将用不同的虚线表示,即不同的线索树中线索指向的前趋结点和后继结点不同。

2. 线索化二叉树

从上节的讨论得知:对同一棵二叉树的遍历方式不同,所得到的线索树也不同,二叉树有先序、中序和后序 3 种遍历方式,所以,线索树也有先序线索二叉树、中序线索二叉树和后序线索二叉树 3 种。以中序线索二叉树为例,讨论建立线索二叉树的算法。

建立线索二叉树,或者说,对二叉树线索化,实质上就是遍历一棵二叉树,在遍历的过程中检查当前结点的左、右指针域是否为空。如果为空,将它们改为指向前趋结点或后继结点的线索。另外,在对一棵二叉树添加线索时,创建一个头结点,并建立头结点与二叉树的根结点的线索。对二叉树线索化后,还须建立最后一个结点与头结点之间的线索。

为了实现线索化二叉树,将前面二叉树结点的类型定义修改如下:

```
class TBTNode                         //线索二叉树的结点类型类
{   public char data;                 //数据元素
    public int ltag,rtag;             //线索标识
    public TBTNode lchild;            //指向左孩子结点或线索
    public TBTNode rchild;            //指向右孩子结点或线索
};
```

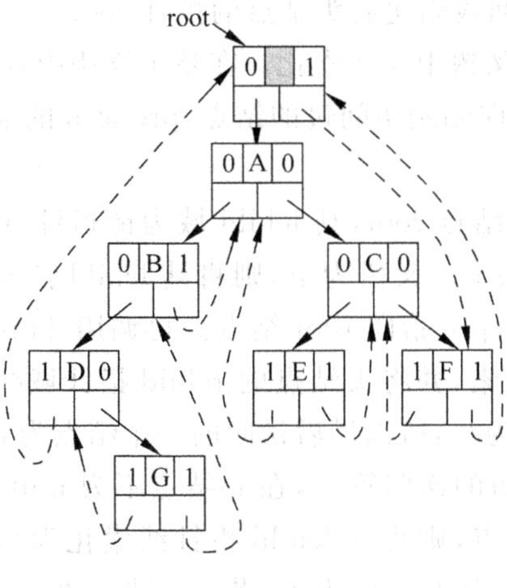

(a) 中序线索树

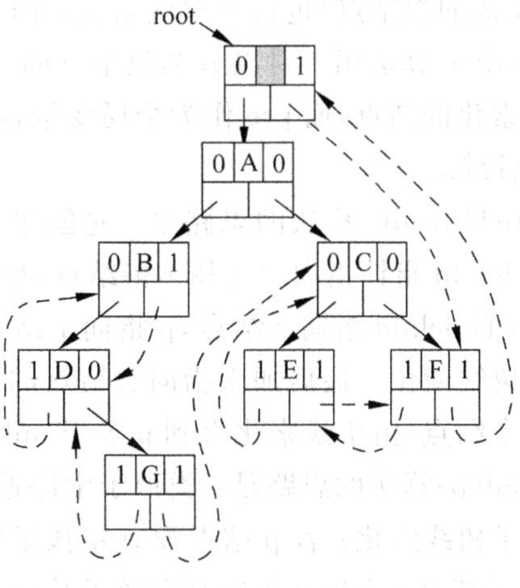

(b) 先序线索树

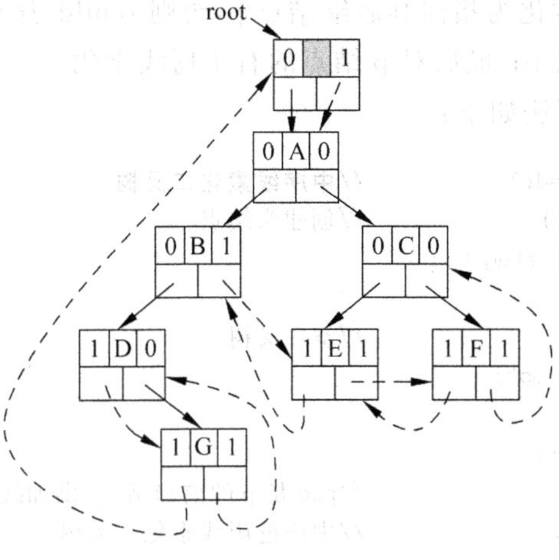

(c) 后序线索树

图 6.39　线索二叉树

本小节仅讨论二叉树的中序线索化，设计中序线索化二叉树类 TBTNodeClass 如下（本小节的所有算法均包含在 TBTNodeClass 类中）：

```
class TBTNodeClass
{    …
     TBTNode r = new TBTNode();                    //二叉树的根结点 r
     TBTNode root;                                 //线索二叉树的头结点
     TBTNode pre;                                  //用于中序线索化
     public string btstr;
     public TBTNodeClass()                         //构造函数，用于二叉树结点的初始化
     {    r.lchild = r.rchild = null; }
     //中序线索二叉树的基本运算算法
}
```

下面是建立中序线索二叉树的算法。CreateThread()算法是将以二叉链存储的二叉树

r(r为二叉链的根结点)进行中序线索化,并返回线索化后头结点的指针root。

Thread(p)算法用于对以p为根结点的二叉树中序线索化。在整个算法中,p总是指向当前被线索化的结点,而pre作为全局变量,指向刚刚访问过的结点,pre是p的前趋结点,p是pre的后继结点。

CreateThread()算法的思路是:先创建头结点root,其lchild域为链指针,rchild域为线索。将lchild指针指向二叉树r根结点,如果r二叉树为空,则将其lchild指向自身。否则,将root的lchild指向r结点,p指向r结点,pre指向root结点。再调用Thread(p),对整个二叉树线索化。最后加入指向头结点的线索,并将头结点的rchild指针域线索化为指向最后一个结点(由于线索化直到p等于null为止,所以最后访问的一个结点为pre结点)。

Thread(p)算法的思路是:类似于中序遍历的递归算法,在p结点不为null时,先对p结点的左子树线索化;若p结点没有左孩子结点,则将其lchild指针线索化为指向其前趋结点pre,否则表示lchild指向其左孩子结点,将其ltag置为1;若pre结点的rchild指针为null,将其rchild指针线索化为指向其后继结点p,否则rchild表示指向其右孩子结点,将其rtag置为1,再将pre替换p;最后对p结点的右子树线索化。

中序线索二叉树的算法如下:

```
public void CreateThread()              //中序线索化二叉树
{   root = new TBTNode();               //创建头结点
    root.ltag = 0; root.rtag = 1;
    root.rchild = r;
    if (r == null)                      //空二叉树
        root.lchild = root;
    else
    {   root.lchild = r;
        pre = root;                     //pre是p的前趋结点,供加线索用
        Thread(ref r);                  //中序遍历线索化二叉树
        pre.rchild = root;              //最后处理,加入指向头结点的线索
        pre.rtag = 1;
        root.rchild = pre;              //头结点右线索化
    }
}
private void Thread(ref TBTNode p)      //对二叉树p进行中序线索化
{   if (p!= null)
    {   Thread(ref p.lchild);           //左子树线索化,此时p结点的左子树不存在或已线索化
        if (p.lchild == null)           //左孩子不存在:进行前趋结点线索化
        {   p.lchild = pre;             //建立当前结点的前趋结点线索
            p.ltag = 1;
        }
        else p.ltag = 0;                //p结点的左子树已线索化
        if (pre.rchild == null)         //对pre的后继结点线索化
        {   pre.rchild = p;             //建立前趋结点的后继结点线索
            pre.rtag = 1;
        }
        else pre.rtag = 0;
        pre = p;
        Thread(ref p.rchild);           //右子树线索化
```

```
    }
}
```

3. 遍历线索化二叉树

遍历某种次序的线索二叉树，就是从该次序下的开始结点出发，反复找到该结点在该次序下的后继结点，直到终端结点。

在先序线索二叉树中查找一个结点的先序后继结点很简单，而查找先序前趋结点必须知道该结点的双亲结点。同样，在后序线索二叉树中查找一个结点的后序前趋结点也很简单，而查找后序后继结点也必须知道该结点的双亲结点。由于二叉链中没有存放双亲的指针，因此，在实际应用中，较少用到先序线索二叉树和后序线索二叉树，这里不多讨论。

在中序线索二叉树中，开始结点就是根结点的最左下结点，而求当前结点在中序序列下的后继结点和前趋结点的方法见表 6.2，最后一个结点的 rchild 指针被线索化为指向头结点。利用这些条件，在中序线索化二叉树中实现中序遍历的算法如下：

```
public string ThInOrder()                           //中序线索二叉树的中序遍历
{   string mystr = "";
    TBTNode p = root.lchild;                        //p指向根结点
    while (p!= root)
    {   while (p!= root && p.ltag == 0)
            p = p.lchild;                           //找开始结点
        mystr += p.data.ToString() + " ";           //访问结点
        while (p.rtag == 1 && p.rchild!= root)
        {   p = p.rchild;
            mystr += p.data.ToString() + " ";       //访问结点
        }
        p = p.rchild;
    }
    return mystr;
}
```

显然，该算法是一个非递归算法，算法的时间复杂度为 O(n)。

表 6.2 求当前结点在中序序列下的后继结点和前趋结点的方法

<table>
<tr><th colspan="4">求当前结点在中序下的后继结点</th><th colspan="4">求当前结点在中序下的前趋结点</th></tr>
<tr><td colspan="2" rowspan="2">p.</td><td colspan="2">rtag</td><td colspan="2" rowspan="2">p.</td><td colspan="2">ltag</td></tr>
<tr><td>==0</td><td>==1</td><td>==0</td><td>==1</td></tr>
<tr><td rowspan="2">rchild</td><td>==root</td><td></td><td>无后继结点</td><td rowspan="2">lchild</td><td>==root</td><td></td><td>无前趋结点</td></tr>
<tr><td>!=root</td><td>后继结点为当前结点右子树的中序下的开始结点</td><td>后继结点为右孩子结点</td><td>!=root</td><td>前趋结点为当前结点左子树的中序下的最后一个结点</td><td>前趋结点为左孩子结点</td></tr>
</table>

线索二叉树的实践项目

设计一个项目，实现二叉树的中序线索化，并进行中序遍历，并用相关数据进行测试，其操作界面如图 6.40 所示。

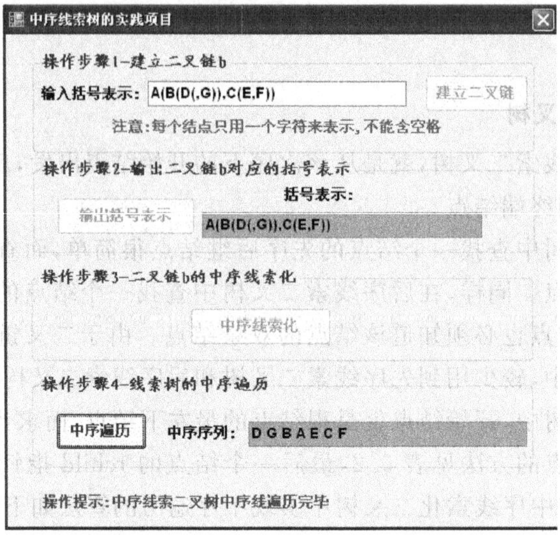

图 6.40　线索二叉树——实践项目的操作界面

6.3　哈夫曼树

哈夫曼树是二叉树的应用之一。本节介绍哈夫曼树的定义、构造算法和哈夫曼编码。

6.3.1　哈夫曼树的定义

在许多应用中,常常将树中的结点赋上一个有某种意义的数值,称此数值为该结点的权。从树根结点到该结点之间的路径长度与该结点上权的乘积称为结点的带权路径长度。树中所有叶子结点的带权路径长度之和称为该树的带权路径长度,通常记为:

$$\mathrm{WPL} = \sum_{i=1}^{n_0} w_i l_i$$

其中,n_0 表示叶子结点的数目,w_i 和 l_i($1 \leqslant i \leqslant n_0$)分别表示叶子结点 k_i 的权值和根到 k_i 之间的路径长度(即从叶子结点到达根结点的分支数)。

在 n_0 个带权叶子结点构成的所有二叉树中,带权路径长度 WPL 最小的二叉树称为**哈夫曼树**或最优二叉树。因为构造这种树的算法最早由哈夫曼于 1952 年提出,所以被称为哈夫曼树。

例如,给定 4 个叶子结点,设其权值分别为 1、3、5、7,可以构造出形状不同的 4 棵二叉树,如图 6.41 所示。它们的带权路径长度分别为:

(a) WPL=1×2+3×2+5×2+7×2=32

(b) WPL=1×2+3×3+5×3+7×1=33

(c) WPL=7×3+5×3+3×2+1×1=43

(d) WPL=1×3+3×3+5×2+7×1=29

由此可见,对于一组具有确定权值的叶子结点,可以构造出多个具有不同带权路径长度的二叉树,把其中最小带权路径长度的二叉树称作哈夫曼树,又称作最优二叉树。可以证明，图 6.41(d)所示的二叉树是一棵哈夫曼树。

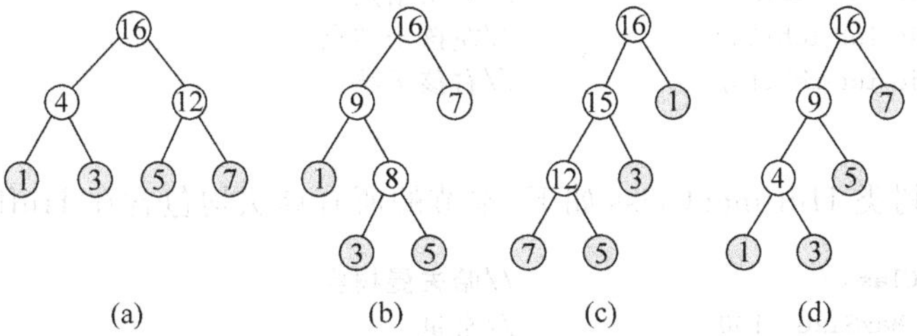

图 6.41　由 4 个叶子结点构成不同带权路径长度的二叉树

6.3.2　哈夫曼树的构造算法

给定 n_0 个权值，如何构造一棵含有 n_0 个带有给定权值的叶子结点的二叉树，使其带权路径长度 WPL 最小呢？哈夫曼最早给出了一个带有一般规律的算法，称为哈夫曼算法。哈夫曼算法如下：

(1) 根据给定的 n_0 个权值 $W=(w_1,w_2,\cdots,w_{n0})$，对应结点构成 n_0 棵二叉树的森林 $T=(T_1,T_2,\cdots,T_{n0})$，其中每棵二叉树 $T_i(1\leqslant i\leqslant n_0)$中都只有一个带权值为 w_i 的根结点，其左、右子树均为空。

(2) 在森林 T 中选取两棵结点的权值最小的子树分别作为左、右子树构造一棵新的二叉树，且置新的二叉树的根结点的权值为其左、右子树上根的权值之和。

(3) 在森林 T 中，用新得到的二叉树代替这两棵树。

(4) 重复(2)和(3)，直到 T 只含一棵树为止，这棵树便是哈夫曼树。

例如，假定仍采用上例中给定的权值 $W=(1,3,5,7)$来构造一棵哈夫曼树，按照上述算法，图 6.42 给出一棵哈夫曼树的构造过程，其中图 6.42(d)就是最后生成的哈夫曼树，它的带权路径长度为 29。

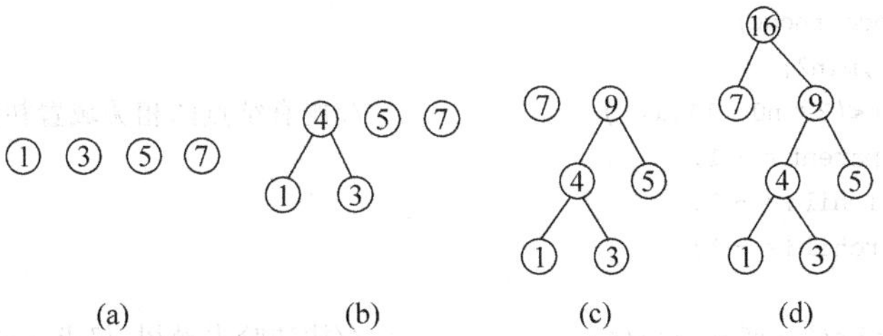

图 6.42　构造哈夫曼树的过程

定理 6.3：对于具有 n_0 个叶子结点的哈夫曼树，共有 $2n_0-1$ 个结点。

证明：从哈夫曼树的构造过程看出，哈夫曼树不存在度为 1 的结点，即 $n_1=0$。由二叉树的性质 1 可知 $n_0=n_2+1$，即 $n_2=n_0-1$，则结点总数 $n=n_0+n_1+n_2=n_0+n_2=n_0+n_0-1=2n_0-1$。

为了实现构造哈夫曼树的算法，设计哈夫曼树中每个结点类型如下：

```
struct HTNode                           //哈夫曼树结点类
  {    public string data;              //结点值
```

```
        public double weight;              //权值
        public int parent;                 //双亲结点
        public int lchild;                 //左孩子结点
        public int rchild;                 //右孩子结点
    };
```

定义哈夫曼树类 HuffmanClass 如下(本节的所有算法均包含在 HuffmanClass 类中):

```
class HuffmanClass                         //哈夫曼树类
{   const int MaxSize = 100;               //常量
    public int n0;                         //权值个数
    public HTNode[ ] ht;                   //存放哈夫曼树
    public HCode[ ] hcd;                   //存放哈夫曼编码
    public HuffmanClass()                  //构造函数,用于哈夫曼树和哈夫曼编码的初始化
    {   ht = new HTNode[MaxSize];
        hcd = new HCode[MaxSize];
    }
    //哈夫曼树的基本运算算法
}
```

在哈夫曼树类 HuffmanClass 中,用 ht 数组存放哈夫曼树,每个结点用 ht 数组下标唯一标识。对于具有 n_0 个叶子结点的哈夫曼树,总共有 $2n_0-1$ 个结点。其算法的思路是:n_0 个叶子结点(存放在 ht[0..n_0-1]中)只有 data 和 weight 域值,先将所有 $2n_0-1$ 个结点的 parent、lchild 和 rchild 域置为初值−1。处理每个非叶子结点 ht[i](存放在 ht[n_0..$2n_0-2$]中):从 ht[0]～ht[$i-2$]中找出根结点(即其 parent 域为−1)最小的两个结点 ht[lnode]和 ht[rnode],将它们作为 ht[i]的左右子树,ht[lnode]和 ht[rnode]的双亲结点置为 ht[i],并且 ht[i].weight=ht[lnode].weight+ht[rnode].weight。如此这样,直到所有 $2n_0-1$ 个非叶子结点处理完毕。构造哈夫曼树的算法如下:

```
public void CreateHT()
{   int i,k,lnode,rnode;
    double min1,min2;
    for (i = 0;i<(2 * n0 - 1);i++)                //所有结点的相关域置初值 - 1
    {   ht[i].parent = - 1;
        ht[i].lchild = - 1;
        ht[i].rchild = - 1;
    }
    for (i = n0;i<(2 * n0 - 1);i++)               //构造哈夫曼树,仅求非叶子结点
    {   min1 = min2 = 32767.00;                   //lnode 和 rnode 为最小权重的两个结点位置
        lnode = rnode = - 1;
        for (k = 0;k <= (i - 1);k++)              //在 ht 数组中找权值最小的两个结点
            if (ht[k].parent == - 1)              //只在尚未构造二叉树的结点中查找
            {   if (ht[k].weight < min1)
                {   min2 = min1; rnode = lnode;
                    min1 = ht[k].weight;
                    lnode = k;
                }
                else if (ht[k].weight < min2)
                {   min2 = ht[k].weight;
```

```
                rnode = k;
            }
        }
        ht[lnode].parent = i; ht[rnode].parent = i;
        ht[i].weight = ht[lnode].weight + ht[rnode].weight;
        ht[i].lchild = lnode;
        ht[i].rchild = rnode;          //ht[i]作为双亲结点
    }
}
```

6.3.3 哈夫曼编码

在数据通信中，经常需要将传送的文字转换为二进制字符 0 和 1 组成的二进制字符串，称这个过程为编码。显然，希望电文编码的代码长度最短。哈夫曼树可用于构造使电文编码的代码长度最短的编码方案。

具体构造方法如下：设需要编码的字符集合为{d_1，d_2，…，d_{n0}}，各个字符在电文中出现的次数集合为{w_1，w_2，…，w_{n0}}，以 d_1、d_2、…、d_{n0} 作为叶子结点，以 w_1、w_2、…、w_{n0} 作为各根结点到每个叶子结点的权值构造一棵哈夫曼树，规定哈夫曼树中的左分支为 0，右分支为 1，则从根结点到每个叶子结点所经过的分支对应的 0 和 1 组成的序列便为该结点对应字符的编码，这样的编码称为**哈夫曼编码**。

哈夫曼编码的实质就是使用频率越高的采用的编码越短。为了实现构造哈夫曼编码的算法，设计存放每个结点哈夫曼编码的类型如下：

```
struct HCode                          //哈夫曼编码类型
{   public char [] cd;                //存放当前结点的哈夫曼码，码长最多为 50
    public int start;                 //用 cd[start..n0]存放哈夫曼码
};
```

由于哈夫曼树中每个叶子结点的哈夫曼编码长度不同，为此采用 HCode 类型变量的 cd[start..n_0]存放当前结点的哈夫曼码。只需对叶子结点求哈夫曼编码。对于当前叶子结点 ht[i]($0 \leqslant i < n_0$)，先将对应的哈夫曼码 hch[i]的 start 域值置初值 n_0，找其双亲结点 ht[f]，若当前结点是双亲结点的左孩子结点，则在 hcd[i]的 cd 数组中添加 0，若当前结点是双亲结点的右孩子结点，则在 hcd[i]的 cd 数组中添加 1，并将 start 域减 1。再对双亲结点进行同样的操作，如此这样，直到无双亲结点，即到达树根结点，最后让 start 指向哈夫曼编码最开始字符。

根据哈夫曼树求对应的哈夫曼编码的算法如下：

```
public void CreateHCode()                      //根据哈夫曼树求哈夫曼编码
{   int i,f,c;
    for (i = 0;i < n0;i++)
    {   hcd[i].cd = new char[50];
        hcd[i].cd[0] = 'A';
        hcd[i].start = n0;
        c = i; f = ht[i].parent;
        while (f!= -1)                         //循环直到无双亲结点，即到达树根结点
        {   if (ht[f].lchild == c)             //当前结点是双亲结点的左孩子结点
```

```
                {   hcd[i].cd[hcd[i].start] = '0';
                    hcd[i].start -- ;
                }
                else                          //当前结点是双亲结点的右孩子结点
                {   hcd[i].cd[hcd[i].start] = '1';
                    hcd[i].start -- ;
                }
                c = f;                        //再对双亲结点进行同样的操作
                f = ht[f].parent;
            }
            hcd[i].start++;                   //start 指向哈夫曼编码最开始字符
        }
    }
```

说明：在一组字符的哈夫曼编码中，任一字符的哈夫曼编码不可能是另一字符哈夫曼编码的前缀。

【例 6.18】 假定用于通信的电文仅由 a、b、c、d、e、f、g、h 共 8 个字母组成($n_0=8$)，字母在电文中出现的频率分别为 0.07、0.19、0.02、0.06、0.32、0.03、0.21 和 0.10，试为这些字母设计哈夫曼编码。

解：构造哈夫曼树的过程如下。

第 1 步：由 8 个字符构造 8 个结点(编号分别为 0～7)，结点的权值如上所给。

第 2 步：将频率最低的 c 和 f 结点合并成一棵二叉树，其根结点的频率为 0.05，记为结点 8。

第 3 步：将频率低的结点 8 和 d 结点合并成一棵二叉树，其根结点的频率为 0.11，记为结点 9。

第 4 步：将频率低的 a 和 h 结点合并成一棵二叉树，其根结点的频率为 0.17，记为结点 10。

第 5 步：将频率低的 9 和 10 结点合并成一棵二叉树，其根结点的频率为 0.28，记为结点 11。

第 6 步：将频率低的 b 和 g 结点合并成一棵二叉树，其根结点的频率为 0.40，记为结点 12。

第 7 步：将频率低的 11 和 e 结点合并成一棵二叉树，其根结点的频率为 0.60，记为结点 13。

第 8 步：将频率低的 12 和 13 结点合并成一棵二叉树，其根结点的频率为 1.00，记为结点 14。

最后构造的哈夫曼树如图 6.43 所示(树中的叶子结点用圆或椭圆表示，分支结点用矩形表示，其中的数字表示结点的频率，结点旁的数字为结点编号)，给所有的左分支加上 0，所有的右分支加上 1，从而得到各字母的哈夫曼编码如下：

```
a: 1010        b: 00        c: 10000        d: 1001
e: 11          f: 10001     g: 01           h: 1011
```

这样，在求出每个叶子结点的哈夫曼后，求得该哈夫曼树的带权路径长度 WPL＝4×0.07＋2×0.19＋5×0.02＋4×0.06＋2×0.32＋5×0.03＋2×0.21＋4×0.10＝2.61。

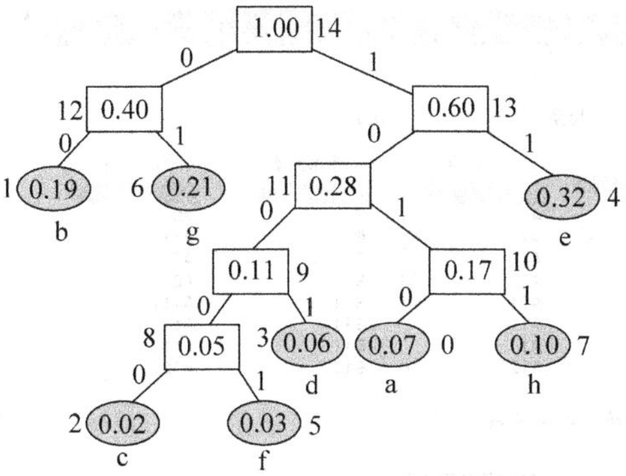

图 6.43　一棵哈夫曼树

哈夫曼树的实践项目

设计一个项目,由用户输入若干个叶子结点值和权值产生哈夫曼树,并输出相应的哈夫曼编码,并用相关数据进行测试,其操作界面如图 6.44 所示。

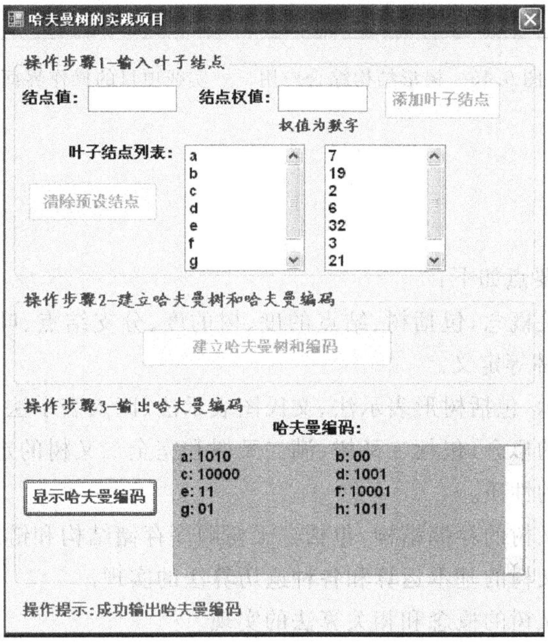

图 6.44　哈夫曼树——实践项目的操作界面

树形结构应用的实践项目

设计一个程序项目,采用一棵二叉树表示一个家谱结构。要求具有如下功能:

(1) 文件操作功能:添加家谱记录,清除全部预设的家谱记录,将家谱记录存到家谱文件中和加载家谱文件。

(2) 家谱操作功能:用括号表示法输出家谱二叉树,查找某人的所有儿子和某人的所有男性祖先。

用相关数据进行测试,其操作界面如图 6.45 所示。

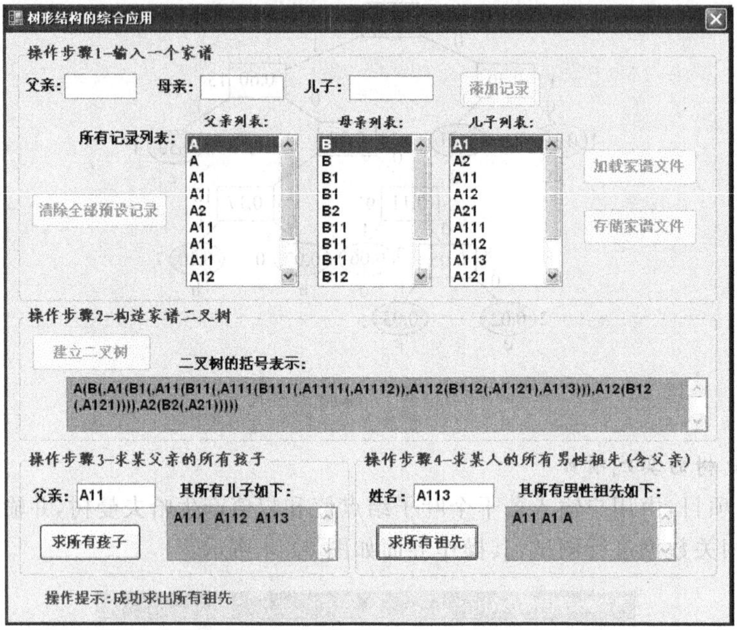

图 6.45　树形结构综合应用——实践项目的操作界面

本章小结

本章的基本学习要点如下:

(1) 掌握树的相关概念,包括树、结点的度、树的度、分支结点、叶子结点、儿子结点、双亲结点、树的深度、森林等定义。

(2) 掌握树的表示,包括树形表示法、文氏图表示法、凹入表示法和括号表示法等。

(3) 掌握二叉树的概念,包括二叉树、满二叉树和完全二叉树的定义。

(4) 掌握二叉树的性质。

(5) 重点掌握二叉树的存储结构,包括二叉树顺序存储结构和链式存储结构。

(6) 重点掌握二叉树的基本运算和各种遍历算法的实现。

(7) 掌握线索二叉树的概念和相关算法的实现。

(8) 掌握哈夫曼树的定义、哈夫曼树的构造过程和哈夫曼编码的产生方法。

(9) 灵活运用二叉树这种数据结构解决一些综合应用问题。

练习题 6

1. 单项选择题

(1) 现有一"遗传"关系,设 x 是 y 的父亲,则 x 可以把他的属性遗传给 y。表示该遗传关系最适合的数据结构为________。

A. 数组　　　　B. 树　　　　C. 图　　　　D. 线性表

(2) 一棵高度为 h，结点个数为 n 的 $m(m \geqslant 3)$ 次树中，其分支数是________。

A. nh　　B. $n+h$　　C. $n-1$　　D. $h+1$

(3) 若一棵 3 次树中有 2 个度为 3 的结点，1 个度为 2 的结点，2 个度为 1 的结点，该树一共有________个结点。

A. 5　　B. 8　　C. 10　　D. 11

(4) 若一棵有 n 个结点的二叉树，其中所有分支结点的度均为 k，该树中的叶子结点个数是________。

A. $n(k-1)/k$　　B. $n-k$　　C. $(n+1)/k$　　D. $(nk-n+1)/k$

(5) 以下关于二叉树的说法中，正确的是________。

A. 二叉树中每个结点的度均为 2　　B. 二叉树中至少有一个结点的度为 2

C. 二叉树中每个结点的度可以小于 2　　D. 二叉树中至少有一个结点

(6) 若一棵二叉树具有 10 个度为 2 的结点，5 个度为 1 的结点，则度为 0 的结点个数为________。

A. 9　　B. 11　　C. 15　　D. 不确定

(7) 具有 10 个叶子结点的二叉树中有________个度为 2 的结点。

A. 8　　B. 9　　C. 10　　D. 11

(8) 一棵二叉树中有 7 个叶子结点和 5 个单分支结点，其总共有________个结点。

A. 16　　B. 18　　C. 12　　D. 31

(9) 一棵二叉树中有 35 个结点，其中所有结点的度之和是________。

A. 35　　B. 16　　C. 33　　D. 34

(10) 深度为 5 的二叉树至多有________个结点。

A. 16　　B. 32　　C. 31　　D. 10

(11) 深度为 5 的二叉树至少有________个结点。

A. 5　　B. 6　　C. 7　　D. 31

(12) 二叉树第 i 层上至多有________个结点。

A. 2^i　　B. 2^{i-1}　　C. $2^{i-1}-1$　　D. 2^i-1

(13) 一个具有 1025 个结点的二叉树的高 h 为________。

A. 11　　B. 10　　C. 11～1025　　D. 12～1024

(14) 一棵完全二叉树中有 501 个叶子结点，则至少有________个结点。

A. 501　　B. 502　　C. 1001　　D. 1002

(15) 一棵完全二叉树中有 501 个叶子结点，则至多有________个结点。

A. 501　　B. 502　　C. 1001　　D. 1002

(16) 一棵高度为 8 的完全二叉树至少有________个叶子结点。

A. 63　　B. 64　　C. 127　　D. 128

(17) 一棵高度为 8 的完全二叉树至多有________个叶子结点。

A. 63　　B. 64　　C. 127　　D. 128

(18) 一棵满二叉树中共有 127 个结点，其中叶子结点的个数是________。

A. 63　　B. 64　　C. 65　　D. 不确定

(19) 一棵满二叉树共有 64 个叶子结点，则其结点个数为________。

A. 64　　B. 65　　C. 127　　D. 128

(20) 设森林F中有3棵树,第一、第二和第三棵树的结点个数分别为9、8和7,则与森林F对应的二叉树根结点的右子树上的结点个数是________。

A. 16　　B. 15　　C. 7　　D. 17

(21) 如果二叉树 T_2 是由一棵树 T_1 转换而来的二叉树,那么 T_1 中结点的先根序列对应 T_2 的________序列。

A. 先序遍历　　B. 中序遍历　　C. 后序遍历　　D. 层次遍历

(22) 某二叉树的先序遍历序列和后序遍历序列正好相反,则该二叉树一定是________。

A. 空或只有一个结点　　B. 完全二叉树

C. 二叉排序树　　D. 高度等于其结点数

(23) 一棵二叉树的先序遍历序列为ABCDEFG,它的中序遍历序列可能是________。

A. CABDEFG　　B. ABCDEFG　　C. DACEFBG　　D. ADCFEG

(24) 一棵二叉树的先序遍历序列为ABCDEF,中序遍历序列为CBAEDF,则后序遍历序列为________。

A. CBEFDA　　B. FEDCBA　　C. CBEDFA　　D. 不确定

(25) 线索二叉树是一种________结构。

A. 逻辑　　B. 逻辑和存储　　C. 物理　　D. 线性

(26) 根据使用频率为5个字符设计的哈夫曼编码不可能是________。

A. 000,001,010,011,1　　B. 0000,0001,001,01,1

C. 000,001,01,10,11　　D. 00,100,101,110,111

2. 问答题

(1) 已知一棵度为4的树中,度为 $i(i>1)$ 的结点个数有 i 个,问该树中有多少个叶子结点?

(2) 对于具有 n 个结点的 m 次树,回答以下问题:

① 若采用孩子链存储结构,共有多少个空指针域?

② 若采用孩子兄弟链存储结构,共有多少个空指针域?

(3) 任意一个有 n 个结点的二叉树,已知它有 m 个叶子结点,试证明有 $(n-2m+1)$ 个度为1的结点。

(4) 已知一棵完全二叉树的第6层(设根结点为第1层)有8个叶子结点,则该完全二叉树的结点个数最多是多少?最少是多少?

(5) 已知高度为8的完全二叉树的第8层有8个结点,则其叶子结点数是多少?

(6) 如果在二叉树结点的先序序列、中序序列和后序序列中,结点a、b的位置是a在前、b在后(即形如…a…b…),则a、b可能是兄弟吗?a可能是b的双亲吗?a可能是b的孩子吗?

(7) 设给定权集 $W=\{2,3,4,7,8,9\}$,试构造关于 W 的一棵哈夫曼树,并求其带权路径长度WPL。

(8) 设哈夫曼编码的长度不超过4,若已对两个字符编码为1和01,则最多还可以对多少个字符编码?

3. 算法设计题

(1) 假设二叉树采用二叉链存储结构存储，设计一个算法，求先序遍历序列中第 k(1≤k≤二叉树中的结点个数)个结点的值。

(2) 设计一个算法，将一棵以二叉链方式存储的二叉树 b 转换为顺序存储结构 a。

(3) 假设二叉树以二叉链存储，设计一个算法，判断一棵二叉树是否为完全二叉树。

(4) 假设二叉树采用二叉链存储结构，b 指向根结点，p 所指结点为任一给定的结点，设计一个算法，输出从根结点到 p 所指结点之间的路径。

(5) 假设二叉树采用二叉链存储结构，设计一个算法，把二叉树 b 的左、右子树进行交换。要求不破坏原二叉树。

(6) 假设二叉树以二叉链存储，设计一个算法，求其指定的某一层 k(k>1)的叶子结点个数。

(7) 假设一个仅包含二元运算符(加、减、乘和除)的算术表达式，二叉树以二叉链形式存储。设计一个算法，计算该表达式的值。为了方便起见，假设算术表达式中的数值均为一位正整数。

CHAPTER 7

第7章 图

图形结构简称为图，属于复杂的非线性数据结构。在图中，数据元素称为顶点，每个顶点可以有零个或多个前趋顶点，也可以有零个或多个后继顶点。也就是说，图中顶点之间是多对多的任意关系。本章主要介绍图的基本概念、图的存储结构、图的遍历和图应用算法设计等。

7.1 图的基本概念

在实际应用中，很多问题可以用图来描述。本节介绍图的定义和图的基本术语。

7.1.1 图的定义

无论多么复杂的图，都是由顶点和边构成的。采用形式化的定义，图G(Graph)由两个集合V(Vertex)和E(Edge)组成，记为G=(V,E)，其中V是顶点的有限集合，记为V(G)，E是连接V中两个不同顶点(顶点对)的边的有限集合，记为E(G)。

抽象数据类型图的定义如下：

```
ADT Graph
{
数据对象:
    D={a_i | 1≤i≤n,n≥0,a_i 为 int 类型}            //a_i 为每个顶点的唯一编号
数据关系:
    R={r}
    r={<a_i,a_j> | a_i,a_j∈D,1≤i≤n,1≤j≤n,其中 a_i 可以有零个或多个前趋元素,可以有零个或多个后继元素}
基本运算:
    void CreateMGraph(): 根据相关数据建立一个图。
    string DispMGraph(): 输出一个图。
    int Getn(): 求图中的顶点个数。
```

```
    int Gete(): 求图中的边数。
    int Degree(int v): 求顶点 v 的度。
    DFS(v): 从顶点 v 出发深度优先遍历图。
    BFS(v): 从顶点 v 出发广度优先遍历图。
    …
}
```

通常用字母或自然数(顶点的编号)来标识图中的顶点。约定用 $i(0\leqslant i\leqslant n-1)$ 表示第 i 个顶点的编号。$E(\mathrm{G})$ 表示图 G 中边的集合,它确定了图 G 中的数据元素的关系,$E(\mathrm{G})$ 可以为空集,当 $E(\mathrm{G})$ 为空集时,则图 G 只有顶点,而没有边。

在图 G 中,如果代表边的顶点对(或序偶)是无序的,则称 G 为**无向图**。无向图中代表边的无序顶点对通常用圆括号括起来,用以表示一条无向边。如 (i,j) 表示顶点 i 与顶点 j 的一条无向边。显然,(i,j) 和 (j,i) 所代表的是同一条边。如果表示边的顶点对(或序偶)是有序的,则称 G 为**有向图**。在有向图中,代表边的顶点对通常用尖括号括起来,用以表示一条有向边(又称为弧),如 $<i,j>$ 表示从顶点 i 到顶点 j 的一条边,顶点 i 称为 $<i,j>$ 的尾,顶点 j 称为 $<i,j>$ 的头。通常用由尾指向头的箭头形象地表示一条边。可见,有向图中的 $<i,j>$ 和 $<j,i>$ 是两条不同的边。

说明:图中一般不重复出现一条边,如果允许重复边出现,这样的图称为重复边图,如一个无向图中顶点 1 和 2 之间出现两条或两条以上的边。本书中讨论的图均指非重边图。

如图 7.1 所示,图 7.1(a)是一个无向图 $\mathrm{G_1}$,其顶点集合 $V(\mathrm{G_1})=\{0,1,2,3,4\}$,边集合 $E(\mathrm{G_1})=\{(1,2),(1,3),(1,0),(2,3),(3,0),(2,4),(3,4),(4,0)\}$。图 7.1(b)是一个有向图 $\mathrm{G_2}$,其顶点集合 $V(\mathrm{G_2})=\{0,1,2,3,4\}$,边集合 $E(\mathrm{G_2})=\{<1,2>,<1,3>,<0,1>,<2,3>,<0,3>,<2,4>,<4,3>,<4,0>\}$。

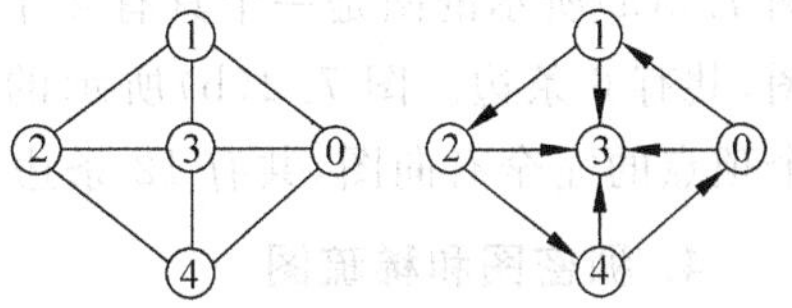

(a) 一个无向图　　(b) 一个有向图

图 7.1　无向图 $\mathrm{G_1}$ 和有向图 $\mathrm{G_2}$

说明:本章约定,对于有 n 个顶点的图,其顶点编号为 $0\sim n-1$,用编号 $i(0\leqslant i\leqslant n-1)$ 来唯一标识一个顶点。

7.1.2　图的基本术语

有关图的各种基本术语如下。

1. 端点和邻接点

在一个无向图中,若存在一条边 (i,j),则称顶点 i 和顶点 j 为该边的两个端点,并称它们互为**邻接点**,即顶点 i 是顶点 j 的一个邻接点,顶点 j 也是顶点 i 的一个邻接点。

在一个有向图中,若存在一条边 $<i,j>$,则称此边是顶点 i 的一条出边,同时也是顶点 j 的一条入边;称 i 和 j 分别为此边的**起始端点**(简称为起点)和**终止端点**(简称终点);称顶点 i 邻接到顶点 j,并称顶点 j 是顶点 i 的**出边邻接点**,顶点 i 是顶点 j 的**入边邻接点**。

2. 顶点的度、入度和出度

在无向图中,顶点所具有的边的数目称为该**顶点的度**。在有向图中,顶点 i 的度又分为入度和出度。以顶点 i 为终点的入边的数目,称为该顶点的**入度**。以顶点 i 为起点的出边的数目,称为该顶点的**出度**。一个顶点的入度与出度的和为该**顶点的度**。

若一个图(无论是有向图或无向图)中有 n 个顶点和 e 条边,每个顶点的度为 d_i($0\leqslant i\leqslant n-1$),则有 $e=\dfrac{1}{2}\sum_{i=0}^{n-1}d_i$ 。

也就是说,一个图中所有顶点的度之和等于边数的两倍。因为图中的每条边分别作为两个邻接点的度各计一次。

【例 7.1】 一个无向图中有 16 条边,度为 4 的顶点有 3 个,度为 3 的顶点有 4 个,其余顶点的度均小于 3,则该图至少有多少个顶点?

解:设该图有 n 个顶点,图中度为 i 的顶点数为 n_i($0\leqslant i\leqslant 4$),$n_4=3$,$n_3=4$,要使顶点数最少,该图应是连通的,即 $n_0=0$,$n=n_4+n_3+n_2+n_1+n_0=7+n_2+n_1$,即 $n_2+n_1=n-7$,度之和$=4\times3+3\times4+2\times n_2+n_1=24+2n_2+n_1\leqslant24+2(n_2+n_1)=24+2\times(n-7)=10+2n$。而度之和$=2e=32$,所以有 $10+2n\geqslant32$,即 $n\geqslant11$,即这样的无向图至少有 11 个顶点。

3. 完全图

若无向图中的每两个顶点之间都存在着一条边,有向图中的每两个顶点之间都存在着方向相反的两条边,则称此图为**完全图**。显然,含有 n 个顶点的完全无向图有 $n(n-1)/2$ 条边,含有 n 个顶点的完全有向图包含 $n(n-1)$ 条边。例如,图 7.2(a)所示的图是一个具有 4 个顶点的完全无向图,共有 6 条边。图 7.2(b)所示的图是一个具有 4 个顶点的完全有向图,共有 12 条边。

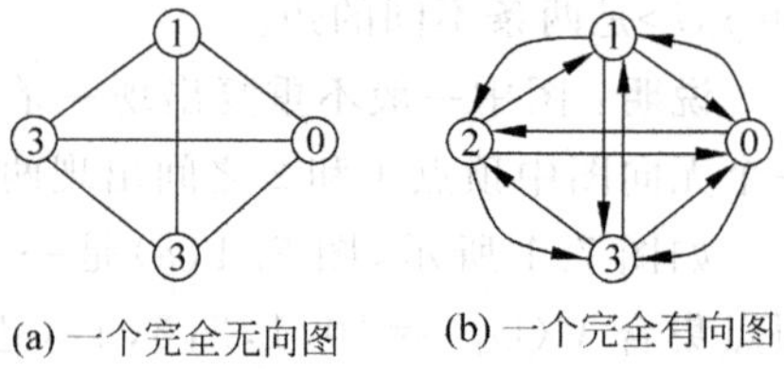

图 7.2 两个完全图

4. 稠密图和稀疏图

当一个图接近完全图时,则称为**稠密图**。相反,当一个图含有较少的边数(即无向图有 $e<<n(n-1)/2$,有向图有 $e<<n(n-1)$)时,则称为**稀疏图**。

5. 子图

设有两个图 G=(V,E)和 G'=(V',E'),若 V'是 V 的子集,即 $V'\subseteq V$,且 E'是 E 的子集,即 $E'\subseteq E$,则称 G'是 G 的子图。

说明:图 G 的子图 G'一定是个图,所以并非 V 的任何子集 V''和 E 的任何子集 E''都能构成 G 的子图,因为这样的(V'',E'')并不一定构成一个图。

6. 路径和路径长度

在一个图 G=(V,E)中,从顶点 i 到顶点 j 的一条**路径**是一个顶点序列$(i,i_1,i_2,\cdots,i_m,j)$,若此图 G 是无向图,则边(i,i_1),(i_1,i_2),…,(i_{m-1},i_m),(i_m,j)属于 E(G);若此图是有向图,则$<i,i_1>$,$<i_1,i_2>$,…,$<i_{m-1},i_m>$,$<i_m,j>$属于 E(G)。**路径长度**是指一条路径上经过的边的数目。若一条路径上除开始点和结束点可以相同外,其余顶点均不相同,则称此路径为**简单路径**。例如,图 7.2(b)中,(0,2,1)就是一条简单路径,其长度为 2。

7. 回路或环

若一条路径上的开始点与结束点为同一个顶点,则此路径被称为**回路或环**。开始点与结束点相同的简单路径被称为简单回路或**简单环**。例如,图 7.2(b)中,(0,2,1,0)就是一条简单回路，其长度为 3。

8. 连通、连通图和连通分量

在无向图 G 中，若从顶点 i 到顶点 j 有路径，则称顶点 i 和顶点 j 是**连通的**。若图 G 中任意两个顶点都连通，则称 G 为**连通图**，否则称为**非连通图**。无向图 G 中的极大连通子图称为 G 的**连通分量**。显然，任何连通图的连通分量只有一个，即本身，而非连通图有多个连通分量。

9. 强连通图和强连通分量

在有向图 G 中，若从顶点 i 到顶点 j 有路径，则称从顶点 i 到顶点 j 是**连通的**。若图 G 中的任意两个顶点 i 和 j 都连通，即从顶点 i 到顶点 j 和从顶点 j 到顶点 i 都存在路径，则称图 G 是**强连通图**。有向图 G 中的极大强连通子图称为 G 的**强连通分量**。显然，强连通图只有一个强连通分量，即本身，非强连通图有多个强连通分量。

10. 关结点和重连通图

假如在删除图 G 中的顶点 i 以及相关联的各边后，将图的一个连通分量分割成两个或多个连通分量，则称顶点 i 为该图的**关结点**。一个没有关结点的连通图称为**重连通图**。

11. 权和网

图中的每一条边都可以附有一个对应的数值，这种与边相关的数值称为**权**。权可以表示从一个顶点到另一个顶点的距离或花费的代价。边上带有权的图称为**带权图**，也称作**网**。例如，图 7.3 所示是一个带权有向图 G_3。

【例 7.2】 n 个顶点的强连通图至少有多少条边？这样的有向图是什么形状？

解：根据强连通图的定义可知，图中的任意两个顶点 i 和 j 都连通，即从顶点 i 到顶点 j 和从顶点 j 到顶点 i 都存在路径。这样，每个顶点的度 $d_i \geqslant 2$，设图中总的边数为 e，有：

$$e = \frac{1}{2}\sum_{i=0}^{n-1} d_i \geqslant \frac{1}{2}\sum_{i=0}^{n-1} 2 = n$$

即 $e \geqslant n$。因此，n 个顶点的强连通图至少有 n 条边。

刚好只有 n 条边的强连通图是环形的，即顶点 0 到顶点 1 有一条有向边，顶点 1 到顶点 2 有一条有向边，…，顶点 $n-1$ 到顶点 0 有一条有向边，如图 7.4 所示。

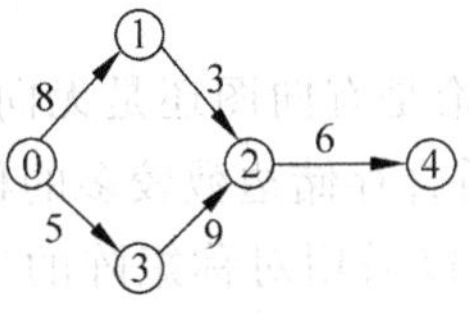

图 7.3 一个带权有向图 G_3

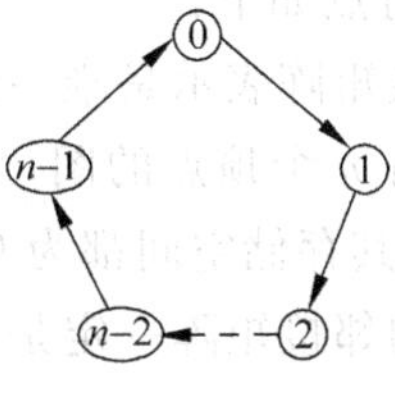

图 7.4 具有 n 个顶点 n 条边的强连通图

7.2 图的存储结构和基本运算的实现

图的存储结构除了要存储图中各个顶点本身的信息外，同时还要存储顶点与顶点之间的所有关系（边的信息）。常用的图的存储结构有邻接矩阵和邻接表。

7.2.1 邻接矩阵存储方法

邻接矩阵是表示顶点之间相邻关系的矩阵。设 $G=(V,E)$ 是含有 n(设 $n>0$)个顶点的图,各顶点的编号为 $0\sim n-1$,则 G 的邻接矩阵 $\boldsymbol{A}$ 是 n 阶方阵,其定义如下:

(1) 如果 G 是不带权无向图,则:

$$\boldsymbol{A}[i,j]=\begin{cases}1 & \text{若}(i,j)\in E(G)\\ 0 & \text{其他}\end{cases}$$

(2) 如果 G 是不带权有向图,则:

$$\boldsymbol{A}[i,j]=\begin{cases}1 & \text{若}<i,j>\in E(G)\\ 0 & \text{其他}\end{cases}$$

(3) 如果 G 是带权无向图,则:

$$\boldsymbol{A}[i,j]=\begin{cases}w_{ij} & \text{若 } i\neq j \text{ 且}(i,j)\in E(G)\\ 0 & i=j\\ \infty & \text{其他}\end{cases}$$

(4) 如果 G 是带权有向图,则:

$$\boldsymbol{A}[i,j]=\begin{cases}w_{ij} & \text{若 } i\neq j \text{ 且}<i,j>\in E(G)\\ 0 & i=j\\ \infty & \text{其他}\end{cases}$$

例如,图 7.1(a)的无向图 G_1、图 7.1(b)的有向图 G_2 和图 7.3 中的带权有向图 G_3 分别对应邻接矩阵 $\boldsymbol{A}_1$、$\boldsymbol{A}_2$ 和 $\boldsymbol{A}_3$,如图 7.5 所示。

$$\boldsymbol{A}_1=\begin{bmatrix}0&1&0&1&1\\1&0&1&1&0\\0&1&0&1&1\\1&1&1&0&1\\1&0&1&1&0\end{bmatrix}\quad \boldsymbol{A}_2=\begin{bmatrix}0&1&0&1&0\\0&0&1&1&0\\0&0&0&1&1\\0&0&0&0&0\\1&0&0&1&0\end{bmatrix}\quad \boldsymbol{A}_3=\begin{bmatrix}0&8&\infty&5&\infty\\\infty&0&3&\infty&\infty\\\infty&\infty&0&\infty&6\\\infty&9&\infty&0&\infty\\\infty&\infty&\infty&\infty&0\end{bmatrix}$$

图 7.5　3 个邻接矩阵

邻接矩阵的特点如下:

(1) 图的邻接矩阵表示是唯一的。

(2) 对于含有 n 个顶点的图,采用邻接矩阵存储时,无论是有向图还是无向图,也无论边的数目是多少,其存储空间都为 $O(n^2)$。所以,邻接矩阵适合存储边数较多的稠密图。

(3) 无向图的邻接矩阵一定是一个对称矩阵。因此,可以采用对称矩阵的压缩存储方法减少存储空间。

(4) 对于无向图,邻接矩阵的第 i 行(或第 i 列)非零元素(或非∞元素)的个数正好是顶点 i 的度。

(5) 对于有向图,邻接矩阵的第 i 行(或第 i 列)非零元素(或非∞元素)的个数正好是顶点 i 的出度(或入度)。

(6) 用邻接矩阵方法存储图,很容易确定图中任意两个顶点之间是否有边相连。但是,要确定图中有多少条边,则必须按行、列对每个元素进行检测,所花费的时间代价很大。这是用邻接矩阵存储图的局限性。

图的邻接矩阵类型 MGraph 的定义如下：

```
struct VertexType                              //顶点类型
{   public int no;                             //顶点编号
    public string data;                        //顶点其他信息
};
struct MGraph                                  //图邻接矩阵类型
{   public int [,] edges;                      //邻接矩阵的边数组,假设权值为整数
    public int n,e;                            //顶点数,边数
    public VertexType [] vexs;                 //存放顶点信息
};
```

7.2.2 邻接表存储方法

图的邻接表存储方法是一种顺序分配与链式分配相结合的存储方法。在表示含 n 个顶点的图的邻接表中，每个顶点建立一个单链表，第 $i(0\leqslant i\leqslant n-1)$ 个单链表中的结点表示依附于顶点 i 的边（对于有向图，是以顶点 i 为尾的边）。每个单链表上附设一个表头结点，将所有表头结点构成一个表头结点数组。边结点（或表结点）和表头结点的结构如下：

边结点（或表结点）

adjvex	nextarc	weight

表头结点

data	firstarc

其中，边结点由 3 个域组成，adjvex 指示与顶点 i 邻接的顶点的编号，nextarc 指示下一条边的结点，weight 存储与边相关的信息，如权值等。表头结点由两个域组成，data 存储顶点 i 的名称或其他信息，firstarc 指向顶点 i 的链表中的第一个边结点。

例如，图 7.1(a)的无向图 G_1、图 7.1(b)的有向图 G_2 和图 7.3 中的带权有向图 G_3 对应的邻接表分别如图 7.6(a)～(c)所示。

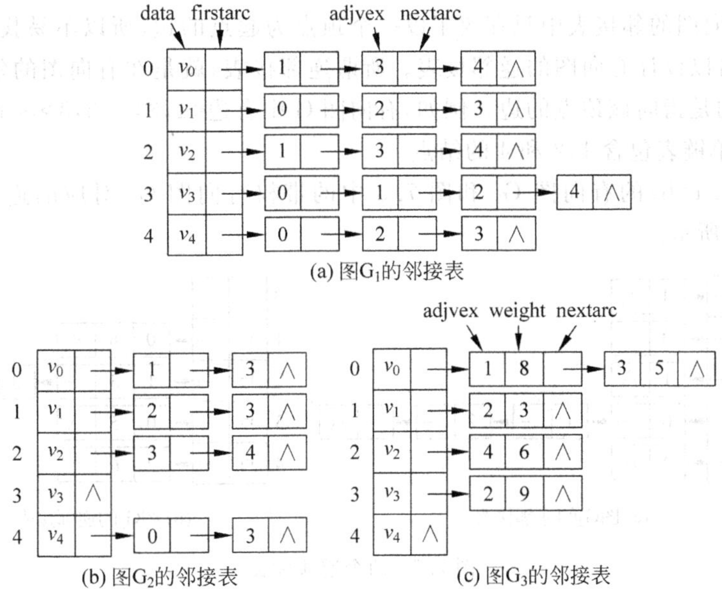

图 7.6　3 个邻接表

说明：对于不带权的图，假设边的权值均为1，在邻接表的边结点中通常不画出weight（权值）部分。对于有向图，在邻接表的边结点中必须画出weight部分，标识相应边的权值。

邻接表的特点如下：

(1) 邻接表表示不唯一。这是因为在每个顶点对应的单链表中，各边结点的链接次序可以是任意的，取决于建立邻接表的算法以及边的输入次序。

(2) 对于有n个顶点和e条边的无向图，其邻接表有n个表头结点和$2e$个边结点；对于有n个顶点和e条边的有向图，其邻接表有n个表头结点和e个边结点。显然，对于边数目较少的稀疏图，邻接表比邻接矩阵要节省空间。

(3) 对于无向图，邻接表的顶点$i(0\leqslant i\leqslant n-1)$对应的第$i$个单链表的边结点个数正好是顶点$i$的度。

(4) 对于有向图，邻接表的顶点$i(0\leqslant i\leqslant n-1)$对应的第$i$个单链表的边结点个数仅仅是顶点$i$的出度。顶点$i$的入度为邻接表中所有adjvex域值为$i$的边结点个数。

图的邻接表存储类型ALGraph的定义如下：

```
class ArcNode                              //边结点类型
{   public int adjvex;                     //该边的终点编号
    public ArcNode nextarc;                //指向下一条边的指针
    public int weight;                     //该边的相关信息，如边的权值
};
struct VNode                               //表头结点类型
{   public string data;                    //顶点信息
    public ArcNode firstarc;               //指向第一条边
};
struct ALGraph                             //图的邻接表类型
{   public VNode [ ] adjlist;               //邻接表数组
    public int n,e;                        //图中的顶点数 n 和边数 e
};
```

由于在有向图的邻接表中只存放了以一个顶点为起点的边，所以不易找到指向该顶点的边。为此，可以设计有向图的逆邻接表。所谓逆邻接表，就是在有向图的邻接表中，对每个顶点，链接的是指向该顶点的边。例如，有向图G中有边<1,3>,<2,3>,<4,3>，则以下标3为头结点的单链表包含1、2和4的结点。

例如，图7.1(b)的有向图G_2和图7.3中的带权有向图G_3对应的逆邻接表分别如图7.7(a)、(b)所示。

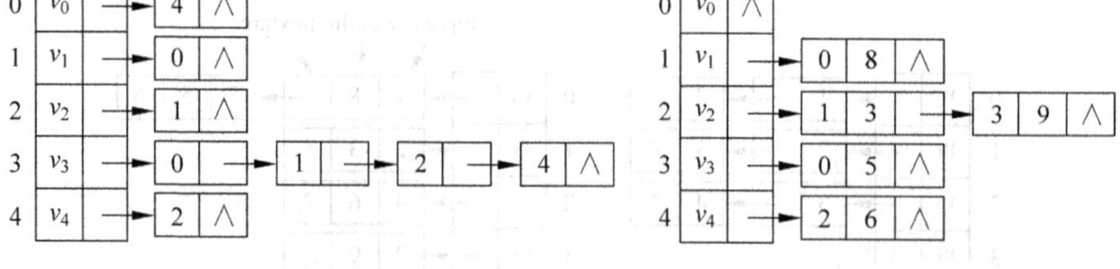

(a) 图G_2的逆邻接表　　(b) 图G_3的逆邻接表

图7.7　两个逆邻接表

本章主要使用图的邻接矩阵和邻接表两种存储结构。设计图的类 GraphClass 如下（本节的所有算法均包含在 GraphClass 类中）：

```
class GraphClass
{   const int MAXV = 100;                          //最大的顶点个数
    const int INF = 32767;                         //用 INF 表示∞
    MGraph g = new MGraph();                       //图的邻接矩阵
    ALGraph G = new ALGraph();                     //图的邻接表
    public GraphClass()                            //构造函数,用于图存储结构的初始化
    {   g.edges = new int[MAXV,MAXV];
        g.vexs = new VertexType[MAXV];
        G.adjlist = new VNode[MAXV];
    }
    //图的基本运算算法
}
```

由于不带权和带权图的处理稍有不同，前者没有权值，后者有权值。为了统一，假设不带权图的边权值为 1。图的主要基本运算算法如下：

```
public void CreateMGraph(int n,int e,int[,] a)
//通过边数组 a、顶点数 n 和边数 e 来建立图的邻接矩阵
{   int i,j;
    g.n = n; g.e = e;
    for (i = 0;i < g.n;i++)
        for (j = 0;j < g.n;j++)
            g.edges[i,j] = a[i,j];
}
public string DispMGraph()                         //返回图邻接矩阵的字符串
{   string mystr = "";
    int i,j;
    for (i = 0;i < g.n;i++)
    {   for (j = 0;j < g.n;j++)
            if (g.edges[i,j] == INF)
                mystr += string.Format("{0,-3}","∞");
            else
                mystr += string.Format("{0,-4}",g.edges[i,j].ToString());
        mystr += "\r\n";
    }
    return mystr;
}
public string DispALGraph()                        //返回图邻接表的字符串
{   string mystr = ""; int i;
    ArcNode p;
    for (i = 0;i < G.n;i++)
    {   mystr += "[" + i.ToString() + "]";
        p = G.adjlist[i].firstarc;                 //p 指向第一个邻接点
        if (p!= null) mystr += "→";
        while (p != null)
        {   mystr += " " + p.adjvex.ToString() + "(" + p.weight.ToString() + ")";
            p = p.nextarc;                         //p 移向下一个邻接点
```

```
        }
        mystr += "\r\n";
    }
    return mystr;
}
```

【例 7.3】 对于含有 n 个顶点 e 条边的带权图 G：

(1) 设计一个将邻接矩阵转换为邻接表的算法。

(2) 设计一个将邻接表转换为邻接矩阵的算法。

(3) 分析上述两个算法的时间复杂度。

解：(1)在邻接矩阵上查找值不为 0 和∞的元素，找到这样的元素后，创建一个表结点，并在邻接表对应的单链表中采用头插法插入该结点。算法如下：

```
public void MatToList()                          //将带权图的邻接矩阵 g 转换成邻接表 G
{   int i,j;
    ArcNode p;
    for (i = 0;i < g.n;i++)                      //给邻接表中所有头结点的指针域置初值
        G.adjlist[i].firstarc = null;
    for (i = 0;i < g.n;i++)                      //检查邻接矩阵中的每一个元素
        for (j = g.n - 1;j >= 0;j -- )
            if (g.edges[i,j]!= 0 && g.edges[i,j]!= INF)  //存在一条边
            {   p = new ArcNode();               //创建一个结点 p
                p.adjvex = j;
                p.nextarc = G.adjlist[i].firstarc;   //采用头插法插入 p
                G.adjlist[i].firstarc = p;
            }
    G.n = g.n; G.e = g.e;                        //置顶点数和边数
}
```

(2) 假设初始时将邻接矩阵 **g** 中所有边对应的元素值均置为 0，然后在邻接表上查找顶点 i 的相邻结点 p，找到后将邻接矩阵 **g** 的元素 g.edges[i,p.adjvex]修改为权值。算法如下：

```
public void ListToMat()                     //将邻接表 G 转换成邻接矩阵 g
{   int i;
    ArcNode p;
    for (i = 0;i < G.n;i++)                 //遍历邻接表 G 的所有表头结点
    {   p = G.adjlist[i].firstarc;
        while (p!= null)                    //当存在一条边时，将 g 中对应元素值置为 1
        {   g.edges[i,p.adjvex] = p.weight;  //置为相应的权值
            p = p.nextarc;
        }
    }
    g.n = G.n; g.e = G.e;                   //置顶点数和边数
}
```

(3) 算法(1)中有两重 for 循环，其时间复杂度为 $O(n^2)$。算法(2)中虽有两重循环，但只对邻接表的表头结点和边结点访问一次。对于无向图，其时间复杂度为 $O(n+2e)$，对于有向图，其时间复杂度为 $O(n+e)$。

图基本运算的实践项目

项目 1：设计一个项目，实现无向图的建立和输出，并用相关数据进行测试，其操作界面如图 7.8 所示。

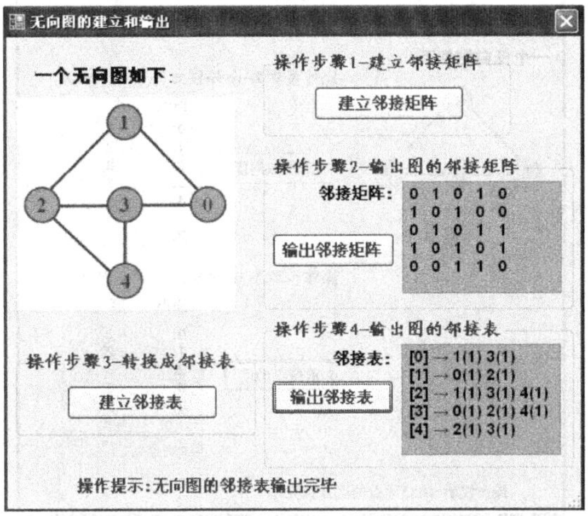

图 7.8　图的基本运算——实践项目 1 的操作界面

项目 2：设计一个项目，实现带权有向图的建立和输出，并用相关数据进行测试，其操作界面如图 7.9 所示。

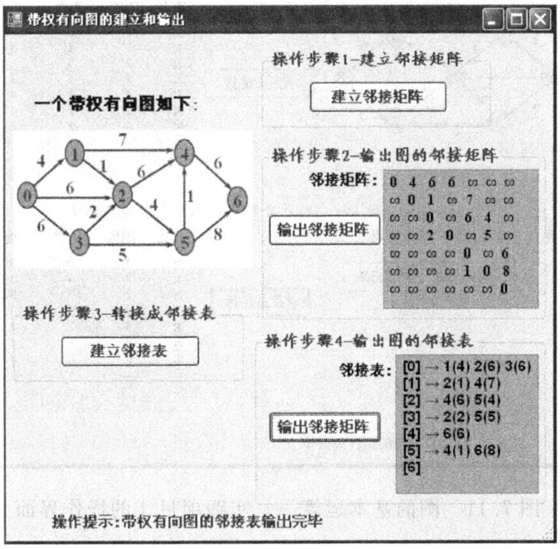

图 7.9　图的基本运算——实践项目 2 的操作界面

项目 3：设计一个算法，计算无向图的顶点度，并用相关数据进行测试，其操作界面如图 7.10 所示。

项目 4：设计一个算法，计算有向图的顶点度，并用相关数据进行测试，其操作界面如图 7.11 所示。

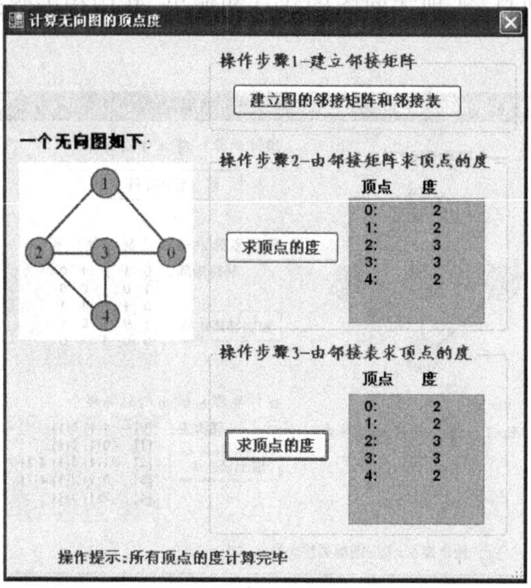

图 7.10　图的基本运算——实践项目 3 的操作界面

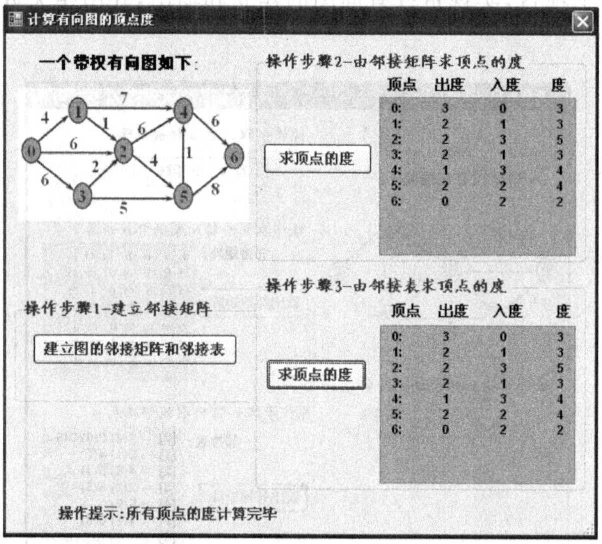

图 7.11　图的基本运算——实践项目 4 的操作界面

7.3　图的遍历

和树的遍历一样,图也存在图的遍历,所不同的是,树中有一个特殊的结点,即根结点,树的遍历总要参照根结点,而图中没有特殊的顶点,可以从任何顶点出发进行遍历。本节主要讨论图的两种遍历算法及其应用。

7.3.1 图的遍历的概念

从给定图中任意指定的顶点(称为初始点)出发,按照某种搜索方法沿着图的边访问图中的所有顶点,使每个顶点仅被访问一次,这个过程称为**图的遍历**。如果给定图是连通的无向图或者是强连通的有向图,则遍历过程一次就能完成,并可按访问的先后顺序得到由该图所有顶点组成的一个序列。

图的遍历比树的遍历更复杂,因为从树根到达树中的每个顶点只有一条路径,而从图的初始点到达图中的每个顶点可能存在多条路径。当沿着图中的一条路径访问过某一顶点后,可能还沿着另一条路径回到该顶点,即存在回路。为了避免同一个顶点被重复访问,必须记住每个被访问过的顶点。为此,可设置一个访问标志数组 visited,当顶点 i 被访问过时,该数组中的元素 visited[i]置为 1;否则置为 0。

根据遍历方式的不同,图的遍历方法有两种:一种叫做深度优先遍历(DFS)方法;另一种叫做广度优先遍历(BFS)方法。

7.3.2 深度优先遍历

深度优先遍历的过程是:从图中某个初始顶点 v 出发,首先访问初始顶点 v,然后选择一个与顶点 v 相邻且没被访问过的顶点 w 为初始顶点,再从 w 出发进行深度优先搜索,直到图中与当前顶点 v 邻接的所有顶点都被访问过为止。显然,这个遍历过程是一个递归过程。

例如,对于图 7.3 所示的有向图,从顶点 0 开始进行深度优先遍历,可以得到如下访问序列:0 1 2 4 3,0 1 3 2 4,而 0 1 3 2 4 不是深度优先遍历序列。

本节的遍历算法均以图的邻接表为存储结构,为此设计用于遍历的 GraphClass1 类如下(本节的所有算法均包含在 GraphClass1 类中):

```
class GraphClass1                                   //图的遍历类
{   …
    ALGraph G = new ALGraph();                      //图的邻接表
    string gstr;                                    //用于输出算法的执行结果
    int [ ] visited = new int[MAXV];                //顶点的访问标志数组
    public GraphClass1()                            //构造函数,用于邻接表的初始化
    {   G.adjlist = new VNode[MAXV]; }
    //图的邻接表基本运算和遍历算法
}
```

图的深度优先遍历算法如下(其中,v 是初始顶点编号,visited 是一个类字段):

```
public string DFS(int v)                            //返回图的深度优先遍历序列
{   int i;
    for (i = 0;i < G.n;i++) visited[i] = 0;         //visited 数组元素均置为 0
    gstr = "";
    DFS1(v);
    return gstr;
}
void DFS1(int v)                                    //被 DFS 调用,进行深度优先遍历
```

```
{   int w;
    ArcNode p;
    visited[v] = 1;                              //置已访问标记
    gstr += v.ToString() + " ";                  //输出被访问顶点的编号
    p = G.adjlist[v].firstarc;                   //p指向顶点v的第一个邻接点
    while (p!= null)
    {   w = p.adjvex;
        if (visited[w] == 0)                     //若w顶点未访问,递归访问它
            DFS1(w);
        p = p.nextarc;                           //p置为下一个邻接点
    }
}
```

以邻接矩阵为存储结构的深度优先遍历算法与此类似，这里不再列出。

例如，以图7.6(a)的邻接表为例调用DFS()函数，假设初始顶点编号$v=2$，调用DFS(2)的执行过程如下：

(1) DFS(2)：访问顶点2，找顶点2的相邻顶点1，它未访问过，转(2)。

(2) DFS(1)：访问顶点1，找顶点1的相邻顶点0，它未访问过，转(3)。

(3) DFS(0)：访问顶点0，找顶点0的相邻顶点1，它已访问，找下一个相邻顶点3，它未访问过，转(4)。

(4) DFS(3)：访问顶点3，找顶点3的相邻顶点1、2，它们均已访问，找下一个相邻顶点4，它未访问过，转(5)。

(5) DFS(4)：访问顶点4，找顶点4的相邻顶点，所有的相邻顶点均已访问，退出DFS(4)，转(6)。

(6) 继续DFS(3)：顶点3的所有后继相邻顶点均已访问，退出DFS(3)，转(7)。

(7) 继续DFS(0)：顶点0的所有后继相邻顶点均已访问，退出DFS(0)，转(8)。

(8) 继续DFS(1)：顶点1的所有后继相邻顶点均已访问，退出DFS(1)，转(9)。

(9) 继续DFS(2)：顶点2的所有后继相邻顶点均已访问，退出DFS(1)，转(10)。

(10) 结束。

DFS(2)的执行过程如图7.12所示，从顶点2出发的深度优先访问序列是2 1 0 3 4。

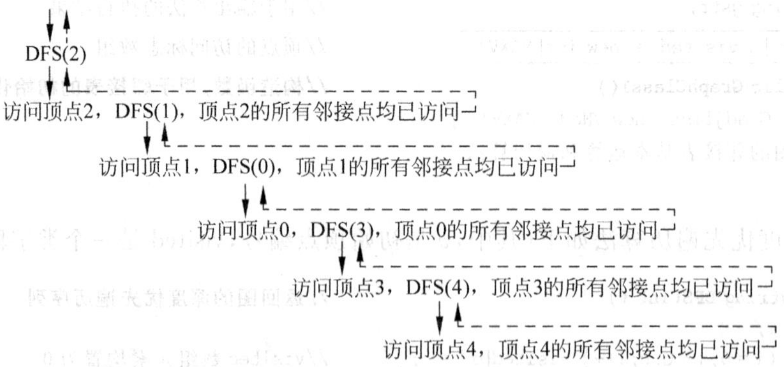

图7.12　DFS(2)的执行过程

对于具有n个顶点e条边的有向图或无向图，DFS算法对图中的每个顶点至多调用一次，因此其递归调用的总次数为n。当访问某个顶点v时，DFS的时间主要花在从该顶点出

发搜索它的邻接点上，用邻接表表示图时，需搜索该顶点的所有相邻点。所以，DFS 算法的时间复杂度为 $O(n+e)$。当用邻接矩阵表示图时，需搜索该顶点行的所有 n 个元素。所以，DFS 算法的时间复杂度为 $O(n^2)$。

7.3.3 广度优先遍历

广度优先遍历的过程是：首先访问初始顶点 v，接着访问顶点 v 的所有未被访问过的邻接点 v_1、v_2、…、v_t，然后再按照 v_1、v_2、…、v_t 的次序，访问每一个顶点的所有未被访问过的邻接点，依此类推，直到图中所有和初始顶点 v 有路径相通的顶点都被访问过为止。

例如，对于图 7.3 所示的有向图，从顶点 0 开始进行广度优先遍历，可以得到如下访问序列：0 1 3 2 4，0 3 1 2 4，而 0 1 2 3 4 不是广度优先遍历序列。

广度优先遍历图时，需要使用一个队列，以类似于按层次遍历二叉树遍历图。对应的算法如下（其中，v 是初始顶点编号）：

```
public string BFS(int v)                                 //返回图的广度优先遍历序列
{   ArcNode p;
    int [] qu = new int[MAXV];                           //定义一个循环队列
    int front = 0,rear = 0;                              //对循环队列的队头、队尾初始化
    int [] visited = new int[MAXV];                      //定义存放顶点的访问标志的数组
    int w,i;
    for (i = 0;i < G.n;i++) visited[i] = 0;              //对访问标志数组初始化
    gstr = "";
    gstr += v.ToString() + " ";                          //输出被访问顶点的编号
    visited[v] = 1;                                      //置已访问标记
    rear = (rear + 1) % MAXV;
    qu[rear] = v;                                        //v 进队
    while (front!= rear)                                 //若队列不空时，循环
    {   front = (front + 1) % MAXV;
        w = qu[front];                                   //出队并赋给 w
        p = G.adjlist[w].firstarc;                       //找与顶点 w 邻接的第一个顶点
        while (p!= null)
        {   if (visited[p.adjvex] == 0)                  //若当前邻接顶点未被访问
            {   gstr += p.adjvex.ToString() + " ";       //访问相邻顶点
                visited[p.adjvex] = 1;                   //置该顶点已被访问的标志
                rear = (rear + 1) % MAXV;                //该顶点进队
                qu[rear] = p.adjvex;
            }
            p = p.nextarc;                               //找下一个邻接顶点
        }
    }
    return gstr;
}
```

以邻接矩阵为存储结构的广度优先遍历算法与此类似，这里不再列出。

例如，以图 7.6(a)的邻接表为例调用 BFS(v)函数，假设初始顶点 $v=2$，调用 BFS(2)的执行过程如下：

(1) 访问顶点 2，2 入队，转(2)。

(2) 第 1 次循环：顶点 2 出队，找其第一个相邻顶点 1，它未访问过，访问之并将 1 入

队；找顶点2的下一个相邻顶点3,它未访问过,访问之并将3入队；找顶点2的下一个相邻顶点4,它未访问过,访问之并将4入队,转(3)。

(3) 第2次循环：顶点1出队,找其第一个相邻顶点0,它未访问过,访问之并将0入队；找顶点1的下一个相邻顶点2,它访问过；找顶点1的下一个相邻顶点3,它访问过。转(4)。

(4) 第3次循环：顶点3出队,依次找其相邻顶点0、1、2、4,均已访问过。转(5)。

(5) 第4次循环：顶点4出队,依次找其相邻顶点0、2、3,均已访问过。转(6)。

(6) 第5次循环：顶点0出队,依次找其相邻顶点1、3、4,均已访问过。转(7)。

(7) 此时队列为空,遍历结束,遍历序列为2 1 3 4 0。

BFS(2)的执行过程如图7.13所示,从顶点2出发的广度优先访问序列是2 1 3 4 0。

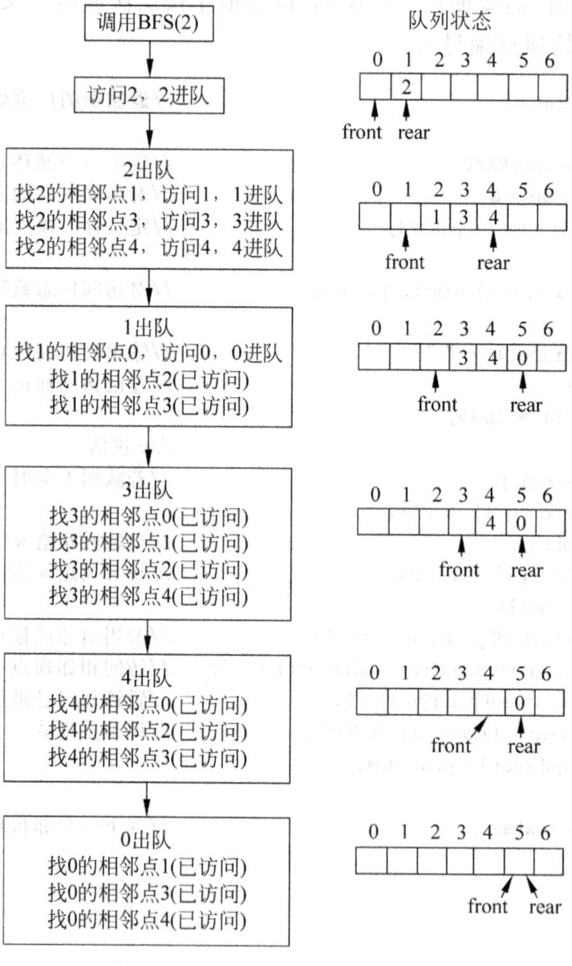

图7.13 BFS(2)的执行过程

对于具有n个顶点e条边的有向图或无向图,BFS算法中的每个顶点入队一次,因此执行时间与DFS相同。当采用邻接表表示图时,BFS算法的时间复杂度为$O(n+e)$；当采用邻接矩阵表示图时,BFS算法的时间复杂度为$O(n^2)$。

7.3.4 非连通图的遍历

上面讨论的图的两种遍历方法，对于无向图来说，若无向图是连通图，则一次遍历能够访问到图中的所有顶点；但若无向图是非连通图，则只能访问到初始点所在连通分量中的所有顶点，其他连通分量中的顶点是不可能访问到的。为此，需要从其他每个连通分量中选择初始点，分别进行遍历，才能访问到图中的所有顶点；对于有向图来说，若从初始点到图中的每个顶点都有路径，则能够访问到图中的所有顶点；否则不能访问到所有顶点，为此同样需要再选初始点，继续进行遍历，直到图中的所有顶点都被访问过为止。

采用深度优先遍历非连通无向图的算法如下：

```
public string DFSA()                            //非连通图的 DFS
{   int i;
    string mystr = "";
    for (i = 0;i < G.n;i++)                     //需以此替换 DFS 中的相同语句
        if (visited[i] == 0)
            mystr += DFS(i);
    return mystr;
}
```

采用广度优先遍历非连通无向图的算法如下：

```
public string BFSA()                            //非连通图的 BFS
{   int i;
    string mystr = "";
    for (i = 0;i < G.n;i++)                     //需以此替换 BFS 中的相同语句
        if (visited[i] == 0)
            mystr += BFS(i);
    return mystr;
}
```

【例 7.4】 假设图 G 采用邻接表存储，设计一个算法，判断无向图 G 是否连通。若连通，则返回 true，否则返回 false。

解：采用遍历方式判断无向图 G 是否连通。这里用深度优先遍历方法，先将 visited 数组元素均置初值 0，然后从 0 顶点开始遍历该图（DFS 和 BFS 均可）。在一次遍历之后，若所有顶点 i 的 visited[i]均为 1，则该图是连通的，否则不连通。对应的算法如下：

```
public bool Connect()                   //判断无向图 G 的连通性
{   int i;
    bool flag = true;
    for (i = 0;i < G.n;i++)             //需以此替换 DFS 中的相同语句
        visited[i] = 0;
    DFS(0);                             //调用 DSF 算法，从顶点 0 开始深度优先遍历
    for (i = 0;i < G.n;i++)
        if (visited[i] == 0)
        {   flag = false;
            break;
        }
    return flag;
}
```

7.3.5 图遍历算法的应用

图遍历算法主要有基于深度优先和基于广度优先的算法，下面讨论这两种遍历算法的应用。

1. 基于深度优先遍历算法的应用

图的深度优先遍历算法是从顶点 v 出发，以纵向方式一步一步向后访问各个顶点的。从图 7.12 看到，DFS 算法的执行过程是：DFS(2)⇨DFS(1)⇨DFS(0)⇨DFS(3)⇨DFS(4)。如果该图是连通的，可以通过这样的重复调用找遍图 G 中的所有顶点。这种思路常用于图查找算法之中。

【例 7.5】 假设图 G 采用邻接表存储，设计一个算法，判断顶点 u 到顶点 v 之间是否有路径。

解：本题利用深度优先搜索方法，先置 visited 数组的所有元素值为 0，置有路径标记 has 为 false。从顶点 u 开始，置 visited[u]=1，找到顶点 u 的一个未访问过的邻接点 u_1；再从顶点 u_1 出发，置 visited[u_1]=1，找到顶点 u_1 的一个未访问过的邻接点 u_2，…，当找到某个未访问过的邻接点 u_n=v 时，说明顶点 u 到 v 有简单路径，置 has 为 true，并结束。查找从顶点 u 到 v 是否有简单路径的过程如图 7.14 所示。

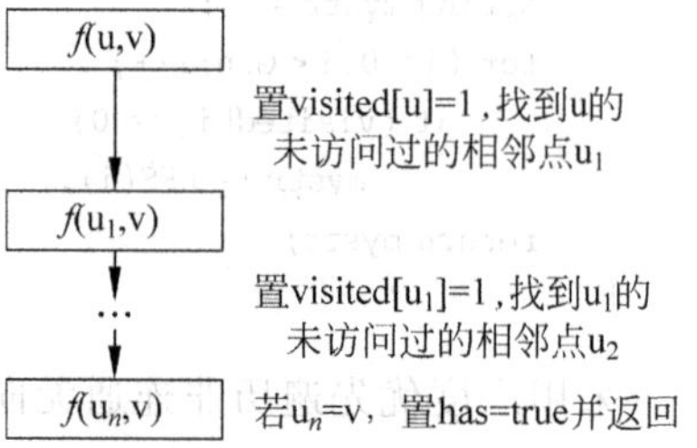

图 7.14 查找从顶点 u 到 v 是否有简单路径的过程

对应的算法如下：

```
public bool HasPath(int u,int v)                //返回 u 到 v 是否有简单路径的真假值
{   int i;
    bool has = false;
    for (i = 0;i < G.n;i++) visited[i] = 0;     //visited 数组元素置初值 0
    HasPath1(u,v,ref has);
    return has;
}
private void HasPath1(int u,int v,ref bool has) //被 HasPath 方法调用
{   ArcNode p;
    int w;
    visited[u] = 1;
    p = G.adjlist[u].firstarc;                  //p 指向 u 的第一个相邻点
    while (p!= null)
    {   w = p.adjvex;                           //相邻点的编号为 w
        if (w == v)                             //找到目标顶点后返回
        {   has = true;                         //表示 u 到 v 有路径
            return;
        }
        if (visited[w] == 0)
            HasPath1(w,v,ref has);
        p = p.nextarc;                          //p 指向下一个相邻点
    }
}
```

【例 7.6】 假设图 G 采用邻接表存储，设计一个算法，求顶点 u 到顶点 v 之间的一条简单路径(假设两顶点之间存在一条或多条简单路径)。

解：本题利用深度优先搜索方法，先置 visited 数组的所有元素值为 0，置类字段 gstr 为空，置存放两顶点之间简单路径的数组 path 为空。从顶点 u 开始，置 visited[u]=1，将顶点 u 添加到 path 中，找到顶点 u 的一个未访问过的邻接点 u_1；再从顶点 u_1 出发，置 visited[u_1]=1，将顶点 u_1 添加到 path 中，找到顶点 u_1 的一个未访问过的邻接点 u_2，…，当找到的某个未访问过的邻接点 u_n=v 时，说明 path 中存放的是顶点 u 到 v 的一条简单路径，置 gstr=path 并返回。查找从顶点 u 到 v 一条简单路径的过程如图 7.15 所示。

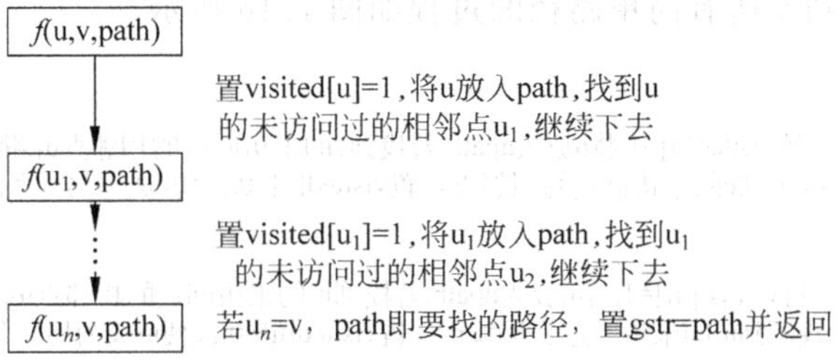

图 7.15 查找从顶点 u 到 v 一条简单路径的过程

对应的算法如下：

```
public string FindaPath(int u,int v)                    //返回 u 到 v 的一条简单路径字符串
{   string path = "";
    int i;
    for (i = 0;i < G.n;i++) visited[i] = 0;             //visited 数组元素置初值 0
    gstr = "";                                          //存放找到的一条简单路径
    FindaPath1(u,v,ref path);
    return gstr;
}
private void FindaPath1(int u,int v,string path)        //被 Findapath 方法调用
{   ArcNode p;
    int w;
    visited[u] = 1;
    path += u.ToString() + " ";                         //顶点 u 加入到路径中
    if (u == v)                                         //找到一条路径后返回
    {   gstr = path;
        return;
    }
    p = G.adjlist[u].firstarc;                          //p 指向 u 的第一个相邻点
    while (p!= null)
    {   w = p.adjvex;                                   //相邻点的编号为 w
        if (visited[w] == 0)
            FindaPath1(w,v,path);                       //递归调用
        p = p.nextarc;                                  //p 指向下一个相邻点
    }
}
```

【例 7.7】 假设图 G 采用邻接表存储，设计一个算法，求顶点 u 到顶点 v 之间的所有简单路径(假设两顶点之间存在一条或多条简单路径)。

解：本题利用回溯的深度优先搜索方法，先置 visited 数组的所有元素值为 0，置存放两顶点之间所有简单路径的数组 gstr 为空，置存放两顶点之间一条简单路径的数组 apath 为空。从顶点 u 开始，置 visited[u]=1，将 u 放入 apath，若找到 u 的未访问过的相邻点 u_1，继续下去，若找不到 u 的未访问过的相邻点，置 visited[u]=0，以便 u 成为另一条路径上的顶点(这称为回溯)；再从顶点 u_1 出发，置 visited[u_1]=1，将 u_1 放入 apath，若找到 u_1 的未访问过的相邻点 u_2，继续下去，若找不到 u_1 的未访问过的相邻点，置 visited[u_1]=0，以便 u_1 成为另一条路径上的顶点(回溯)，……，当找到的某个未访问过的邻接点 u_n=v，说明 apath 中存放的是顶点 u 到 v 的一条路径，将其添加到存放所有简单路径的 gstr 中，最后返回 gstr。查找从顶点 u 到 v 所有简单路径的过程如图 7.16 所示。

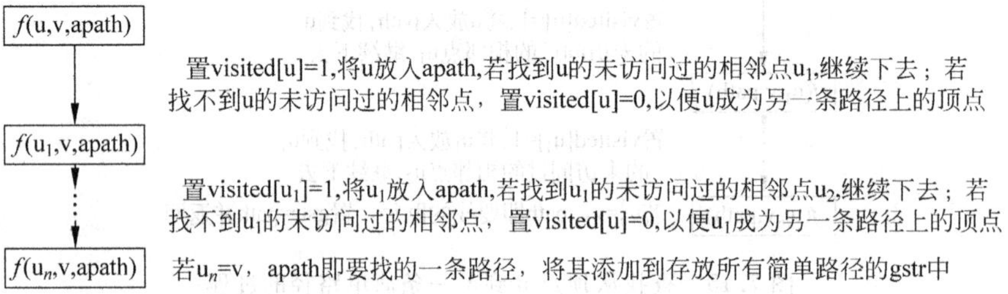

图 7.16　查找从顶点 u 到 v 所有简单路径的过程

对应的算法如下：

```
public string FindallPath(int u,int v)                 //返回 u 到 v 的所有简单路径字符串
{   string apath = "";                                 //存放 u 到 v 的一条简单路径
    int i;
    for (i = 0;i < G.n;i++) visited[i] = 0;            //visited 数组元素置初值 0
    gstr = "";                                         //用类字段 gstr 存放 u 到 v 的所有简单路径
    FindallPath1(u,v,apath);
    return gstr;                                       //返回 u 到 v 的所有简单路径
}
private void FindallPath1(int u,int v, string apath)   //被 FindallPath 方法调用
{   ArcNode p;
    int w;
    visited[u] = 1;
    apath += u.ToString() + " ";                       //顶点 u 加入到路径中
    if (u == v)                                        //找到一条路径后，将该路径加入 gstr 中
        gstr += apath + "\r\n";                        //在一条路径后添加一换行符
    p = G.adjlist[u].firstarc;                         //p 指向 u 的第一个相邻点
    while (p!= null)
    {   w = p.adjvex;                                  //相邻点的编号为 w
        if (visited[w] == 0)
            FindallPath1(w,v,apath);                   //递归调用
        p = p.nextarc;                                 //p 指向下一个相邻点
    }
    visited[u] = 0;                                    //回溯
}
```

【例 7.8】 假设图 G 采用邻接表存储，设计一个算法，求图 G 中从顶点 u 到 v 的长度为 *d* 的所有简单路径(假设两顶点之间存在一条或多条简单路径)。

解：本例和上例相似，只是增加了一个找到一条简单路径的条件判断(路径长度是否为 d)。对应的算法如下：

```
public string FindallLengthPath(int u,int v,int d)
{   string apath = "";                             //存放 u 到 v 的一条简单路径
    int i;
    for (i = 0;i < G.n;i++) visited[i] = 0;        //visited 数组元素置初值 0
    gstr = "";                      //用类字段 gstr 存放 u 到 v 的所有长度为 d 的简单路径
    FindallLengthPath1(u,v,d,apath);
    return gstr;
}
private void FindallLengthPath1(int u,int v,int d,string apath)
{   ArcNode p; int w;
    visited[u] = 1;
    apath += u.ToString() + " ";                   //顶点 u 加入到路径中
    if (u == v)                                    //找到一条路径
        if (apath.Length == 2 * (d + 1))
                                    //判断其长度是否为 d,这里在路径中的每个顶点后加一空格
            gstr += apath + "\r\n";                //在一条路径后加换行符
    p = G.adjlist[u].firstarc;                     //p 指向 u 的第一个相邻点
    while (p!= null)
    {   w = p.adjvex;                              //相邻点的编号为 w
        if (visited[w] == 0)
            FindallLengthPath1(w,v,d,apath);
        p = p.nextarc;                             //p 指向下一个相邻点
    }
    visited[u] = 0;
}
```

2. 基于广度优先遍历算法的应用

图的广度优先遍历算法是从顶点 v 出发，以横向方式一步一步向后访问各个顶点，即访问过程是一层一层地向后推进的。从图 7.14 看到，每次都是从一个顶点 u 出发，找其所有相邻的未访问过的顶点 u_1、u_2、…、u_n，并将 u_1、u_2、…、u_n 依次进队，若采用非循环队列(出队后的顶点仍在队列中)，则队列中的每个顶点都有唯一的前趋顶点，可以利用这一特征采用广度优先遍历算法找从顶点 u 到顶点 v 的最短路径。

【例 7.9】 假设图 G 采用邻接表存储，设计一个算法，求不带权无向连通图 G 中从顶点 u 到顶点 v 的一条最短路径(假设两顶点之间存在一条或多条简单路径)。

解：图 G 是不带权的无向连通图，一条边的长度计为 1，因此，求顶点 u 和顶点 v 的最短路径，即求距离顶点 u 到顶点 v 的边数最少的顶点序列。利用广度优先遍历算法，从 u 出发进行广度遍历，类似于从顶点 u 出发一层一层地向外扩展，当第一次找到顶点 v 时，队列中便包含了从顶点 u 到顶点 v 最近的路径，如图 7.17 所示，再利用队列输出最短路径(逆路径)。由于要利用队列找出路径，所以设计成非循环队列。

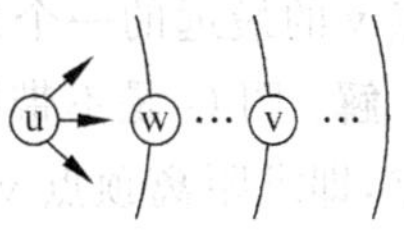

图 7.17 查找顶点 u 和顶点 v 的最短路径

对应的算法如下：

```
struct QUEUE                                        //非循环队列类型
{   public int data;                                //顶点编号
```

```
        public int parent;                          //前一个顶点的位置
    };
    public string ShortPath(int u,int v)
    //返回从顶点 u 到 v 的一条最短简单路径字符串
    {   ArcNode p; int w,i;
        string spath = "";                          //存放 u 到 v 的最短路径
        QUEUE [] qu = new QUEUE[MAXV];              //非循环队列
        int front = -1,rear = -1;                   //队列的头、尾指针
        for (i = 0;i<G.n;i++) visited[i] = 0;       //访问标记置初值 0
        rear++;                                     //顶点 u 进队
        qu[rear].data = u; qu[rear].parent = -1;    //起点的双亲置为 -1
        visited[u] = 1;
        while (front!= rear)                        //队不空循环
        {   front++;                                //出队顶点 w
            w = qu[front].data;
            if (w == v)                             //找到 v 时输出逆路径并退出
            {   i = front;                          //通过队列输出逆路径
                while (qu[i].parent!= -1)
                {   spath += qu[i].data + " ";
                    i = qu[i].parent;
                }
                spath += qu[i].data;
                break;                              //找到路径后,退出 while 循环
            }
            p = G.adjlist[w].firstarc;              //找 w 的第一个邻接点
            while (p!= null)
            {   if (visited[p.adjvex] == 0)
                {   visited[p.adjvex] = 1;
                    rear++;                         //将 w 的未访问过的邻接点进队
                    qu[rear].data = p.adjvex;
                    qu[rear].parent = front;        //进队顶点的双亲置为 front
                }
                p = p.nextarc;                      //找 w 的下一个邻接点
            }
        }
        return spath;
    }
```

说明:本题思想类似于用队列求解迷宫问题,只是这里的数据用邻接表存储,而前面的迷宫用数组存储。

【例 7.10】 假设图 G 采用邻接表存储,设计一个算法,求不带权无向连通图 G 中距离顶点 v 的最远的一个顶点。

解:图 G 是不带权的无向连通图,一条边的长度计为 1,因此,求距离顶点 v 的最远的顶点,即求距离顶点 v 的边数最多的顶点。利用广度优先遍历算法,从顶点 v 出发进行广度遍历,类似于从顶点 v 出发一层一层地向外扩展,到达顶点 w,…,最后到达的一个顶点 k 即为距离 v 最远的顶点,如图 7.18 所示。遍历时利用队列逐层暂存各个顶点,最后出队的一个顶点 k 即为所求。由于本题只需求距离顶点 v 的最远的一个顶点,不需要求路径,所以采用的队列可以是循环队列。

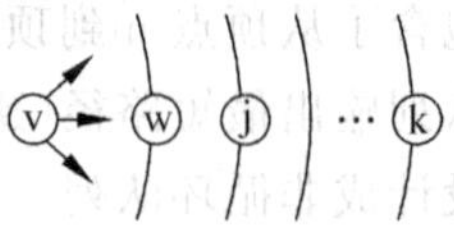

图 7.18 查找距离顶点 v 的最远的顶点 k

对应的算法如下：

```
public int Maxdist(int u)                          //返回离顶点 u 最远的顶点
{   ArcNode p; int i,w,k = 0;
    int [ ] qu = new int[MAXV];                    //定义循环队列
    int front = 0,rear = 0;                        //队列及首、尾指针
    for (i = 0;i<G.n;i++) visited[i] = 0;          //初始化访问标志数组
    rear++; qu[rear] = u;                          //顶点 u 进队
    visited[u] = 1;                                //标记 u 已访问
    while (rear!= front)
    {   front = (front + 1) % MAXV;
        k = qu[front];                             //顶点出队
        p = G.adjlist[k].firstarc;                 //找第 1 个邻接点
        while (p!= null)                           //所有未访问过的邻接点进队
        {   w = p.adjvex;
            if (visited[w] == 0)                   //若 w 未访问过
            {   visited[w] = 1;                    //将顶点 w 进队
                rear = (rear + 1) % MAXV;
                qu[rear] = w;
            }
            p = p.nextarc;                         //找下一个邻接点
        }
    }
    return k;
}
```

图遍历的实践项目

要求：以下项目要求具有用户动态设置图的功能，其操作界面如图 7.19 所示。对于无向图，用户只需要输入下半部分，自动产生完整的图信息，并将图信息存放在磁盘文件中，便于其他项目使用相同的图。

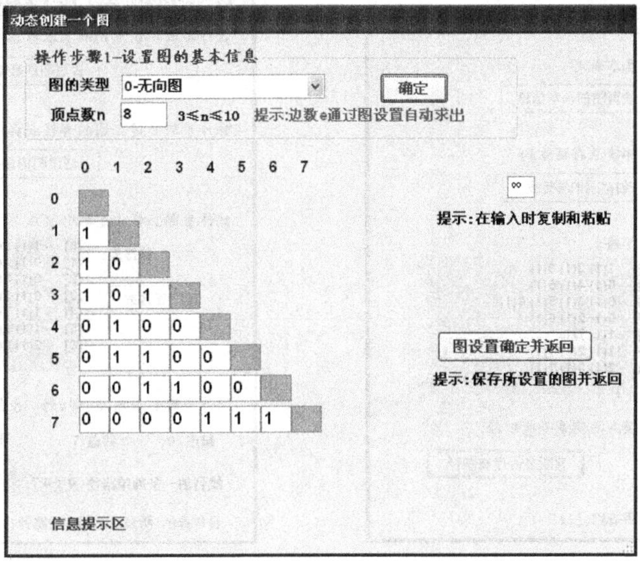

图 7.19　用户动态输入图信息的操作界面

项目 1：设计图的深度优先遍历 DFS 算法，并用相关数据进行测试，其操作界面如图 7.20 所示。

项目 2：设计图的广度优先遍历 BFS 算法，并用相关数据进行测试，其操作界面如图 7.21 所示。

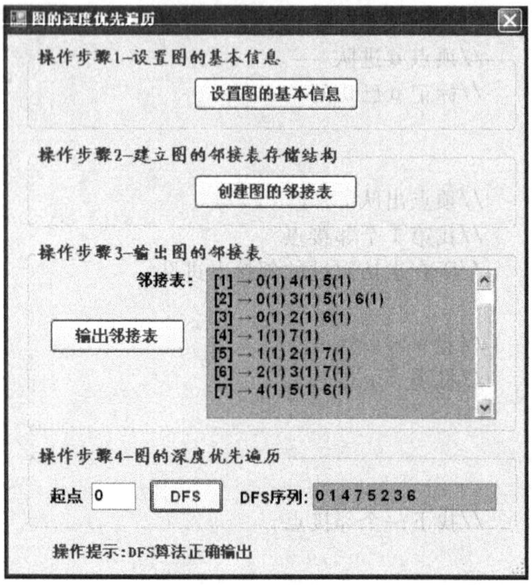

图 7.20　图的遍历——实践项目 1 的操作界面

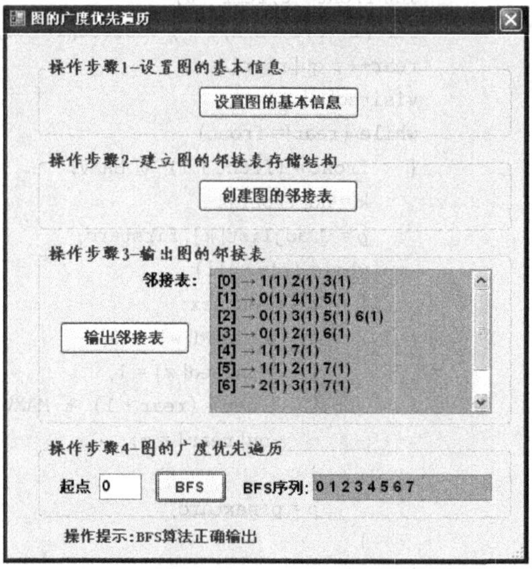

图 7.21　图的遍历——实践项目 2 的操作界面

项目 3：设计一个算法，判断两个顶点之间是否有路径，并用相关数据进行测试，其操作界面如图 7.22 所示。

项目 4：设计一个算法，求两个顶点之间的一条简单路径，并用相关数据进行测试，其操作界面如图 7.23 所示。

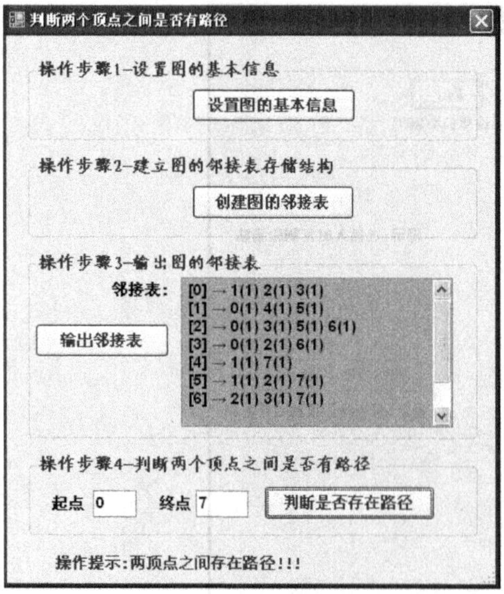

图 7.22　图的遍历——实践项目 3 的操作界面

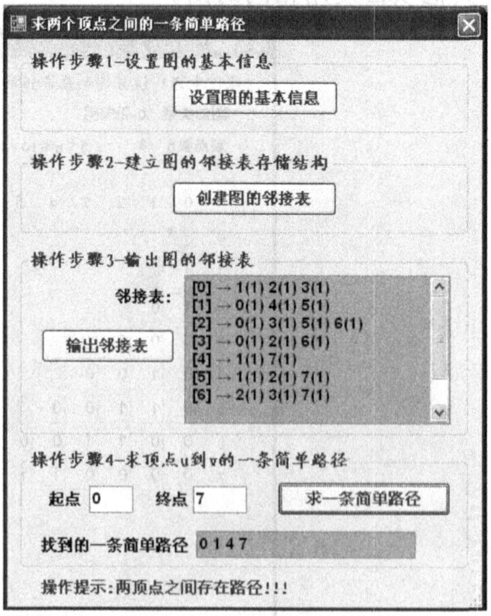

图 7.23　图的遍历——实践项目 4 的操作界面

项目 5：设计一个算法，求两个顶点之间的所有简单路径，并用相关数据进行测试，其操作界面如图 7.24 所示。

项目 6：设计一个算法，求两个顶点之间的所有长度为 d 的简单路径，并用相关数据进行测试，其操作界面如图 7.25 所示。

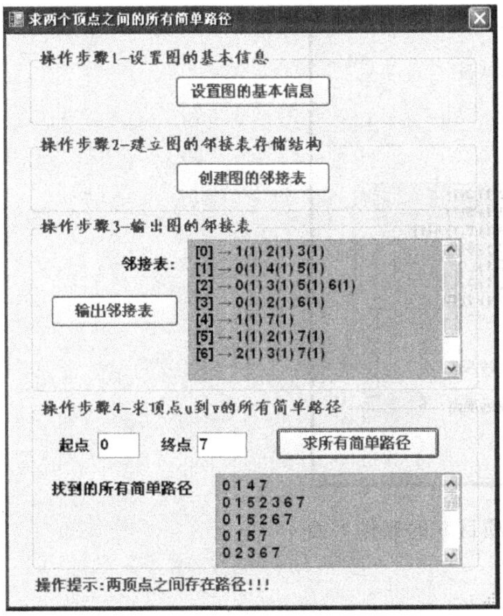

图 7.24　图的遍历——实践项目 5 的操作界面

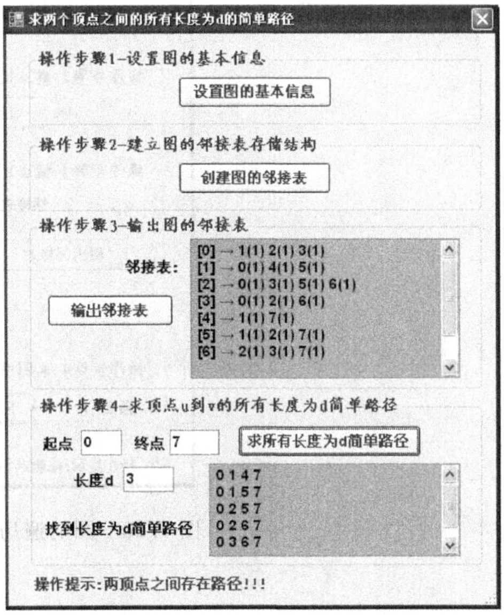

图 7.25　图的遍历——实践项目 6 的操作界面

项目 7：设计一个算法，判断某顶点是否包含在一个回路中，并用相关数据进行测试，其操作界面如图 7.26 所示。

项目 8：设计一个算法，求两个顶点之间的最短路径，并用相关数据进行测试，其操作界面如图 7.27 所示。

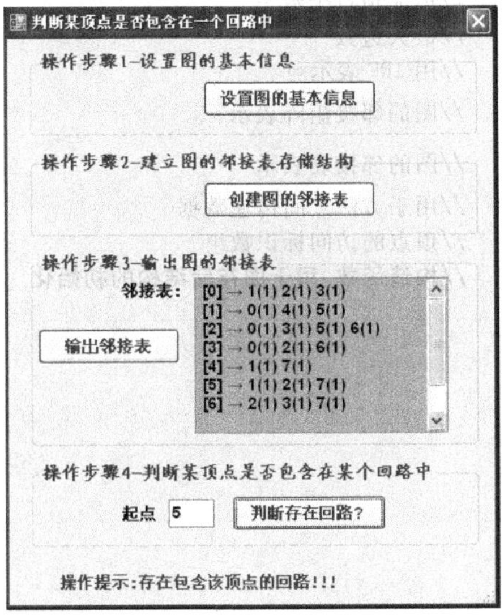

图 7.26　图的遍历——实践项目 7 的操作界面

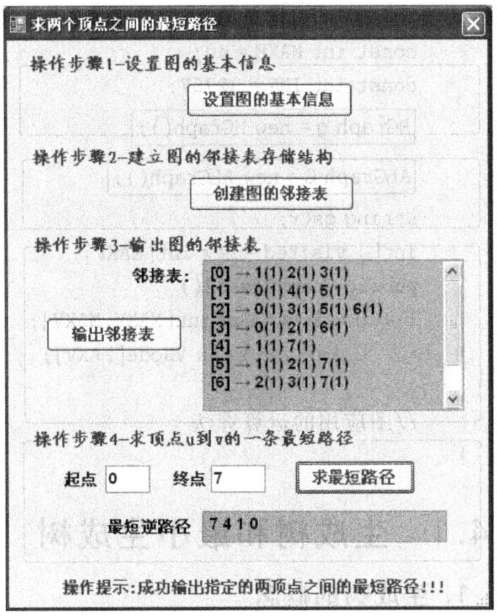

图 7.27　图的遍历——实践项目 8 的操作界面

项目9：设计一个算法，求离某顶点最远的一个顶点，并用相关数据进行测试，其操作界面如图 7.28 所示。

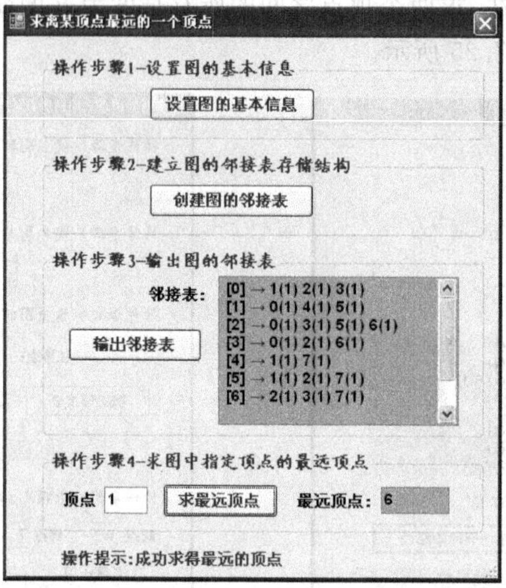

图 7.28　图的遍历——实践项目 9 的操作界面

7.4 图的应用

图有很多应用。本节主要讨论求无向图的最小生成树、有向图的最短路径、有向无环图的拓扑排序和 AOE 网的关键路径等。为此，设计图的应用类 GraphClass2 如下（本节的所有算法均包含在 GraphClass2 类中）：

```
class GraphClass2                                     //图的应用类
{   const int MAXV = 20;                              //最大顶点个数
    const int MAXE = 40;                              //最大边数
    const int INF = 32767;                            //用 INF 表示∞
    MGraph g = new MGraph();                          //图的邻接矩阵表示
    ALGraph G = new ALGraph();                        //图的邻接表表示
    string gstr;                                      //用于方法之间传递数据
    int[] visited = new int[MAXV];                    //顶点的访问标识数组
    public GraphClass2()                              //构造函数，用于图存储结构的初始化
    {   g.edges = new int[MAXV, MAXV];
        G.adjlist = new VNode[MAXV];
    }
    //图应用的运算算法
}
```

7.4.1 生成树和最小生成树

1. 生成树的概念

一个有 n 个顶点的连通图的**生成树**是一个极小连通子图，它含有图中的全部顶点，但只

包含构成一棵树的 $n-1$ 条边。如果在一棵生成树上添加一条边，必定构成一个环，因为这条边使得它依附的那两个顶点之间有了第二条路径。

如果一个图有 n 个顶点和小于 $n-1$ 条边，则是非连通图。如果它多于 $n-1$ 条边，则一定有回路，但是，有 $n-1$ 条边的图不一定都是生成树。

一个带权连通无向图 G（假定每条边上的权均为大于零的实数）中可能有多棵生成树，每棵生成树中所有边上的权值之和可能不同；图的所有生成树中具有边上的权值之和最小的树称为图的**最小生成树**。

按照生成树的定义，n 个顶点的连通图的生成树有 n 个顶点、$n-1$ 条边。因此，构造最小生成树的准则有以下几条：

(1) 必须只使用该图中的边来构造最小生成树。

(2) 必须使用且仅使用 $n-1$ 条边来连接图中的 n 个顶点。生成树一定是连通的。

(3) 不能使用产生回路的边。

(4) 最小生成树的权值之和是最小的，但一个图的最小生成树不一定是唯一的。

求图的最小生成树有很多实际应用，如城市之间交通工程造价最优问题就是一个最小生成树问题。构造图的最小生成树主要有两个算法，即普里姆算法和克鲁斯卡尔算法，将分别在后面介绍。

2. 连通图的生成树和非连通图的生成森林

对无向图进行遍历时，若是连通图，仅需调用遍历过程（DFS 或 BFS）一次，从图中的任一顶点出发，便可以遍历图中的各个顶点。若是非连通图，则需多次调用遍历过程，每次调用得到的顶点集连同相关的边构成图的一个连通分量。

设 $G=(V,E)$ 为连通图，则从图中的任一顶点出发遍历图时，必定将 $E(G)$ 分成两个集合 T 和 B，其中 T 是遍历图过程中走过的边的集合，B 是剩余的边的集合：$T\cap B=\Phi$，$T\cup B=E(G)$。显然，若 $G'=(V,T)$ 是 G 的极小连通子图，即 G' 是 G 的一棵生成树。

对于非连通图，每个连通分量中的顶点集和遍历时走过的边一起构成一棵生成树，各个连通分量的生成树组成整个非连通图的**生成森林**。

3. 由两种遍历方法产生的生成树

每个连通图可以产生生成树，每个非连通分量也可以产生生成树。由深度优先遍历得到的生成树称为**深度优先生成树**；由广度优先遍历得到的生成树称为**广度优先生成树**。这样的生成树是由遍历时访问过的 n 个顶点和遍历时经历的 $n-1$ 条边组成。

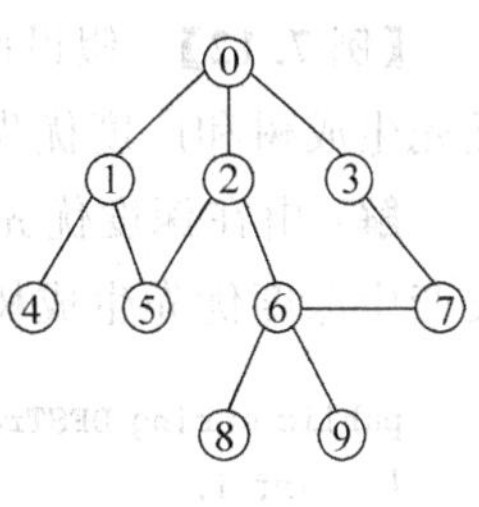

图 7.29 一个无向图 G

【例 7.11】 对于如图 7.29 所示的图 G，画出其邻接表存储结构，并在该邻接表中，以顶点 0 为根，画出图 G 的深度优先生成树和广度优先生成树。

解：图 G 的邻接表如图 7.30 所示（注意，图 G 的邻接表不是唯一的）。

对于该邻接表，从顶点 0 出发的深度优先遍历过程如下：

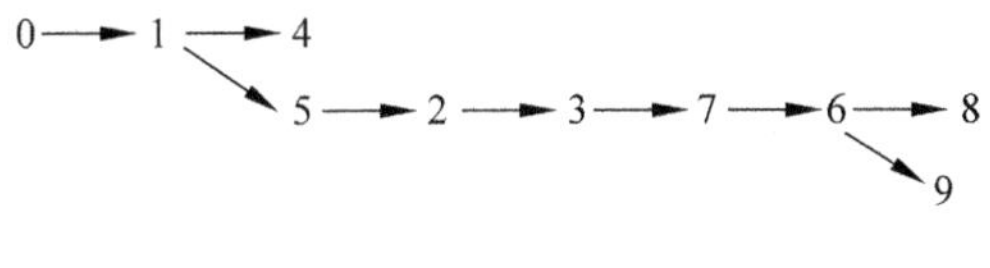

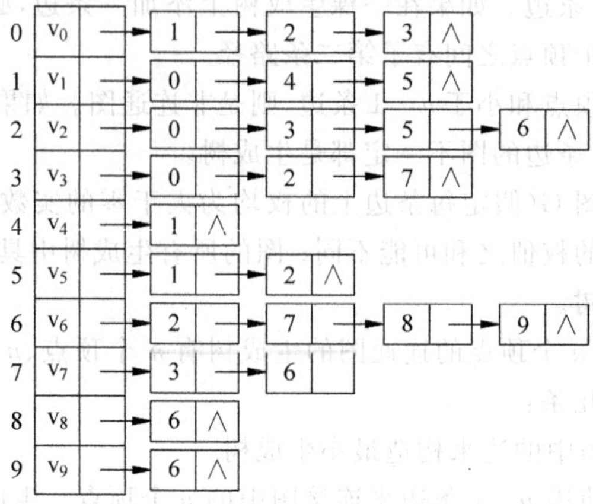

图 7.30　图 G 的邻接表

因此,对应的深度优先生成树如图 7.31(a)所示。从顶点 0 出发的广度优先遍历过程如下:

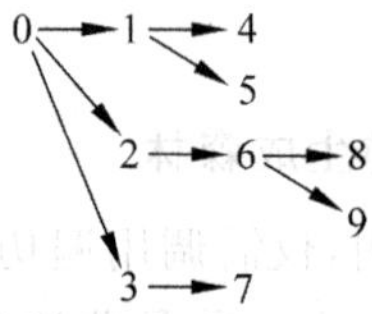

因此,对应的广度优先生成树如图 7.31(b)所示。

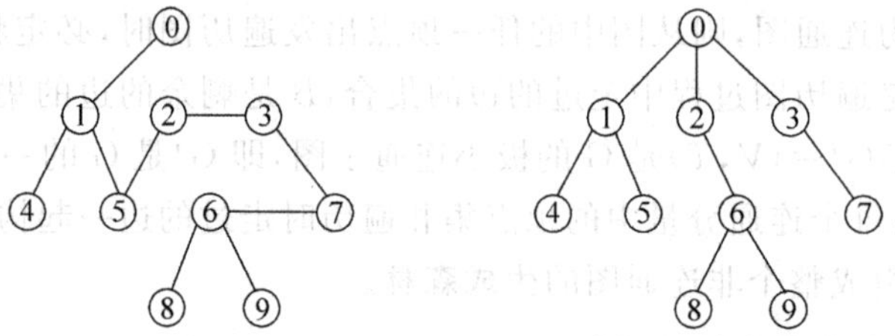

(a) 深度优先生成树　　(b) 广度优先生成树

图 7.31　图 G 的生成树

【例 7.12】 假设图 G 采用邻接表存储结构表示,设计产生从该图中顶点 v 出发的深度优先生成树和广度优先生成树的算法。

解:由在深度优先遍历过程中经过的边构成的生成树即深度优先生成树。从顶点 v 出发产生深度优先生成树的算法如下:

```
public string DFSTree(int v)                          //产生图的深度优先生成树
{   int i;
    for (i = 0;i < G.n;i++) visited[i] = 0;           //初始化访问标志数组
    gstr = "";
    DFS2(v);
    return gstr;
}
```

```
void DFS2(int v)                                    //被 DFSTree 调用,产生深度优先生成树
{   ArcNode p;
    int w;
    visited[v] = 1;                                 //置已访问标记
    p = G.adjlist[v].firstarc;                      //p 指向顶点 v 的第一个邻接点
    while (p!= null)
    {   w = p.adjvex;
        if (visited[w] == 0)                        //若 w 顶点未访问,递归访问它
        {   gstr += "(" + v.ToString() + "," + w.ToString() + ") ";  //输出 DFS 生成树的一条边
            DFS2(w);
        }
        p = p.nextarc;                              //p 置为顶点 v 的下一个邻接点
    }
}
```

由在广度优先遍历过程中经过的边构成的生成树即广度优先生成树。从顶点 v 出发产生广度优先生成树的算法如下：

```
public string BFSTree(int v)                        //产生图的广度优先生成树
{   ArcNode p; int w,i;
    int[] qu = new int[MAXV];
    int front = 0,rear = 0;                         //定义循环队列,并初始化队头、队尾
    int[] visited = new int[MAXV];                  //定义存放顶点的访问标志的数组
    for (i = 0;i < G.n;i++) visited[i] = 0;         //访问标志数组初始化
    gstr = "";
    visited[v] = 1;                                 //置已访问标记
    rear = (rear + 1) % MAXV;
    qu[rear] = v;                                   //v 进队
    while (front!= rear)                            //若队列不空时,循环
    {   front = (front + 1) % MAXV;
        w = qu[front];                              //出队并赋给 w
        p = G.adjlist[w].firstarc;                  //找与顶点 w 邻接的第一个顶点
        while (p!= null)
        {   if (visited[p.adjvex] == 0)             //若当前邻接顶点未被访问
            {   gstr += "(" + w.ToString() + "," + p.adjvex.ToString() + ") ";
                                                    //输出 BFS 生成树的一条边
                visited[p.adjvex] = 1;              //置该顶点已被访问的标志
                rear = (rear +1) % MAXV;            //该顶点进队
                qu[rear] = p.adjvex;
            }
            p = p.nextarc;                          //找下一个邻接顶点
        }
    }
    return gstr;
}
```

例 7.12 算法的执行结果如图 7.32 所示，其中的邻接表是图 7.30 的邻接表，从中可看出执行结果的正确性。

4. 普里姆算法

普里姆(Prim)算法是一种构造性算法。假设 G=(*V*,*E*)是一个具有 *n* 个顶点的带权无

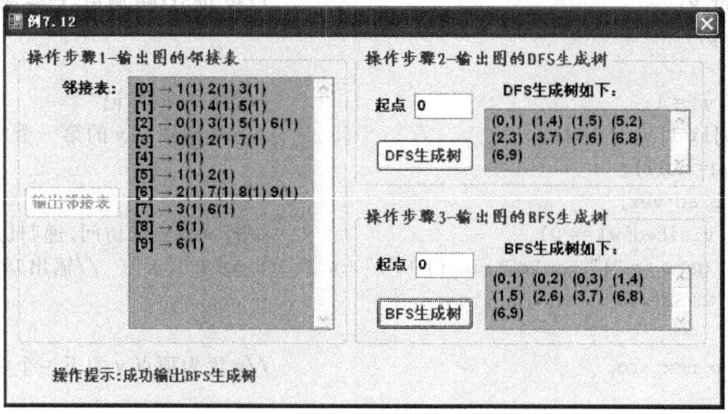

图 7.32　例 7.12 算法的执行结果

向连通图，T=(U,TE)是 G 的最小生成树，其中 U 是 T 的顶点集，TE 是 T 的边集，则由 G 构造从起始顶点 v 出发的最小生成树 T 的步骤如下：

(1) 初始化 U={v}。以 v 到其他顶点的所有边为候选边。

(2) 重复以下步骤 n−1 次，使得其他 n−1 个顶点被加入到 U 中：

① 从候选边中挑选权值最小的边加入 TE，设该边在 V−U 中的顶点是 k，将 k 加入 U 中。

② 考察当前 V−U 中的所有顶点 j，修改候选边：若(k,j)的权值小于原来和顶点 j 关联的候选边，则用(k,j)取代后者作为候选边。

为了便于在集合 U 和 V−U 之间选择权最小的边，建立了两个数组 closest 和 lowcost，它们记录从 U 到 V−U 具有最小权值的边。对于某个 j∈V−U，closest[j]存储该边依附的在 U 中的顶点编号，lowcost[j]存储该边的权值，如图 7.33 所示，其意义为：若 lowcost[j]=0，则表明顶点 j∈U；若 0<lowcost[j]<∞，则顶点 j∈V−U，且顶点 j 和 U 中的顶点 closest[j]构成的边(closest[j],j)是所有与顶点 j 相邻、另一端在 U 的边中的具有最小权值的边，其最小的权值为 lowcost[j](对于每个顶点 j∈V−U，U 中的所有顶点到顶点 j 可能有多条边，但只有一条最小边，用 closest[j]表示该顶点，lowcost[j]表示该边的权值)；若 lowcost[j]=∞，则表示顶点 j 与 closest[j]之间没有边。

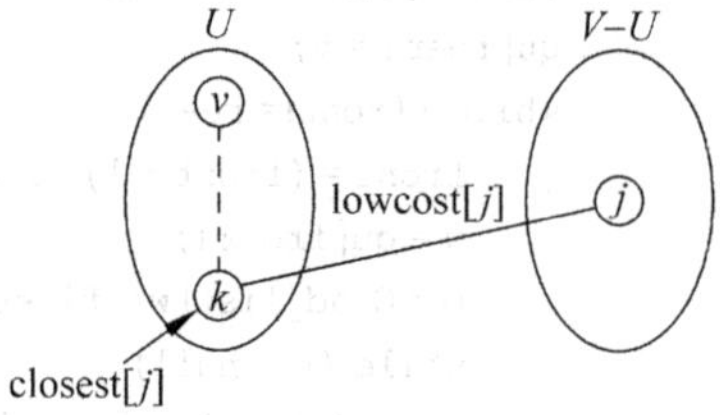

图 7.33　顶点集合 U 和 V−U

对应的 Prim(v)算法如下(该方法返回的字符串包含最小生成树的所有边)：

```
public string Prim(int v)                        //返回求出的最小生成树字符串
{   int [ ] lowcost = new int[MAXV];             //建立数组 lowcost
    int [ ] closest = new int[MAXV];             //建立数组 closest
    string mystr = "";
    int min,i,j,k;
    for (i = 0;i < g.n;i++)                      //给 lowcost[ ]和 closest[ ]置初值
    {   lowcost[i] = g.edges[v,i];
        closest[i] = v;
```

```
    }
    for (i = 1;i < g.n;i++)                         //找出(n - 1)个顶点
    {   min = INF;k = - 1;
        for (j = 0;j < g.n;j++)                     //在(V - U)中找出离 U 最近的顶点 k
            if (lowcost[j]!= 0 && lowcost[j]< min)
            {   min = lowcost[j];
                k = j;                              //k 记录最近顶点的编号
            }
        mystr += "边(" + closest[k].ToString() + "," + k.ToString() +
            "),权为" + min.ToString() + "\r\n";
        lowcost[k] = 0;                             //标记 k 已经加入 U
        for (j = 0;j < g.n;j++)                     //修改数组 lowcost 和 closest
        if (g.edges[k,j]!= 0 && g.edges[k,j]< lowcost[j])
        {   lowcost[j] = g.edges[k,j];
            closest[j] = k;
        }
    }
    return mystr;
}
```

例如，图 7.34(a)的带权无向图采用普里姆算法 Prim(0)构造最小生成树的过程如图 7.34(b)～(f)所示。其中，邻接矩阵如下：

```
{{0,6,1,5,INF,INF}, {6,0,5,INF,3,INF}, {1,5,0,5,6,4},
{5,INF,5,0,INF,2}, {INF,3,6,INF,0,6}, {INF,INF,4,2,6,0}}
```

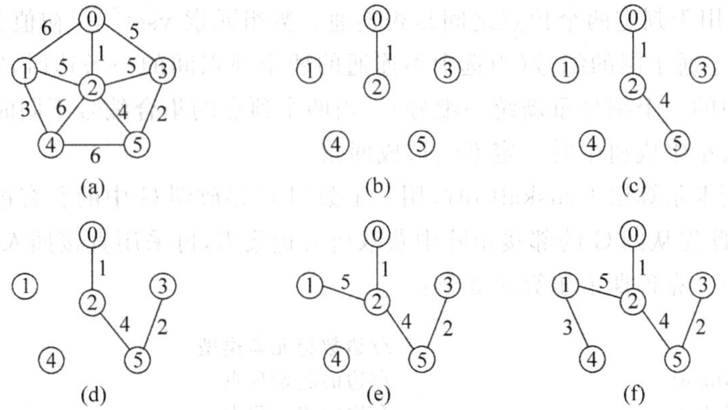

图 7.34　普里姆算法求解最小生成树的过程

在算法中，lowcost 数组记录从 U 中顶点到 $V-U$ 中顶点候选边的权值，其目的是为了求出最小边，该数组元素没必要有 n^2 个，只需有 n 个。首先保存 v 顶点到其他 $n-1$ 个顶点的边的权值，共 n 个元素(含 v 到自己的边)，从中选取一条边(v,j)($j\in V-U$，从 lowcost 数组中选取权值不为 0 的最小者，并将 j 对应的元素 lowcost[j]置为 0，表示不再选择该顶点)，只需将从 j 顶点到 $V-U$ 中顶点的边的权(最多 $n-1$ 条边)与原来 lowcost 数组中对应边的权值进行比较，保存较小者即可。例如，对于图 7.34(a)的图，lowcost 数组保存的候选边见表 7.1。

表 7.1 普里姆算法求解过程中 lowcost 数组的变化

起点	lowcost 数组保存的候选边	选择的边(不为 0 的权值中的最小者)
0	(0,0): 0 (0,1): 6 (0,2): 1 (0,3): 5 (0,4): ∞ (0,5): ∞	(0,2): 1
2	(2,0): 0 (2,1): 5 (2,2): 0 (2,3): 5 (2,4): 6 (2,5): 4	(2,5): 4
5	(5,0): 0 (5,1): 5 (5,2): 0 (5,3): 2 (5,4): 6 (5,5): 0	(5,3): 2
3	(3,0): 0 (3,1): 5 (3,2): 0 (3,3): 0 (3,4): 6 (3,5): 0	(2,1): 5
1	(1,0): 0 (1,1): 0 (1,2): 0 (1,3): 0 (1,4): 3 (1,5): 0	(1,4): 3

普里姆算法中有两重 for 循环,所以时间复杂度为 $O(n^2)$,其中 n 为图的顶点个数。由于与 e 无关,所以,普里姆算法特别适合稠密图求最小生成树。

5. 克鲁斯卡尔算法

克鲁斯卡尔(Kruskal)算法是一种按权值的递增次序选择合适的边来构造最小生成树的方法。假设 G=(V,E)是一个具有 n 个顶点的带权连通无向图,T=(U,TE)是 G 的最小生成树,则构造最小生成树的步骤如下:

(1) 置 U 的初值等于 V(即包含有 G 中的全部顶点),TE 的初值为空集(即图 T 中的每一个顶点都构成一个分量)。

(2) 将图 G 中的边按权值从小到大的顺序依次选取:若选取的边未使生成树 T 形成回路,则加入 TE;否则舍弃,直到 TE 中包含 $n-1$ 条边为止。

实现克鲁斯卡尔算法的关键是如何判断选取的边是否与生成树中已保留的边形成回路,这可通过判断边的两个顶点所在的连通分量的方法来解决。为此,设置一个辅助数组 vset[0..$n-1$],用于判定两个顶点之间是否连通。数组元素 vset[i](初值为 i)代表编号为 i 的顶点所属的连通子图的编号(当选中不连通的两个顶点间的一条边时,它们分属的两个顶点集合按其中的一个编号重新统一编号)。当两个顶点的集合编号不同时,加入这两个顶点构成的边到最小生成树中时一定不会形成回路。

实现克鲁斯卡尔算法 Kruskal()时,用一个数组 E 存放图 G 中的所有边,要求它们按权值递增排列,为此先从图 G 的邻接矩阵中获取所有边集 E,再采用直接插入排序法对边集 E 按权值递增排序。克鲁斯卡尔算法如下:

```
struct Edge                                    //边数组元素类型
{   public int u;                              //边的起始顶点
    public int v;                              //边的终止顶点
    public int w;                              //边的权值
};
public string Kruskal()                        //返回求出的最小生成树字符串
{   string mystr = "";
    int i,j,u1,v1,sn1,sn2,k;
    int [] vset = new int[MAXV];               //建立数组 vset
    Edge [] E = new Edge[MAXE];                //建立存放所有边的数组 E
    k = 0;                                     //E 数组的下标从 0 开始计
    for (i = 0;i < g.n;i++)                    //由图的邻接矩阵 g 产生的边集数组 E
        for (j = 0;j < g.n;j++)
            if (g.edges[i,j]!= 0 && g.edges[i,j]!= INF)
            {   E[k].u = i;
```

```
                E[k].v = j;
                E[k].w = g.edges[i,j];
                k++;
            }
    SortEdge(E,g.e);                            //采用直接插入排序对 E 数组按权值递增排序
    for (i = 0;i < g.n;i++) vset[i] = i;        //初始化辅助数组
    k = 1;                                      //k 表示当前构造生成树的第几条边,初值为 1
    j = 0;                                      //E 中边的下标,初值为 0
    while (k < g.n)                             //生成的边数小于 n 时循环
    {   u1 = E[j].u; v1 = E[j].v;               //取一条边的头尾顶点
        sn1 = vset[u1];
        sn2 = vset[v1];                         //分别得到两个顶点所属的集合编号
        if (sn1!= sn2)                          //两顶点属于不同的集合,该边是最小生成树的一条边
        {   mystr += "边(" + u1.ToString() + "," + v1.ToString() + "),权为"
                + E[j].w.ToString() + "\r\n";
            k++;                                //生成边数增 1
            for (i = 0;i < g.n;i++)             //两个集合统一编号
                if (vset[i] == sn2)             //集合编号为 sn2 的改为 sn1
                    vset[i] = sn1;
        }
        j++;                                    //扫描下一条边
    }
    return mystr;
}
private void SortEdge(Edge[] E,int e)           //对 E 数组按权值递增排序
{   int i,j,k = 0;
    Edge temp;
    for (i = 1;i < e;i++)
    {   temp = E[i];
        j = i - 1;                              //从右向左在有序区 E[0..i-1]中找 E[i]的插入位置
        while (j >= 0 && temp.w < E[j].w)
        {   E[j + 1] = E[j];                    //将权值大于 E[i].w 的记录后移
            j--;
        }
        E[j + 1] = temp;                        //在 j + 1 处插入 E[i]
    }
}
```

例如,图 7.34(a)的带权无向图采用克鲁斯卡尔算法 Kruskal()构造最小生成树的过程如图 7.35(a)~(e)所示。其中,E 数组排序(按边权值从小到大排序,每个边的起点为编号较小的顶点,终点为编号较大的顶点)后的结果如下:

```
{{0,2,1},{2,0,1},{3,5,2},{5,3,2},{1,4,3},{4,1,3},{2,5,4},
{5,2,4},{1,2,5},{2,1,5},{0,3,5},{3,0,5},{2,3,5},{3,2,5},
{0,1,6},{1,0,6},{2,4,6},{4,2,6},{4,5,6}{5,4,6}};
```

初始时,顶点 i 对应的 vset[i]值为 i。图 7.35 中各顶点旁边标出该值的变化过程。在图 7.35(a)中生成一条边(0,2),顶点 0 和 2 连通,将顶点 2 的 vset[2]值改为 0。在图 7.35(b)中增加一条边(3,5),顶点 3 和 5 连通,将顶点 5 的 vset[5]值改为 3。在图 7.35(c)中增加一条边(1,4),顶点 1 和 4 连通,将顶点 4 的 vset[4]值改为 1。在图 7.35(d)中增加一条边

(2,5),这样,顶点 0、2、3、5 连通,将顶点 5 的 vset[5]值改为 0,顶点 3 的 vset[3]值改为 0。在图 7.35(e)中增加一条边(1,2),这样,所有顶点都连通,将除顶点 1 和顶点 4 外的所有顶点 i 的 vset[i]值改为 1。

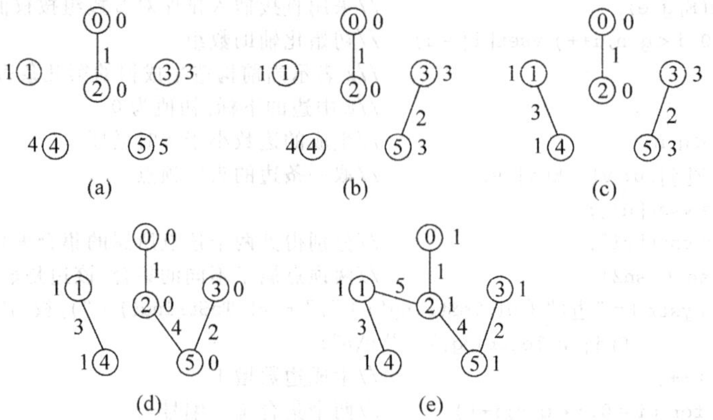

图 7.35　克鲁斯卡尔算法求解最小生成树的过程

若带权无向连通图 G 有 n 个顶点、e 条边,在上述算法中,对边集 E 采用直接插入排序的时间复杂度为 $O(e^2)$。while 循环是在 e 条边中选取 $n-1$ 条边,最坏情况下执行 e 次,而其中的 for 循环执行 n 次。对于连通无向图,$e \geqslant n-1$,因此,克鲁斯卡尔算法构造最小生成树的时间复杂度为 $O(e^2)$。通过改进,可以降低该算法的时间复杂度,通常认为克鲁斯卡尔算法的时间复杂度为 $O(e\log_2 e)$。由于与 n 无关,所以,克鲁斯卡尔算法特别适合稀疏图求最小生成树。

7.4.2 最短路径

1. 路径的概念

在一个不带权的图中,若从一顶点到另一顶点存在一条路径,则称该路径长度为该路径上所经过的边的数目,它等于该路径上的顶点数减 1。由于从一顶点到另一顶点可能存在多条路径,每条路径上所经过的边数可能不同,即路径长度不同,把路径长度最短(即经过的边数最少)的那条路径叫做**最短路径**,其路径长度称为**最短路径长度**或最短距离。

对于带权的图,考虑路径上各边上的权值,则通常把一条路径上所经边的权值之和定义为该路径的路径长度或称**带权路径长度**。从源点到终点可能不止一条路径,把带权路径长度最短的那条路径称为最短路径,其路径长度(权值之和)称为**最短路径长度**或者最短距离。

实际上,只要把不带权图上的每条边看成是权值为 1 的边,那么无权图和带权图的最短路径和最短距离的定义就是一致的。

求图的最短路径的两个问题:求图中某一顶点到其余各项点的最短路径和求图中每一对顶点之间的最短路径。

2. 求一个顶点到其余各顶点的最短路径

问题:给定一个带权有向图 G 与源点 v,求从顶点 v 到 G 中其他顶点的最短路径,并限定各边上的权值大于或等于 0。

采用狄克斯特拉(Dijkstra)算法求解,其基本思想是:设 $G=(V,E)$是一个带权有向图，把图中的顶点集合 V 分成两组，第1组为已求出最短路径的顶点集合（用 S 表示，初始时 S 中只有一个源点，以后每求得一条最短路径 $v,\cdots,u$，就将 u 加入到集合 S 中，直到全部顶点都加入到 S 中，算法就结束了），第2组为其余未确定最短路径的顶点集合（用 U 表示）。

对于第2组 U 的每个顶点 $j(j\in U)$，若刚添加到 S 中顶点为 u 时，需要调整源点到顶点 j 的最短距离。调整过程是，从源点 v 到顶点 u 的最短路径长度为 c_{vu}，从源点 v 到顶点 j 的最短路径长度为 c_{vj}，若顶点 u 到顶点 j 有一条边（没有这样边的顶点不需要调整），其权值为 w_{uj}，如果 $c_{vu}+w_{uj}<c_{vj}$，则将 $v\Rightarrow j\Rightarrow u$ 的路径作为源点 v 到顶点 j 新的最短路径，如图7.36所示。然后，再求从源点 v 到 U 的所有顶点 j 中最短路径的一个顶点 u，将其从 U 移到 S 中，重复这一过程。

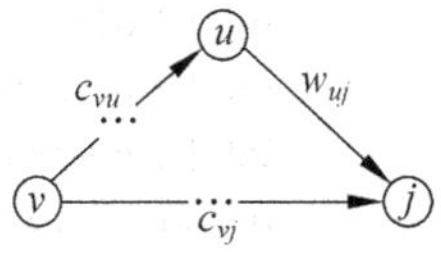

图7.36 从源点 v 到顶点 j 的路径比较

当所有顶点 $j(j\in U)$ 都调整后，U 变为空，此时便得到从源点 v 到每个顶点的最短路径。

狄克斯特拉算法的具体步骤如下：

(1) 初始时，S 只包含源点，即 $S=\{v\}$，顶点 v 到自己的距离为0。U 包含除 v 外的其他顶点，源点 v 到 U 中顶点 i 的距离为边上的权（若 v 与 i 有边 $<v,i>$）或 ∞（若顶点 i 不是 v 的出边邻接点）。

(2) 从 U 中选取一个顶点 u，它是源点 v 到 U 中距离最小的一个顶点，然后把顶点 u 加入 S 中（该选定的距离就是源点 v 到顶点 u 的最短路径长度）。

(3) 以顶点 u 为新考虑的中间点，修改源点 v 到 U 中各顶点 $j(j\in U)$ 的距离：若从源点 v 到顶点 j 经过顶点 u 的距离（图7.36中为 $c_{vu}+w_{uj}$）比原来不经过顶点 u 的距离（图7.36中为 c_{vj}）更短，则修改从源点 v 到顶点 j 的最短距离值（图7.36中修改为 $c_{vu}+w_{uj}$）。

(4) 重复步骤(2)和(3)，直到 S 包含所有的顶点，即 U 为空。

下面介绍狄克斯特拉算法的实现过程。设有向图 $G=(V,E)$，以邻接矩阵作为存储结构。

为了保存最短路径长度，设置一个数组 dist[0..$n-1$]，dist[i]用来保存从源点 v 到顶点 i 的目前最短路径长度，它的初值为 $<v,i>$ 边上的权值，若顶点 v 到顶点 i 没有边，则权值定为 ∞。以后每考虑一个新的中间点 u 时，dist[i]的值可能被修改变小。

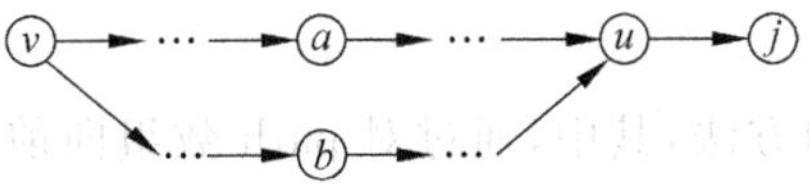

图7.37 顶点 v 到 j 的最短路径

为了保存最短路径，另设置一个数组 path[0..$n-1$]，其中 path[i]存放从源点 v 到顶点 i 的最短路径。为什么能够用一个一维数组保存多条最短路径呢？看图7.37，假设从源点 v 到顶点 j 有多条路径，其中 v ⇨…a ⇨…u ⇨j 是最短路径，即最短路径上顶点 j 的前一个顶点是顶点 u，则 v ⇨…a ⇨…u 也一定是从源点 v 到顶点 u 的最短路径。否则，说明从源点 v 到顶点 u 还有另一条最短路径，如 v ⇨…b ⇨…u，而这条路径加上顶点 j 即便 v ⇨…b ⇨…u ⇨j 构成从源点 v 到顶点 j 的最短路径，这与前面的假设矛盾，所以，若 v ⇨…a ⇨…u ⇨j 是一条最短路径，则 v ⇨…a ⇨…u 一定是从源点 v 到顶点 u 的最短路径，这样就可以用 path[j]保存从源点 v 到顶点 j 的最短路径，即置 path[j]为最短路径上的前一个顶点 u（即 path[j]$=u$），再由 path[u]一步一步向前推，直到源点 v，这样可以推出从源点 v 到顶点 j 的最短路径。也就是说，path[j]只保存当前最短路径中的前一个顶点的编号，从而只需用一个一维数组 path 便可保存所有的最短路径。

狄克斯特拉算法如下(v 为源点编号):

```
public string Dijkstra(int v)            //返回从 v 到其他顶点最短路径的字符串
{   int [] dist = new int[MAXV];         //建立 dist 数组
    int [] path = new int[MAXV];         //建立 path 数组
    int [] s = new int[MAXV];            //建立 s 数组
    int mindis,i,j,u = 0;
    for (i = 0;i < g.n;i++)
    {   dist[i] = g.edges[v,i];          //距离初始化
        s[i] = 0;                        //s[]置空
        if (g.edges[v,i]< INF)           //路径初始化
            path[i] = v;                 //顶点 v 到顶点 i 有边时,置顶点 i 的前一个顶点为 v
        else
            path[i] = -1;                //顶点 v 到顶点 i 没边时,置顶点 i 的前一个顶点为 -1
    }
    s[v] = 1;                            //源点编号 v 放入 s 中
    for (i = 0;i < g.n - 1;i++)          //循环向 s 中添加 n-1 个顶点
    {   mindis = INF;                    //mindis 置最小长度初值
        for (j = 0;j < g.n;j++)          //选取不在 s 中且具有最小距离的顶点 u
            if (s[j] == 0 && dist[j]< mindis)
            {   u = j;
                mindis = dist[j];
            }
        s[u] = 1;                        //顶点 u 加入 s 中
        for (j = 0;j < g.n;j++)          //修改不在 s 中的顶点的距离
            if (s[j] == 0)
                if (g.edges[u,j]< INF && dist[u] + g.edges[u,j]< dist[j])
                {   dist[j] = dist[u] + g.edges[u,j];
                    path[j] = u;
                }
    }
    gstr = "";
    Dispath(dist,path,s,v);              //输出最短路径
    return gstr;
}
```

以下是输出从源点出发所有最短路径及其长度的方法,其中,通过对 path 数组向前递推生成从顶点 i 到顶点 j 的最短路径:

```
private void Dispath(int [] dist,int [] path,int [] s,int v)
//输出从顶点 v 出发的所有最短路径
{   int i,j,k;
    int [] apath = new int [MAXV];              //存放一条最短路径(逆向)
    int d;                                      //存放 apath 中元素个数
    for (i = 0; i < g.n; i++ )                  //循环输出从顶点 v 到 i 的路径
        if (s[i] == 1 && i!= v)
        {   gstr += "从" + v.ToString() + "到" + i.ToString() + "最短路径长度为:"
                + dist[i].ToString() + "\t 路径为:";
            d = 0; apath[d] = i;                //添加路径上的终点
            k = path[i];
```

```
        if (k == -1)                              //没有路径的情况
            gstr = "从指定的顶点到其他顶点都没有路径!!!";
        else                                      //存在路径时输出该路径
        {   while (k!= v)
            {   d++; apath[d] = k;
                k = path[k];
            }
            d++; apath[d] = v;                    //添加路径上的起点
            gstr += apath[d].ToString();          //先输出起点
            for (j = d-1;j >= 0;j--)              //再输出其他顶点
                gstr += "→" + apath[j].ToString();
            gstr += "\r\n";
        }
    }
}
```

狄克斯特拉算法的时间复杂度为 $O(n^2)$。

例如，对于图 7.38 所示的带权有向图，采用狄克斯特拉算法求从顶点 0 到其他顶点的最短路径时，S、U 和从 v(等于 0，即源点)到各顶点的距离的变化如下(S 中加下划线者表示新加入的顶点，距离中的粗体者表示修改后的距离值)：

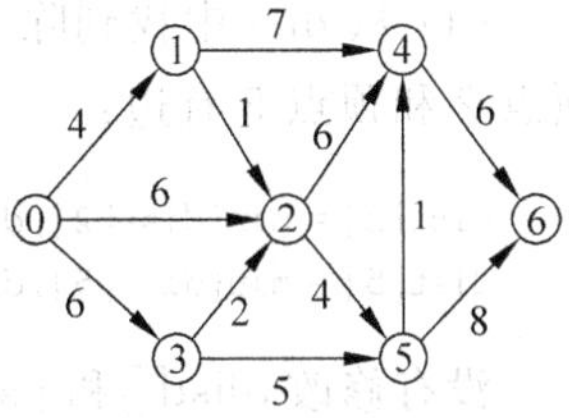

图 7.38 一个有向图

S	U	v 到 0～6 各顶点的距离
{0}	{1,2,3,4,5,6}	{0, 4, 6, 6, ∞, ∞, ∞}
{0,1}	{2,3,4,5,6}	{0, 4, **5**, 6, **11**, ∞, ∞}
{0,1,2}	{3,4,5,6}	{0, 4, 5, 6, 11, **9**, ∞}
{0,1,2,3}	{4,5,6}	{0, 4, 5, 6, 11, 9, ∞}
{0,1,2,3,5}	{4,6}	{0, 4, 5, 6, **10**, 9, 17}
{0,1,2,3,5,4}	{6}	{0, 4, 5, 6, 10, 9, **16**}
{0,1,2,3,5,4,6}	{}	{0, 4, 5, 6, 10, 9, 16}

顶点 0 到 1～6 各顶点的最短距离分别为 4、5、6、10、9 和 16。

通过 path[i]向前推导，直到源点 0 为止，可以找出从源点 0 到任何顶点 i 的最短路径。例如，若对于顶点 0～顶点 6，计算出的 path 如下：

0	0	1	0	5	2	4

求顶点 0 到顶点 6 的路径计算过程是：path[6]=4，说明路径上顶点 6 之前的一个顶点是 4；path[4]=5，说明路径上顶点 4 之前的一个顶点是 5；path[5]=2，说明路径上顶点 5 之前的一个顶点是 2；path[2]=1，说明路径上顶点 2 之前的一个顶点是 1；path[1]=0，说明路径上顶点 1 之前的一个顶点是 0，它是源点，所以源点 0 到顶点 6 的路径为 0,1,2,5,4,6。

【例 7.13】 对如图 7.38 所示的有向图，采用狄克斯特拉算法求从顶点 0 到其他顶点的最短路径，并说明整个计算过程。

解：(1) 初值：S={0}，dist={0,4,6,6,∞,∞,∞}(顶点 0 到其他各顶点的权值)，path={0,0,0,0,−1,−1,−1}(顶点 0 到其他各顶点有路径时为 0，否则为−1)。

(2) 从 dist 中找到除 S 中顶点外最近的顶点 1，加入 S 中，S={0,1}，从顶点 1 到顶点 2

和顶点 4 有边：

```
dist[2] = min{dist[2],dist[1] + 1} = 5(修改)
dist[4] = min{dist[4],dist[1] + 7} = 11(修改)
```

则 dist={0,4,5,6,11,∞,∞},将顶点 1 替换修改 dist 值的顶点,path={0,0,1,0,1,−1,−1}。

(3) 从 dist 中找到除 S 中顶点外最近的顶点 2,加入 S 中,S={0,1,2},从顶点 2 到顶点 4 和顶点 5 有边：

```
dist[4] = min{dist[4],dist[2] + 6} = 11
dist[5] = min{dist[5],dist[2] + 4} = 9(修改)
```

则 dist={0,4,5,6,11,9,∞},将顶点 2 替换修改 dist 值的顶点,path={0,0,1,0,1,2,−1}。

(4) 从 dist 中找到除 S 中顶点外最近的顶点 3,加入 S 中,S={0,1,2,3},从顶点 3 到顶点 2 和顶点 5 有边：

```
dist[2] = min{dist[2],dist[3] + 2} = 5
dist[5] = min{dist[5],dist[3] + 5} = 9
```

没有修改,dist[]和 path[]不变。

(5) 从 dist 中找到除 S 中顶点外最近的顶点 5,加入 S 中,S={0,1,2,3,5},从顶点 5 到顶点 4 和顶点 6 有边：

```
dist[4] = min{dist[4],dist[5] + 1} = 10(修改)
dist[6] = min{dist[6],dist[5] + 8} = 17(修改)
```

则 dist[]={0,4,5,6,10,9,17},将顶点 5 替换修改 dist 值的顶点,path[]={0,0,1,0,5,2,5}。

(6) 从 dist 中找到除 S 中顶点外最近的顶点 4,加入 S 中,S={0,1,2,3,5,4},从顶点 4 到顶点 6 有边：

```
dist[6] = min{dist[6],dist[4] + 6} = 16(修改)
```

则 dist={0,4,5,6,10,9,16},将顶点 5 替换修改 dist 值的顶点,path={0,0,1,0,5,2,4}。

(7) 从 dist 中找到除 S 中顶点外最近的顶点 6,加入 S 中,S={0,1,2,3,5,4,6},从顶点 6 不能到达任何顶点。算法结束,此时 dist={0,4,5,6,10,9,16},path={0,0,1,0,5,2,4}。

本算法的求解结果如下：

```
从顶点 0 到顶点 1 的路径长度为:4    路径为:0,1
从顶点 0 到顶点 2 的路径长度为:5    路径为:0,1,2
从顶点 0 到顶点 3 的路径长度为:6    路径为:0,3
从顶点 0 到顶点 4 的路径长度为:10   路径为:0,1,2,5,4
从顶点 0 到顶点 5 的路径长度为:9    路径为:0,1,2,5
从顶点 0 到顶点 6 的路径长度为:16   路径为:0,1,2,5,4,6
```

3. 求每对顶点之间的最短路径

问题：对于一个各边权值均大于零的有向图,对每一对顶点 $i \neq j$,求出顶点 i 与顶点 j 之间的最短路径和最短路径长度。

可以通过以每个顶点作为源点循环求出每对顶点之间的最短路径。除此之外,弗洛伊德(Floyd)算法也可用于求两顶点之间的最短路径。

假设有向图 $G=(V,E)$ 采用邻接矩阵 g 表示，另外设置一个二维数组 $\mathbf{A}$，用于存放当前顶点之间的最短路径长度，即分量 $\mathbf{A}[i,j]$ 表示当前顶点 i 到顶点 j 的最短路径长度。弗洛伊德算法的基本思想是递推产生一个矩阵序列 $\mathbf{A}_0$、$\mathbf{A}_1$、…、$\mathbf{A}_k$、…、$\mathbf{A}_n$，其中 $\mathbf{A}_k[i,j]$ 表示从顶点 i 到顶点 j 的路径上所经过的顶点编号不大于 k 的最短路径长度。

初始时，有 $\mathbf{A}_{-1}[i,j]=$ g.edges$[i,j]$。若 $\mathbf{A}_k[i,j]$ 已求出，当求从顶点 i 到顶点 j 的路径上所经过的顶点编号不大于 $k+1$ 的最短路径长度 $\mathbf{A}_{k+1}[i,j]$ 时，此时从顶点 i 到顶点 j 的最短路径有两种情况：

一种情况是从顶点 i 到顶点 j 的路径不经过顶点编号为 $k+1$ 的顶点，此时不需要调整，即 $\mathbf{A}_{k+1}[i,j]=\mathbf{A}_k[i,j]$；

另一种情况是从顶点 i 到顶点 j 的最短路径上经过编号为 $k+1$ 的顶点，如图 7.39 所示，原来的最短路径长度为 $\mathbf{A}_k[i,j]$。而经过编号为 $k+1$ 的顶点的路径分为两段，这条经过编号为 $k+1$ 的顶点的路径的长度为 $\mathbf{A}_k[i,k+1]+\mathbf{A}_k[k+1,j]$，如果其长度小于原来的最短路径长度，即 $\mathbf{A}_k[i,j]$，则取经过编号为 $k+1$ 的顶点的路径为新的最短路径。

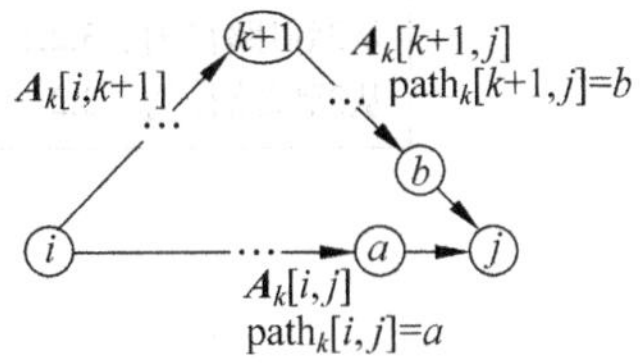

图 7.39 若 $\mathbf{A}_k[i,k+1]+\mathbf{A}_k[k+1,j]<\mathbf{A}_k[i,j]$，修改路径 $\text{path}_{k+1}[i,j]=\text{path}_k[k+1,j]$

归纳起来，弗洛伊德思想可用如下的表达式来描述：

$$\mathbf{A}_{-1}[i,j]=\text{g.edges}[i,j]$$

$$\mathbf{A}_{k+1}[i,j]=\text{MIN}\{\mathbf{A}_k[i,j],\mathbf{A}_k[i,k+1]+\mathbf{A}_k[k+1,j]\}\quad -1\leqslant k\leqslant n-2$$

该式是一个迭代表达式，$\mathbf{A}_k$ 表示已考虑顶点 0、1、…、k 这 $k+1$ 个顶点后得到的各顶点之间的最短路径。那么，$\mathbf{A}_k[i,j]$ 表示由顶点 i 到顶点 j 已考虑顶点 0、1、…、k 这 $k+1$ 个顶点后得到的最短路径，在此基础上再考虑顶点 $k+1$，求出各顶点在考虑顶点 $k+1$ 后的最短路径，即得到 $\mathbf{A}_{k+1}$。每迭代一次，在从顶点 i 到顶点 j 的最短路径上就多考虑了一个顶点；经过 n 次迭代后所得的 $\mathbf{A}_{n-1}[i,j]$ 值，就是考虑所有顶点后从顶点 i 到顶点 j 的最短路径，也就是最后的解。

另外，用二维数组 path 保存最短路径，它与当前迭代的次数有关，即当迭代完毕，path$[i,j]$ 存放从顶点 i 到顶点 j 的最短路径。和狄克斯特拉算法中采用的方式相似，在求 $\mathbf{A}_k[i,j]$ 时，$\text{path}_k[i,j]$ 存放从顶点 i 到顶点 j 的中间顶点编号不大于 k 的最短路径上前一个顶点的编号，当考虑顶点 $k+1$ 时，若经过顶点 $k+1$ 的路径更短，则修改 $\text{path}_{k+1}[i,j]$ 为 $\text{path}_k[k+1,j]$（图 7.39 中 $\text{path}_{k+1}[i,j]$ 由顶点 a 变为顶点 b）。在算法结束时，由二维数组 path 的值追溯，可以得到从顶点 i 到顶点 j 的最短路径，若 path$[i,j]=-1$，则没有中间顶点。

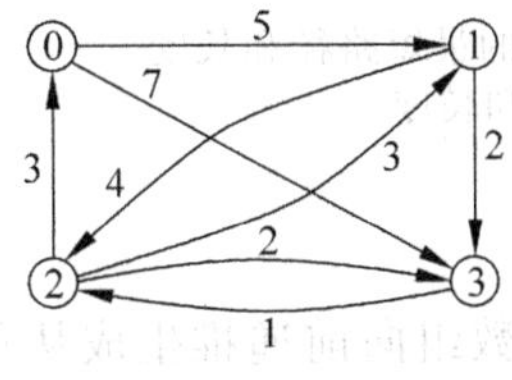

图 7.40 一个有向图

例如，对于图 7.40 所示的有向图，对应的邻接矩阵如下：

$$\begin{bmatrix} 0 & 5 & \infty & 7 \\ \infty & 0 & 4 & 2 \\ 3 & 3 & 0 & 2 \\ \infty & \infty & 1 & 0 \end{bmatrix}$$

求解结果如图 7.41(a)所示，求解的过程如图 7.41(b)所示

(加粗体者表示修改最短路径长度或最短路径)。

从0到1路径为：0,1	路径长度为：5
从0到2路径为：0,3,2	路径长度为：8
从0到3路径为：0,3	路径长度为：7
从1到0路径为：1,3,2,0	路径长度为：6
从1到2路径为：1,3,2	路径长度为：3
从1到3路径为：1,3	路径长度为：2
从2到0路径为：2,0	路径长度为：3
从2到1路径为：2,1	路径长度为：3
从2到3路径为：2,3	路径长度为：2
从3到0路径为：3,2,0	路径长度为：4
从3到1路径为：3,2,1	路径长度为：4
从3到2路径为：3,2	路径长度为：1

(a)

A_0:				$path_0$:			
0	5	∞	7	−1	0	−1	0
∞	0	4	2	−1	−1	1	1
3	3	0	2	2	2	−1	2
∞	∞	1	0	−1	−1	3	−1
A_1:				$path_1$:			
0	5	**9**	7	−1	0	**1**	0
∞	0	4	2	−1	−1	1	1
3	3	0	2	2	2	−1	2
∞	∞	1	0	−1	−1	3	−1
A_2:				$path_2$:			
0	**5**	9	7	−1	0	1	0
7	0	4	2	**2**	−1	1	2
3	3	0	2	−1	−1	−1	−1
4	**4**	1	0	**2**	**2**	3	−1
A_3:				$path_3$:			
0	5	**8**	7	−1	0	**3**	0
6	0	**3**	2	**2**	−1	**3**	1
3	3	0	2	2	2	−1	2
4	4	1	0	2	2	3	−1

(b)

图 7.41　弗洛伊德算法求解结果

弗洛伊德算法如下：

```
public string Floyd()
{   int [,] A = new int[MAXV,MAXV];                    //建立 A 数组
    int [,] path = new int[MAXV,MAXV];                 //建立 path 数组
    int i,j,k;
    for (i = 0;i < g.n;i++)                            //给数组 A 和 path 置初值,即求 A-1[i,j]
        for (j = 0;j < g.n;j++)
        {   A[i,j] = g.edges[i,j];
            if (i != j && g.edges[i, j] < INF)
                path[i, j] = i;                        //i 和 j 顶点之间有一条边时
            else                                       //i 和 j 顶点之间没有一条边时
                path[i, j] = -1;
        }
    for (k = 0;k < g.n;k++)                            //求 Ak[i,j]
    {   for (i = 0;i < g.n;i++)
            for (j = 0;j < g.n;j++)
                if (A[i,j]> A[i,k] + A[k,j])
                {   A[i,j] = A[i,k] + A[k,j];
                    path[i,j] = path[k,j];             //修改最短路径
                }
    }
    gstr = "";                                         //gstr 存放所有的最短路径和长度
    Dispath(A,path);                                   //生成最短路径和长度
    return gstr;
}
```

以下是输出所有最短路径及其长度的方法,其中,通过对 path 数组向前递推生成从顶点 i 到顶点 j 的最短路径。

```
private void Dispath(int [,] A,int [,] path)          //输出所有的最短路径和长度
{   int i,j,k,s;
    int [] apath = new int [MAXV];                    //存放一条最短路径中间顶点(反向)
    int d;                                            //存放 apath 中元素个数
    for (i = 0;i<g.n;i++)
        for (j = 0;j<g.n;j++)
        {   if (A[i,j]!= INF && i!= j)                //若顶点 i 和 j 之间存在路径
            {   gstr += "顶点" + i.ToString() + "到" + j.ToString() +
                    "的最短路径长度:" + A[i, j].ToString() + "\t 路径:";
                k = path[i,j];
                d = 0; apath[d] = j;                  //路径上添加终点
                while (k!= -1 && k!= i)               //路径上添加中间点
                {   d++; apath[d] = k;
                    k = path[i,k];
                }
                d++; apath[d] = i;                    //路径上添加起点
                gstr += apath[d].ToString();          //输出起点
                for (s = d - 1; s >= 0; s--)          //输出路径上的中间顶点
                    gstr += "→" + apath[s].ToString();
                gstr += "\r\n";
            }
        }
}
```

弗洛伊德算法中有三重循环,其时间复杂度为 $O(n^3)$。

【例 7.14】 对如图 7.40 所示的有向图,给出采用弗洛伊德算法求出各顶点对之间的最短路径和最短路径长度的结果。

解:采用弗洛伊德算法求解过程如下(**A** 中粗体者表示修改后的距离值,Path 中粗体者表示新修改的顶点):

初始时有:

$$\boldsymbol{A}_{-1}=\begin{bmatrix}0 & 5 & \infty & 7\\ \infty & 0 & 4 & 2\\ 3 & 3 & 0 & 2\\ \infty & \infty & 1 & 0\end{bmatrix}\quad \text{path}_{-1}=\begin{bmatrix}-1 & 0 & -1 & 0\\ -1 & -1 & 1 & 1\\ 2 & 2 & -1 & 2\\ -1 & -1 & 3 & -1\end{bmatrix}$$

考虑顶点 0,$\boldsymbol{A}_0[i,j]$表示由顶点 i 到顶点 j 经由顶点 0 的最短路径长度。经过比较,没有任何路径得到修改,因此有:

$$\boldsymbol{A}_{0}=\begin{bmatrix}0 & 5 & \infty & 7\\ \infty & 0 & 4 & 2\\ 3 & 3 & 0 & 2\\ \infty & \infty & 1 & 0\end{bmatrix}\quad \text{path}_{0}=\begin{bmatrix}-1 & 0 & -1 & 0\\ -1 & -1 & 1 & 1\\ 2 & 2 & -1 & 2\\ -1 & -1 & 3 & -1\end{bmatrix}$$

考虑顶点 1,$\boldsymbol{A}_1[i,j]$表示由顶点 i 到顶点 j 经由顶点 1 的最短路径。经过比较,修改路径 0⇨1⇨2,路径长度为 9,将 $\boldsymbol{A}[0,2]$改为 9,path[0,2]改为 path[1,2]即 1,因此有:

$$\boldsymbol{A}_{1}=\begin{bmatrix}0 & 5 & \mathbf{9} & 7\\ \infty & 0 & 4 & 2\\ 3 & 3 & 0 & 2\\ \infty & \infty & 1 & 0\end{bmatrix}\quad \text{path}_{1}=\begin{bmatrix}-1 & 0 & \mathbf{1} & 0\\ -1 & -1 & 1 & 1\\ 2 & 2 & -1 & 2\\ -1 & -1 & 3 & -1\end{bmatrix}$$

考虑顶点 2,$\mathbf{A}_2[i,j]$表示由顶点 i 到顶点 j 经由顶点 2 的最短路径。经过比较,存在路径 3⇨2⇨0,长度为 4,将 **A**[3,0]改为 4,将 path[3,0]改为 path[2,0]即 2;存在路径 3⇨2⇨1,长度为 4,将 **A**[3,1]改为 4,path[3,1]改为 path[2,0]即 2。存在路径 1⇨2⇨0,长度为 7,将 **A**[1,0]改为 7,path[1,0]改为 path[2,0]即 2。因此有:

$$\mathbf{A}_2=\begin{bmatrix}0&5&9&7\\ \mathbf{7}&0&4&2\\ 3&3&0&2\\ \mathbf{4}&\mathbf{4}&1&0\end{bmatrix}\quad \text{path}_2=\begin{bmatrix}-1&0&1&0\\ \mathbf{2}&-1&1&1\\ 2&2&-1&2\\ \mathbf{2}&\mathbf{2}&3&-1\end{bmatrix}$$

考虑顶点 3,$\mathbf{A}_3[i,j]$表示由顶点 i 到顶点 j 经由顶点 3 的最短路径。经过比较,存在路径 0⇨3⇨2,长度为 8 比原长度短,将 **A**[0,2]改为 8,将 path[0,2]改为 path[3,2]即 3;存在路径 1⇨3⇨2⇨0,长度为 6(**A**[1,3]+**A**[3,0]=2+4=6)比原长度短,将 **A**[1,0]改为 6,将 path[1,0]改为 path[2,0]即 2;存在路径 1⇨3⇨2,长度为 3,比原长度短,将 **A**[1,2]改为 3,将 path[1,2]改为 path[3,2]即 3。因此有:

$$\mathbf{A}_3=\begin{bmatrix}0&5&\mathbf{8}&7\\ \mathbf{6}&0&\mathbf{3}&2\\ 3&3&0&2\\ 4&4&1&0\end{bmatrix}\quad \text{path}_3=\begin{bmatrix}-1&0&\mathbf{3}&0\\ \mathbf{2}&-1&\mathbf{3}&1\\ 2&2&-1&2\\ 2&2&3&-1\end{bmatrix}$$

因此,最后求得的各顶点最短路径长度矩阵为:

$$\begin{bmatrix}0&5&8&7\\ 6&0&3&2\\ 3&3&0&2\\ 4&4&1&0\end{bmatrix}$$

由 path 数组可推出各顶点之间的最短路径。

7.4.3 拓扑排序

设 G=(V,E)是一个具有 n 个顶点的有向图,V 中的顶点序列 v_1、v_2、…、v_n 称为一个拓扑序列,当且仅当该顶点序列满足下列条件:若< v_i,v_j >是图中的边(即从顶点 v_i 到顶点 v_j 有一条路径),则在序列中顶点 v_i 必须排在顶点 v_j 之前。

在一个有向图中找一个拓扑序列的过程称为拓扑排序。

例如,计算机专业的学生必须完成一系列规定的基础课和专业课才能毕业,假设课程名称与相应编号的关系见表 7.2。

表 7.2 课程名称与相应编号的关系

课程编号	课程名称	先修课程
C_1	高等数学	无
C_2	程序设计	无
C_3	离散数学	C_1
C_4	数据结构	C_2,C_3
C_5	编译原理	C_2,C_4
C_6	操作系统	C_4,C_7
C_7	计算机组成原理	C_2

课程之间的先后关系有向图，如图7.42所示。

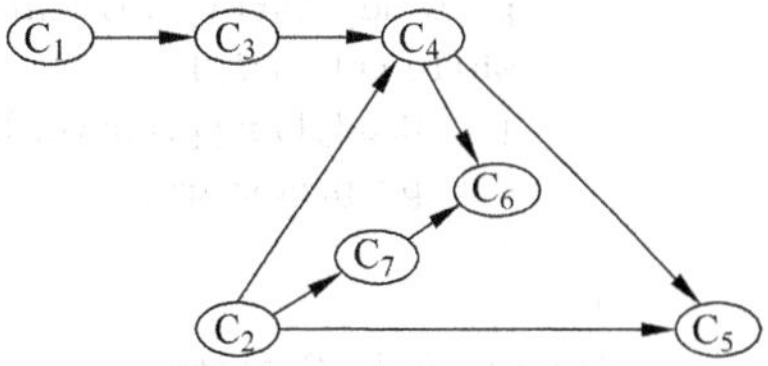

图7.42 课程之间的先后关系有向图

对这个有向图进行拓扑排序，可得到一个拓扑序列：$C_1 \to C_3 \to C_2 \to C_4 \to C_7 \to C_6 \to C_5$。也可得到另一个拓扑序列：$C_2 \to C_7 \to C_1 \to C_3 \to C_4 \to C_5 \to C_6$，还可以得到其他的拓扑序列。学生按照任何一个拓扑序列都可以顺序地进行课程学习。

拓扑排序方法如下：

(1) 从有向图中选择一个没有前趋(即入度为0)的顶点并且输出它。

(2) 从网中删去该顶点，并且删去从该顶点发出的全部有向边。

(3) 重复上述两个步骤，直到剩余的网中不再存在没有前趋的顶点为止。

这样操作的结果有两种：一种是网中的全部顶点都被输出，这说明网中不存在有向回路；另一种就是网中的顶点未被全部输出，剩余的顶点均有前趋顶点，这说明网中存在有向回路。

为了实现拓扑排序的算法，对于给定的有向图，采用邻接表作为存储结构，为每个顶点设立一个链表，每个链表有一个表头结点，这些表头结点构成一个数组，在表头结点中增加一个存放顶点入度的域count，即将邻接表定义中的VNode类型修改如下：

```
struct VNode                                //修改后的邻接表表头结点类型
{   public string data;                     //顶点信息
    public int indegree;                    //为拓扑排序增加顶点的入度
    public ArcNode firstarc;                //指向第一条边
};
```

在执行拓扑排序的过程中，当某个顶点的入度为零(没有前趋顶点)时，就将此顶点输出，同时将该顶点的所有后继顶点的入度减1。为了避免重复检测入度为零的顶点，设立一个栈st，以存放入度为零的顶点。执行拓扑排序的算法如下：

```
public bool TopSort(ref string topstring)   //拓扑排序
{   int i;
    int[] topseq = new int[MAXV];
    int n = 0;                              //n为拓扑序列中的顶点个数
    TopSort1(topseq, ref n);
    if (n < G.n)                            //拓扑序列中不含所有顶点时,返回false
        return false;
    else
    {   topstring = "";
        for (i = 0; i < n; i++)
            topstring += topseq[i].ToString() + " ";
        return true;
    }
}
public void TopSort1(int [] topseq, ref int n)   //被TopSort方法调用
{   int i, j;
    int [] st = new int[MAXV];              //定义一个顺序栈
    int top = -1;                           //栈顶指针为top
    ArcNode p;
    for (i = 0; i < G.n; i++)               //入度置初值0
        G.adjlist[i].indegree = 0;
    for (i = 0; i < G.n; i++)               //求所有顶点的入度
```

```
    {   p = G.adjlist[i].firstarc;
        while (p!= null)
        {   G.adjlist[p.adjvex].indegree++;
            p = p.nextarc;
        }
    }
    for (i = 0;i < G.n;i++)
        if (G.adjlist[i].indegree == 0)          //入度为 0 的顶点进栈
        {   top++;
            st[top] = i;
        }
    while (top > -1)                             //栈不为空时循环
    {   i = st[top];top--;                       //出栈
        topseq[n] = i; n++;
        p = G.adjlist[i].firstarc;               //找第一个相邻点
        while (p!= null)
        {   j = p.adjvex;
            G.adjlist[j].indegree--;
            if (G.adjlist[j].indegree == 0)      //入度为 0 的相邻顶点进栈
            {   top++;
                st[top] = j;
            }
            p = p.nextarc;                       //找下一个相邻点
        }
    }
}
```

【例 7.15】 给出图 7.43 所示的有向图 G 的全部可能的拓扑排序序列。

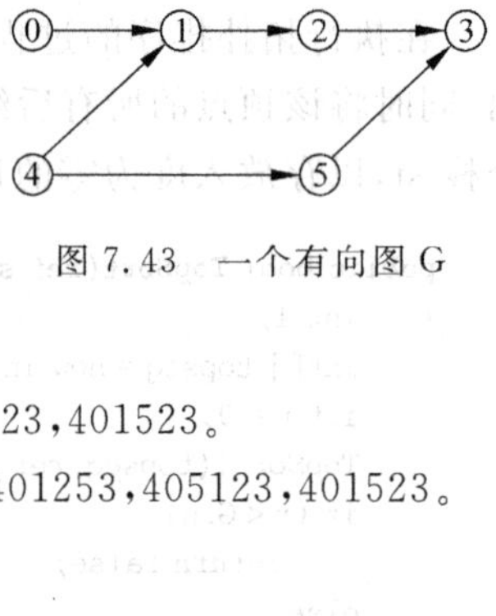

图 7.43 一个有向图 G

解：从图 G 中看到，入度为 0 有两个顶点，即 0 和 4，先考虑顶点 0：删除 0 及相关边，入度为 0 者有 4；删除 4 及相关边，入度为 0 者有 1 和 5；考虑顶点 1，删除 1 及相关边，入度为 0 者有 2 和 5；如此得到拓扑序列：041253，041523，045123。

再考查顶点 4，类似地得到拓扑序列：450123，401253，405123，401523。

因此，所有的拓扑序列为 041253，041523，045123，450123，401253，405123，401523。

7.4.4 AOE 网与关键路径

若用前面介绍过的带权有向图(DAG)描述工程的预计进度，以顶点表示事件，有向边表示活动，边 e 的权 $c(e)$表示完成活动 e 所需的时间(如天数)，或者说是活动 e 持续时间。图中，入度为 0 的顶点表示工程的开始事件(如开工仪式)，出度为 0 的顶点表示工程结束事件。这样的有向图称为 AOE(Activity On Edge)网。

通常，每个工程都只有一个开始事件和一个结束事件，因此表示工程的 AOE 网都只有一个入度为 0 的顶点，称为**源点**(source)，和一个出度为 0 的顶点，称为**汇点**(converge)。如果图中存在多个入度为 0 的顶点，只要加一个虚拟源点，使这个虚拟源点到原来所有入度为 0 的点都有一条长度为 0 的边，变成只有一个源点。对存在多个出度为 0 的顶点的情况作类似处理。所以，只需讨论单源点和单汇点的情况。

利用这样的 AOE 网，能够计算完成整个工程预计需要多少时间，并找出影响工程进度的“关键活动”，从而为决策者提供修改各活动的预计进度的依据。

在 AOE 网中，从源点到汇点的所有路径中，具有最大路径长度的路径称为**关键路径**。完成整个工程的最短时间就是网中关键路径的长度，也就是网中关键路径上各活动持续时间的总和。关键路径上的活动称为**关键活动**。因此，只要找出 AOE 网中的关键活动，也就找到了关键路径。注意，在一个 AOE 网中可以有不止一条的关键路径。

例如，图 7.44 表示某工程的 AOE 网，共有 9 个事件和 11 项活动。其中，A 表示开始事件，I 表示结束事件。

在 AOE 网中，若有一个活动 $a=<x,y>$，则称 x 为 y 的前趋事件，y 为 x 的后继事件。

下面介绍如何利用 AOE 网计算出影响工程进度的关键活动。

在 AOE 网中，先求出每个事件（顶点）的最早开始和最迟开始时间，再求出每个活动（边）的最早开始和最迟开始时间，由此求出所有的关键活动。

(1) 事件最早开始时间：规定源点事件的最早开始时间为 0；定义 AOE 网中任一事件 v 的最早开始时间(early event)ve(v)等于所有前趋事件最早开始时间加上相应活动持续时间的最大值。例如，事件 v 有 x、y、z 共 3 个前趋事件(即有 3 个活动到事件 v，持续时间分别为 a、b、c)，求事件 v 的最早开始时间如图 7.45 所示。归纳起来，事件 v 的最早开始时间定义如下：

$$\mathrm{ve}(v)=0 \qquad \text{当 } v \text{ 为源点时}$$

$$\mathrm{ve}(v)=\mathrm{MAX}\{\mathrm{ve}(x_i)+c(a_j) \mid a_j \text{ 为活动} <x_i,v>, c(a_j) \text{ 为活动 } a_j \text{ 的持续时间}\} \qquad \text{否则}$$

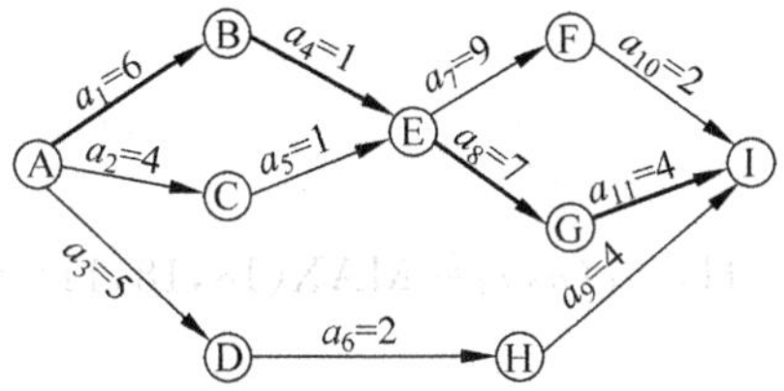

图 7.44 AOE 网的示例(粗线表示一条关键路径)

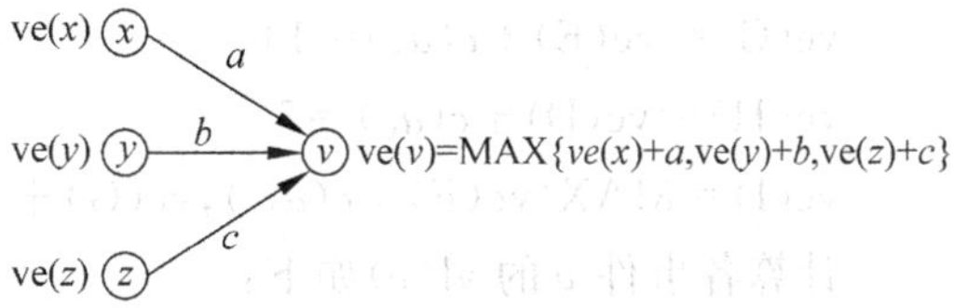

图 7.45 求事件 v 的最早开始时间

(2) 事件最迟开始时间：定义在不影响整个工程进度的前提下，事件 v 必须发生的时间称为 v 的最迟开始时间(late event)，记作 vl(v)。规定汇点事件的最迟开始时间等于其最早开始时间，定义 AOE 网中任一事件 v 的 vl(v)应等于所有后继事件最迟开始时间减去相应活动持续时间的最小值。例如，事件 v 有 x、y、z 共 3 个后继事件(即从事件 v 出发有 3 个活动，持续时间分别为 a、b、c)，求事件 v 的最迟开始时间如图 7.46 所示。归纳起来，事件 v 的最迟开始时间定义如下：

$$\mathrm{vl}(v)=\mathrm{ve}(v) \qquad \text{当 } v \text{ 为汇点时}$$

$$\mathrm{vl}(v)=\mathrm{MIN}\{\mathrm{vl}(x_i)-c(a_j) \mid a_j \text{ 为活动} <v,x_i>, c(a_j) \text{ 为活动 } a_j \text{ 的持续时间}\} \qquad \text{否则}$$

(3) 活动最早开始时间。活动 $a=<x,y>$的最早开始时间 $e(a)$等于 x 事件的最早开始时间，如图 7.47 所示，即：

$$e(a)=\mathrm{ve}(x)$$

(4) 活动最迟开始时间。活动 $a=<x,y>$的最迟开始时间 $l(a)$等于 y 事件的最迟开始时间与该活动持续时间之差，如图 7.47 所示，即：

$$l(a) = \text{vl}(y) - c(a)$$

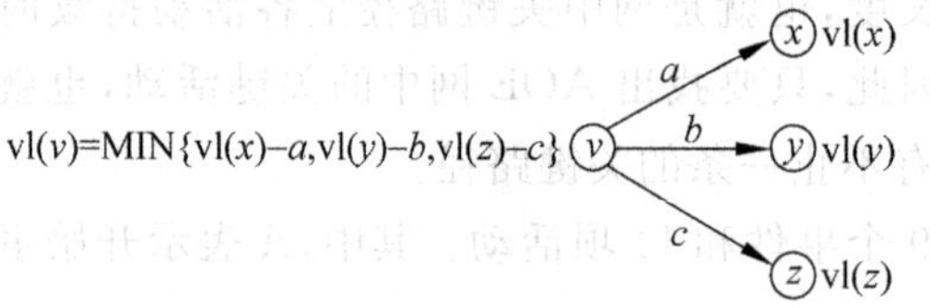

图 7.46　求事件 v 的最迟开始时间

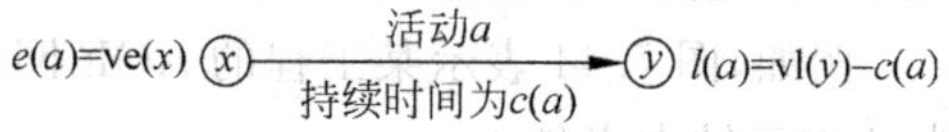

图 7.47　活动 a 的最早开始时间和最迟开始时间

(5) 关键活动：如果一个活动 a 的最早开始时间等于最迟开始时间，即 $e(a)=l(a)$，则称之为关键活动。

【例 7.16】 求图 7.44 所示的 AOE 网的关键路径。

解：对于图 7.44 所示的 AOE 图，源点为顶点 A，汇点为顶点 I。计算各事件 v 的 ve(v) 如下：

$\text{ve}(A)=0$

$\text{ve}(B)=\text{ve}(A)+c(a_1)=6$

$\text{ve}(C)=\text{ve}(A)+c(a_2)=4$

$\text{ve}(D)=\text{ve}(A)+c(a_3)=5$

$\text{ve}(E)=\text{MAX}(\text{ve}(B)+c(a_4),\text{ve}(C)+c(a_5)\}=\text{MAX}\{7,5\}=7$

$\text{ve}(F)=\text{ve}(E)+c(a_7)=16$

$\text{ve}(G)=\text{ve}(E)+c(a_8)=14$

$\text{ve}(H)=\text{ve}(D)+c(a_6)=7$

$\text{ve}(I)=\text{MAX}\{\text{ve}(F)+c(a_{10}),\text{ve}(G)+c(a_{11}),\text{ve}(H)+c(a_9)\}=\text{MAX}(18,18,11\}=18$

计算各事件 v 的 vl(v) 如下：

$\text{vl}(I)=\text{ve}(I)=18$

$\text{vl}(F)=\text{vl}(I)-c(a_{10})=16$

$\text{vl}(G)=\text{vl}(I)-c(a_{11})=14$

$\text{vl}(H)=\text{vl}(I)-c(a_9)=14$

$\text{vl}(E)=\text{MIN}(\text{vl}(F)-c(a_7),\text{vl}(G)-c(a_8)\}=\{7,7\}=7$

$\text{vl}(D)=\text{vl}(H)-c(a_6)=12$

$\text{vl}(C)=\text{vl}(E)-c(a_5)=6$

$\text{vl}(B)=\text{vl}(E)-c(a_4)=6$

$\text{vl}(A)=\text{MIN}(\text{vl}(B)-c(a_1),\text{vl}(C)-c(a_2),\text{vl}(D)-c(a_3)\}=\{0,2,7\}=0$

计算各活动 a 的 $e(a)$、$l(a)$ 和差值 $d(a)$ 如下：

活动 a_1：$e(a_1)=\text{ve}(A)=0$　　$l(a_1)=\text{vl}(B)-6=0$　　$d(a_1)=0$

活动 a_2：$e(a_2)=\text{ve}(A)=0$　　$l(a_2)=\text{vl}(C)-4=2$　　$d(a_2)=2$

活动 a_3：$e(a_3)=\text{ve}(A)=0$　　$l(a_3)=\text{vl}(D)-5=7$　　$d(a_3)=7$

活动 a_4：$e(a_4)=\text{ve}(B)=6$　　$l(a_4)=\text{vl}(E)-1=6$　　$d(a_4)=0$

活动 a_5：$e(a_5)=\text{ve}(C)=4$　　$l(a_5)=\text{vl}(E)-1=6$　　$d(a_5)=2$

活动 a_6：$e(a_6)$=ve(D)=5　　$l(a_6)$=vl(H)−2=12　　$d(a_6)$=7

活动 a_7：$e(a_7)$=ve(E)=7　　$l(a_7)$=vl(F)−9=7　　$d(a_7)$=0

活动 a_8：$e(a_8)$=ve(E)=7　　$l(a_8)$=vl(G)−7=7　　$d(a_8)$=0

活动 a_9：$e(a_9)$=ve(H)=7　　$l(a_9)$=vl(G)−4=10　　$d(a_9)$=3

活动 a_{10}：$e(a_{10})$=ve(F)=16　　$l(a_{10})$=vl(I)−2=16　　$d(a_{10})$=0

活动 a_{11}：$e(a_{11})$=ve(G)=14　　$l(a_{11})$=vl(I)−4=14　　$d(a_{11})$=0

由此可知，关键活动有 a_{11}、a_{10}、a_8、a_7、a_4、a_1。因此，关键路径有两条，即 A ⇨B ⇨E ⇨F ⇨I 和 A⇨B ⇨E ⇨G ⇨I。

说明：关键路径长度是从源点到汇点的最长路径长度，它是由关键活动构成的。在一个 AOE 网中可能存在多条关键路径，所有关键路径的长度均相同。减少某个关键活动的持续时间并不一定能减少工期，但减少所有关键路径中共有的某个关键活动的持续时间可以相应地减少工期。也不能无限制地减少这样的关键活动的持续时间，以期相应地减少工期，因为减少到一定限度可能变成非关键活动。

下面讨论 AOE 网中求关键活动的算法。假设 AOE 网采用邻接表存储，用 ve 数组存放每个顶点的最早开始时间，用 vl 数组存放每个顶点的最迟开始时间。先调用前面介绍的拓扑排序算法，产生拓扑序列 topseq，其中第一个顶点为源点，最后一个顶点为汇点。按照拓扑序列正序求出每个顶点的最早开始时间，按照拓扑序列反序求出每个顶点的最迟开始时间。算法中并没有保存每个活动（边）的最早开始时间和最迟开始时间，因为对每一条边 p=< i，p. adjvex >，如果有 ve[i]==vl[p. adjvex]−p. weight，则说明该边是关键活动。对应的算法如下：

```
public bool KeyPath(ref int inode,ref int enode,ref string keynode)
{   int[] topseq = new int[MAXV];              //topseq 用于存放拓扑序列
    int n = 0;                                 //n 为拓扑序列中的顶点数
    int i,w,count = 0;                         //count 为产生的关键活动数
    ArcNode p;
    TopSort1(topseq,ref n);                    //调用前面的拓扑排序算法,产生拓扑序列
    if (n<G.n) return false;                   //不能产生拓扑序列时,返回 false
    inode = topseq[0];                         //求出源点
    enode = topseq[n-1];                       //求出汇点
    int[] ve = new int[MAXV];                  //事件的最早开始时间
    int[] vl = new int[MAXV];                  //事件的最迟开始时间
    for (i = 0;i<n;i++) ve[i] = 0;             //先将所有事件的 ve 置初值为 0
    for (i = 0;i<n;i++)                        //从左向右求所有事件的最早开始时间
    {   p = G.adjlist[i].firstarc;
        while (p!= null)                       //遍历每一条边,即活动
        {   w = p.adjvex;
            if (ve[i] + p.weight > ve[w])      //求最大者
                ve[w] = ve[i] + p.weight;
            p = p.nextarc;
        }
    }
    for (i = 0;i<n;i++)                        //先将所有事件的 vl 值置为最大值
        vl[i] = ve[enode];
    for (i = n-2;i>= 0;i--)                    //从右向左求所有事件的最迟开始时间
    {   p = G.adjlist[i].firstarc;
        while (p!= null)
```

```
            {  w = p.adjvex;
               if (vl[w] - p.weight < vl[i]) //求最小者
                   vl[i] = vl[w] - p.weight;
               p = p.nextarc;
            }
        }
        keynode = "";                        //存放关键活动(边),初始为空
        for (i = 0;i < n;i++)                //求关键活动
        {    p = G.adjlist[i].firstarc;
             while (p!= null)
             {    w = p.adjvex;
                  if (ve[i] == vl[w] - p.weight) //(i→w)是一个关键活动
                  {    keynode += "(" + i.ToString() + "→" + w.ToString() + ")" + "\t";
                       count++;
                       if (count % 3 == 0)    //输出3条关键活动后另起一行输出
                           keynode += "\r\n";  //添加一个换行符
                  }
                  p = p.nextarc;
             }
        }
        return true;
    }
```

本算法的时间复杂度为 $O(n+e)$，其中 n 为 AOE 网中的顶点数，e 为边数。

图应用的实践项目

项目 1：设计一个项目，用户动态输入一个带权无向图，采用 Prim 算法求最小生成树，并用相关数据进行测试，其操作界面如图 7.48 所示。

项目 2：设计一个项目，用户动态输入一个带权无向图，采用 Kruskal 算法求最小生成树，并用相关数据进行测试，其操作界面如图 7.49 所示。

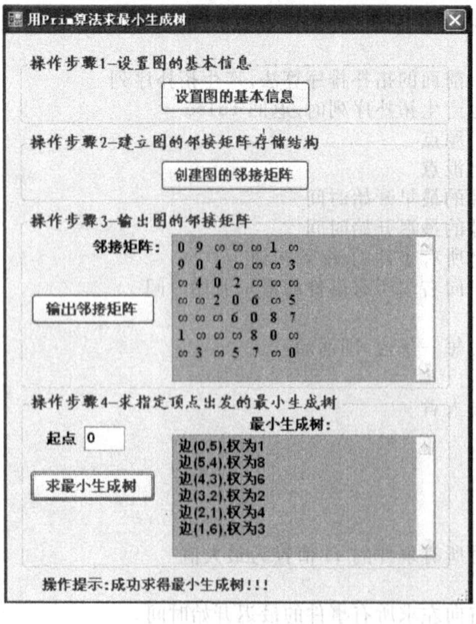

图 7.48　图应用——实践项目 1 的操作界面

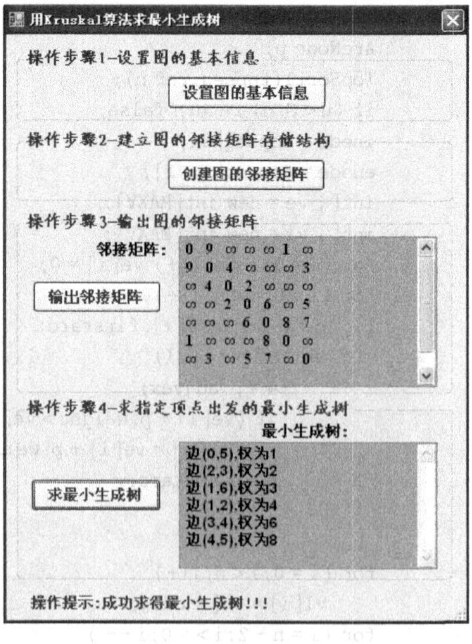

图 7.49　图应用——实践项目 2 的操作界面

项目3：设计一个项目，用户动态输入一个带权有向图，采用 Dijkstra 算法求单源最短路径（含求解过程），并用相关数据进行测试，其操作界面如图 7.50 所示。

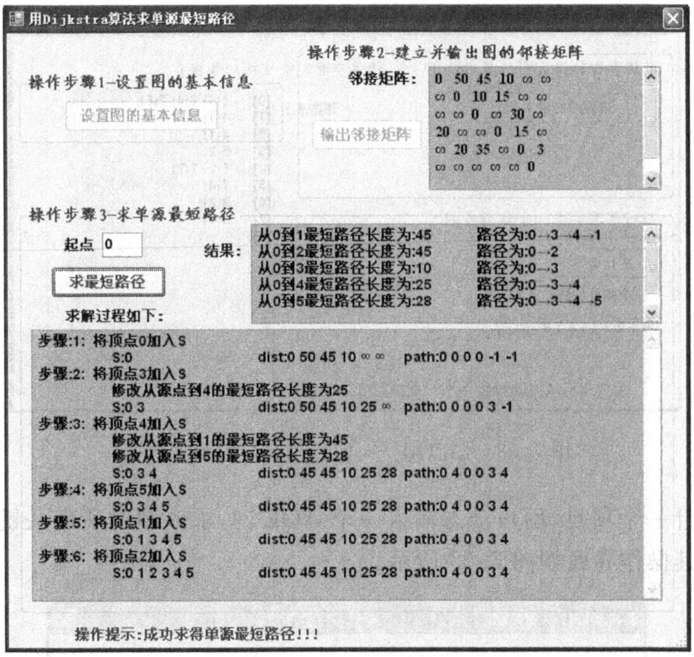

图 7.50　图应用——实践项目 3 的操作界面

项目4：设计一个项目，用户动态输入一个带权有向图，采用 Floyd 算法求所有顶点之间的最短路径（含求解过程），并用相关数据进行测试，其操作界面如图 7.51 所示。

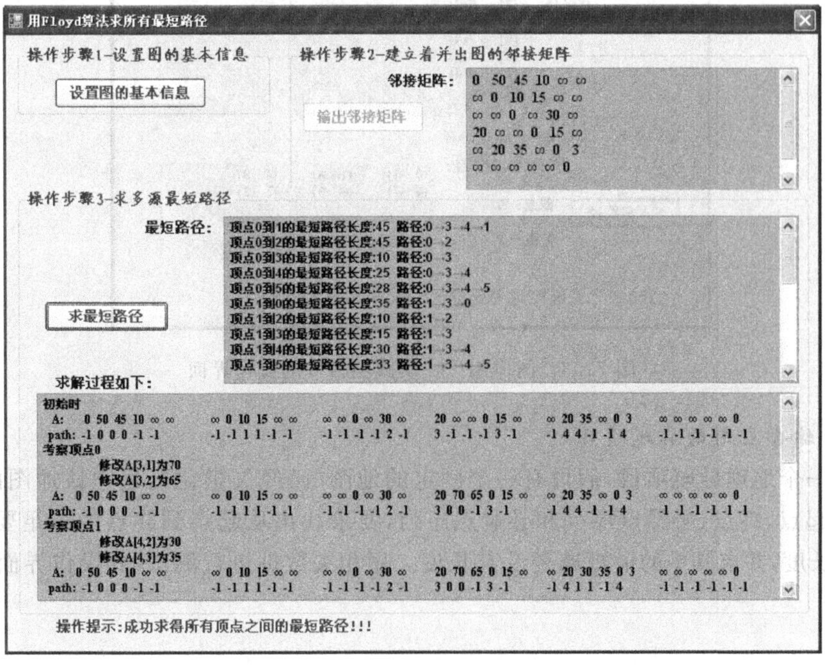

图 7.51　图应用——实践项目 4 的操作界面

项目5：设计一个项目，用户动态输入一个有向无环图，求该图的一个拓扑序列，并用相关数据进行测试，其操作界面如图7.52所示。

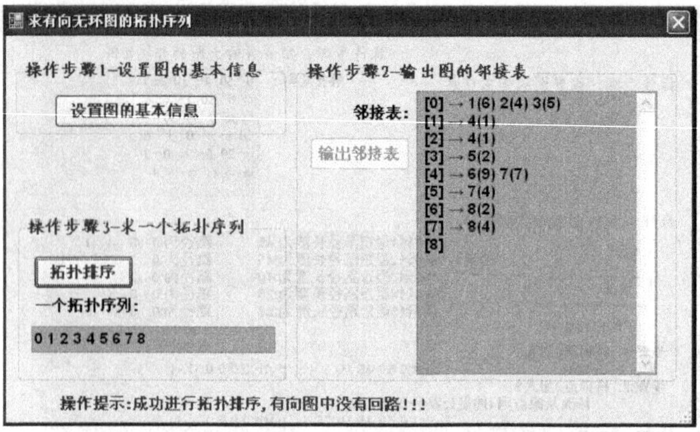

图7.52　图应用——实践项目5的操作界面

项目6：设计一个项目，用户动态输入一个AOE网，求该图的所有关键活动，并用相关数据进行测试，其操作界面如图7.53所示。

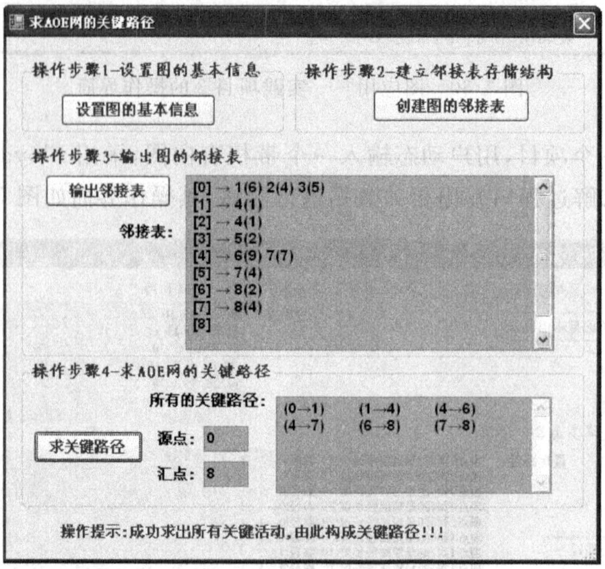

图7.53　图应用——实践项目6的操作界面

图综合应用的实践项目

设计一个地理导航项目，假设有一个固定的地图（已经矢量化），建立该地图的邻接表，用户指定起点、终点、必经点序列和必避点序列，要求找出从起点到终点的满足要求的所有路径及其长度，并求其中的最短路径及其长度。用相关数据进行测试，其操作界面如图7.54所示。

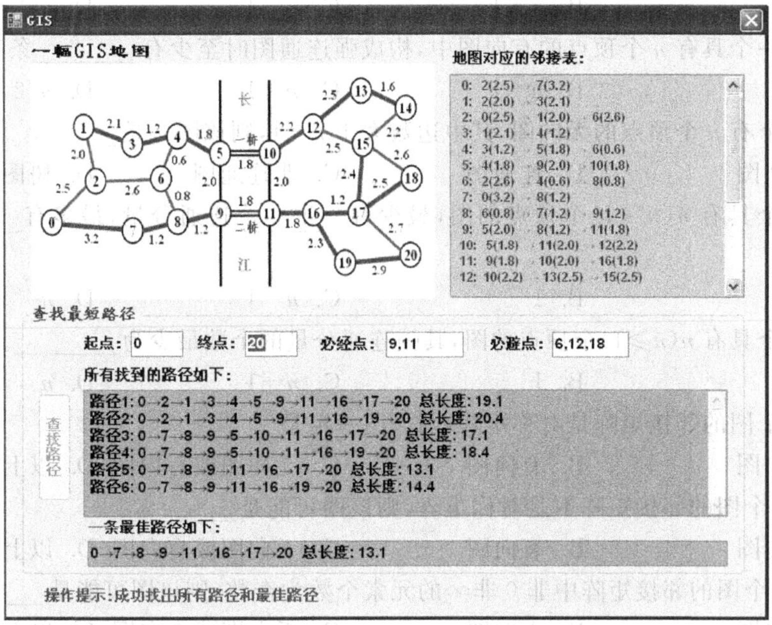

图 7.54 图综合应用实践项目的操作界面

本章小结

本章的基本学习要点如下：

(1) 掌握图的相关概念，包括图、有向图、无向图、完全图、子图、连通图、度、入度、出度、简单回路和环等定义。

(2) 重点掌握图的各种存储结构，包括邻接矩阵和邻接表等。

(3) 重点掌握图的基本运算，包括创建图、输出图、深度优先遍历、广度优先遍历算法等。

(4) 掌握图的基本应用，包括最小生成树、最短路径、拓扑排序和关键路径等算法。

(5) 灵活运用图这种数据结构解决一些综合应用问题。

练习题 7

1. 单项选择题

(1) 在一个无向图中，所有顶点的度之和等于边数的________倍。

A. 1/2　　B. 1　　C. 2　　D. 4

(2) 一个有 n 个顶点的无向图最多有________条边。

A. n　　B. $n(n-1)$　　C. $n(n-1)/2$　　D. $2n$

(3) 一个有 n 个顶点的有向图最多有________条边。

A. n　　B. $n(n-1)$　　C. $n(n-1)/2$　　D. $2n$

(4) 在一个具有 n 个顶点的无向连通图中至少有________条边。

A. n　　B. $n+1$　　C. $n-1$　　D. $n/2$

(5) 在一个具有 n 个顶点的有向图中,构成强连通图时至少有________条边。

A. n　　B. $n+1$　　C. $n-1$　　D. $n/2$

(6) 一个有 n 个顶点的无向图,其中边数大于 $n-1$,则该图必是________。

A. 完全图　　B. 连通图　　C. 非连通图　　D. 树图

(7) 一个具有 $n(n\geqslant 1)$个顶点的图,最少有__①__个连通分量,最多有__②__个连通分量。

A. 0　　B. 1　　C. $n-1$　　D. n

(8) 一个具有 $n(n\geqslant 1)$个顶点的图,其强连通分量的个数最少为________。

A. 0　　B. 1　　C. $n-1$　　D. n

(9) 一个图的邻接矩阵是对称矩阵,则该图一定是________。

A. 无向图　　B. 有向图　　C. 无向图或有向图　　D. 以上都不对

(10) 一个图的邻接矩阵不是对称矩阵,则该图可能是________。

A. 无向图　　B. 有向图　　C. 无向图或有向图　　D. 以上都不对

(11) 一个图的邻接矩阵中非 0 非∞的元素个数为奇数,则该图可能是________。

A. 有向图　　B. 无向图　　C. 无向图或有向图　　D. 以上都不对

(12) 对于一个具有 n 个顶点的无向图,若采用邻接矩阵表示,则该矩阵的大小是________。

A. n　　B. $(n-1)^2$　　C. $n-1$　　D. n^2

(13) 对于一个具有 n 个顶点 e 条边的不带权无向图,若采用邻接矩阵表示,其中非零元素个数是________。

A. n　　B. $2n$　　C. e　　D. $2e$

(14) 用邻接表存储图所用的空间大小________。

A. 与图的顶点和边数有关　　B. 只与图的边数有关

C. 只与图的顶点数有关　　D. 与边数的平方有关

(15) 在有向图的邻接表表示中,顶点 v 的边单链表中的结点个数等于________。

A. 顶点 v 的度　　B. 顶点 v 的出度

C. 顶点 v 的入度　　D. 依附于顶点 v 的边数

(16) 在有向图的邻接表表示中,顶点 v 在边单链表中出现的次数是________。

A. 顶点 v 的度　　B. 顶点 v 的出度

C. 顶点 v 的入度　　D. 依附于顶点 v 的边数

(17) 如果从无向图的任一顶点出发进行一次深度优先遍历即可访问所有顶点,则该图一定是________。

A. 完全图　　B. 连通图　　C. 有回路　　D. 一棵树

(18) 以下叙述中,错误的是________。

A. 图的遍历是从给定的初始点出发访问每个顶点且每个顶点仅访问一次

B. 图的深度优先遍历适合无向图

C. 图的深度优先遍历不适合有向图

D. 图的深度优先遍历是一个递归过程

(19) n 个顶点的连通图的生成树有________个顶点。

A. $n-1$　　B. n　　C. $n+1$　　D. 不确定

(20) n 个顶点的连通图的生成树有________条边。

A. n　　B. $n-1$　　C. $n+1$　　D. 不确定

(21) 对于有 n 个顶点 e 条边的有向图，求最短路径的 Dijkstra 算法的时间复杂度为________。

A. $O(n)$　　B. $O(n+e)$　　C. $O(n^2)$　　D. $O(ne)$

(22) 判定一个有向图是否存在回路，除了可以利用拓扑排序方法外，还可以用________。

A. 求关键路径的方法　　B. 求最短路径的 Dijkstra 方法

C. 广度优先遍历算法　　D. 深度优先遍历算法

(23) 关键路径是事件结点网络中________。

A. 从源点到汇点的最长路径　　B. 从源点到汇点的最短路径

C. 最长的回路　　D. 最短的回路

2. 问答题

(1) 一个无向图中有16条边，度为4的顶点有3个，度为3的顶点有4个，其余顶点的度均小于3，则该图至少有多少个顶点？

(2) 图G是一个非连通无向图，共有28条边，则该图至少有多少个顶点？

(3) 设 **A** 为无向图G的邻接矩阵(为0/1矩阵)，定义：

$$\mathbf{A}^1 = \mathbf{A}$$

$$\mathbf{A}^n = \mathbf{A}^{n-1} \times \mathbf{A} \qquad \text{当 } n > 1$$

证明：$\mathbf{A}^n$ 的元素 $\mathbf{A}[i,j]$ 表示顶点 i 到顶点 j 的长度为 n 的路径数目。

(4) 对于如图7.55所示的一个无向图G，给出以顶点0作为初始点的所有的深度优先遍历序列和广度优先遍历序列。

(5) 对于如图7.56所示的带权无向图，给出利用普里姆算法和克鲁斯卡尔算法构造出的最小生成树的结果。

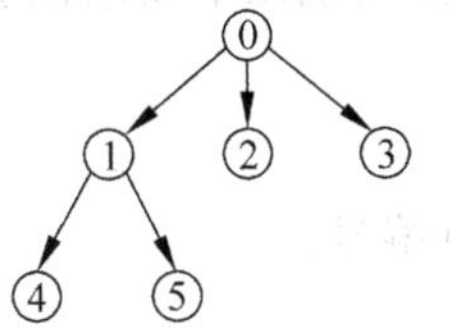

图7.55　一个无向图G

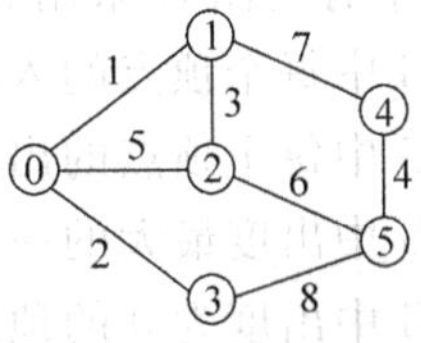

图7.56　一个带权无向图G

(6) 对于如图7.57所示的带权有向图，采用狄克斯特拉算法求出从顶点0到其他各顶点的最短路径及其长度。

(7) 已知世界6大城市为：北京(B)、纽约(N)、巴黎(P)、伦敦(L)、东京(T)、墨西哥城(M)。试在表7.3给出的交通网中确定最小生成树，并说明所使用的方法及其时间复杂度。

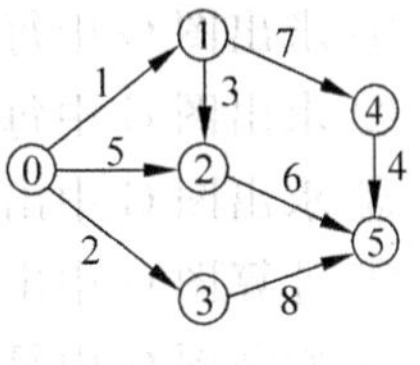

图7.57　一个带权有向图G

表 7.3　世界 6 大城市交通里程网络表(单位:100km)

	B	N	P	L	T	M
B		109	82	81	21	124
N	109		58	55	108	32
P	82	58		3	97	92
L	81	55	3		95	89
T	21	108	97	95		113
M	124	32	92	89	113	

(8) 给出如图 7.58 所示有向图的所有拓扑序列。

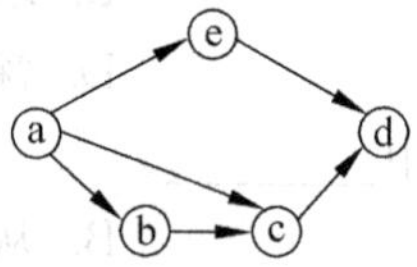

图 7.58　一个有向图

(9) 表 7.4 所示给出了某工程各工序之间的优先关系和各工序所需的时间。

表 7.4　某工程各工序关系表

工序代号	A	B	C	D	E	F	G	H	I	J	K	L	M	N
所需时间	15	10	50	8	15	40	300	15	120	60	15	30	20	40
先驱工序	—	—	A,B	B	C,D	B	E	G,I	E	I	F,I	H,J,K	L	G

完成如下各小题:

① 画出相应的 AOE 网。

② 列出事件的最早发生时间和最迟发生时间。

③ 找出关键路径并指明完成该工程所需的最短时间。

3. 算法设计题

(1) 假设一个有向图 G 采用邻接矩阵存储,分别设计实现以下要求的算法:

① 求出图 G 中每个顶点的入度。

② 求出图 G 中每个顶点的出度。

③ 求出图 G 中出度最大的一个顶点,并输出该顶点编号。

④ 计算图 G 中出度为 0 的顶点数。

⑤ 判断图 G 中是否存在边<i,j>。

(2) 假设一个有向图 G 采用邻接表存储,分别设计实现以下要求的算法:

① 求出图 G 中每个顶点的入度。

② 求出图 G 中每个顶点的出度。

③ 求出图 G 中出度最大的一个顶点,并输出该顶点编号。

④ 计算图 G 中出度为 0 的顶点数。

⑤ 判断图 G 中是否存在边<i,j>。

(3) 设计一个算法,求出无向图 G 的连通分量个数。

(4) 假设一个连通图采用邻接表作为存储结构，试设计一个算法，判断其中是否存在回路。

(5) 假设图 G 采用邻接矩阵存储，给出图的深度优先遍历算法，并分析算法的时间复杂度。

(6) 假设图 G 采用邻接矩阵存储，给出图的广度优先遍历算法，并分析算法的时间复杂度。

(7) 设在 5 地(0～4)之间架设有 6 座桥(A～F)，如图 7.59 所示，设计一个算法，从某一地出发，恰巧经过每座桥各一次，最后仍回到原地。

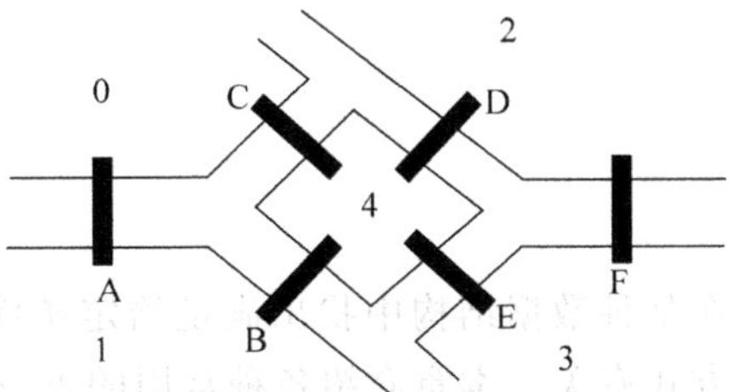

图 7.59 一幅实地图

要求输出路径上的所有顶点。(提示：利用 BFS 遍历的思想)

CHAPTER 8

第8章 查 找

查找又称为检索，是指在某种数据结构中找出满足给定条件的元素。所以，查找与数据组织和查找方式有关。本章介绍各种常用的查找算法。

8.1 查找的基本概念

查找是一种十分有用的操作。图 8.1 所示描述的是人们从海量信息中查找有用的资料。

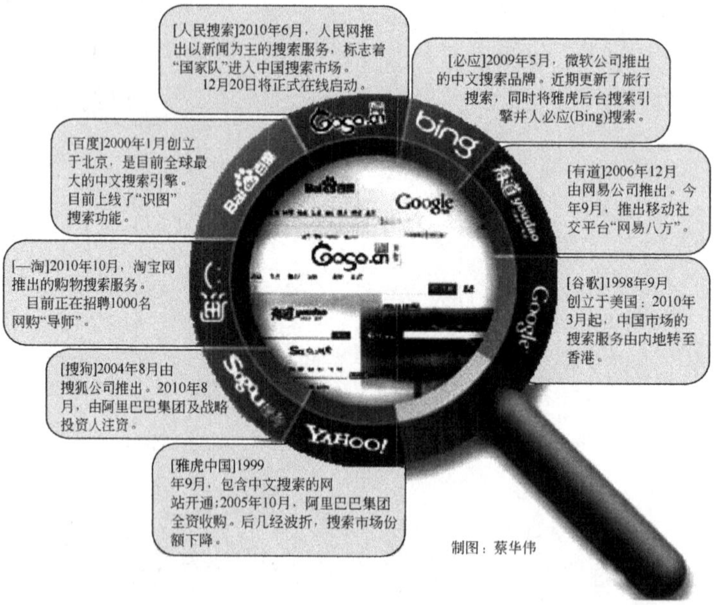

图 8.1 在海量信息中查找

一般情况下，被查找的对象是由一组元素组成的表或文件，每个元素由若干个数据项组成，并假设每个元素都有一个能唯一标识该元素的关键字。在这种条件下，**查找**的定义为：给定一个值 k，在含有 n 个元素的表中找出关

键字等于 k 的元素。若找到这样的元素，表示查找成功，返回该元素的信息或该元素在表中的位置；否则查找失败，返回相应的指示信息。

因为查找是对已存入计算机中的数据所进行的运算，所以采用何种查找方法，首先取决于使用哪种数据结构来表示“表”，即表中的元素是按何种方式组织的。为了提高查找速度，常常用某些特殊的数据结构来组织表，或对表事先进行诸如排序这样的运算。因此，在研究各种查找方法时，首先必须弄清这些方法所需要的数据结构(尤其是存储结构)是什么？对表中关键字的次序有何要求。例如，是对无序集合查找，还是对有序集合查找？

若在查找的同时对表做修改运算(如插入和删除等)，则相应的表称为**动态查找表**，否则称为**静态查找表**。

查找有内查找和外查找之分。若整个查找过程都在内存中进行，则称为**内查找**；反之，若在查找过程中需要访问外存，则称为**外查找**。

由于查找运算的主要运算是关键字的比较，所以，通常把查找过程中对关键字需要执行的平均比较次数(也称为平均查找长度)作为一个衡量查找算法效率高低的标准。**平均查找长度**(Average Search Length，ASL)的定义为：

$$\mathrm{ASL} = \sum_{i=1}^{n} p_i c_i$$

其中，n 是查找表中的元素个数。p_i 是查找第 i 个元素的概率。一般地，除特别指出外，均认为每个元素的查找概率相等，即 $p_i = 1/n(1 \leqslant i \leqslant n)$，$c_i$ 是找到第 i 个元素所需进行的比较次数。

平均查找长度分为成功查找情况下和不成功查找情况下的平均查找长度。前者指在表中找到指定关键字的元素平均所需关键字比较的次数，后者指在表中找不到指定关键字的元素平均所需关键字比较的次数。

8.2 线性表的查找

在表的组织方式中，线性表是最简单的一种。本节将介绍 3 种在线性表上进行查找的方法，它们分别是顺序查找、折半查找和分块查找。因为不考虑在查找的同时对表做修改，故本节的线性表采用顺序表存储。顺序表不方便数据的修改操作，它是一种静态查找表。

定义被查找的顺序表中每个记录的类型如下：

```
struct RecType                                  //记录类型
{   public int key;                             //存放关键字,假设关键字为 int 类型
    public string data;                         //存放其他数据,假设为 string 类型
};
```

定义一个顺序表查找类 SqListSearchClass 如下(本书的所有算法均包含在 SqListSearchClass 类中)：

```
class SqListSearchClass
{   const int MaxSize = 100;                    //顺序表中的最多元素个数
    public RecType[] R;                         //顺序表
    public int length;                          //存放顺序表的长度
```

```
    public IdxType[] I;                       //索引表
    BTNode r;                                 //折半查找,判定树根结点
    string sstr;                              //用于返回结果
    public SqListSearchClass()                //构造函数,用于查找顺序表的初始化
    {   r = new BTNode();
        R = new RecType[MaxSize];
        I = new IdxType[MaxSize];
        length = 0;
    }
                                              //顺序表的基本运算算法和查找算法
}
```

8.2.1 顺序查找

顺序查找是一种最简单的查找方法。它的基本思路是：从表的一端开始顺序扫描顺序表,依次将扫描到的元素关键字和给定值 k 相比较,若当前扫描到的元素关键字与 k 相等,则查找成功；若扫描结束后,仍未找到关键字等于 k 的元素,则查找失败。

顺序查找的算法如下(在顺序表 R[0..$n-1$]中查找关键字为 k 的元素,成功时返回找到元素的逻辑序号,失败时返回 0)：

```
public int SeqSearch(int k)                   //顺序查找算法
{   int i = 0;
    while (i < length && R[i].key!= k)        //从表头往后找
        i++;
    if (i >= length)                          //未找到,返回 0
        return 0;
    else
        return i + 1;                         //找到后,返回其逻辑序号 i + 1
}
```

从顺序查找过程可以看到,对于线性表($a_1,a_2,\cdots,a_i,\cdots,a_n$),$c_i$(查找元素 a_i 所需要的关键字比较次数)取决于 a_i 元素在表中的位置。如查找表中的第 1 个元素 R[0]时,仅需比较一次；而查找表中的第 n 元素 R[$n-1$]时,需比较 n 次,即 $c_i=i$。因此,成功时的顺序查找的平均查找长度为：

$$\mathrm{ASL}_{\mathrm{sq}}=\sum_{i=1}^{n}p_i c_i=\frac{1}{n}\sum_{i=1}^{n}i=\frac{1}{n}\times\frac{n(n+1)}{2}=\frac{n+1}{2}$$

即查找成功时的平均比较次数约为表长的一半。

若 k 值不在表中,则须进行 n 次比较后,才能确定查找失败。所以,查找不成功时的平均查找长度为 n。

顺序查找过程可以用一个判定树来描述。例如,关键字序列(18,16,14,12,20)的顺序查找过程对应的判定树如图 8.2(a)所示,其中方形结点称为判定树的**外部结点**(注意,外部结点是虚设的,用于表示查找失败过程,因为当查找失败时,总会遇到一个外部结点),圆形结点称为**内部结点**。在图 8.2(a)中,p_i($1\leqslant i\leqslant 5$)表示成功查找该关键字的概率(当所有关键字的查找概率相同时,$p_i=1/5$),q 表示不成功查找的概率。当关键字序列有序时,例如,关键字序列为(12,14,16,18,20),其顺序查找过程对应的判定树如图 8.2(b)所示,当查找 k

满足 $k<12$ 时，根据有序性可以确定查找失败，此时查找落在编号为 0 的外部结点中，当有 $12\leqslant k\leqslant 14$，此时查找失败并落在编号为 1 的外部结点中，当有 $k\geqslant 20$，此时查找失败并落在编号为 5 的外部结点中。这样，外部结点共有 6 个，$q_i(0\leqslant i\leqslant 5)$ 表示不成功查找 k 并在相应区间内的概率。

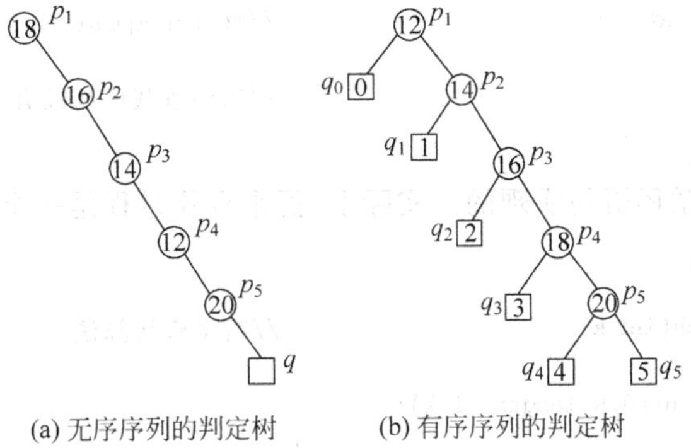

图 8.2　顺序查找的两棵判定树

顺序查找的优点是：算法简单，且对表的结构无任何要求。无论是用顺序表，还是用链表来存放元素，也无论是元素之间是否按关键字有序，它都同样适用。顺序查找的缺点是查找效率低。因此，当 n 较大时，不宜采用顺序查找。

8.2.2　折半查找

折半查找又称二分查找，它是一种效率较高的查找方法。但是，折半查找要求线性表是有序表，即表中的元素按关键字排序。在下面的讨论中，假设有序顺序表是递增有序的。

折半查找的基本思路是：设 R[low..high]是当前的查找区间，首先确定该区间的中点位置 $\text{mid}=\lfloor(\text{low}+\text{high})/2\rfloor$；然后将待查的 k 值与 R[mid].key 比较：

(1) 若 R[mid].key=k，则查找成功并返回该元素的逻辑序号。

(2) 若 R[mid].key>k，则由表的有序性可知 R[mid..$n-1$].key 均大于 k。因此，若表中存在关键字等于 k 的元素，则该元素必定在位置 mid 的左子表 R[0..mid−1]中，故新的查找区间是左子表 R[0..mid−1]。

(3) 若 R[mid].key<k，则要查找的 k 必在位置 mid 的右子表 R[mid+1..$n-1$]中，即新的查找区间是右子表 R[mid+1..$n-1$]。

下一次查找是针对新的查找区间进行的。

因此，可以从初始的查找区间 R[0..$n-1$]开始，每经过一次与当前查找区间的中点位置上的关键字的比较，就可确定查找是否成功，若不成功，则当前的查找区间就缩小一半。重复这一过程，直至找到关键字为 k 的元素，或者直至当前的查找区间为空(即查找失败)。

其算法如下(在有序顺序表 R[0..$n-1$]中进行折半查找，成功时返回元素的逻辑序号，失败时返回 0)：

```
public int BinSearch(int k)                          //折半查找算法
{   int low = 0, high = length - 1, mid;
    while (low <= high)                              //当前区间存在元素时循环
```

```
    {   mid = (low + high)/2;                     //求查找区间的中间位置
        if (R[mid].key == k)                      //查找成功,返回其逻辑序号 mid + 1
            return mid + 1;                       //找到后,返回其逻辑序号 mid + 1
        if (R[mid].key > k)                       //继续在 R[low..mid - 1]中查找
            high = mid - 1;
        else                                      //R[mid].key < k
            low = mid + 1;                        //继续在 R[mid + 1..high]中查找
    }
    return 0;                                     //当前查找区间没有元素时,返回 0
}
```

上述算法是采用循环语句实现的。实际上,折半查找过程是一个递归过程,也可以采用以下递归算法来实现:

```
public int BinSearch(int k)                       //折半查找算法
{
    return BinSearch1(0,R.length - 1,k);
}
public int BinSearch1(int low,int high,int k)     //被 BinSearch 方法调用
{   int mid;
    if (low <= high)                              //若当前查找区间存在元素
    {   mid = (low + high)/2;                     //求查找区间的中间位置
        if (R[mid].key == k)                      //查找成功,返回其逻辑序号 mid + 1
            return mid + 1;                       //找到后,返回其逻辑序号 mid + 1
        if (R[mid].key > k)                       //继续在 R[low..mid - 1]中查找
            return BinSearch1(low,mid - 1,k);     //递归在左区间中查找
        else                                      //R[mid].key < k
            return BinSearch1(mid + 1,high,k);    //递归在右区间中查找
    }
    else return 0;                                //当前查找区间没有元素时,返回 0
}
```

说明:从折半查找算法看到,其中需要方便地定位查找区间,所以折半查找不适合链式存储结构的数据查找。

折半查找过程可用一棵称为**判定树**或**比较树**的二叉树来描述。查找区间 R[low..high]折半查找对应的判定树 T(low,high)定义为,当 low>high 时,T(low,high)为空树;当 low≤high 时,根结点为中间序号为 mid=(low+high)/2 的元素,其左子树是 R[low..mid−1]折半查找对应的判定树 T(low,mid−1),其右子树是 R[mid+1,high]折半查找对应的判定树 T(mid+1,high)。

折半查找的判定树中所有结点的空指针都指向一个外部结点(即方形结点),其他称为内部结点(即圆形结点)。在后面介绍的二叉排序树、B−树等查找树中都存在这一概念。

在折半查找的判定树中,设关键字序列为($k_1,k_2,\cdots,k_n$),并有 $k_1<k_2<\cdots<k_n$,查找 k_i 的概率为 p_i,则查找成功的平均查找长度为 $\sum_{i=1}^{n} p_i \times \text{level}(k_i)$,其中 level($k_i$)表示 k_i 的层次。

由于可能出现查找不成功的情形(查找关键字不在表中),所以还应定义查找不成功的代价。在查找不成功时返回空,把空树用失败结点代替。不在二叉查找树中的关键字可分为 $n+1$ 类 $E_i(0\leqslant i\leqslant n)$。$E_0$ 包含的所有关键字 k 满足条件 $k<k_1$,E_i 包含的所有关键字 k 满足条件 $k_i<k<k_{i+1}$,E_n 包含的关键字 k 满足条件 $k>k_n$。显然,对属于一类 E_i 的所有关

键字，查找都结束在同一个失败结点，而对不同类的关键字，查找结束在不同的失败结点。可以把失败结点用 u_0 到 u_n 标记，第 i 号失败结点 u_i 对应 E_i（$0 \leqslant i \leqslant n$）。设 q_i 是查找属于 E_i 中关键字的概率，那么不成功的平均查找长度为 $\sum_{i=0}^{n} q_i \times (\text{level}(u_i) - 1)$ 。

例如，具有 11 个元素（R[0..10]）的有序表可用图 8.3 所示的判定树来表示。图中的圆圈结点表示内部结点，内部结点中的数字表示该元素在有序表中的下标。方形结点表示外部结点，外部结点中的两个值表示查找不成功时关键字等于给定值的元素所对应的元素序号范围，即外部结点中"$i \sim j$"表示被查找值 k 是介于 R[i].key 和 R[j].key 之间的，即 R[i].key<k<R[j].key。

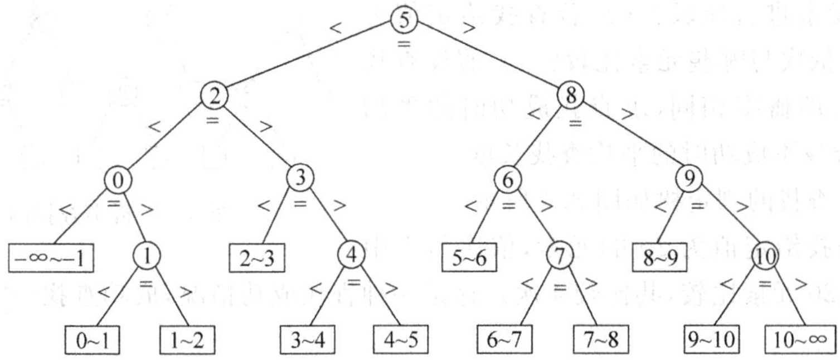

图 8.3　R[0..10]的二分查找的判定树（$n=11$）

显然，若查找的元素是表中第 6 个元素（R[5]），则只需进行一次比较；若查找的元素是表中的第 3（R[2]）个或第 9（R[8]）个元素，则需进行两次比较；若查找第 1、4、7、10 个元素，需要比较 3 次；若查找第 2、5、8、11 个元素，需要比较 4 次。由此可见，成功的折半查找过程恰好是走了一条从判定树的根到被查元素的路径，经历比较的关键字次数恰为该元素在树中的层数。

若查找失败，则其比较过程是经历了一条从判定树根到某个外部结点的路径，所需的关键字比较次数是该路径上内部结点的总数。

在图 8.3 中，设所有查找成功和不成功的概率相等，即 $p_i = 1/11(0 \leqslant i \leqslant 10)$，$q_i = 1/12(-1 \leqslant i \leqslant 10)$，则：

$$\text{ASL}_{\text{succ}} = \frac{1\times1+2\times2+4\times3+4\times4}{11} = 3, \quad \text{ASL}_{\text{unsucc}} = \frac{4\times3+8\times4}{12} \approx 3.67$$

从前面示例看到，借助二叉判定树很容易求得折半查找的平均查找长度。为了讨论方便，不妨设内部结点的总数为 $n=2^h-1$，则判定树是高度为 $h=\log_2(n+1)$ 的满二叉树（深度 h 不计外部结点）。树中第 i 层上的元素个数为 2^{i-1}，查找该层上的每个元素需要进行 i 次比较。因此，在等概率假设下，折半查找成功时的平均查找长度为：

$$\text{ASL}_{bn} = \sum_{i=1}^{n} p_i c_i = \frac{1}{n}\sum_{i=1}^{h} 2^{i-1} \times i = \frac{n+1}{n}\log_2(n+1) - 1 \approx \log_2(n+1) - 1$$

折半查找在查找失败时所需比较的关键字个数不超过判定树的高度，在最坏情况下查找成功的比较次数也不超过判定树的高度。因为判定树中度数小于 2 的元素只可能在最下面的两层上（不计外部结点），所以 n 个元素的判定树的高度和 n 个元素的完全二叉树的高度相同,即$\lceil \log_2(n+1) \rceil$。由此可见,折半查找的最坏性能和平均性能相当接近。

虽然折半查找的效率高,但是要将表按关键字排序,而排序本身是一种很费时的运算,即使采用高效率的排序方法,也要花费$O(n\log_2 n)$的时间。

另外,折半查找需确定查找的区间,因此只适用于顺序表,不适合链式存储结构。为保持表的有序性,在顺序结构里插入和删除都必须移动大量的元素。因此,折半查找特别适用于那种一经建立就很少改动,而又经常需要查找的线性表。

【例 8.1】 给定 11 个数据元素的有序表(2,3,10,15,20,25,28,29,30,35,40),采用折半查找,试问(1)若查找给定值为 20 的元素,将依次与表中的哪些元素进行比较?(2)若查找给定值为 26 的元素,将依次与哪些元素比较?(3)假设查找表中每个元素的概率相同,求查找成功时的平均查找长度和查找不成功时的平均查找长度。

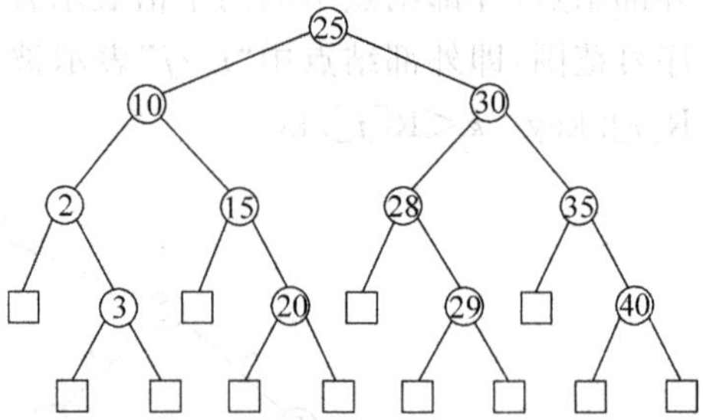

图 8.4 折半查找的判定树

解:折半查找的判定树如图 8.4 所示。

(1) 若查找给定值为 20 的元素,依次与表中的 25、10、15、20 元素比较,共比较 4 次。这是一种查找成功情况,成功查找一定落在某个内部结点中。

(2) 若查找给定值为 26 的元素,依次与表中的 25、30、28 元素比较,共比较 3 次。这是一种查找失败情况,失败查找一定落在某个外部结点中。

(3) 在查找成功时,会找到图中的某个内部结点,则成功时的平均查找长度:

$$ASL_{succ} = \frac{1\times 1 + 2\times 2 + 4\times 3 + 4\times 4}{11} = 3$$

在查找不成功时,会找到图中的某个外部结点,则不成功时的平均查找长度:

$$ASL_{unsucc} = \frac{4\times 3 + 8\times 4}{12} \approx 3.67$$

注意:从前面的示例看到,折半查找的判定树的形态只与表元素个数 n 相关,而与输入实例中 $R[0..n-1]$.key 的取值无关。

【例 8.2】 由 n(n 为较大的整数)个元素的有序顺序表通过折半查找产生的判定树的高度是多少?设有 100 个元素的有序顺序表,用折半查找时,成功时最大的比较次数和不成功时最大的比较次数各是多少?

解:当 n 较大时,对应的折半查找判定树近似于一棵含有 n 个结点的满二叉树,其高度为 $h=\lceil \log_2(n+1) \rceil$。显然,成功查找到一个元素的最多比较次数恰好等于该树的高度 h。在这样的判定树中,外部结点都是从叶子结点引出的,在查找到某个外部结点时,关键字的比较次数正好等于叶子结点的层次,也为该树的高度 h。

所以,当 $n=100$,用折半查找时,成功时最大的比较次数和不成功时最大的比较次数都为 $h=\lceil \log_2(n+1) \rceil=7$。

8.2.3 索引存储结构和分块查找

1. 索引存储结构

索引存储结构是在存储数据的同时,还建立附加的索引表。索引表中的每一项称为索引项。索引项的一般形式如下：

(关键字,地址)

关键字唯一标识一个结点,地址作为指向该关键字对应结点的指针,也可以是相对地址。

线性结构采用索引存储后,可以对结点进行随机访问。在进行插入、删除运算时,由于只需修改索引表中相关结点的存储地址,而不必移动存储在结点表中的结点,所以仍可保持较高的运算效率。

索引存储结构的缺点是为了建立索引表而增加时间和空间的开销。

2. 分块查找

分块查找又称索引顺序查找,它是一种性能介于顺序查找和折半查找之间的查找方法。它要求按如下的索引方式来存储线性表：将表 R[0..$n-1$]均分为 b 块,前 $b-1$ 块中的元素个数为 $s=\lceil n/b \rceil$,最后一块,即第 b 块的元素数小于等于 s；每一块中的关键字不一定有序,但前一块中的最大关键字必须小于后一块中的最小关键字,即要求表是“分块有序”的；抽取各块中的最大关键字及其起始位置,构成一个索引表 IDX[0..$b-1$],即 IDX[i]($0 \leqslant i \leqslant b-1$)中存放着第 i 块的最大关键字及该块在表 R 中的起始位置。由于表 R 是分块有序的,所以索引表是一个递增有序表。

索引表的数据类型定义如下：

```
struct IdxType                              //索引表类型
{   public int key;                         //关键字
    public int link;                        //数据表中对应的序号
}
```

例如,设有一个线性表采用顺序表 R 存储,其中包含 25 个元素,其关键字序列为(8,14,6,9,10,22,34,18,19,31,40,38,54,66,46,71,78,68,80,85,100,94,88,96,87)。假设将 25 个元素分为 5 块($b=5$),每块中有 5 个元素($s=5$),该线性表的索引存储结构如图 8.5 所示。第一块中的最大关键字 14 小于第 2 块中的最小关键字 18,第 2 块中的最大关键字 34 小于第 3 块中的最小关键字 38,如此等等。

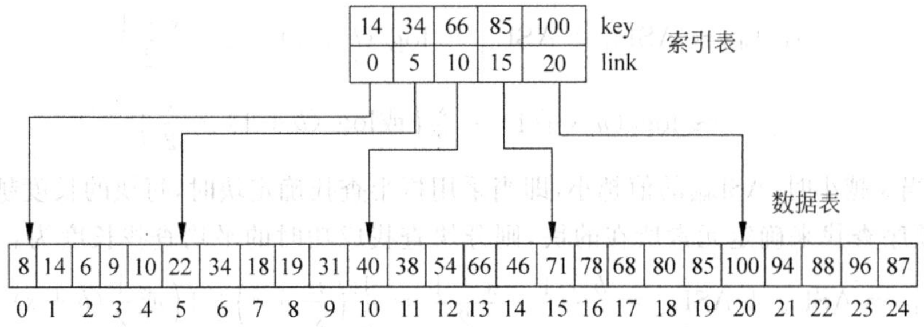

图 8.5　分块查找的索引存储结构

分块查找的基本思路是：首先查找索引表,因为索引表是有序表,故可采用折半查找或顺序查找,以确定待查的元素在哪一块；然后在已确定的块中进行顺序查找(因为块内的元素有序,所以只能用顺序查找)。

例如,在图 8.4 所示的存储结构中,查找关键字等于给定值 $k=80$ 的元素,因为索引表小,不妨用顺序查找方法查找索引表,即首先将 k 依次和索引表中的各关键字比较,直到找到第 1 个关键字大于等于 k 的元素,由于 $k \leqslant 85$,所以若存在关键字为 80 的元素,则必定在第 4 块中;然后,由 IDX[3].link 找到第 4 块的起始地址 15,从该地址开始在 R[15..19]中进行顺序查找,直到 R[18].key=k 为止。若给定值 $k=30$,则同理先确定第 2 块,然后在该块中查找。因为在该块中查找不成功,故说明表中不存在关键字为 30 的元素。

采用折半查找索引表的分块查找算法如下(索引表 I 的长度为 b):

```
public int IdxSearch(IdxType [] I,int b,int k)
{     int low = 0,high = m - 1,mid,i;
      int s = (n + b - 1)/b;                    //s 为每块的元素个数,应为 n/b 的向上取整
      while (low <= high)                       //在索引表中进行折半查找,找到的位置为 high + 1
      {     mid = (low + high)/2;
            if (I[mid].key >= k)
                  high = mid - 1;
            else
                  low = mid + 1;
      }
      //应在索引表的 high + 1 块中,再在顺序表的该块中顺序查找
      i = I[high + 1].link;
      while (i <= I[high + 1].link + s - 1 && R[i].key!= k)
            i++;
      if (i <= I[high + 1].link + s - 1)
            return i + 1;                       //查找成功,返回该元素的逻辑序号
      else
            return 0;                           //查找失败,返回 0
}
```

由于分块查找实际上是两次查找过程,故整个查找过程的平均查找长度是两次查找的平均查找长度之和。

若有 n 个元素,每块中有 s 个元素(总的块数该数 $b=\lceil n/s \rceil$),分析分块查找在成功情况下的平均查找长度如下:

若以折半查找来确定元素所在的块,则分块查找成功时的平均查找长度为:

$$\begin{aligned} ASL_{blk} &= ASL_{bn} + ASL_{sq} = \log_2(b+1) - 1 + \frac{s+1}{2} \\ &\approx \log_2(n/s+1) + \frac{s}{2}\left(\text{或}\log_2(b+1) + \frac{s}{2}\right) \end{aligned}$$

显然,当 s 越小时,ASL_{blk} 的值越小,即当采用折半查找确定块时,每块的长度越小越好。

若以顺序查找来确定元素所在的块,则分块查找成功时的平均查找长度为:

$$ASL'_{blk} = ASL_{bn} + ASL_{sq} = \frac{b+1}{2} + \frac{s+1}{2} = \frac{1}{2}\left(\frac{n}{s} + s\right) + 1\left(\text{或}\frac{1}{2}(b+s) + 1\right)$$

显然,当 $s=\sqrt{n}$ 时,ASL'_{blk} 取极小值 $\sqrt{n}+1$,即当采用顺序查找确定块时,各块中的元素数选定为 $\sqrt{n}$ 时效果最佳。

分块查找的主要代价是增加一个索引表的存储空间和增加建立索引表的时间。

【例 8.3】 对于具有 10 000 个元素的文件。

(1) 若采用分块查找法查找,并通过顺序查找来确定元素所在的块,则分成几块最好?

每块的最佳长度为多少？此时成功情况下的平均查找长度为多少？

(2) 若采用分块查找法查找，假定每块的长度为 $s=20$，此时成功情况下的平均查找长度是多少？

(3) 若直接采用顺序查找和折半查找，其成功情况下的平均查找长度各是多少？

解：(1) 对于具有 10 000 个元素的文件，若采用分块查找法查找，并通过顺序查找来确定元素所在的块，每块中的最佳元素个数 $s=\sqrt{10\,000}=100$，总的块数 $b=\lceil n/s \rceil=100$。此时，成功情况下的平均查找长度为：

$$\text{ASL} = \frac{1}{2}(b+s)+1 = 100+1 = 101$$

若采用分块查找法查找，并用折半查找确定块，此时成功情况下的平均查找长度为：

$$\text{ASL} = \log_2(b+1)+\frac{s}{2} = \log_2 101+50 = 57$$

(2) 若 $s=20$，则 $b=\lceil n/s \rceil=10\,000/20=500$。

在进行分块查找时，若用顺序查找确定块，此时成功情况下的平均查找长度为：

$$\text{ASL} = \frac{1}{2}(b+s)+1 = 260+1 = 261$$

在进行分块查找时，若用折半查找确定块，此时成功情况下的平均查找长度为：

$$\text{ASL} = \log_2(b+1)+\frac{s}{2} = \log_2 501+10 = 19$$

(3) 若直接采用顺序查找，此时成功情况下的平均查找长度为：

$$\text{ASL} = (10\,000+1)/2 = 5000.5$$

若直接采用折半查找，此时成功情况下的平均查找长度为：

$$\text{ASL} = \log_2 10\,001-1 = 13$$

由此可见，分块查找算法的效率介于顺序查找和折半查找之间。

顺序表查找的实践项目

项目 1：设计一个项目，用户输入一组关键字，采用顺序查找算法查找指定的元素，并求关键字比较的次数。用相关数据进行测试，其操作界面如图 8.6 所示。

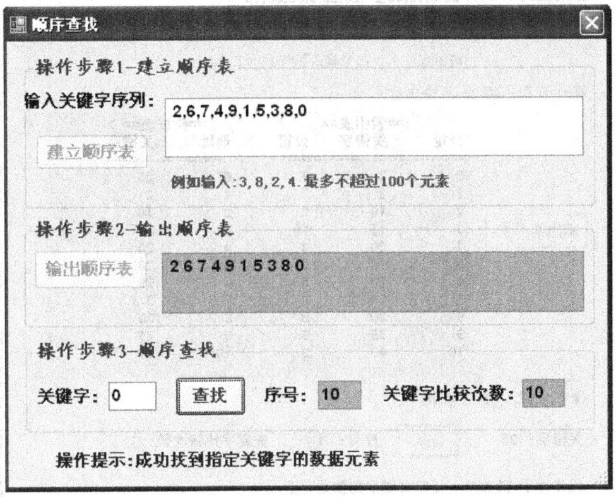

图 8.6　顺序表查找——实践项目 1 的操作界面

项目 2：设计一个项目，用户输入一组关键字，要求：

(1) 采用折半查找算法查找指定的元素，并求关键字比较的次数。

(2) 输出相应的判定树。

用相关数据进行测试，其操作界面如图 8.7 所示。

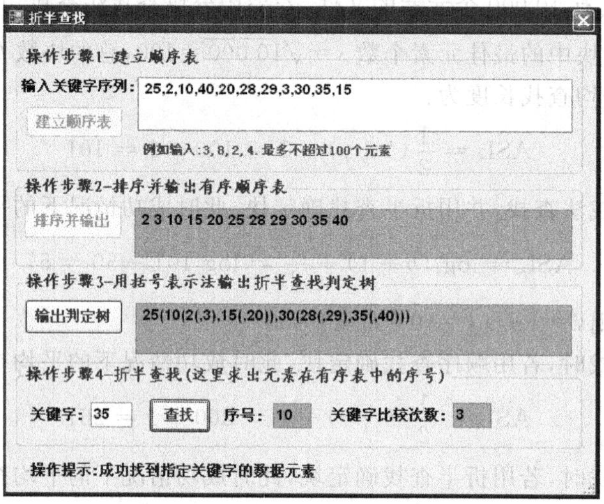

图 8.7　顺序表查找——实践项目 2 的操作界面

项目 3：设计一个项目，用户输入一组关键字，要求：

(1) 建立相应的索引表并输出。

(2) 用户输入一个值 k，先在索引表中查找，找到后在数据表中查找，输出查找结果和关键字比较次数。

用相关数据进行测试，其操作界面如图 8.8 所示。

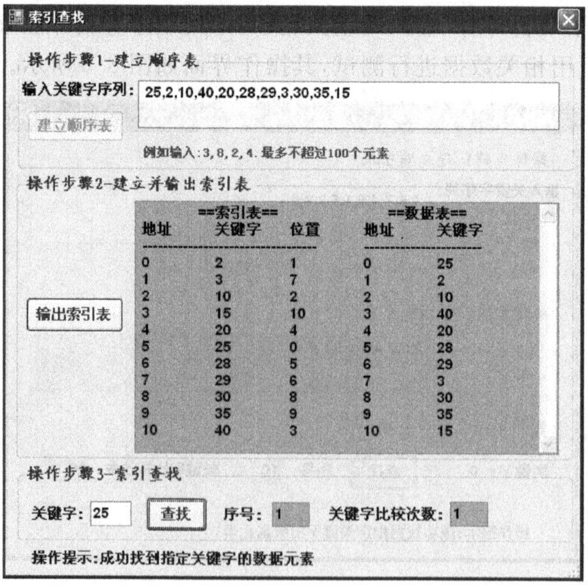

图 8.8　顺序表查找——实践项目 3 的操作界面

8.3 树表的查找

从上一节的讨论可知，当用线性表作为表的组织形式时，可以有 3 种查找法，其中折半查找效率最高。但由于折半查找要求表中的元素按关键字有序，且不能用链表作存储结构，因此，当表的插入或删除操作频繁时，为维护表的有序性，需要移动表中的很多元素。这种由移动元素引起的额外时间开销，就会抵消折半查找的优点。也就是说，折半查找只适用于静态查找表。若要对动态查找表进行高效率的查找，可采用本节介绍的几种特殊的二叉树或树作为表的组织形式，这里将它们统称为**树表**。下面分别讨论在这些树表上进行查找和修改操作的方法。

8.3.1 二叉排序树

二叉排序树（简称 BST）又称二叉查找（搜索）树，其定义为：二叉排序树或者是空树，或者是满足如下性质的二叉树：

（1）若它的左子树非空，则左子树上所有元素的值均小于根元素的值。

（2）若它的右子树非空，则右子树上所有元素的值均大于根元素的值。

（3）左、右子树本身又各是一棵二叉排序树。

上述性质简称二叉排序树性质（BST 性质），故二叉排序树实际上是满足 BST 性质的二叉树。由 BST 性质可知，二叉排序树中的任一元素 x，其左（右）子树中任一元素 y（若存在）的关键字必小（大）于 x 的关键字。如此定义的二叉排序树中，各元素关键字是唯一的。但实际应用中，不能保证被查找的数据集中各元素的关键字互不相同，所以可将二叉排序树定义中 BST 性质（1）里的“小于”改为“小于等于”，或将 BST 性质（2）里的“大于”改为“大于等于”，甚至可同时修改这两个性质。

说明：从 BST 性质可推出二叉排序树的另一个重要性质：按中序遍历该树所得到的中序序列是一个递增有序序列。二叉排序树中的根结点最左下结点为关键字最小的结点，根结点最右下结点为关键字最大的结点。

定义二叉排序树的结点类型如下：

```
public class BSTNode                        //二叉排序树结点类
{   public int key;                         //存放关键字,假设关键字为 int 类型
    public string data;                     //存放其他数据
    public BSTNode lchild;                  //存放左孩子指针
    public BSTNode rchild;                  //存放右孩子指针
}
```

设计二叉排序树类 BSTClass 如下（有关二叉排序树的运算算法均包含在 BSTClass 类中）：

```
public class BSTClass
{   …
    public RecType[] R;                     //顺序表,存放要建立二叉树的记录
    public int length;                      //存放顺序表的长度
    public BSTNode r;                       //二叉排序树的根结点
```

```
    public BSTClass()                    //构造函数,用于建立二叉排序树的顺序表的初始化
    {   R = new RecType[MaxSize];
        length = 0;
    }
                                         //二叉排序树的基本运算算法
}
```

1. 二叉排序树的插入和生成

在二叉排序树中插入一个新元素,要保证插入后仍满足 BST 性质。其插入过程是:若二叉排序树 p 为空,则创建一个 key 域为 *k* 的结点,将它作为根结点;否则将 *k* 和根结点的关键字比较,若两者相等,则说明树中已有此关键字 *k*,无须插入,直接返回 false;若 *k*<p.key,则将 *k* 插入根结点的左子树中,否则将它插入右子树中。对应的递归算法 InsertBST()如下:

```
public bool InsertBST(int k)                //在二叉排序树中插入一个关键字为 k 的结点
{
    return InsertBST1(ref r,k);
}
private bool InsertBST1(ref BSTNode p,int k)
//在以 p 为根结点的 BST 中插入一个关键字为 k 的结点。插入成功,返回 true,否则返回 false
{   if (p == null)                          //原树为空,新插入的元素为根结点
    {   p = new BSTNode();
        p.key = k;
        p.lchild = p.rchild = null;
        return true;
    }
    else if (k == p.key)                    //树中存在相同关键字的结点,返回 0
        return false;
    else if (k < p.key)
        return InsertBST1(ref p.lchild,k);  //插入到 p 的左子树中
    else
         return InsertBST1(ref p.rchild,k); //插入到 p 的右子树中
}
```

注意:上述算法是在根结点为 p(p 可能为空)的二叉排序树中插入一个关键字值为 *k* 的结点,p 的值可能发生变化,所以一定要用引用类型参数,即将 p 的值改变后的结果回传给实参,否则会出现错误。

二叉排序树的生成,是从一个空树开始,每插入一个关键字,就调用一次插入算法,将它插入到当前已生成的二叉排序树中。从顺序表 R 生成二叉排序树的算法 CreateBST()如下:

```
public bool CreateBST()                     //由顺序表 R 中的关键字序列创建一棵二叉排序树
{   r = null;                               //初始时 r 为空树
    int i = 0;
    while (i < length)
    {   if (InsertBST1(ref r,R[i].key))     //将关键字 R[i].key 插入二叉排序树中
            i++;
        else
            return false;
```

```
    }
    return true;
}
```

对于一组关键字集合，若关键字序列不同，上述算法生成的二叉排序树可能不同。例如，关键字序列为{5,2,1,6,7,4,8,3,9}，生成的二叉排序树如图 8.9(a)所示；若关键字序列为{1,2,3,4,5,6,7,8,9}，上述算法生成的二叉排序树如图 8.9(b)所示。显然，图 8.9(a)的二叉排序树的查找效率比图 8.9(b)的效率高，因此，构造一个高度越小的二叉排序树，查找效率越高。下一节将讨论如何构造这种高查找效率的树。

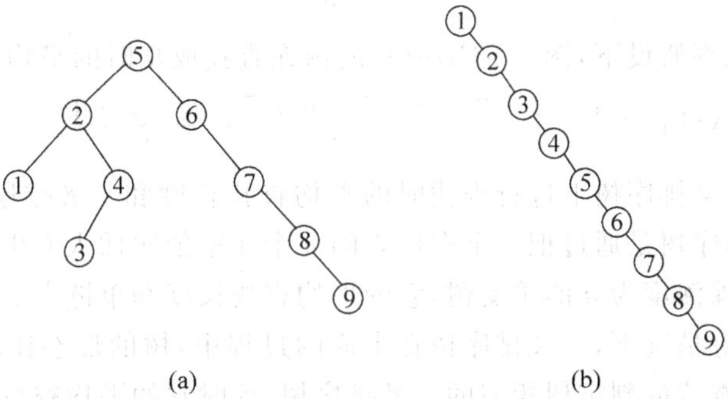

图 8.9　两棵二叉排序树

因为二叉排序树的中序序列是一个有序序列，所以对于一个任意的关键字序列构造一棵二叉排序树，其实质是对此关键字序列进行排序，使其变为有序序列。"排序树"的名称也由此而来。通常将这种排序称为树排序，可以证明这种排序的平均时间复杂度为 $O(n\log_2 n)$。

2. 二叉排序树上的查找

因为二叉排序树可看做是一个有序表，所以在二叉排序树上进行查找，和折半查找类似，也是一个逐步缩小查找范围的过程。递归查找算法 SearchBST()如下(在二叉排序树上查找关键字为 k 的元素，成功时返回 true，否则返回 null)：

```
public bool SearchBST(int k)                      //在二叉排序树中查找关键字为 k 的结点
{
    return SearchBST1(r,k);                       //r 为二叉排序树的根结点
}
private bool SearchBST1(BSTNode bt,int k)         //被 SearchBST 算法调用
{   if (bt == null)
        return false;
    if (bt.key == k)                              //空树,返回 false
        return true;
    if (k < bt.key)
        return SearchBST1(bt.lchild,k);           //在左子树中递归查找
    else
        return SearchBST1(bt.rchild,k);           //在右子树中递归查找
}
```

显然，在二叉排序树上进行查找，若查找成功，则是从根结点出发走了一条从根结点到查找到结点的路径；若查找不成功，则是从根结点出发走了一条从根结点到某个叶子结点

的路径。因此,与折半查找类似,和关键字比较的次数不超过树的深度。然而,采用折半查找法查找长度为 n 的有序表,其判定树是唯一的,而含有 n 个元素的二叉排序树却不唯一。对于含有同样一组元素的表,由于元素插入的先后次序不同,所构成的二叉排序树的形态和深度也可能不同,如图 8.9(a)、(b)所示的两棵二叉排序树的深度分别是 5 和 9。因此,在查找失败的情况下,在这两棵树上所进行的关键字比较次数最多分别为 5 和 9;在查找成功的情况下,它们的平均查找长度也不相同。对于图 8.9(a)的二叉排序树,在等概率假设下,查找成功的平均查找长度为:

$$\mathrm{ASL_a} = \frac{1+2\times 2+3\times 3+4\times 2+5\times 1}{9} = 3$$

类似地,在等概率假设下,图 8.9(b)所示的树在查找成功时的平均查找长度为:

$$\mathrm{ASL_b} = \frac{1+2+3+4+5+6+7+8+9+10}{9} = 5$$

由此可见,在二叉排序树上进行查找时的平均查找长度和二叉排序树的形态有关。在最坏情况下,二叉排序树是通过把一个有序表的 n 个元素依次插入而生成的,此时所得的二叉排序树蜕化为一棵深度为 n 的单支树,它的平均查找长度和单链表上的顺序查找相同,也是 $(n+1)/2$。在最好情况下,二叉排序树在生成的过程中,树的形态比较匀称,最终得到的是一棵形态与折半查找的判定树相似的二叉排序树,此时它的平均查找长度大约是 $\log_2 n$。

就平均时间性能而言,二叉排序树上的查找和折半查找差不多。但是,就维护表的有序性而言,前者更有效,因为无需移动元素,只需修改指针即可完成对二叉排序树的插入和删除操作。

【例 8.4】 已知一组关键字为{25,18,46,2,53,39,32,4,74,67,60,11}。按表中的元素顺序依次插入到一棵初始为空的二叉排序树中,画出该二叉排序树,并求在等概率的情况下查找成功的平均查找长度和查找不成功的平均查找长度。

解:生成的二叉排序树如图 8.10 所示,图中的方形结点为失败结点。在等概率的情况下,查找成功的平均查找长度为:

$$\mathrm{ASL_{succ}} = \frac{1\times 1+2\times 2+3\times 3+3\times 4+2\times 5+1\times 6}{12} = 3.5$$

在等概率的情况下,查找不成功的平均查找长度为:

$$\mathrm{ASL_{unsucc}} = \frac{1\times 2+3\times 3+4\times 4+3\times 5+2\times 6}{13} = 4.15$$

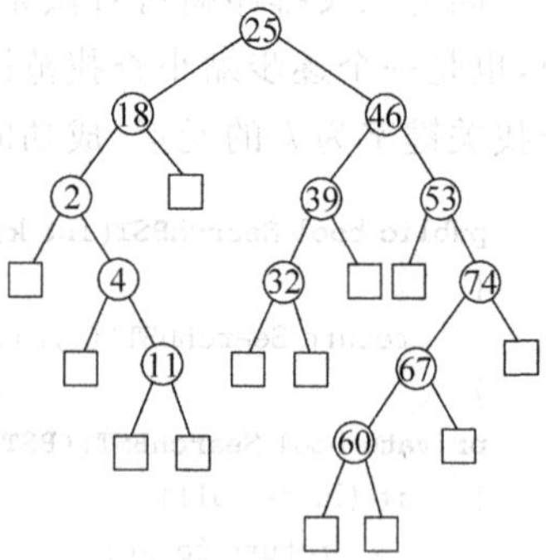

图 8.10 生成的二叉排序树

【例 8.5】 在含有 27 个结点的二叉排序树上查找关键字为 35 的结点,以下哪些是可能的关键字比较序列?

A. 28,36,18,46,35　　B. 18,36,28,46,35

C. 46,28,18,36,35　　D. 46,36,18,28,35

解:各序列对应的查找过程如图 8.11 所示。在二叉排序树中的查找路径是原来二叉排序树的一部分,也一定构成一棵二叉排序树。图中,虚线圆圈部分表示违背了二叉排序树的定义,从中看到,只有 D 序列对应的查找树是一棵二叉排序树,所以,只有 D 序列可能是查找关键字 35 的关键字比较序列。

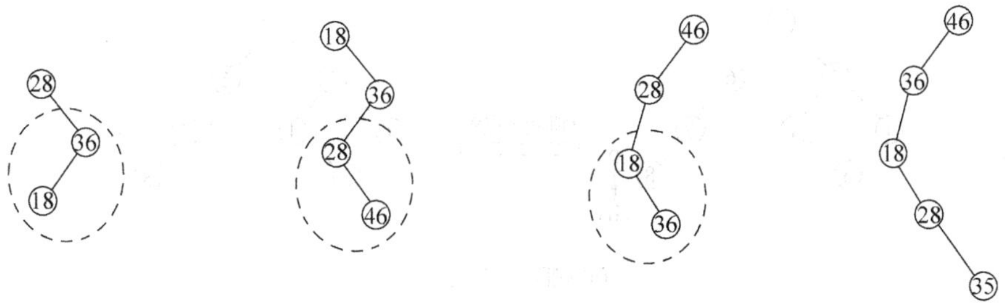

(a) A序列对应的查找过程 (b) B序列对应的查找过程 (c) C序列对应的查找过程 (d) D序列对应的查找过程

图 8.11 各序列对应的查找过程

3. 二叉排序树的删除

从二叉排序树中删除一个结点时，不能把以该结点为根的子树都删除，只能删除该结点本身，并且还要保证删除后所得的二叉树仍然满足 BST 性质。也就是说，在二叉排序树中删除一个结点就相当于删除有序序列（即该树的中序序列）中的一个元素。

删除操作必须首先进行查找待删除结点。删除一个结点的过程如下：

(1) 若待删除 p 节点是叶子结点，直接删除该结点。如图 8.12(a)所示，直接删除结点 9。这是最简单的删除结点的情况。

(2) 若待删除 p 结点只有左子树，而无右子树。根据二叉排序树的特点，可以直接将其左子树的根结点放在被删结点的位置。如图 8.12(b)所示，用 p 结点的左孩子 q 替换 p 结点即可。

(3) 若待删除 p 结点只有右子树，而无左子树。与(2)情况类似，可以直接将其右子树的根结点放在被删结点的位置。如图 8.12(c)所示，用 p 结点的右孩子 q 替换 p 结点即可。

(4) 若待删除 p 结点同时有左子树和右子树。根据二叉排序树的特点，可以从其左子树中选择关键字最大的结点或从其右子树中选择关键字最小的结点放在被删除结点的位置上。假如选取左子树上关键字最大的结点，那么该结点一定是左子树的最右下结点。如图 8.12(d)所示，先找到 p 结点的左子树根结点的最右下结点 r，将 p 结点的值改为 r 结点的值，再删除 r 结点。此时的 r 结点一定没有右子树，用其左孩子 q 替换它，即删除了 r 结点。

在删除一个结点的算法中包含结点的替换。例如，将 p 结点替换成 q 结点，这不能简单地通过 p=q 语句得到。因为执行 p=q 只是让 p 指向了 q 结点，p 结点的双亲指针并没有发生改变，而且还不知道 p 结点是其双亲的左孩子，还是右孩子。将 p 结点替换成 q 结点的过程是，先在根结点为 r 的二叉排序树递归查找 p 结点，其中形参采用引用参数，当找到 p 结点后，递归过程会自动记录查找路径，此时再置 p=q，在递归调用返回时会自动将 p 结点替换成 q 结点。在二叉排序树对象 bst 中，将关键字为 k 的结点替换成 q 结点的算法如下：

```
private bool FindandReplace(int k)                    //将关键字为 k 的 p 结点替换成 q 结点
{
    return FindandReplace1(ref bst.r,k);              //bst.r 为 bst 对象的根结点
}
private bool FindandReplace1(ref BSTNode p,int k)     //被 FindandReplace 方法调用
```

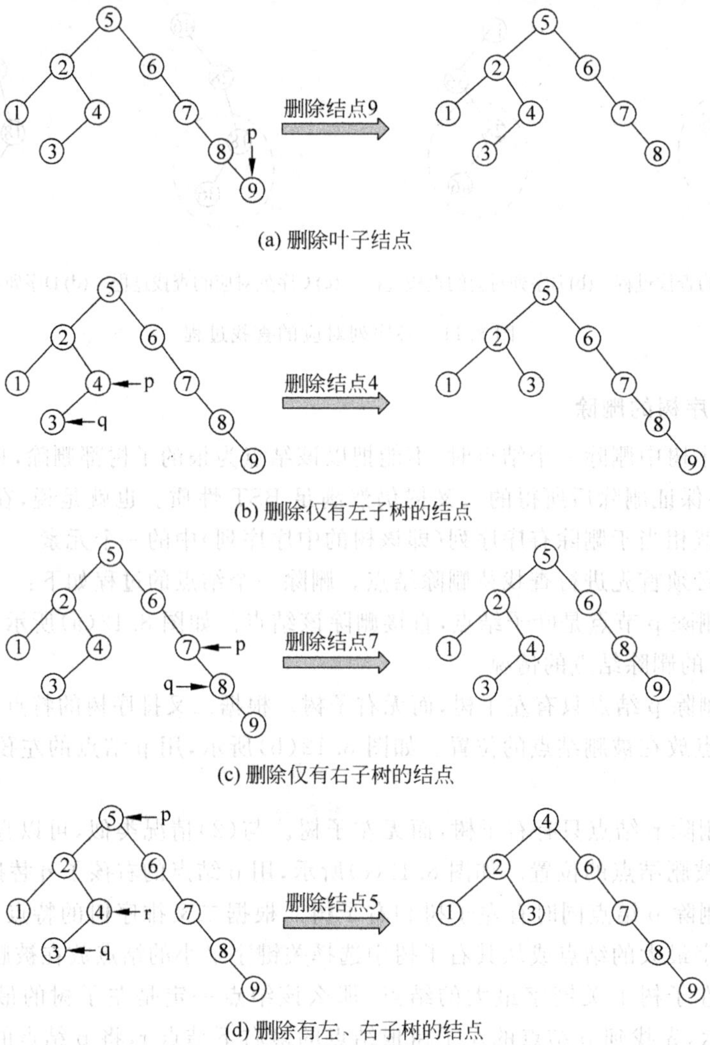

图 8.12　二叉排序树的结点删除

```
{    if (p == null)                                         //p为空树,返回 false
        return false;
    else
    {   if (k < p.key)
            return FindandReplace1(ref p.lchild,k);         //递归在左子树中查找替换
        else if (k > p.key)
            return FindandReplace1(ref p.rchild,k);         //递归在右子树中查找替换
        else                                                //找到关键字为k的结点p
        {   p = q;                                          //将p结点替换q结点
            return true;
        }
    }
}
```

设计一个窗体调用上述过程,结点替换的执行界面如图 8.13 所示,其功能是在括号表

示法为“5(2(1,4(3)),6(,7(,8(,9))))”的二叉排序树中,将关键字为 2 的结点替换成关键字为 7 的结点,其结果为二叉树“5(7(,8(,9)),6(,7(,8(,9))))”,这不再是二叉排序树,且关键字为 7 的结点被共享。调用上述过程为:FindandReplace1(5↑,2)⇨FindandReplace1(5↑.lchild,2),满足条件 5↑.lchild.data=2,则执行 5↑.lchild=7↑,从而将关键字为 5 的结点的左孩子改为关键字为 7 的结点,达到结点替换的目的。其中,a↑表示 a 结点。

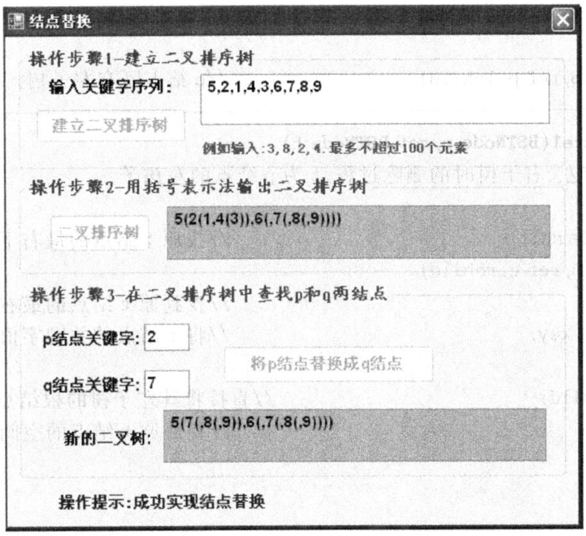

图 8.13　结点替换的执行界面

利用引用参数在二叉排序树中删除关键字为 k 的结点的 DeleteBST(int k)算法如下:

```
public bool DeleteBST(int k)                     //在二叉排序树中删除关键字为 k 的结点
{
    return DeleteBST1(ref r,k);
}
private bool DeleteBST1(ref BSTNode bt,int k)    //被 DeleteBST 方法调用
{   if (bt == null)
        return false;                            //空树删除失败,返回 false
    else
    {   if (k < bt.key)
            return DeleteBST1(ref bt.lchild,k);  //递归在左子树中删除为 k 的结点
        else if (k > bt.key)
            return DeleteBST1(ref bt.rchild,k);  //递归在右子树中删除为 k 的结点
        else                                     //找到要删除的结点 bt
        {   Delete(ref bt);                      //调用 Delete(bt)函数删除 bt 结点
            return true;                         //找到并删除后,返回 true
        }
    }
}
private void Delete(ref BSTNode p)               //从二叉排序树中删除 p 结点
{   BSTNode q;
    if (p.rchild == null)                        //p 结点没有右子树的情况
    {   q = p;
```

```
            p = p.lchild;                    //将其左子树的根结点放在被删结点的位置上
            q = null;
        }
        else if (p.lchild == null)           //p结点没有左子树的情况
        {   q = p;
            p = p.rchild;                    //将其右子树的根结点放在被删结点的位置上
            q = null;
        }
        else
            Delete1(p, ref p.lchild);        //p结点既有左子树,又有右子树的情况
    }
    private void Delete1(BSTNode p, ref BSTNode t)
    //当被删p结点有左、右子树时的删除过程,t为p结点的左孩子
    {   BSTNode q;
        if (t.rchild!= null)                 //找原t结点的最右下结点
            Delete1(p, ref t.rchild);
        else                                 //找到原t结点的最右下结点
        {   p.key = t.key;                   //将t结点的关键字值赋给p结点
            q = t;
            t = t.lchild;                  //直接将其左子树的根结点放在被删结点的位置上
            q = null;                        //释放原t结点的空间
        }
    }
```

二叉排序树的实践项目

项目1:设计一个项目,用户输入一组关键字,建立对应的二叉排序树,并采用括号表示法输出。用相关数据进行测试,其操作界面如图8.14所示。

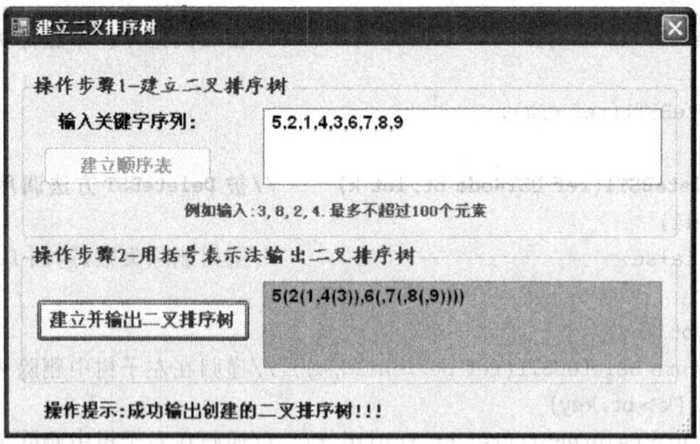

图8.14　二叉排序树——实践项目1的操作界面

项目2:设计一个项目,用户输入一组关键字,建立对应的二叉排序树,并删除用户指定关键字的结点。用相关数据进行测试,其操作界面如图8.15所示。

项目3:设计一个项目,用户输入一组关键字,建立对应的二叉排序树,并查找用户指定关键字的结点,需给出关键字比较的次数。用相关数据进行测试,其操作界面如图8.16所示。

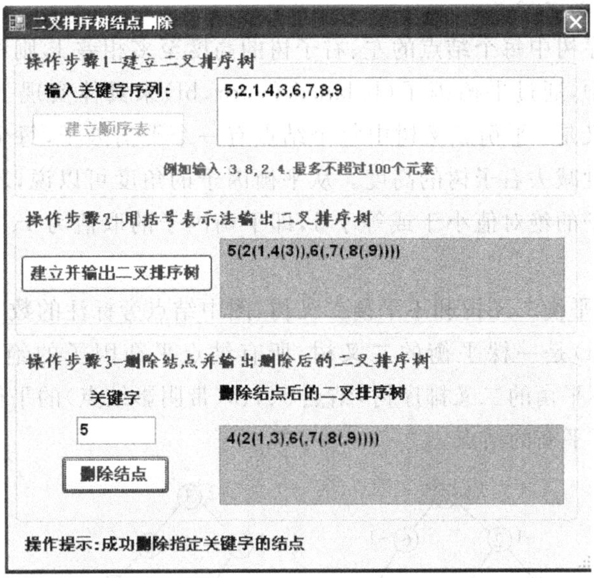

图 8.15　二叉排序树——实践项目 2 的操作界面

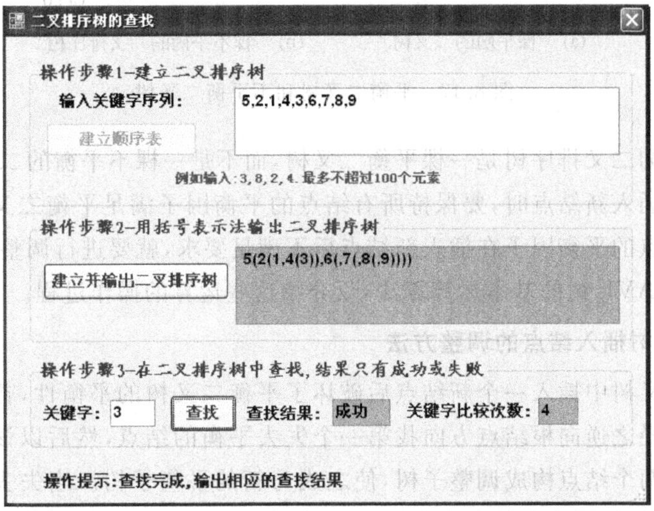

图 8.16　二叉排序树——实践项目 3 的操作界面

8.3.2　平衡二叉树

虽然在二叉排序树上实现的插入、删除和查找等基本运算的平均时间均为 $O(\log_2 n)$，但最坏情况下，这些基本运算的时间均会增至 $O(n)$。为了避免这种情况发生，人们研究了许多种动态平衡的方法，使得往树中插入或删除元素时，通过调整树的形态来保持树的“平衡”，使之既保持 BST 性质不变，又保证树的高度在任何情况下均为 $O(\log_2 n)$，从而确保树上的基本运算在最坏情况下的时间复杂度均为 $O(\log_2 n)$。这种平衡的二叉排序树有很多种，较为著名的有 AVL 树，它是由两位前苏联数学家 Adel'son-Vel'sii 和 Landis 于 1962 年给出的,故用他们的名字命名。

若一棵二叉排序树中每个结点的左、右子树的高度至多相差1,则称此二叉排序树为平衡二叉树。在算法中,通过平衡因子(balancd factor,bf)来具体实现上述平衡二叉树的定义。平衡因子的定义是:平衡二叉树中每个结点有一个平衡因子,每个结点的平衡因子是该结点左子树的高度减去右子树的高度。从平衡因子的角度可以说,若一棵二叉排序树中所有结点的平衡因子的绝对值小于或等于1,即平衡因子的取值为1、0或-1,则该二叉树称为**平衡二叉树**。

图8.17所示是平衡二叉树和不平衡二叉树,图中结点旁标注的数字为该结点的平衡因子。其中,图8.17(a)是一棵平衡的二叉树,所有结点平衡因子的绝对值都小于等于1;图8.17(b)是一棵不平衡的二叉排序树,结点3、4、5(带阴影结点)的平衡因子值分别为-2、-3和-2,它们是不平衡的结点。

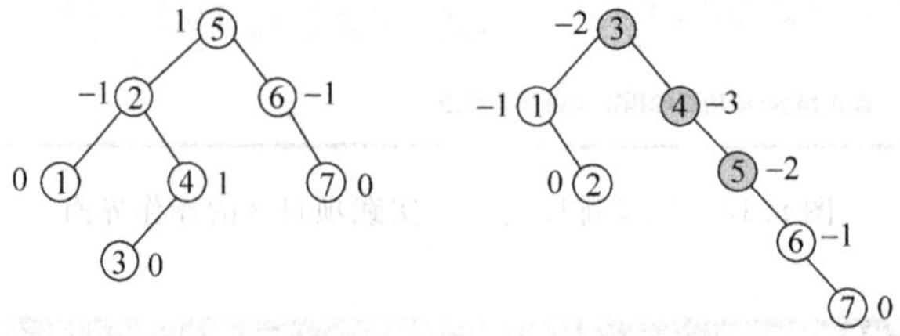

(a) 一棵平衡的二叉树　　(b) 一棵不平衡的二叉排序树

图8.17　平衡二叉树和不平衡二叉树

如何使构造的二叉排序树是一棵平衡二叉树,而不是一棵不平衡的二叉排序树,关键是每次向二叉树中插入新结点时,要保持所有结点的平衡因子满足平衡二叉树的要求。这就要求一旦哪些结点的平衡因子在插入新结点后不满足要求,就要进行调整。

这里不讨论AVL树的基本运算算法,仅介绍这些运算的操作过程。

1. 平衡二叉树插入结点的调整方法

若向平衡二叉树中插入一个新结点后破坏了平衡二叉树的平衡性,首先从根结点到该新插入结点的路径之逆向根结点方向找第一个失去平衡的结点,然后以该失衡结点和它相邻的刚查找过的两个结点构成调整子树,使之成为新的平衡子树。当失去平衡的最小子树被调整为平衡子树后,原有其他所有的不平衡子树无需调整,整个二叉排序树就又成为一棵平衡二叉树。

失去平衡的最小子树是指以离插入结点最近,且平衡因子绝对值大于1的结点作为根的子树。假设用A表示失去平衡的最小子树的根结点,则调整该子树的操作可归纳为下列4种情况:

1) LL型调整

这是因在A结点的左孩子(设为B结点)的左子树上插入结点,使得A结点的平衡因子由1变为2,而引起的不平衡。

LL型调整过程如图8.18所示。图中,用长方框表示子树,用长方框的高度(并在长方框旁标有高度值h或$h+1$)表示子树的高度,用带阴影的小方框表示被插入的结点。LL调整的方法是：单向右旋平衡，即将A的左孩子B向右上旋转代替A成为根结点，将A结点向右下旋转成为B的右子树的根结点，而B的原右子树则作为A结点的左子树。因调整前后对应的中序序列相同，所以调整后仍保持二叉排序树的性质不变。

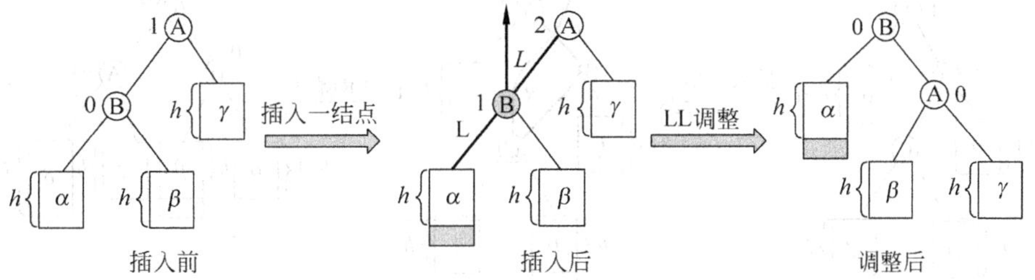

图8.18　LL型调整过程

2）RR型调整

这是因在A结点的右孩子(设为B结点)的右子树上插入结点，使得A结点的平衡因子由－1变为－2而引起的不平衡。

RR型调整过程如图8.19所示。调整的方法是：单向左旋平衡，即将A的右孩子B向左上旋转代替A成为根结点，将A结点向左下旋转成为B的左子树的根结点，而B的原左子树则作为A结点的右子树。因调整前后对应的中序序列相同，所以调整后仍保持二叉排序树的性质不变。

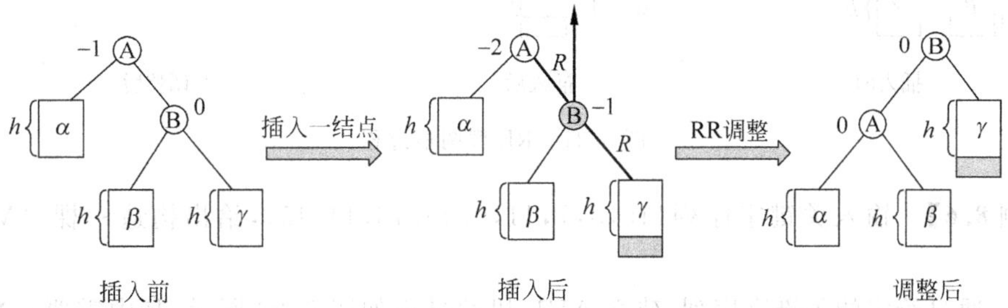

图8.19　RR型调整过程

3）LR型调整

这是因在A结点的左孩子(设为B结点)的右子树上插入结点，使得A结点的平衡因子由1变为2而引起的不平衡。

LR型调整过程如图8.20所示。调整的方法是：先左旋转后右旋转平衡，即先将A结点的左孩子(即B结点)的右子树的根结点(设为C结点)向左上旋转提升到B结点的位置，然后再把该C结点向右上旋转提升到A结点的位置。因调整前后对应的中序序列相同，所以调整后仍保持二叉排序树的性质不变。

4）RL型调整

这是因在A结点的右孩子(设为B结点)的左子树上插入结点，使得A结点的平衡因子由－1变为－2而引起的不平衡。

RL型调整过程如图8.21所示。调整的方法是：先右旋转后左旋转平衡，即先将A结点的右孩子(即B结点)的左子树的根结点(设为C结点)向右上旋转提升到B结点的位置，然后再把该C结点向左上旋转提升到A结点的位置。因调整前后对应的中序序列相同,所以调整后仍保持二叉排序树的性质不变。

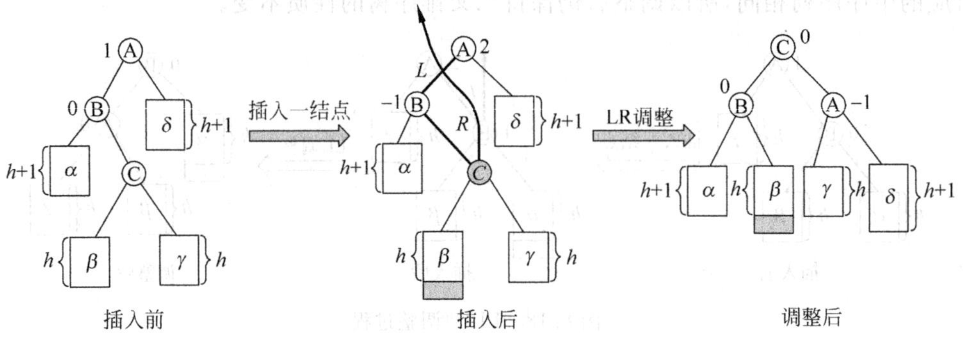

图 8.20 LR型调整过程

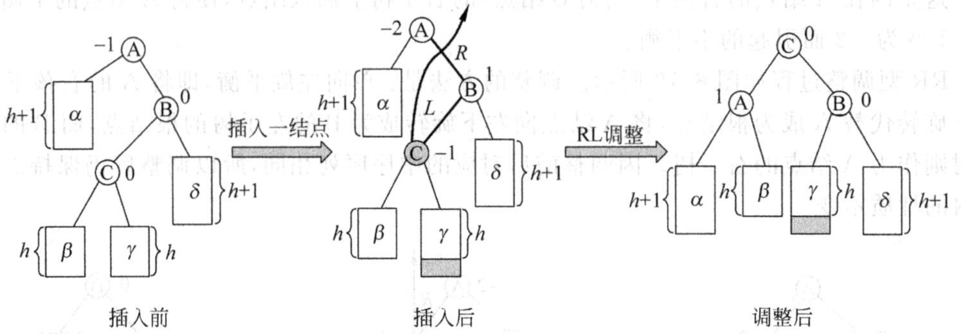

图 8.21 RL型调整过程

【例 8.6】 输入关键字序列{16,3,7,11,9,26,18,14,15},给出构造一棵 AVL 树的过程。

解:通过给定的关键字序列,建立 AVL 树的过程如图 8.22 所示,其中需要 5 次调整,涉及前面介绍的 4 种调整方法。

2. 平衡二叉树删除结点的调整方法

平衡二叉树的删除结点操作与插入操作有许多相似之处。

在平衡二叉树上删除结点 x(假定有且仅有一个结点值等于 x)的过程如下:

(1) 采用二叉排序树的删除方法找到结点 x 并删除。

(2) 沿根结点到被删除结点的路线之逆逐层向上查找,必要时修改 x 祖先结点的平衡因子,因为删除后,会使某些子树的高度降低。

(3) 在查找途中一旦发现 x 的某个祖先 p 失衡,就要进行调整。不妨设 x 结点在 p 的左子树中,在 p 结点失衡后,要做何种调整,要看 p 结点的右孩子 p_1,若 p_1 的平衡因子是 1,说明它的左子树高,需做 RL 调整;若 p_1 的平衡因子是 −1,需做 RR 调整;若 p_1 的平衡因子是 0,则做 RL 或 RR 调整均可。如果 x 结点在 p 的右子树中,调整过程类似。

(4) 如果调整之后,子树的高度降低了,这个过程还将继续,直到根结点为止。也就是说,在平衡二叉树上删除一个结点有可能引起多次调整,不像插入结点那样至多调整一次。

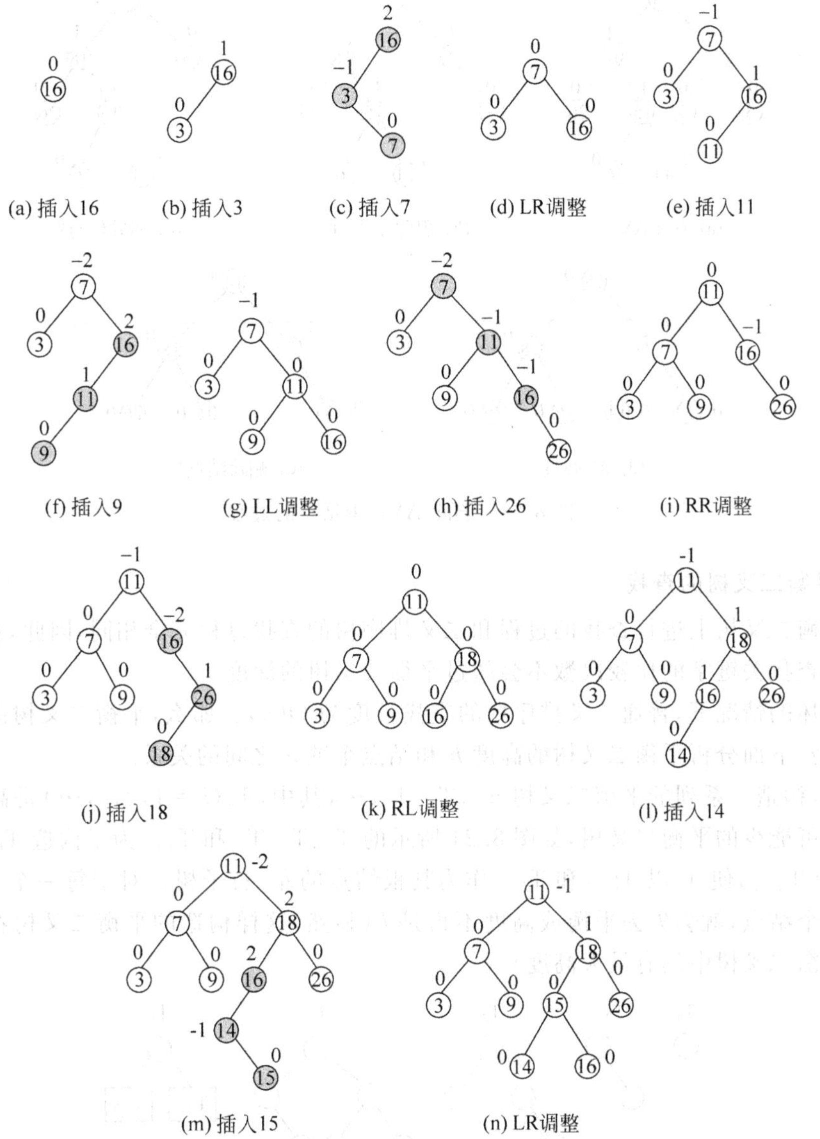

图 8.22　建立 AVL 树的过程

【例 8.7】 对例 8.6 生成的 AVL 树，给出删除结点 11、9 和 15 的过程。

解：删除 AVL 中结点的过程如图 8.23 所示。图 8.23(a)为初始 AVL 树，删除结点 11(为根结点)时，先从左子树中找到最大结点 9，删除它，其双亲结点为 7，修改它的平衡因子为 1，再向上找到根结点，它是平衡的，如图 8.23(b)所示。

删除结点 9(为根结点)时，先从左子树中找到最大结点 7，删除它，其双亲结点为 7(原来结点为 9)，修改它的平衡因子为－2，不平衡，找到其右孩子结点 18，它的平衡因子为 1，进行 RL 调整，调整结果如图 8.23(d)所示。

删除结点 15(为根结点)时，先从左子树中找到最大结点 14，删除它，其双亲结点为 7，修改它的平衡因子为 1，再向上找到根结点，它是平衡的，如图 8.23(e)所示。

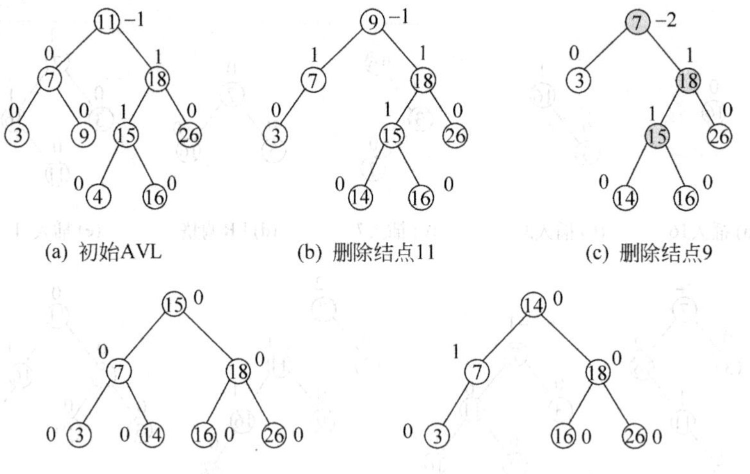

图 8.23　删除 AVL 中结点的过程

3. 平衡二叉树的查找

在平衡二叉树上进行查找的过程和二叉排序树的查找过程完全相同,因此,在平衡二叉树上进行查找关键字的比较次数不会超过平衡二叉树的深度。

在最坏的情况下,普通二叉排序树的查找长度为 $O(n)$。那么,平衡二叉树的情况又是怎样的呢?下面分析平衡二叉树的高度 h 和结点个数 n 之间的关系。

首先,构造一系列的平衡二叉树 T_1、T_2、T_3、…,其中,$T_h(h=1,2,3,\cdots)$是高度为 h 且结点数尽可能少的平衡二叉树,如图 8.24 所示的 T_1、T_2、T_3 和 T_4。为了构造 T_h,先分别构造 T_{h-1} 和 T_{h-2},使 T_h 以 T_{h-1} 和 T_{h-2} 作为其根结点的左、右子树。对于每一个 T_h,只要从中删除一个结点,就会失去平衡或高度不再是 h(显然,这样构造的平衡二叉树在结点个数相同的平衡二叉树中具有最大高度)。

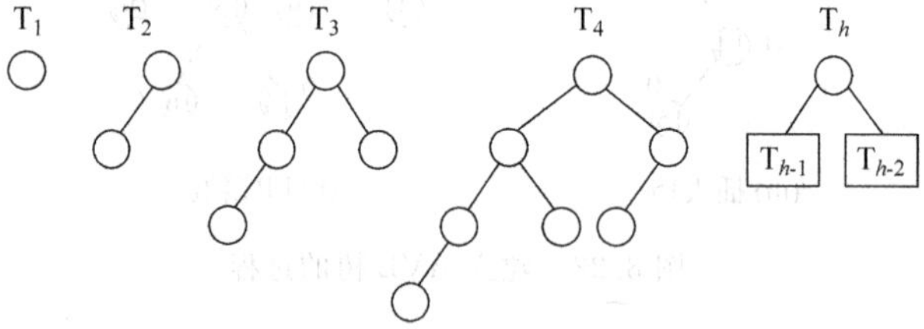

图 8.24　高度固定、结点个数 n 最少的平衡二叉树

然后,通过计算上述平衡二叉树中的结点个数,来建立高度与结点个数之间的关系。设 $N(h)$(高度 h 是正整数)为 T_h 的结点数,从图 8.24 中可以看出有下列关系成立:

$$N(1)=1,\quad N(2)=2,\quad N(h)=N(h-1)+N(h-2)+1$$

当 $h>1$ 时,此关系类似于定义 Fibonacci 数的关系:

$$F(1)=1,\quad F(2)=1,\quad F(h)=F(h-1)+F(h-2)$$

通过检查两个序列的前几项,就可发现两者之间的对应关系:

$$N(h)=F(h+2)-1$$

由于 Fibonacci 数满足渐近公式:

$$F(h)=\frac{1}{\sqrt{5}}\varphi^{h},\quad \text{其中},\quad \varphi=\frac{1+\sqrt{5}}{2}$$

故由此可得近似公式：$N(h)=\frac{1}{\sqrt{5}}\varphi^{h+2}-1\approx 2^h-1$ 即 $h\approx \log_2(N(h)+1)$

所以，含有 n 个结点的平衡二叉树的高度为 $O(\log_2 n)$，此时可推出平均查找长度为 $O(\log_2 n)$。

【例 8.8】 在含有 15 个结点的平衡二叉树上查找关键字为 28 的结点，以下哪些是可能的关键字比较序列？

A. 30，36　　B. 38，48，28　　C. 48，18，38，28　　D. 60，30，50，40，38，36

解：设 N_h 表示深度为 h 的平衡二叉树中含有的最少结点数，由

$$N_1=1,\quad N_2=2,\quad N_h=N_{h-1}+N_{h-2}+1(h\geqslant 3)$$

求得 $N_3=4$，$N_4=7$，$N_5=12$，$N_6=20>15$。也就是说，高度为 6 的平衡二叉树最少有 20 个结点，因此 15 个结点的平衡二叉树的最大高度为 5，其中最小叶子结点的层数为 3，所以，A 序列错误（因为查找失败至少比较 3 个结点）。而 B 和 D 序列的查找过程不能构成二叉排序树的一部分，因而错误。所以，本题可能的关键字比较序列是 C 序列。

8.3.3 B－树

和二叉排序树、平衡二叉树一样，B－树（或 B 树，其中“－”用作连字符）也是一种查找树，通常将前两种树称为二路查找树，B－树是一种多路查找平衡树。B－树和后面介绍的 B＋树都用作外存数据组织和查找。

B－树中所有结点的孩子结点最大个数称为 B－树的阶，通常用 m 表示，从查找效率考虑，要求 $m\geqslant 3$。和折半查找对应的判定树一样，B－树带有外部结点（这里称为叶子结点），树中除外部结点之外的结点称为内部结点。一棵 m 阶的 B－树或者是一棵空树，或者是满足下列要求的 m 叉树：

(1) 树中每个结点至多有 m 棵子树（即至多含有 $m-1$ 个关键字，设 $\text{Max}=m-1$）。

(2) 若根结点不是叶子结点，则根结点至少有两棵子树。

(3) 除根结点外，所有非叶子结点至少有 $\lceil m/2\rceil$ 棵子树（即至少含有 $\lceil m/2\rceil-1$ 个关键字，设 $\text{Min}=\lceil m/2\rceil-1$）。

(4) 每个非叶子结点的结构为：

n	p_0	k_1	p_1	k_2	p_2	…	k_n	p_n

其中，n 为该结点中的关键字个数，除根结点外，其他所有非叶子结点的关键字个数 n：$\lceil m/2\rceil-1\leqslant n\leqslant m-1$；$k_i(1\leqslant i\leqslant n)$ 为该结点的关键字且满足 $k_i<k_{i+1}$；$p_i(0\leqslant i\leqslant n)$ 为该结点的孩子结点指针且满足 $p_i(0\leqslant i\leqslant n-1)$ 所指结点上的关键字大于等于 k_i 且小于 k_{i+1}。p_n 所指结点上的关键字大于 k_n。

(5) 所有的叶子结点在同一层，并且不带信息。

例如，图 8.25 所示是一棵 3 阶 B－树，$m=3$。它满足：

(1) 根结点有两个孩子结点。

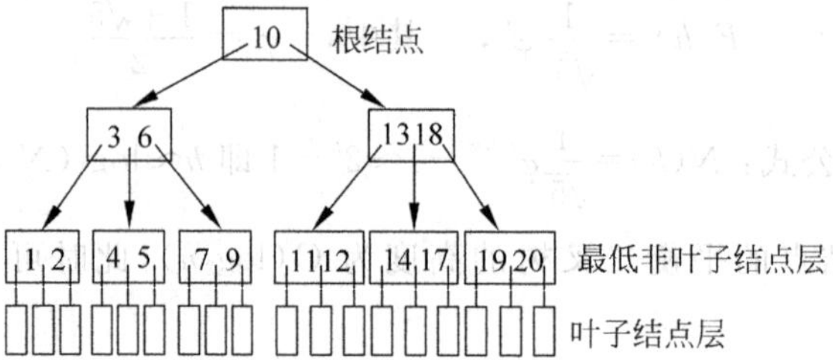

图 8.25　一棵 3 阶 B－树

(2) 除根结点外,所有非叶子结点至少有$\lceil m/2 \rceil=2$个孩子,至多有$m=3$个孩子(这类结点的关键字个数为 1 或 2 个)。

(3) 所有的叶子结点都在同一层上。

说明:图 8.25 中标出了叶子结点(外部结点),但引入外部结点的目的是使 B－树的定义简洁完整,在实现中并不需要真正设置外部结点,而是把指向外部结点的指针都设成 null。为了方便,后面的 B－树图中都没有画出叶子结点层。

这里不讨论 AVL 树的基本运算算法,仅介绍这些运算操作过程。

1. B－树的查找

在 B-树中查找给定关键字的方法类似于在二叉排序树上的查找,不同的是,在每个结点上确定向下查找的路径不一定是二路的,而是$n+1$路的(n为该结点的关键字个数)。因为非叶子结点内的关键字序列 key[1..n]有序,故在这样的结点内既可以用顺序查找,也可以用折半查找。

在一棵 B-树上查找关键字k的结点的方法为:先将k与根结点中的 key[i]($1\leqslant i\leqslant n$)进行比较:

(1) 若$k=$key[i],则查找成功。

(2) 若$k<$key[1],则沿着指针p[0]所指的子树继续查找。

(3) 若 key[i]$<k<$key[$i+1$],则沿着指针p[i]所指的子树继续查找。

(4) 若$k>$key[n],则沿着指针p[n]所指的子树继续查找。

在 B－树中进行查找时,其查找时间主要花费在搜索结点查找上,即主要取决于 B－树的深度。那么,含有N个关键字的m阶 B-树可能达到的最大高度为多少呢?也就是说,高度为$h+1$的m阶 B-树中(1 计为叶子结点层,h为除叶子结点外的 B-树高度)至少含有多少个结点?

第 1 层最少结点数为 1 个。

第 2 层最少结点数为 2 个。

第 3 层最少结点数为$2\lceil m/2 \rceil$个。

第 4 层最少结点数为$2\lceil m/2 \rceil^2$个。

⋮

第$h+1$层最少结点数为$2\lceil m/2 \rceil^{h-1}$个。

由于第$h+1$层为叶子结点,而当前 B-树中含有N个关键字,则叶子结点必为$N+1$个,由此可推得下列结果:

$$N+1 \geqslant 2\lceil m/2 \rceil^{h-1}$$
$$h-1 \leqslant \log_{\lceil m/2 \rceil}(N+1)/2$$
$$h \leqslant \log_{\lceil m/2 \rceil}(N+1)/2+1$$

因此，在含 N 个关键字的 B－树上进行查找，需访问的结点个数不超过 $\log_{\lceil m/2 \rceil}(N+1)/2+1$ 个。也就是说，在含 N 个关键字的 B－树上查找的时间复杂度为 $O(\log_{\lceil m/2 \rceil}(N+1)/2+1)$。

2. B－树的插入

将关键字 k 插入到 m 阶 B－树的过程分两步完成：

(1) 利用 B－树的查找算法找出该关键字的插入结点（注意，B－树的插入结点一定是最低非叶子结点层的结点）。

(2) 判断该结点是否还有空位置，即判断该结点是否满足 $n<\text{Max}$，若该结点满足 $n<\text{Max}$，说明该结点还有空位置，直接把关键字 k 插入到该结点的合适位置上（即满足插入后结点上的关键字仍保持有序）；若该结点有 $n=\text{Max}$，说明该结点已没有空位置，需要把结点分裂成两个。分裂的做法是：取一新结点，把原结点上的关键字加上 k 按升序排列后，从中间位置把关键字（不包括中间位置的关键字）分成两部分，左部分所含关键字放在旧结点中，右部分所含关键字放在新结点中，中间位置的关键字连同新结点的存储位置插入到双亲结点中。如果双亲结点的关键字个数也超过 Max，则要再分裂，再往上插，直至这个过程传到根结点为止。如果根结点也需要分裂，则整个 B－树增高一层。

生成 B－树的过程是从一棵空树开始，逐个插入关键字而得到的。

【例 8.9】 关键字序列为{1,2,6,7,11,4,8,13,10,5,17,9,16,20,3,12,14,18,19,15}，创建一棵 5 阶 B－树。

解： 创建一棵 5 阶 B－树的过程如图 8.26 所示。由于 $m=5$，所以每个非根非叶子结点的关键字个数在 2～4 之间。

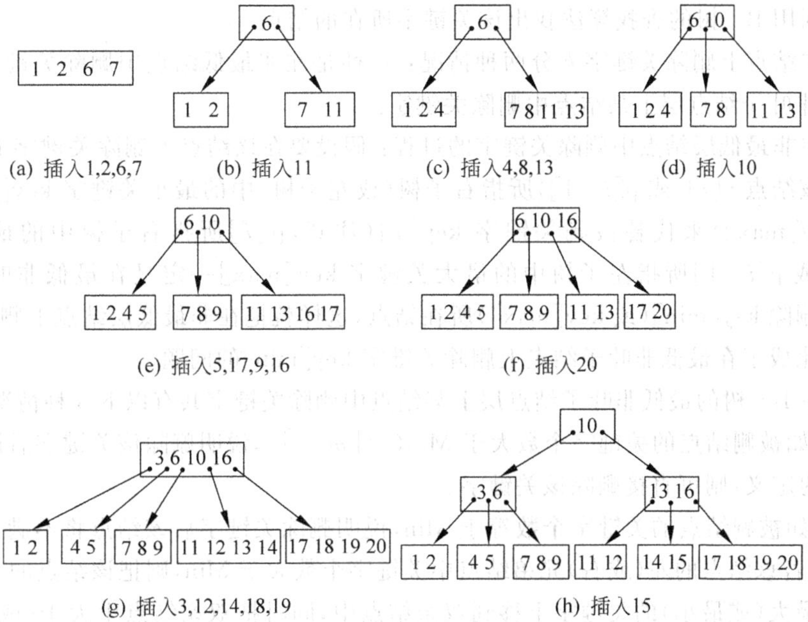

图 8.26　创建一棵 5 阶 B－树的过程

其中最复杂的一步是在图 8.26(g)中插入关键字 15,其过程如图 8.27 所示,先查找其插入位置[11,12,13,14]结点,将该结点变成[11,12,13,14,15],其关键字个数不符合要求,需进行分裂,将该结点以中间关键字 13 为界变成两个结点,分别包含关键字[11,12]和[14,15],并将中间关键字 13 移至双亲结点中,双亲结点变为[3,6,10,13,16]。此时双亲结点的关键字个数不符合要求,需进行分裂,将该结点以中间关键字 10 为界变成两个结点,分别包含关键字[3,6]和[13,16],增加一个新的根结点,其中含有一个关键字 10。

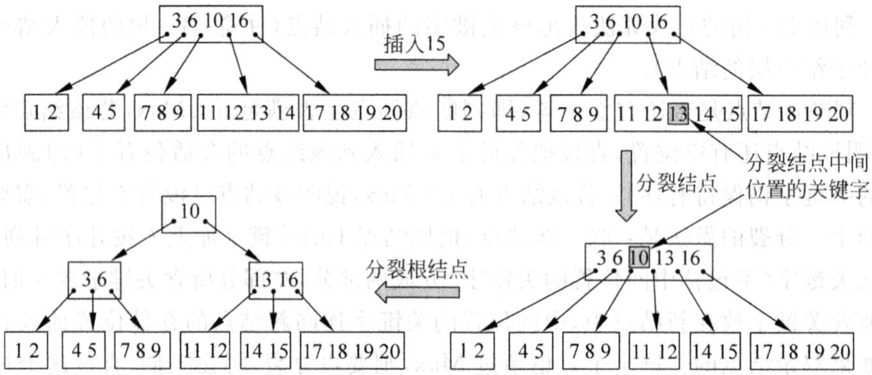

图 8.27 插入关键字 15 的过程

3. B-树的删除

B-树的删除过程与插入过程类似,只是稍为复杂一些。要使删除后的结点中的关键字个数仍满足定义,将涉及到结点的“合并”问题。在 m 阶 B-树上删除关键字 k 的过程分两步完成:

(1) 利用 B-树的查找算法找出该关键字所在的结点。

(2) 在结点上删除关键字 k 分两种情况:一种是在非最低结点中删除关键字;另一种是在最低非叶子结点层上某结点中删除关键字。

(3) 在非最低层结点中删除关键字的过程:假设要在该结点上删除关键字 key[i]($1\leqslant i\leqslant n$),以该结点 p[i](或 p[$i-1$])所指右子树(或左子树)中的最小关键字 key[min](最大关键字 key[max])来代替被删关键字 key[i](注意,p[i]所指右子树中的最小关键字 key[min]或 p[$i-1$]所指左子树中的最大关键字 key[max]一定是在最低非叶子结点层上),然后删除 key[min](或 key[max])所在结点,这样就把在非最低层结点上删除关键字 k 的问题转化成了在最低非叶子结点上删除关键字 key[min]的问题。

(4) 在 B-树的最低非叶子结点层上某结点中删除关键字共有以下 3 种情况:

① 假如被删结点的关键字个数大于 Min($=\lceil m/2\rceil$),说明删除该关键字后该结点仍满足 B-树的定义,则可直接删除该关键字。

② 假如被删结点的关键字个数等于 Min,说明删除关键字后该结点将不满足 B-树的定义,此时若该结点的左(或右)兄弟结点中关键字个数大于 Min,则把该结点的左(或右)兄弟结点中最大(或最小)的关键字上移到双亲结点中,同时把双亲结点中大于(或小于)上移关键字的关键字下移到要删除关键字的结点中,这样删除关键字 k 后该结点以及它的左(或

右)兄弟结点都仍旧满足 B—树的定义。

③ 假如被删结点的关键字个数等于 Min,并且该结点的左和右兄弟结点(如果存在)中关键字个数均等于 Min,这时需把要删除关键字的结点与其左(或右)兄弟结点以及双亲结点中分割二者的关键字合并成一个结点。如果因此使双亲结点中的关键字个数小于 Min,则对此双亲结点做同样的处理,直到对根结点做这样的处理而使整个树减少一层。

【例 8.10】 对于例 8.9 产生的最终 5 阶 B—树,给出删除 8、16、15 和 4 关键字的过程。

解:图 8.28 说明了删除的过程。由于 $m=5$,所以每个非根非叶子结点的关键字个数在 2～4 之间。

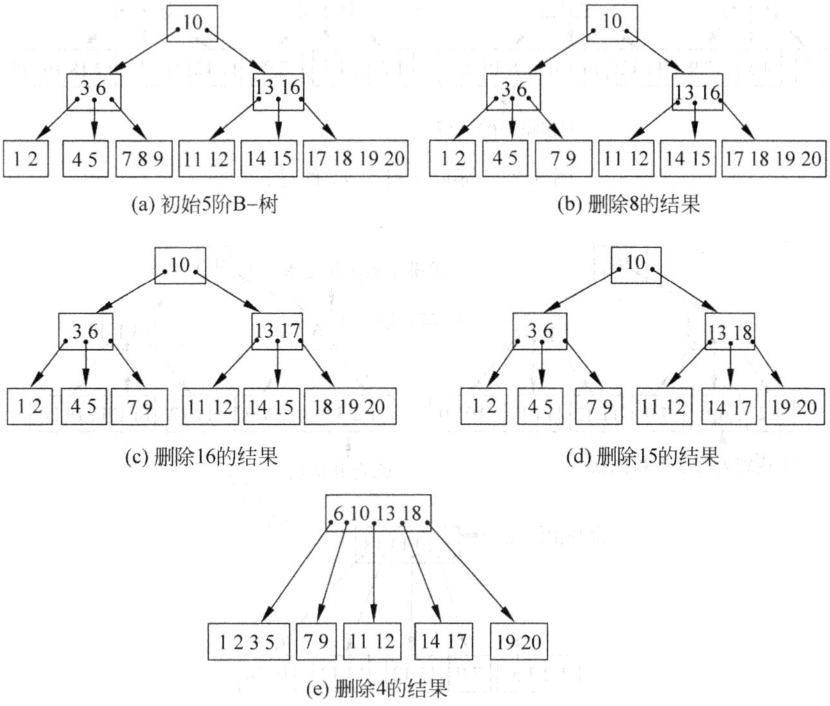

图 8.28　在一棵 5 阶 B—树上删除 8、16、15 和 4 关键字的过程

当在图 8.28(b)中删除关键字 16 时,先查找它所在的结点[13,16],该结点不是最低非叶子结点,在其右子树中查找关键字最小的结点[17,18,19,20],将 16 替换成 17,再在[17,18,19,20]结点中删除 17 变为[18,19,20]。删除关键字 16 的过程如图 8.29 所示。

当在图 8.28(d)中删除关键字 4 时,先查找它所在的结点[4,5],该结点处于最低非叶子结点层,删除该关键字 4 而变为[5],不满足要求,将其左兄弟[1,2]、双亲中的关键字 3 和[5]合并成一个结点[1,2,3,5],这样,双亲变为[6]。结点[6]也不满足要求,将其右兄弟[13,18]、双亲中的关键字 10 和[6]合并成一个结点[6,10,13,18]。这样,双亲变为[6,10,13,18]。由于根结点参与合并,所以,B—树减少一层。删除关键字 4 的过程如图 8.30 所示。

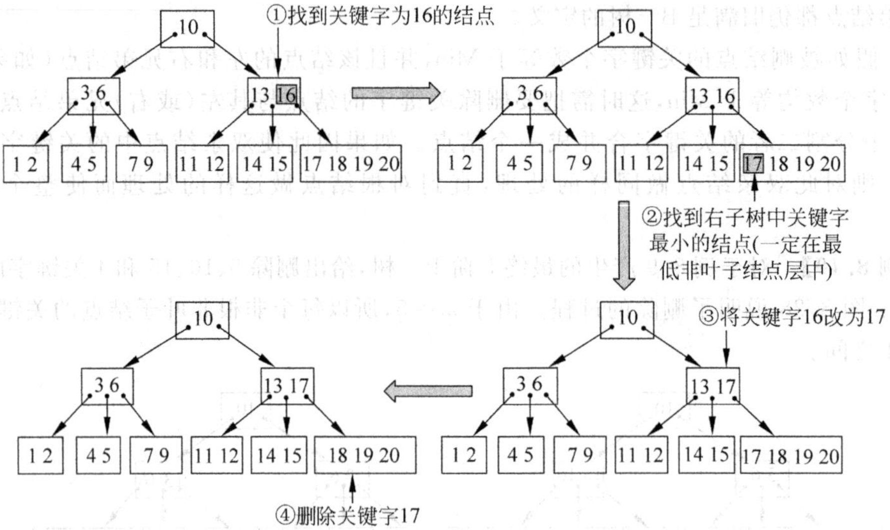

图 8.29　删除关键字 16 的过程

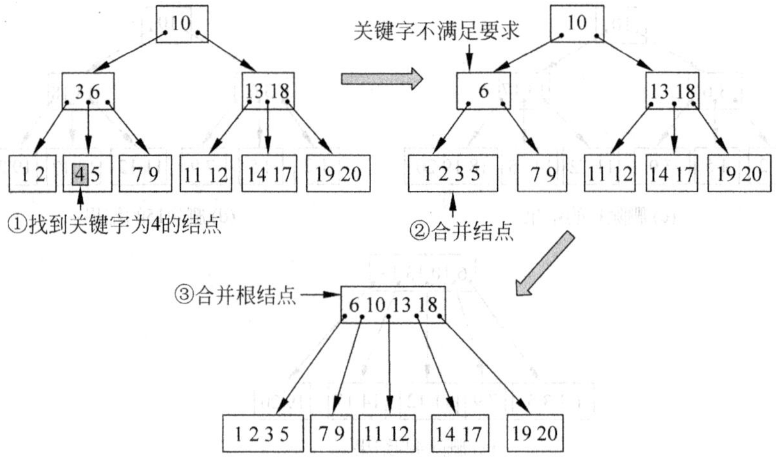

图 8.30　删除关键字 4 的过程

8.3.4　B+树

在索引文件组织中经常使用B—树的一些变形,其中B+树是一种应用广泛的变形,像数据库管理系统中的数据库文件索引大多采用B+树组织。一棵 m 阶 B+树满足下列条件:

(1) 每个分支结点至多有 m 棵子树。

(2) 根结点或者没有子树,或者至少有两棵子树。

(3) 除根结点外,其他每个分支结点至少有 $\lceil m/2 \rceil$ 棵子树。

(4) 有 n 棵子树的结点有 n 个关键字。

(5) 所有叶子结点包含全部关键字及指向相应数据记录的指针,而且叶子结点按关键字大小顺序链接(可以把每个叶子结点看成是一个基本索引块,它的指针不再指向另一级索引块,而是直接指向数据文件中的记录)。

(6) 所有分支结点(可看成是索引的索引)中仅包含它的各个子结点(即下级索引的索引块)中的最大关键字及指向子结点的指针。

例如,图 8.31 所示为一棵 4 阶的 B+树,其中叶子结点的每个关键字下面的指针表示指向对应记录的存储位置。通常,在 B+树上有两个头指针,一个指向根结点,这里为 root,另一个指向关键字最小的叶子结点,这里为 sqt。

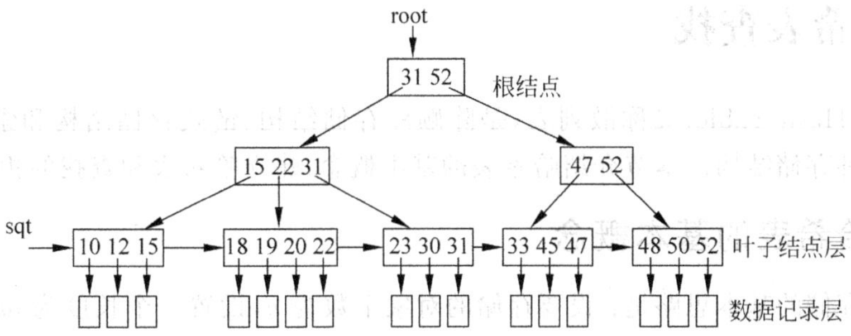

图 8.31　一棵 4 阶的 B+树

注意:m 阶的 B+树和 m 阶的 B-树的主要差异如下:

(1) 在 B+树中,具有 n 个关键字的结点含有 n 棵子树,即每个关键字对应一棵子树,而在 B−树中,具有 n 个关键字的结点含有($n+1$)棵子树。

(2) 在 B+树中,每个结点(除根结点外)中的关键字个数 n 的取值范围是$\lceil m/2\rceil \leqslant n \leqslant m$,根结点 n 的取值范围是 $2\leqslant n\leqslant m$;而在 B−树中,除根结点外,其他所有非叶子结点的关键字个数 n:$\lceil m/2\rceil -1\leqslant n\leqslant m-1$,根结点 n 的取值范围是 $1\leqslant n\leqslant m-1$。

(3) B+树中的所有叶子结点包含了全部关键字,即其他非叶子结点中的关键字包含在叶子结点中,而在 B−树中,关键字是不重复的。

(4) B+树中所有非叶子结点仅起到索引的作用,即结点中的每个索引项只含有对应子树的最大关键字和指向该子树的指针,不含有该关键字对应记录的存储地址。而在 B−树中,每个关键字对应一个记录的存储地址。

(5) 通常,在 B+树上有两个头指针,一个指向根结点,另一个指向关键字最小的叶子结点。所有的叶子结点链接成一个不定长的线性链表。

1. B+树的查找

在 B+树中可以采用两种查找方式:一种是直接从最小关键字开始进行顺序查找;另一种是从 B+树的根结点开始进行随机查找。这种查找方式与 B−树的查找方法相似,只是在分支结点上的关键字与查找值相等时,查找并不结束,要继续查到叶子结点为止,此时若查找成功,则按所给指针取出对应元素即可。因此,在 B+树中,不管查找成功与否,每次查找都经过一条从树根结点到叶子结点的路径。

2. B+树的插入

与 B−树的插入操作相似,B+树的插入也从叶子结点开始,当插入后,结点中的关键字个数大于 m 时要分裂成两个结点,它们所含关键字个数分别为$\lceil (m+1)/2\rceil$和$\lfloor (m+1)/2\rfloor$,同时要使得它们的双亲结点中包含这两个结点的最大关键字和指向它们的指针。若双亲结点的关键字个数大于 m,应继续分裂,依此类推。

3. B+树的删除

B+树的删除也从叶子结点开始，当叶子结点中的最大关键字被删除时，分支结点中的值可以作为“分界关键字”存在。若因删除操作而使结点中的关键字个数小于$\lceil m/2 \rceil$时，则从兄弟结点中调剂关键字或和兄弟结点合并，其过程和B-树相似。

8.4 哈希表查找

哈希表(Hash Table)又称散列表，是除顺序存储结构、链式存储结构和索引存储结构之外的又一种存储结构。本节介绍哈希表的基本概念、建立哈希表和查找的相关算法。

8.4.1 哈希表的基本概念

哈希表存储的基本思路是：设要存储的对象个数为n，设置一个长度为$m(m \geqslant n)$的连续内存单元，以每个对象的关键字$k_i(0 \leqslant i \leqslant n-1)$为自变量，通过一个称为哈希函数的函数$h(k_i)$，把$k_i$映射为内存单元的地址(或称下标)$h(k_i)$，并把该对象存储在这个内存单元中。$h(k_i)$也称为哈希地址(又称散列地址)。把如此构造的线性表存储结构称为**哈希表**。

但是存在这样的问题，对于两个关键字k_i和$k_j(i \neq j)$，有$k_i \neq k_j$，但$h(k_i)=h(k_j)$。把这种现象叫做**哈希冲突**。通常把这种具有不同关键字，而具有相同哈希地址的对象称做“同义词”，这种冲突也称为同义词冲突。在哈希表存储结构中，同义词冲突是很难避免的，除非关键字的变化区间小于等于哈希地址的变化区间，而这种情况当关键字取值不连续时是非常浪费存储空间的。通常的实际情况是关键字的取值区间远大于哈希地址的变化区间。

归纳起来，当一组数据的关键字与存储地址存在某种映射关系时，如图8.32所示，这组数据就适合采用哈希表存储。

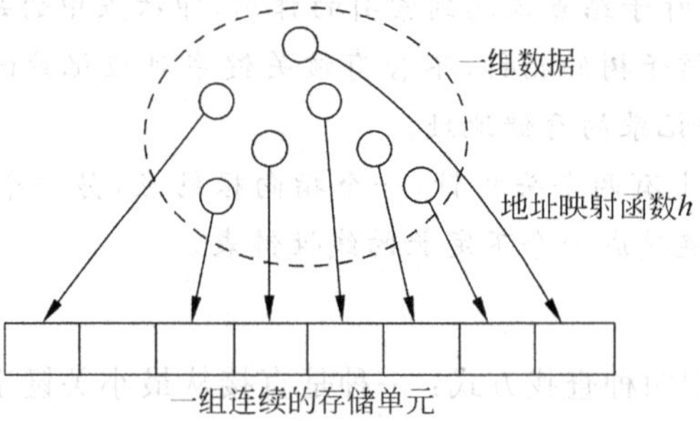

图8.32 一组与存储地址存在映射关系的数据

8.4.2 哈希函数构造方法

构造哈希函数的目标是使得到n个对象的哈希地址尽可能均匀地分布在m个连续内存单元地址上，同时使计算过程尽可能简单，以达到尽可能高的时间效率。根据关键字的结构和分布的不同，可构造出许多不同的哈希函数。这里主要讨论几种常用的整数类型关键字的哈希函数构造方法。

1. 直接定址法

直接定址法是以关键字 k 本身或关键字加上某个常量 c 作为哈希地址的方法。直接定址法的哈希函数 $h(k)$ 为:

$$h(k) = k + c$$

这种哈希函数计算简单,并且不可能有冲突发生。当关键字的分布基本连续时,可用直接定址法的哈希函数;否则,若关键字分布不连续,将造成内存单元的大量浪费。

2. 除留余数法

除留余数法是用关键字 k 除以某个不大于哈希表长度 m 的整数 p 所得的余数作为哈希地址的方法。除留余数法的哈希函数 $h(k)$ 为:

$$h(k) = k \bmod p \quad (\text{mod 为求余运算}, p \leqslant m)$$

除留余数法计算比较简单,适用范围广,是最经常使用的一种哈希函数。这种方法的关键是选好 p,使得元素集合中的每一个关键字通过该函数转换后映射到哈希表范围内的任意地址上的概率相等,从而尽可能减少发生冲突的可能性。例如,p 取奇数就比 p 取偶数好。理论研究表明,p 取不大于 m 的素数时效果最好。

3. 数字分析法

该方法是提取关键字中取值较均匀的数字位作为哈希地址的方法。它适合所有关键字值都已知的情况,并需要对关键字中每一位的取值分布情况进行分析。例如,有一组关键字为{92317602,92326875,92739628,92343634,92706816,92774638,92381262,92394220},通过分析可知,每个关键字从左到右的第 1、2、3 位和第 6 位取值较集中,不宜作为哈希函数,剩余的第 4、5、7 和 8 位取值较分散,可根据实际需要取其中的若干位作为哈希地址。若取最后两位作为哈希地址,则哈希地址的集合为{2,75,28,34,16,38,62,20}。

其他构造整数关键字的哈希函数的方法还有平方取中法和折叠法等。平方取中法是取关键字平方后分布均匀的几位作为哈希地址的方法;折叠法是先把关键字中的若干段作为一小组,然后把各小组折叠相加后分布均匀的几位作为哈希地址的方法。

8.4.3 哈希冲突的解决方法

解决哈希冲突的方法有许多,可分为开放定址法和拉链法两大类。其基本思路是:当发生哈希冲突时,即当 $k_i \neq k_j (i \neq j)$,而 $h(k_i) = h(k_j)$,通过哈希冲突函数(设为 $h_l(k)$,这里 $l = 1, 2, \cdots, m-1$)产生一个新的哈希地址,使 $h_l(k_i) \neq h_l(k_j)$。哈希冲突函数产生的哈希地址仍可能有哈希冲突问题,此时再用新的哈希冲突函数得到新的哈希地址,一直到不存在哈希冲突为止。因此,有 $l = 1, 2, \cdots, m-1$。这样就把要存储的 n 个元素,通过哈希函数映射得到的哈希地址(当哈希冲突时,通过哈希冲突函数映射得到的哈希地址)存储到了 m 个连续内存单元中,从而完成了哈希表的建立。

在哈希表中,虽然冲突很难避免,但发生冲突的可能性却有大有小。这主要与以下 3 个因素有关:

(1) 与装填因子 α 有关。所谓装填因子,是指哈希表中已存入的元素数 n 与哈希地址空间大小 m 的比值,即 $\alpha = n/m$,α 越小,冲突的可能性就越小;α 越大(最大可取 1),冲突的可能性就越大,这很容易理解,因为 α 越小,哈希表中空闲单元的比例就越大,所以,待插入元素同已插入元素发生冲突的可能性就越小；反之，α 越大，哈希表中空闲单元的比例就越小，所以，待插入元素同已插入元素冲突的可能性就越大；另一方面，α 越小，存储空间的利用率就越低；反之，存储空间的利用率也就越高。为了既兼顾减少冲突的发生，又兼顾提高存储空间的利用率这两个方面，通常使最终的 α 控制在 0.6～0.9 的范围内。

(2) 与所采用的哈希函数有关。若哈希函数选择得当，就可使哈希地址尽可能均匀地分布在哈希地址空间上，从而减少冲突的发生；否则，若哈希函数选择不当，就可能使哈希地址集中于某些区域，从而加大冲突的发生。

(3) 与解决冲突的哈希冲突函数有关。哈希冲突函数选择得好坏也将减少或增加发生冲突的可能性。

下面介绍几种常用的解决哈希冲突的方法。

1. 开放定址法

开放定址法是一类以发生冲突的哈希地址为自变量，通过某种哈希冲突函数得到一个新的空闲的哈希地址的方法。在开放定址法中，哈希表中的空闲单元(假设其下标或地址为 d)不仅允许哈希地址为 d 的同义词关键字使用，而且也允许发生冲突的其他关键字使用，因为这些关键字的哈希地址不为 d，所以称为非同义词关键字。开放定址法的名称就是来自此方法的哈希表空闲单元既向同义词关键字开放，也向发生冲突的非同义词关键字开放。至于哈希表的一个地址中存放的是同义词关键字还是非同义词关键字，要看谁先占用它，这和构造哈希表的元素排列次序有关。

在开放定址法中，以发生冲突的哈希地址为自变量，通过某种哈希冲突函数得到一个新的空闲的哈希地址的方法有很多种，下面介绍常用的几种。

(1) 线性探查法。线性探查法是从发生冲突的地址(设为 d_0)开始，依次探查 d_0 的下一个地址(当到达下标为 $m-1$ 的哈希表表尾时，下一个探查的地址是表首地址 0)，直到找到一个空闲单元为止(当 $m \geqslant n$ 时，一定能找到一个空闲单元)。线性探查法的数学递推描述公式为：

$$d_0 = h(k)$$
$$d_i = (d_{i-1} + 1) \bmod m \quad (1 \leqslant i \leqslant m-1)$$

线性探查法容易产生堆积问题。这是由于当连续出现若干个同义词后(设第一个同义词占用单元 d_0，这连续的若干个同义词将占用哈希表的 d_0、d_0+1、d_0+2 等单元)，此时，随后任何 d_0+1、d_0+2 等单元上的哈希映射都会由于前面的同义词堆积而产生冲突，尽管随后的这些关键字并没有同义词。

(2) 平方探查法。设发生冲突的地址为 d_0，则平方探查法的探查序列为 d_0+1^2、d_0-1^2、d_0+2^2、d_0-2^2、…。平方探查法的数学描述公式为：

$$d_0 = h(k)$$
$$d_i = (d_0 \pm i^2) \bmod m \quad (1 \leqslant i \leqslant m-1)$$

平方探查法是一种较好的处理冲突的方法，可以避免出现堆积问题。它的缺点是：不能探查到哈希表上的所有单元，但至少能探查到一半单元。

此外，开放定址法的探查方法还有伪随机序列法和双哈希函数法等。

【例 8.11】 假设哈希表 ha 的长度 $m=13$，采用除留余数法加线性探查法建立如下关键字集合的哈希表(16,74,60,43,54,90,46,31,29,88,77)。

解：$n=11$，$m=13$，除留余数法的哈希函数为 $h(k)=k \bmod p$，p 应为小于等于 m 的素数，假设 p 的取值为 13，当出现同义词问题时，采用线性探查法解决冲突，则有：

$h(16)=3$，	没有冲突，将 16 放在 ha[3]处
$h(74)=9$，	没有冲突，将 74 放在 ha[9]处
$h(60)=8$，	没有冲突，将 60 放在 ha[8]处
$h(43)=4$，	没有冲突，将 43 放在 ha[4]处
$h(54)=2$，	没有冲突，将 54 放在 ha[2]处
$h(90)=12$，	没有冲突，将 90 放在 ha[12]处
$h(46)=7$，	没有冲突，将 46 放在 ha[7]处
$h(31)=5$，	没有冲突，将 31 放在 ha[5]处
$h(29)=3$	有冲突
$d_0=3, d_1=(3+1) \bmod 13=4$	仍有冲突
$d_2=(4+1) \bmod 13=5$	仍有冲突
$d_3=(5+1) \bmod 13=6$	冲突已解决，将 29 放在 ha[6]处
$h(88)=10$	没有冲突，将 31 放在 ha[5]处
$h(77)=12$	有冲突
$d_0=12, d_1=(12+1) \bmod 13=0$	冲突已解决，将 77 放在 ha[0]处

建立的哈希表 ha[0..12]见表 8.1。

表 8.1 哈希表 ha[0..12]

下标	0	1	2	3	4	5	6	7	8	9	10	11	12
k	77		54	16	43	31	29	46	60	74	88		90
探查次数	2		1	1	1	1	4	1	1	1	1		1

2. 拉链法

拉链法是把所有的同义词用单链表链接起来的方法。在这种方法中，哈希表每个单元中存放的不再是元素本身，而是相应同义词单链表的头指针。由于单链表中可插入任意多个结点，所以此时装填因子 α 根据同义词的多少既可以设定为大于 1，也可以设定为小于或等于 1，通常取 $\alpha=1$。

与开放定址法相比，拉链法有如下几个优点：

(1) 用拉链法处理冲突简单，且无堆积现象，即非同义词决不会发生冲突，因此平均查找长度较短。

(2) 由于拉链法中各链表上的元素空间是动态申请的，故它更适合建表前无法确定表长的情况。

(3) 开放定址法为减少冲突，要求装填因子 α 较小，故当数据规模较大时，会浪费很多空间，而拉链法中可取 $\alpha \geqslant 1$，且元素较大时，拉链法中增加的指针域可忽略不计，因此较节省空间。

(4) 在用拉链法构造的哈希表中，删除元素的操作易于实现，只要简单地删去链表上相应的元素即可。而对开放地址法构造的哈希表，删除元素不能简单地将被删元素的空间置为空,否则将截断在它之后填入哈希表的同义词元素的查找路径,这是因为各种开放地址法中,空地址单元(即开放地址)都是查找失败的条件。因此,在用开放地址法处理冲突的哈希表上执行删除操作,只能在被删元素上做删除标记,而不能真正删除元素。

拉链法也有缺点:指针需要额外的空间,故当元素规模较小时,开放定址法较节省空间,而若将节省的指针空间用来扩大哈希表的规模,可使装填因子变小,这又减少了开放定址法中的冲突,从而提高平均查找速度。

【例 8.12】 假设哈希表的长度 $m=13$,采用除留余数法加拉链法建立如下关键字集合的哈希表:(16,74,60,43,54,90,46,31,29,88,77)。

解:$n=11$,$m=13$,除留余数法的哈希函数为 $h(k)=k \bmod p$,p 应为小于等于 m 的素数,假设 p 的取值为 13,当出现哈希冲突时采用拉链法解决冲突,则有:

$h(16)=3$, $h(74)=9$, $h(60)=8$, $h(43)=4$,

$h(54)=2$, $h(90)=12$, $h(46)=7$, $h(31)=5$,

$h(29)=3$, $h(88)=10$, $h(77)=12$。

采用拉链法解决冲突建立的链表如图 8.33 所示。

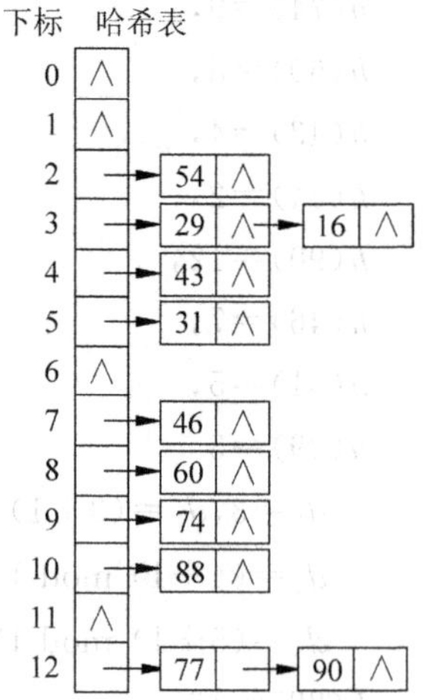

图 8.33 采用拉链法解决冲突建立的链表

8.4.4 哈希表查找及性能分析

一旦建立了哈希表,在哈希表中进行查找的方法就是以要查找的关键字 k 为映射函数的自变量、以建立哈希表时使用的同样的哈希函数 $h(k)$ 为映射函数得到一个哈希地址(设该地址中原对象的关键字为 k_i),将 k_i 与 k 进行关键字比较。如果 $k=k_i$,则查找成功;否则,以建立哈希表时使用的同样的哈希冲突函数得到新的哈希地址(设该地址中对象的关键字为 k_j),将 k_j 与 k 进行关键字比较,如果 $k=k_j$,则查找成功;否则以同样的方式继续查找,直到查找成功或查找完 m 个存储单元仍未查找到(即查找失败)为止。

哈希表查找也分为查找成功时的平均查找长度和查找不成功时的平均查找长度。查找成功时的平均查找长度是指查找到哈希表中已有表项的平均探查次数,它是找到表中各个已有表项的探查次数的平均值。而查找不成功的平均查找长度是指在表中查找不到待查的表项,但找到插入位置的平均探查次数,它是表中所有可能散列的位置上要插入新元素时为找到空位置的探查次数的平均值。例如,在结点查找概率相等的情况下,例 8.11 和例 8.12 的哈希表中查找成功的平均查找长度分别如下:

$$\mathrm{ASL_{succ}}=\frac{1\times 9+2\times 1+4\times 1}{11}=1.364 \quad \text{(线性探查法)}$$

$$\mathrm{ASL_{succ}}=\frac{1\times 9+2\times 2}{11}=1.182 \quad \text{(拉链法)}$$

式中,$\frac{1}{11}$表示 11 个结点中每个结点查找成功的概率,线性探查法中的 1×9、2×1 和 4×1 分别表示探查 1、2 和 4 次的结点各有 9、1 和 1 个,这里的探查次数即是待查关键字 k 的比较次数。在拉链法中,1×9 和 2×2 分别表示比较 1 和 2 次的结点各有 9、2 个。可参见表 8.1 和图 8.32。

下面仍以例 8.11 和例 8.12 的哈希表为例,分析在等概率情况下,查找不成功时的平方探查法和拉链法的平均查找长度。

在表 8.1 所示的线性探查法中，假设待查关键字 k 不在该表中，若 $h(k)=0$，则必须将 ha[0]中的关键字和 k 进行比较之后，再与 ha[1]进行比较，才发现 ha[1]为空，即比较次数为 2；若 $h(k)=1$，将 ha[1]中的关键字和 k 进行比较之后，才发现 ha[1]为空，即比较次数为 1；若 $h(k)=2$，则必须将 ha[2..10]中的关键字和 k 进行比较之后，再与 ha[11]进行比较，才发现 ha[11]为空，即比较次数为 10；若 $h(k)=3$，则必须将 ha[3..10]中的关键字和 k 进行比较之后，再与 ha[11]进行比较，才发现 ha[11]为空，即比较次数为 9；…；若 $h(k)=11$，将 ha[11]中的关键字和 k 进行比较之后，才发现 ha[11]为空，即比较次数为 1；若 $h(k)=12$，则必须将 ha[12]、ha[0]中的关键字和 k 进行比较之后，再与 ha[1]进行比较，才发现 ha[1]为空，即比较次数为 3。哈希表 ha 中不成功查找的探查次数见表 8.2。

表 8.2 哈希表 ha 中不成功查找的探查次数

下标	0	1	2	3	4	5	6	7	8	9	10	11	12
k	77		54	16	43	31	29	46	60	74	88		90
探查次数	2	1	10	9	8	7	6	5	4	3	2	1	3

因此，采用线性探查法的哈希表的不成功查找的平均查找长度为：

$$ASL_{unsucc}=\frac{2+1+10+9+8+7+6+5+4+3+2+1+3}{13}=4.692$$

在图 8.32 所示的链地址法中，若待查关键字 k 的哈希地址为 $d=h(k)$，且第 d 个链表上具有 i 个结点，则当 k 不在此表上时，就需做 i 次关键字的比较(不包括空指针判定)，因此查找不成功的平均查找长度为：

$$ASL_{unsucc}=\frac{0+0+1+2+1+1+0+1+1+1+1+0+2}{13}=0.846$$

【例 8.13】 将关键字序列{7,8,30,11,18,9,14}存储到哈希表中，哈希表的存储空间是一个下标从 0 开始的一个一维数组，哈希函数为 $h(\text{key})=(\text{key}\times 3) \bmod 7$，处理冲突采用线性探查法，要求装填因子为 0.7。

(1) 画出所构造的哈希表。

(2) 分别计算等概率情况下，查找成功和查找不成功的平均查找长度。

解：(1) 这里 $n=7$，装填因子 $\alpha=0.7=n/m$，则 $m=n/0.7=10$。计算各关键字存储地址的过程如下：

$h(7)=7\times 3 \bmod 7=0$

$h(8)=8\times 3 \bmod 7=3$

$h(30)=30\times 3 \bmod 7=6$

$h(11)=11\times 3 \bmod 7=5$

$h(18)=18\times 3 \bmod 7=5$　　冲突

　$d_1=(5+1) \bmod 10=6$　　仍冲突

　$d_2=(6+1) \bmod 10=7$

$h(9)=9\times 3 \bmod 7=6$　　冲突

　$d_1=(6+1) \bmod 10=7$　　仍冲突

$d_2=(7+1) \bmod 10=8$

$h(14)=14\times3 \bmod 7=0$ 冲突

$d_1=(0+1) \bmod 10=1$

构造的哈希表见表 8.3。

表 8.3 构造的哈希表

下标	0	1	2	3	4	5	6	7	8	9
关键字	7	14		8		11	30	18	9	
探查次数	1	2		1		1	1	3	3	

(2) 在等概率情况下:

$$ASL_{succ}=\frac{1+2+1+1+1+3+3}{7}=1.71$$

由于任一关键字 k,$h(k)$的值只能是 0~6 之间,在不成功的情况下,$h(k)$为 0 需比较 3 次,$h(k)$为 1 需比较 2 次,$h(k)$为 2 需比较 1 次,$h(k)$为 3 需比较 2 次,$h(k)$为 4 需比较 1 次,$h(k)$为 5 需比较 5 次,$h(k)$为 6 需比较 4 次,共 7 种情况,见表 8.4。所以,有:

$$ASL_{unsucc}=\frac{3+2+1+2+1+5+4}{7}=2.57$$

表 8.4 不成功查找的探查次数

下标	0	1	2	3	4	5	6	7	8	9
关键字	7	14		8		11	30	18	9	
探查次数	3	2	1	2	1	5	4	3	2	1

一般地,由同一个哈希函数、不同的解决冲突方法构造的哈希表,其平均查找长度是不相同的。假设哈希函数是均匀的,可以证明:由不同的解决冲突方法得到的哈希表的平均查找长度不同。表 8.5 列出了用几种不同的方法解决冲突时哈希表的平均查找长度。从中看到,哈希表的平均查找长度不是元素个数 n 的函数,而是装填因子 α 的函数。因此,在设计哈希表时,可选择 α 控制哈希表的平均查找长度。

表 8.5 用几种不同的方法解决冲突时哈希表的平均查找长度

解决冲突的方法	平均查找长度	
	成功的查找	不成功的查找
线性探查法	$\frac{1}{2}\left(1+\frac{1}{1-\alpha}\right)$	$\frac{1}{2}\left(1+\frac{1}{(1-\alpha)^2}\right)$
平方探查法	$-\frac{1}{\alpha}\log_e(1-\alpha)$	$\frac{1}{1-\alpha}$
拉链法	$1+\frac{\alpha}{2}$	$\alpha+e^{-\alpha}\approx\alpha$

哈希表查找的实践项目

项目 1:设计一个项目,采用除留余数法和线性探查法设计一个哈希表,要求:

(1) 用于动态输入关键字序列。

(2) 用于动态设置哈希函数。

(3) 输出哈希表,求装填因子、成功情况下和不成功情况下的平均查找长度。

(4) 对于给定的关键字,求查找结果和关键字比较次数。

用相关数据进行测试,其操作界面如图 8.34 所示。

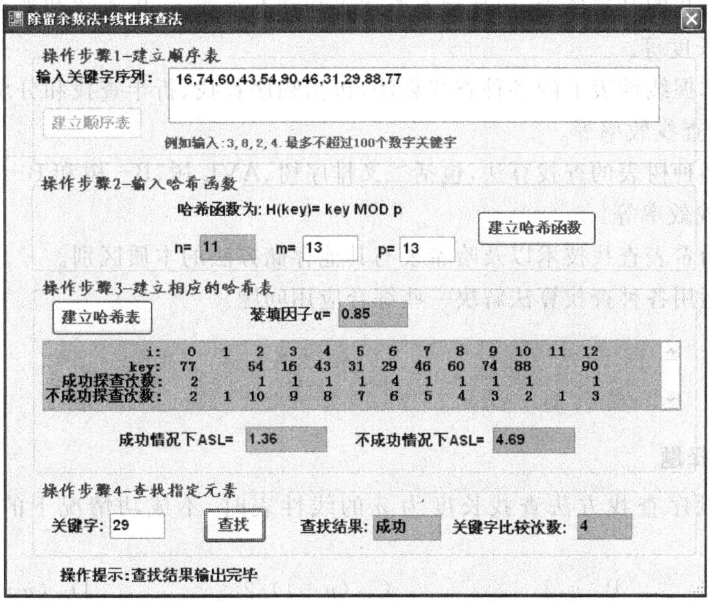

图 8.34　哈希表——实践项目 1 的操作界面

项目 2:设计一个项目,采用除留余数法和拉链法设计一个哈希表,要求同实践项目 1。用相关数据进行测试,其操作界面如图 8.35 所示。

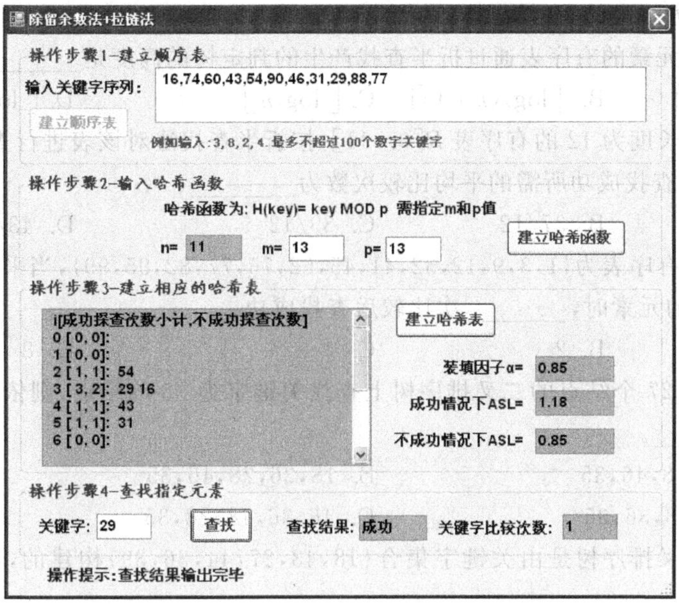

图 8.35　哈希表——实践项目 2 的操作界面

本章小结

本章的基本学习要点如下：

(1) 理解查找的基本概念，包括静态查找表和动态查找表、内查找和外查找之间的差异以及平均查找长度等。

(2) 重点掌握线性表上的各种查找算法，包括顺序查找、折半查找和分块查找的基本思路、算法实现和查找效率等。

(3) 掌握各种树表的查找算法，包括二叉排序树、AVL 树、B－树和 B＋树的基本思路、算法实现和查找效率等。

(4) 掌握哈希表查找技术以及哈希表与其他存储方法的本质区别。

(5) 灵活运用各种查找算法解决一些综合应用问题。

练习题 8

1. 单项选择题

(1) 采用顺序查找方法查找长度为 n 的线性表时，不成功情况下的平均比较次数为________。

A. n　　B. $n/2$　　C. $(n+1)/2$　　D. $(n-1)/2$

(2) 对线性表进行折半查找时，要求线性表必须________。

A. 以顺序方式存储

B. 以链接方式存储

C. 以顺序方式存储，且结点按关键字有序排序

D. 以链表方式存储，且结点按关键字有序排序

(3) 由 n 个元素的有序表通过折半查找产生的判定树的高度是________。

A. $\lceil \log_2 n \rceil$　　B. $\lceil \log_2(n+1) \rceil$　　C. $\lfloor \log_2 n \rfloor$　　D. $\lfloor \log_2(n+1) \rfloor$

(4) 有一个长度为 12 的有序表 $R[0..11]$，按折半查找法对该表进行查找，在表内各元素等概率情况下查找成功所需的平均比较次数为________。

A. 35/12　　B. 37/12　　C. 39/12　　D. 43/12

(5) 有一个有序表为{1,3,9,12,32,41,45,62,75,77,82,95,99}，当采用折半查找法查找关键字为 82 的元素时，________次比较后查找成功。

A. 1　　B. 2　　C. 4　　D. 8

(6) 在含有 27 个结点的二叉排序树上查找关键字为 35 的结点，则依次比较的关键字有可能是________。

A. 28,36,18,46,35　　B. 18,36,28,46,35

C. 46,28,18,36,35　　D. 46,36,18,28,35

(7) 一棵二叉排序树是由关键字集合{18,43,27,44,36,39}构建的，其中序遍历序列是________。

A. 树形未定，无法确定　　B. 18,43,27,77,44,36,39

C. 18,27,36,39,43,44,77　　　　D. 77,44,43,39,36,27,18

(8) 含有 20 个结点的 AVL 树的最大高度是________。

A. 4　　B. 5　　C. 6　　D. 7

(9) 含有 20 个结点的 AVL 树的最小高度是________。

A. 4　　B. 5　　C. 6　　D. 7

(10) 一棵 m 阶 B－树中，有 k 个孩子结点的非叶子结点恰好包含________关键字。

A. $k+1$　　B. k　　C. $k-1$　　D. $\lceil m/2 \rceil$

(11) 一棵 m 阶 B－树中，所有非根结点非叶子结点中的关键字个数必须大于或等于________。

A. $\lceil m/2 \rceil$　　B. $\lceil m/2 \rceil -1$　　C. $\lfloor m/2 \rfloor$　　D. $\lfloor m/2 \rfloor -1$

(12) 一棵 3 阶 B－树中含有 2047 个关键字，包括叶子结点层，该树的最大高度为________。

A. 11　　B. 12　　C. 13　　D. 14

(13) 以下查找方法中，查找效率与记录个数 n 无直接关系的是________。

A. 顺序查找　　B. 折半查找　　C. 哈希查找　　D. 二叉排序树查找

(14) 在哈希查找过程中，可用________来处理冲突。

A. 除留余数法　　B. 数字分析法　　C. 线性探测法　　D. 关键字比较法

(15) 假设有 k 个关键字互为同义词，若用线性探测法把这 k 个关键字存入哈希表中，至少要进行________次探测。

A. $k-1$　　B. k　　C. $k+1$　　D. $k(k+1)/2$

2. 问答题

(1) 对长度为 2^k-1 的有序表进行折半查找，在成功查找时，最少需要多少次关键字比较？最多需要多少次关键字比较？查找失败时的平均比较次数是多少？

(2) 对于 $A[0..10]$有序表，采用折半查找法时，求成功和不成功时的平均查找长度，并且对于有序表{12,18,24,35,47,50,62,83,90,115,134}，当用折半查找法查找 90 时，需进行多少次查找可确定成功；查找 47 时，需进行多少次查找可确定成功；查找 100 时，需进行多少次查找才能确定不成功。

(3) 将整数序列{4,5,7,2,1,3,6}中的数依次插入到一棵空的二叉排序树中，试构造相应的二叉排序树，要求用图形给出构造过程，不需编写程序。

(4) 将整数序列{4,5,7,2,1,3,6}中的数依次插入到一棵空的平衡二叉树中，试构造相应的平衡二叉树，要求用图形给出构造过程，不需编写程序。

(5) 简述二叉树、二叉排序树和平衡二叉树的关系。一棵完全二叉树一定是一棵平衡二叉树吗？

(6) 已知一组关键字为{21,33,12,40,68,59,25,51}，试依次插入关键字生成一棵 3 阶 B－树；如果此后删除 40，画出每一步执行后 B－树的状态。

(7) 已知哈希函数 $H(\text{key})=2\times \text{key MOD } 11$，用线性探测法处理冲突。试在 0～10 的哈希地址空间中对关键字序列{6,8,10,17,20,23,53,41,54,57}构造哈希表，并求等概率情况下查找成功时的平均查找长度。

(8) 已知一组记录的关键字为{18,2,10,6,78,56,45,50,110,8}。设装填因子 α＝0.77,哈希函数 H(key)＝key MOD 11,用线性探测法解决冲突。试构造哈希表,并求出在等概率情况下查找成功和查找不成功的平均查找长度。

3. 算法设计题

(1) 对含有 n 个互不相同元素的线性表,设计一个算法,同时找最大元素和最小元素,问至少需进行多少次比较?

(2) 有一个关键字为整数且均不相同的序列 R[0..n－1],假设按关键字递增有序排列,设计一个高效算法,判断是否存在某一整数 i 恰好存放在 R[i]中。

(3) 设计一个算法,输出在一棵二叉排序树中查找某个关键字 k 经过的路径。

(4) 设计一个递归算法,从大到小输出二叉排序树中所有其值不小于 k 的关键字。

(5) 设计一个算法,判断给定的二叉树是否是二叉排序树。

CHAPTER 9

第9章 内 排 序

上一章介绍过,折半查找比顺序查找在时间复杂度上要好得多。也就是说,折半查找比顺序查找效率高,但折半查找要求被查找的数据有序。因此,为了提高数据的查找速度,需要对数据进行排序。

9.1 排序的基本概念

排序在实际生活中极为常见。图 9.1 所示就是将物体按大小递增排序。和上一章相同,假定被排序的数据是由一组元素组成的表或文件,而元素则由若干个数据项组成,其中有一项可用来标识一个元素,称为关键字项,该数据项的值称为关键字。关键字可用作排序运算的依据。

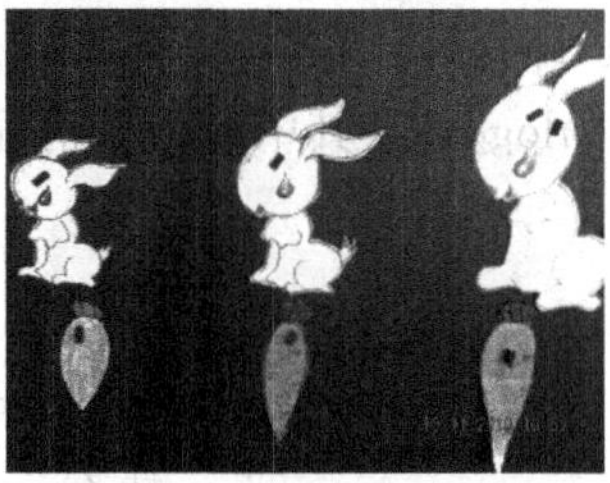

图 9.1 按大小递增排序

1. 什么是排序

所谓排序,就是要整理表中的元素,使之按关键字递增或递减有序排列。本章仅讨论递增排序的情况,在默认情况下,所有的排序均指递增排序。排序的定义如下:

输入:n 个元素,R_0、R_1、…、R_{n-1},其相应的关键字分别为 k_0、k_1、…、k_{n-1}。

输出:R_{i_0},R_{i_1},…,$R_{i_{n-1}}$,使得 $k_{i_0} \leqslant k_{i_1} \leqslant \cdots \leqslant k_{i_{n-1}}$。

因此,排序算法就是要确定 0、1、…、$n-1$ 的一种排列 i_0、i_1、…、i_{n-1},使表中的元素依此次序按关键字排序。

2. 内排序和外排序

各种排序方法可以按照不同的原则加以分类。在排序过程中,若整个表都放在内存中处理,排序时不涉及数据的内、外存交换,则称为**内排序**;反之,若排序过程中要进行数据的内、外存交换,则称为**外排序**。内排序适用于元素个数不很多的小表,外排序则适用于元素个数很多,不能一次将其全部元素放入内存的大表。内排序是外排序的基础。本章只讨论内排序。

3. 内排序的分类

根据内排序算法是否基于关键字的比较,将内排序算法分为基于比较的排序算法和不基于比较的排序算法。插入排序、交换排序、选择排序和归并排序都是基于比较的排序算法;而基数排序是不基于比较的排序算法。

4. 基于比较的排序算法的性能

基于比较的排序算法,主要进行下面两种基本操作:

- 比较:关键字之间的比较。
- 移动:元素从一个位置移动到另一个位置。

排序算法的性能由算法的时间和空间确定,而时间是由比较和移动的次数确定的,两个元素的一次交换需要3次移动。

若待排序元素的关键字顺序正好和排序顺序相同,则称此表中的元素为**正序**;反之,若待排序元素的关键字顺序正好和排序顺序相反,称此表中的元素为**反序**。

下面分析基于比较的排序算法最快有多快。假设有3个记录(R_1,R_2,R_3),对应的关键字为(k_1,k_2,k_3),基于比较的排序方法是:若$k_1\leqslant k_2$,序列不变;否则交换R_1和R_2,变为序列(R_2,R_1,R_3)。如此这样,排序过程构成一个决策树,如图9.2所示。排序的结果有6种情况,推广一下,对于n个元素,排序结果有$n!$种情况,对应的决策树是一棵有$n!$个叶子结点的二叉树,设其高度为h,可以求出$h\geqslant\lceil\log_2 n!\rceil$,$\log_2 n!\approx n\log_2 n$,由此推出$n$个元素的序列进行基于比较的排序最坏的情况是$n\log_2 n$次关键字比较,移动次数也是同样的数量级,即这种算法的最坏时间复杂度为$O(n\log_2 n)$。同样,可以证明平均时间复杂度也为$O(n\log_2 n)$。其中的最好情况是排序序列正序,此时的时间复杂度为$O(n)$。

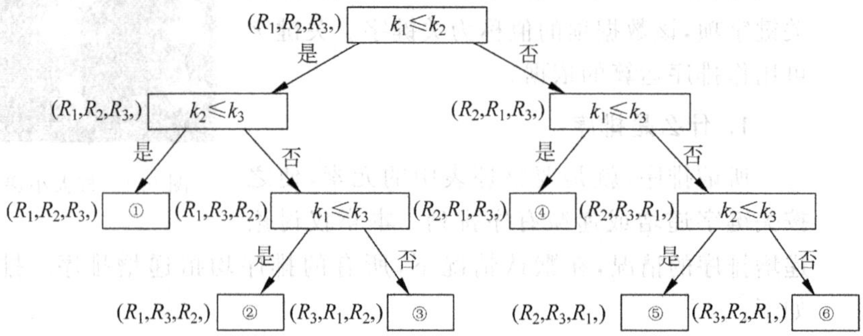

图9.2 排序的决策树

5. 排序的稳定性

当待排序元素的关键字均不相同时,排序的结果是唯一的,否则排序的结果不一定唯一。如果待排序的表中存在有多个关键字相同的元素,经过排序后,这些具有相同关键字的元素之间的相对次序保持不变,则称这种排序方法是**稳定的**;反之,若具有相同关键字的元素之间的相对次序发生变化,则称这种排序方法是**不稳定的**。注意,排序算法的稳定性是针对所有输入实例而言的。也就是说,在所有可能的输入实例中,只要有一个实例使得算法不满足稳定性要求,则该排序算法就是不稳定的。

6. 排序数据的组织

本章以顺序表作为排序数据的存储结构(除基数排序采用单链表外)。为简单起见,假设关键字类型为 int 类型。待排序的顺序表中记录类型的定义如下:

```
struct RecType                                  //记录类型
{   public int key;                             //存放关键字
    public string data;                         //存放其他数据
};
```

设计用于内排序的 InterSortClass 类如下(本章中除综合实践外,所有的算法均包含在 InterSortClass 类中):

```
class InterSortClass                            //内排序类
{   …
    const int MaxSize = 10000;                  //最多要排序的元素个数
    public RecType [ ] R;                       //存放顺序表中的元素
    public int length;                          //存放顺序表的长度
    string sstr;                                //用于返回排序时的每趟结果
    const int MAXR = 32;                        //关键字的最大进制,用于基数排序
    const int MAXD = 10;                        //关键字的最大位数,用于基数排序
    RadixNode h;                                //用于基数排序的单链表头指针
    int d;                                      //关键字的位数,用于基数排序
    public int r;                               //关键字的进制,用于基数排序
    public InterSortClass()                     //构造函数,用于顺序表等的初始化
    {   R = new RecType[MaxSize];
        length = 0;
        h = new RadixNode();
    }
                                                //顺序表的基本运算及相关的排序算法
}
```

9.2 插入排序

插入排序的基本思想是:每次将一个待排序的元素,按其关键字大小插入到前面已经排好序的子表中的适当位置,直到全部元素插入完成为止。本节介绍 3 种插入排序方法,即直接插入排序、折半插入排序和希尔排序。

9.2.1 直接插入排序

1. 排序思路

假设待排序的元素存放在数组 $R[0..n-1]$ 中,排序过程的某一中间时刻,R 被划分成两个子区间 $R[0..i-1]$ 和 $R[i..n-1]$(刚开始时 $i=1$,有序区只有 $R[0]$ 一个元素),其中,前一个子区间是已排好序的**有序区**,后一个子区间是当前未排序的部分,不妨称其为**无序区**。直接插入排序的每趟操作是将当前无序区的开头元素 $R[i]$($1\leqslant i\leqslant n-1$)插入到有序区 $R[0..i-1]$ 中适当的位置上,使 $R[0..i]$ 变为新的有序区,从而扩大有序区、减小无序区,

如图 9.3 所示。这种方法通常称为增量法,因为它每次使有序区增加一个元素。经过 $n-1$(i 从 1 到 $n-1$)趟操作后,无序区变为空,有序区含有全部的元素,从而全部数据有序。

对于某一趟排序,如何将无序区的第一个元素 $R[i]$ 插入到有序区呢?其过程如图 9.4 所示,先将 $R[i]$ 暂放到 tmp 中,j 在有序区中从后向前找(初值为 $i-1$),凡是关键字大于 tmp 关键字的记录均后移一个位置。若找到某个 $R[j]$,它们的关键字小于或等于 tmp 关键字,则将 tmp 放在它们后面。

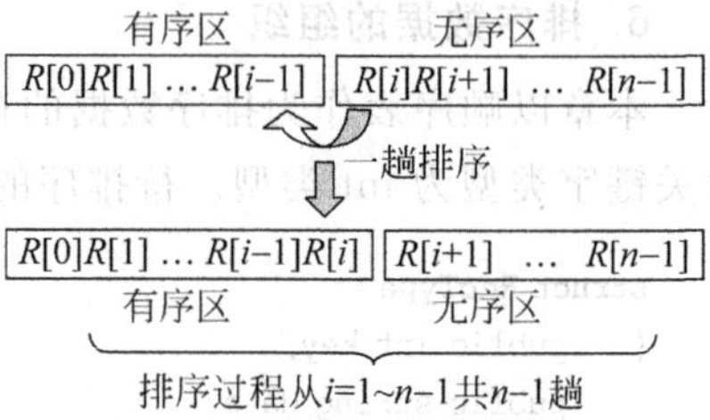

图 9.3 直接插入排序过程

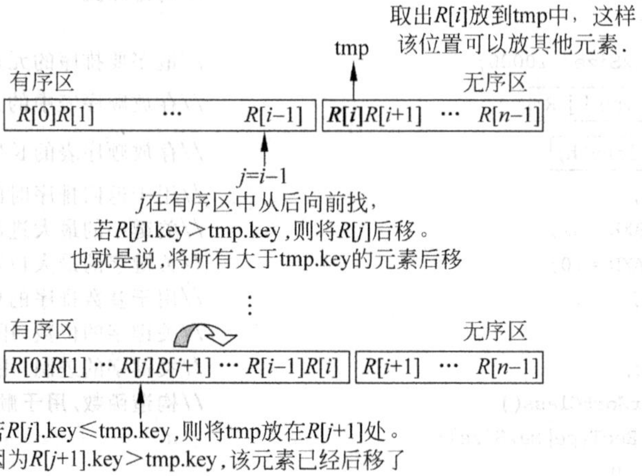

图 9.4 直接插入排序的一趟排序过程

说明:直接插入排序每趟产生的有序区并不一定是全局有序区。也就是说,有序区中的元素并不一定放在最终的位置上。当一个元素在整个排序结束前就已经放在其最终位置上,称为归位。

2. 排序算法

直接插入排序的算法如下:

```
public void InsertSort()            //对 R[0..n-1]按递增有序进行直接插入排序
{   int i,j;
    RecType tmp;
    for (i = 1;i < length;i++)      //直接插入排序是从第二个元素,即 R[1]开始的
    {   tmp = R[i];                 //取出无序区的第一个元素
        j = i - 1;                  //从右向左在有序区 R[0..i-1]中找 R[i]的插入位置
        while (j >= 0 && R[j].key > tmp.key)
        {   R[j + 1] = R[j];        //将关键字大于 tmp.key 的元素后移
            j--;                    //继续向前比较
        }
        R[j + 1] = tmp;             //在 j + 1 处插入 R[i]
    }
}
```

3. 算法分析

直接插入排序由两重循环构成，对于具有 n 个元素的顺序表 R，外循环表示要进行 $n-1$（i 取值范围为 $1 \sim n-1$）趟排序。在每一趟排序中，仅当待插入元素 $R[i]$ 的关键字大于等于无序区所有元素的关键字时，才无须进入内循环。

若初始数据序列按关键字递增有序，即正序，则在每一趟排序中仅需进行一次关键字的比较，因为每趟排序均不进入内循环，故不会执行 $R[j+1]=R[j]$ 语句，此时元素移动次数为 2（tmp=$R[i]$ 与 $R[j+1]$=tmp 各算一次）。由此可知，正序时插入排序的关键字间的比较次数和元素移动次数均达到最小值 $C_{\min}$ 和 $M_{\min}$。

$$C_{\min} = \sum_{i=1}^{n-1} 1 = n-1$$

$$M_{\min} = \sum_{i=1}^{n-1} 2 = 2(n-1)$$

反之，若初始数据序列按关键字递减有序，即反序，则每趟排序中，因为当前有序区 $R[0..i-1]$ 中的关键字均大于待插元素 $R[i]$ 的关键字，所以内循环需要将待插元素 tmp 的关键字和 $R[0..i-1]$ 中全部元素的关键字进行比较，这需要进行 i 次关键字比较；显然，内循环里需将 $R[0..i-1]$ 中的所有元素均后移（共 $(i-1)-0+1=i$ 次），外加 tmp=$R[i]$ 与 $R[j+1]$=tmp 的两次移动，一趟排序所需移动元素的总数为 $i+2$。由此可知，反序时插入排序的关键字间的比较次数和元素移动次数均达到最大值 $C_{\max}$ 和 $M_{\max}$。

$$C_{\max} = \sum_{i=1}^{n-1} i = \frac{n(n-1)}{2} = O(n^2)$$

$$M_{\max} = \sum_{i=1}^{n-1} (i+2) = \frac{(n-1)(n+4)}{2} = O(n^2)$$

由上述分析可知，当初始数据序列不同时，直接插入排序所耗费的时间是有很大差异的。最好的情况是顺序表初态为正序，此时算法的时间复杂度为 $O(n)$，最坏的情况是顺序表初态为反序，相应的时间复杂度为 $O(n^2)$。容易证明，算法的平均时间复杂度也是 $O(n^2)$，这是因为将 $R[i]$（$1 \leqslant i \leqslant n-1$）插入到有序区 $R[0..i-1]$（其中有 i 个元素）时，平均的比较次数为 $i/2$，平均移动元素的次数为 $i/2+2$，故总的比较和移动元素次数约为 $\sum_{i=1}^{n-1}\left(\frac{i}{2}+\frac{i}{2}+2\right)=\sum_{i=1}^{n-1}(i+2)=\frac{(n-1)(n+4)}{2}=O(n^2)$。

直接插入排序算法中只使用 i、j 和 tmp 共计 3 个辅助变量，与问题规模 n 无关，故算法的空间复杂度为 $O(1)$。也就是说，它是一个就地排序算法。

另外，当 $i>j$ 且 $R[i]$.key=$R[j]$.key 时，本算法将 $R[i]$ 插入在 $R[j]$ 的后面，使 $R[i]$ 和 $R[j]$ 的相对位置保持不变。所以，直接插入排序是一种稳定的排序方法。

【例 9.1】 设待排序的表有 10 个元素，其关键字分别为{9,8,7,6,5,4,3,2,1,0}。说明采用直接插入排序方法进行排序的过程。

解：10 个元素进行直接插入排序的过程如图 9.5 所示。图中用方括号表示当前的有序区，每趟操作向有序区中插入一个元素（用方框表示），并保持有序区中的元素仍有序。

初始关键字	[9]	8	7	6	5	4	3	2	1	0
i=1	[8	9]	7	6	5	4	3	2	1	0
i=2	[7	8	9]	6	5	4	3	2	1	0
i=3	[6	7	8	9]	5	4	3	2	1	0
i=4	[5	6	7	8	9]	4	3	2	1	0
i=5	[4	5	6	7	8	9]	3	2	1	0
i=6	[3	4	5	6	7	8	9]	2	1	0
i=7	[2	3	4	5	6	7	8	9]	1	0
i=8	[1	2	3	4	5	6	7	8	9]	0
i=9	[0	1	2	3	4	5	6	7	8	9]

图 9.5　10 个元素进行直接插入排序的过程

9.2.2　折半插入排序

1. 排序思路

直接插入排序将无序区中的开头元素 $R[i]$($1\leqslant i\leqslant n-1$)插入到有序区 $R[0..i-1]$中，可以采用折半查找方法先在 $R[0..i-1]$中找到插入位置，再通过移动元素进行插入，这样的插入排序称为**折半插入排序或二分插入排序**。

在 $R[\text{low}..\text{high}]$(初始时，low=0，high=$i-1$)中采用折半查找方法查找插入 $R[i]$的位置为 $R[\text{high}+1]$，再将 $R[\text{high}+1..i-1]$元素后移一个位置，并置 $R[\text{high}+1]=R[i]$，如图 9.6 所示。

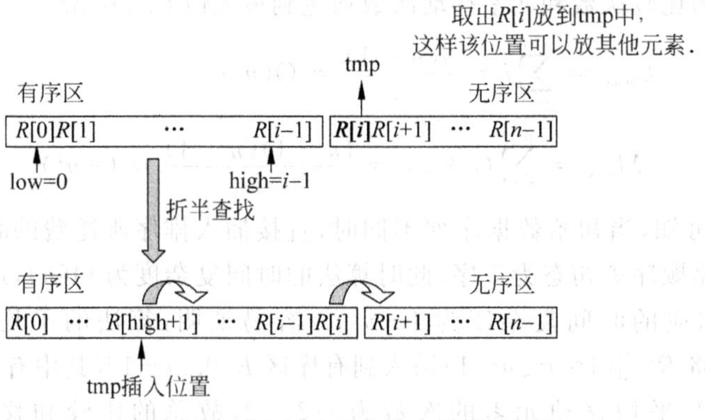

图 9.6　折半插入排序的一趟排序过程

说明：和直接插入排序一样，折半插入排序每趟操作产生的有序区并不一定是全局有序区。

2. 排序算法

折半插入排序的算法如下：

```
public void BinInsertSort()                 //对 R[0..n-1]按递增有序进行折半插入排序
{   int i,j,low,high,mid;
    RecType tmp;
    for (i = 1;i < length;i++)
    {   tmp = R[i];                         //将 R[i]保存到 tmp 中
        low = 0;high = i - 1;
        while (low <= high)                 //在 R[low..high]中折半查找有序插入的位置
        {   mid = (low + high)/2;           //取中间位置
            if (tmp.key < R[mid].key)
                high = mid - 1;             //插入点在左半区
```

```
            else
                low = mid + 1;                  //插入点在右半区
        }
        for (j = i - 1;j >= high + 1;j --)      //元素后移
            R[j + 1] = R[j];
        R[high + 1] = tmp;                      //插入原来的 R[i]
    }
}
```

3. 算法分析

从上述算法中看到，当初始数据序列为正序时，并不能减少关键字的比较次数；当初始数据序列为反序时，也不会增加关键字的比较次数，因为 $R[i]$是从有序区 $R[0..i-1]$中间位置元素开始比较的。

折半插入排序的元素移动次数与直接插入排序相同，不同的仅是变分散移动为集中移动。在 $R[0..i-1]$中查找插入 $R[i]$的位置，折半查找的平均关键字比较次数为 $\log_2(i+1)-1$，平均移动元素的次数为 $i/2+2$。所以，平均时间复杂度为 $\sum_{i=1}^{n-1}\left(\log_2(i+1)-1+\frac{i}{2}+2\right)=O(n^2)$。

就平均性能而言，当元素个数较多时，折半查找优于顺序查找，所以折半插入排序也优于直接插入排序。折半插入排序的空间复杂度为 O(1)，也是一种稳定的排序算法。

9.2.3 希尔排序

1. 排序思路

希尔排序也是一种插入排序方法，它实际上是一种分组插入方法。其基本思想是：先取定一个小于 n 的整数 d_1 作为第一个增量，把表的全部元素分成 d_1 个组，所有距离为 d_1 的倍数的元素放在同一个组中，如图 9.7 所示是分为 d 组的情况。再在各组内进行直接插入排序；然后，取第二个增量 $d_2(d_2<d_1)$，重复上述的分组和排序，直至所取的增量 $d_t=1(d_t<d_{t-1}<\cdots<d_2<d_1)$，即所有元素放在同一组中进行直接插入排序为止。

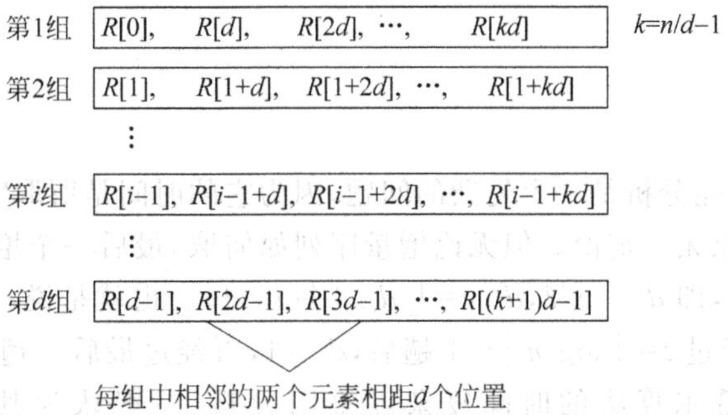

图 9.7 希尔排序时分为 d 组

希尔排序的一趟排序过程如图 9.8 所示，从元素 $R[d]$开始起，直到元素 $R[n-1]$为止，每个元素的比较和插入都是和同组的元素进行。对于元素 $R[i]$，同组的前面的元素有$\{R[j] \mid j=i-d\geqslant 0\}$。

说明：希尔排序每趟并不产生有序区，在最后一趟排序结束前，所有元素并不一定归位了。但是，希尔排序每趟完成后，数据越来越接近有序。

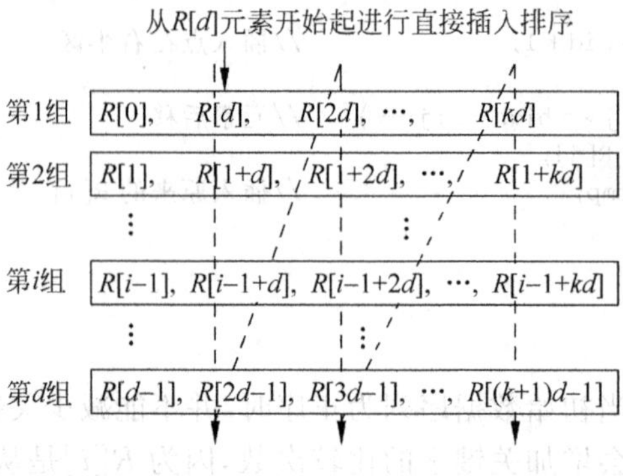

图 9.8 希尔排序的一趟排序过程

2. 排序算法

取 $d_1=n/2, d_{i+1}=\lfloor d_i/2 \rfloor$ 时的希尔排序的算法如下：

```
public void ShellSort()                          //对 R[0..n-1]按递增有序进行希尔排序
{   int i,j,d;
    RecType tmp;
    d = length/2;                                //增量置初值
    while (d>0)
    {   for (i = d;i < length;i++)          //对所有相隔 d 位置的所有元素组采用直接插入排序
        {   tmp = R[i];
            j = i - d;
            while (j >= 0 && tmp.key < R[j].key)    //对相隔 d 位置的元素组进行排序
             {   R[j + d] = R[j];
                j = j - d;
            }
            R[j + d] = tmp;
        }
        d = d/2;                                 //减小增量
    }
}
```

3. 算法分析

希尔排序法的性能分析是一个复杂的问题，因为它的时间是所取“增量”序列的函数，到目前为止，增量的选取无一定论。但无论增量序列如何取，最后一个增量必须等于 1。如果按照上述算法的取法，即 $d_1=n/2, d_{i+1}=\lfloor d_i/2 \rfloor (i \geqslant 1)$。也就是说，每趟后一个增量是前一个增量的 1/2，则经过 $t=\lceil \log_2 n \rceil -1$ 趟后，$d_t=1$，再经过最后一趟直接插入排序使整个数序变为有序的。希尔算法的时间复杂度难以分析，一般认为其平均时间复杂度为 $O(n^{1.3})$。希尔排序的速度通常要比直接插入排序快。

分析希尔排序过程，可以看到当增量 $d=1$ 时，希尔排序和直接插入排序基本一致。为什么希尔排序的时间性能优于直接插入排序呢？直接插入排序在表初态为正序时所需时间最少。实际上，当表初态基本有序时，直接插入排序所需的比较和移动次数均较少。另一方面，当 n 值较小时，n 和 n^2 的差别也较小，即直接插入排序的最好时间复杂度 $O(n)$ 和最坏时间复杂度 $O(n^2)$ 差别不大。在希尔排序开始时，增量 d_1 较大，分组较多，每组的元素数目少，故各组内直接插入较快，后来增量 d_i 逐渐缩小，分组数逐渐减少，而各组的元素数目逐渐增多，但由于已经按 d_{i-1} 作为距离排过序，使顺序表较接近于有序状态，此时直接插入排序的时间复杂度为 O(n)，所以新的一趟排序过程也较快。因此，希尔排序在效率上较直接插入排序有较大的改进。

希尔排序算法中只使用 i、j、d 和 tmp 共计 4 个辅助变量，与问题规模 n 无关，故算法的空间复杂度为 O(1)。也就是说，希尔排序是一个就地排序。

另外，希尔排序法是一种不稳定的排序算法。例如，若希尔排序分为两组：{3,10,7,8,20}和{5,8,2,1,6}，显然，第 1 组的8排列在第 2 组的 8 的后面，两组采用直接插入排序后的结果为{3,7,8,10,20}和{1,2,5,6,8}，这样，第 1 组的8排列到第 2 组的 8 的前面，它们的相对位置发生了改变。

【例 9.2】 设待排序的表有 10 个元素，其关键字分别为{9,8,7,6,5,4,3,2,1,0}。说明采用希尔排序方法进行排序的过程。

解：10 个元素进行希尔排序过程如图 9.9 所示。第一趟排序时，$d=5$，整个表被分成 5 组：(9,4)，(8,3)，(7,2)，(6,1)，(5,0)，各组采用直接插入排序方法变成有序的，即结果分别为(4,9)，(3,8)，(2,7)，(1,6)，(0,5)，最终结果为(4,3,2,1,0,9,8,7,6,5)。

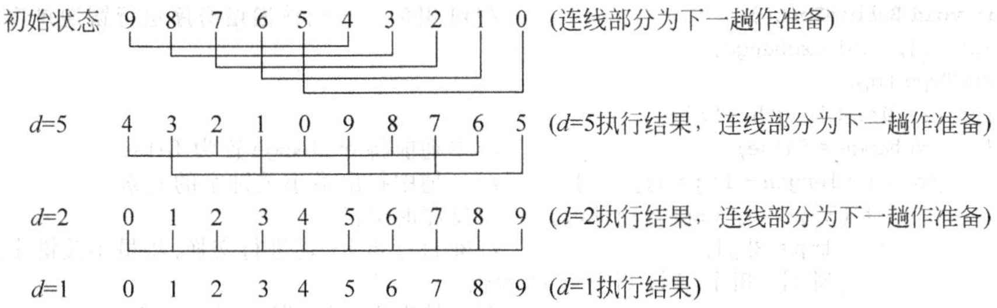

图 9.9　10 个元素进行希尔排序过程

第二趟排序时，$d=2$，整个表分成两组：(4,2,0,8,6)和(3,1,9,7,5)，各组采用直接插入排序方法变成有序的，即结果分别为(0,2,4,6,8)和(1,3,5,7,9)。第三趟排序时，$d=1$，整个表为一组，采用直接插入方法使整个数列有序，最终结果为(0,1,2,3,4,5,6,7,8,9)。

9.3 交换排序

交换排序的基本思想：两两比较待排序元素的关键字，发现两个元素的次序相反时即进行交换，直到没有反序的元素为止。本节主要介绍两种交换排序，即冒泡排序和快速排序。

9.3.1 冒泡排序

1. 排序思路

冒泡排序也称为气泡排序，是一种典型的交换排序方法，其基本思想是：通过无序区中相邻元素关键字间的比较和位置的交换，使关键字最小的元素如气泡般逐渐往上“漂浮”，直至“水面”。整个算法是从最下面的元素开始，对每两个相邻的关键字进行比较，且使关键字较小的元素换至关键字较大的元素之上，使得经过一趟冒泡排序后，关键字最小的元素到达最上端，如图 9.10 所示。接着，在剩下的元素中找关键字最小的元素，并把它换在第二个位置上。依此类推，一直到所有元素都有序为止。

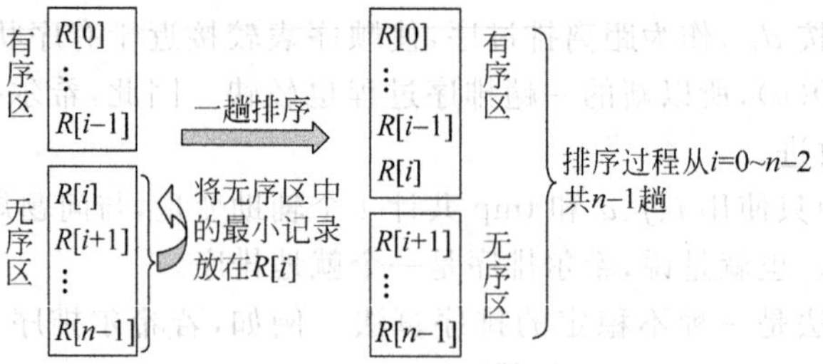

图 9.10　冒泡排序的过程

在冒泡排序算法中,若某一趟比较时不出现任何元素交换,说明所有元素已排好序了,就可以结束本算法。

说明:冒泡排序每趟产生的有序区一定是全局有序区。也就是说,每趟产生的有序区中的所有元素都归位了。

2. 排序算法

冒泡排序的算法如下:

```
public void BubbleSort()                    //对 R[0..n-1]按递增有序进行冒泡排序
{   int i,j; bool exchange;
    RecType tmp;
    for (i=0;i<length-1;i++)
    {   exchange=false;                     //本趟前将 exchange 置为 false
        for (j=length-1;j>i;j--)            //一趟中找出最小关键字的元素
            if (R[j].key<R[j-1].key)        //反序时交换
            {   tmp=R[j];                   //R[j]与 R[j-1]进行交换,将最小关键字元素前移
                R[j]=R[j-1]; R[j-1]=tmp;
                exchange=true;              //本趟发生交换,置 exchange 为 true
            }
        if (!exchange)                      //本趟没有发生交换,中途结束算法
            return;
    }
}
```

3. 算法分析

若初始数据序列是正序的,则一趟扫描即可完成排序,所需的关键字比较和元素移动的次数均分别达到最小值:

$$C_{\min}=n-1$$

$$M_{\min}=0$$

因此,冒泡排序的最好时间复杂度为 $O(n)$。若初始数据序列是反序的,则需要进行 $n-1$ 趟排序,每趟排序要进行 $n-i+1$ 次关键字的比较($0\leqslant i<n-1$),且每次比较都必须移动元素 3 次,交换元素位置。在这种情况下,比较和移动次数均达到最大值:

$$C_{\max}=\sum_{i=1}^{n-2}(n-i+1)=\frac{n(n-1)}{2}=O(n^2)$$

$$M_{\max}=\sum_{i=1}^{n-2}3(n-i+1)=\frac{3n(n-1)}{2}=O(n^2)$$

因此,冒泡排序的最坏时间复杂度为 $O(n^2)$。

平均的情况分析稍为复杂些,因为算法可能在中间的某一道排序完成后就终止,但可以

证明平均的排序趟数仍是 $O(n)$，由此得出平均情况下，总的比较次数仍是 $O(n^2)$，故算法的平均时间复杂度为 $O(n^2)$。虽然冒泡排序不一定要进行 $n-l$ 趟，但由于它的元素移动次数较多，所以平均时间性能比直接插入排序要差。

冒泡排序算法中只使用 i、j 和 tmp 共计 3 个辅助变量，与问题规模 n 无关，故算法空间复杂度为 $O(1)$。也就是说，它是一个就地排序。

另外，当 $i>j$ 且 $R[i]$.key$=R[j]$.key 时，两者没有逆序，不会发生交换。也就是说，使 $R[i]$ 和 $R[j]$ 的相对位置保持不变，所以冒泡排序是一种稳定的排序方法。

【例 9.3】 设待排序的表有 10 个元素，其关键字分别为{9,8,7,6,5,4,3,2,1,0}。说明采用冒泡排序方法进行排序的过程。

解： 其排序过程如图 9.11 所示。每次从无序区中冒出一个最小关键字的元素（用方框表示）并将其定位。

初始关键字	9	8	7	6	5	4	3	2	1	0
i=0	0	9	8	7	6	5	4	3	2	1
i=1	0	1	9	8	7	6	5	4	3	2
i=2	0	1	2	9	8	7	6	5	4	3
i=3	0	1	2	3	9	8	7	6	5	4
i=4	0	1	2	3	4	9	8	7	6	5
i=5	0	1	2	3	4	5	9	8	7	6
i=6	0	1	2	3	4	5	6	9	8	7
i=7	0	1	2	3	4	5	6	7	9	8
i=8	0	1	2	3	4	5	6	7	8	9

图 9.11　10 个元素进行冒泡排序过程

9.3.2　快速排序

1. 排序思路

快速排序是由冒泡排序改进而得的，它的基本思想是：在待排序的 n 个元素中任取一个元素（通常取第一个元素）作为基准，如图 9.12 所示，把该元素(7)放入适当位置后，数据序列被此元素划分成两部分。所有比该元素关键字小的元素放置在前一部分，所有比它大

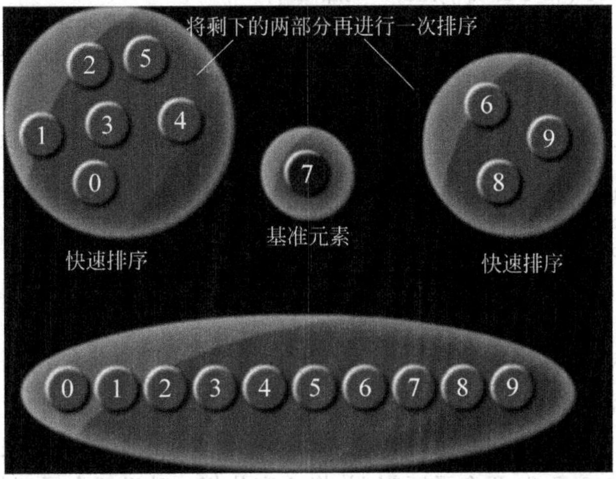

图 9.12　快速排序示意图

的元素放置在后一部分,并把该元素排在这两部分的中间(称为该元素归位),这个过程称作一趟快速排序。然后对所有的两部分分别重复上述过程,直至每部分内只有一个元素或空为止。简言之,每趟使表的第一个元素放入适当位置,将表一分为二,对子表按递归方式继续这种划分,直至划分的子表长为 1 或 0。

一趟快速排序的划分过程是采用从两头向中间扫描的办法,同时交换与基准元素逆序的元素。具体做法是:设两个指示器 i 和 j,它们的初值分别为指向无序区中第一个和最后一个元素。假设无序区中的元素为 $R[s]$、$R[s+1]$、…、$R[t]$,则 i 的初值为 s,j 的初值为 t,首先将 $R[s]$移至变量 tmp 中作为基准,令 j 向左扫描直至 $R[j]$. key<tmp. key 时,将 $R[j]$移至 i 所指的位置上,然后令 i 向右扫描直至 $R[i]$. key>tmp. key 时,将 $R[i]$移至 j 所指的位置上,依次重复,直至 $i=j$,此时所有 $R[s..i-1]$的关键字都小于 tmp. key,而所有 $R[i+1..t]$的关键字必大于 tmp. key,此时可将 tmp 中的元素移至 i 位置上,即 $R[i]$=tmp。该方法归位一个元素,并将一个大的无序区 $R[s..t]$分割成 $R[s..i-1]$和 $R[i+1..t]$两个较小的无序区,如图 9.13 所示,然后再对每个小无序区进行同样的处理,最后使整个数据有序。

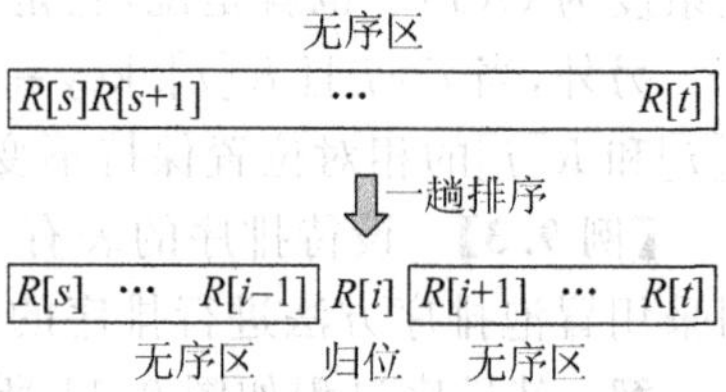

图 9.13 快速排序的一趟排序过程

说明:快速排序每趟仅将一个元素归位。

2. 排序算法

快速排序算法如下:

```
public void QuickSort()                          //对 R[0..n-1]的元素按递增进行快速排序
{
    QuickSort1(0,length-1);
}
private void QuickSort1(int s,int t)            //对 R[s..t]的元素进行快速排序
{   int i=s,j=t; RecType tmp;
    if (s<t)                                     //区间内至少存在两个元素的情况
    {   tmp=R[s];                                //用区间的第 1 个元素作为基准
        while (i!=j)                             //从区间两端交替向中间扫描,直至 i=j 为止
        {   while (j>i && R[j].key>=tmp.key)
                j--;                             //从右向左扫描,找第 1 个小于 tmp.key 的 R[j]
            R[i]=R[j];                           //找到这样的 R[j],R[i]和 R[j]交换
            while (i<j && R[i].key<=tmp.key)
                i++;                             //从左向右扫描,找第 1 个大于 tmp.key 的元素 R[i]
            R[j]=R[i];                           //找到这样的 R[i],R[i]和 R[j]交换
        }
        R[i]=tmp;
        QuickSort1(s,i-1);                       //对左区间递归排序
        QuickSort1(i+1,t);                       //对右区间递归排序
    }
}
```

【例 9.4】 设待排序的表有 10 个元素,其关键字分别为{6,8,7,9,0,1,3,2,4,5}。说明采用快速排序方法进行排序的过程。

解:10 个元素的快速排序过程如图 9.14 所示。第 1 趟是以 6 为关键字将整个区间分为(5,4,2,3,0,1)和(9,7,8)两个子区间,并将 6 定位好;对于每个子区间,又进行同样的排序,直到该子区间只有一个元素或不存在元素为止。

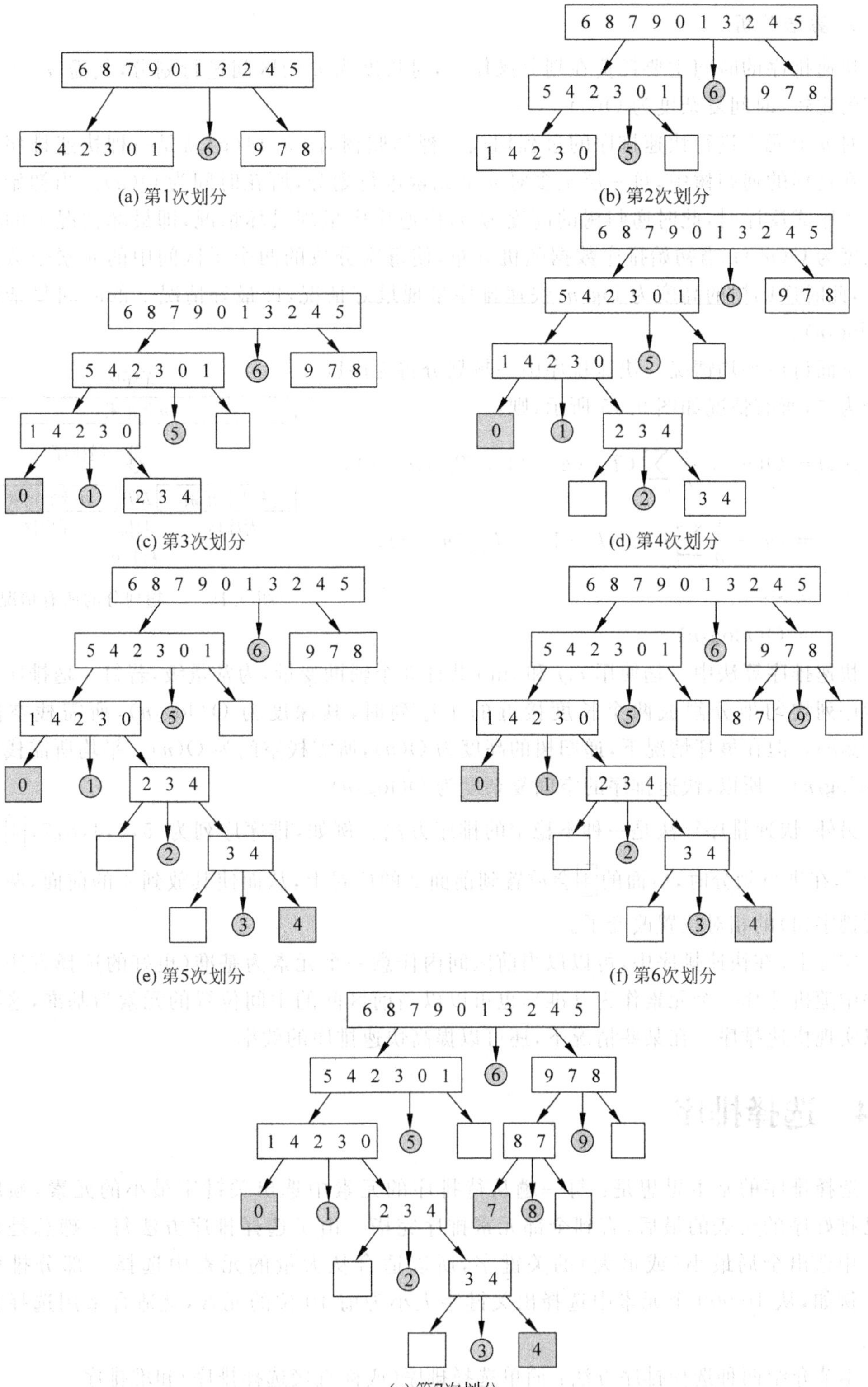

(a) 第1次划分　(b) 第2次划分　(c) 第3次划分　(d) 第4次划分　(e) 第5次划分　(f) 第6次划分　(g) 第7次划分

图 9.14　10 个元素的快速排序过程

3. 算法分析

快速排序的时间主要耗费在划分操作上，对长度为 n 的区间进行划分，共需 $n-1$ 次关键字的比较，时间复杂度为 $O(n)$。

对 n 个元素进行快速排序的过程构成一棵递归树，图 9.14(g)就是一棵快速排序递归树。在这样的递归树中，每一层至多对 n 个元素进行划分，所花时间为 $O(n)$。当初始排序数据正序或反序时，此时递归树的高度为 n，快速排序呈现最坏情况，即最坏情况下的时间复杂度为 $O(n^2)$；当初始排序数据随机分布，使每次分成的两个子区间中的元素个数大致相等，此时递归树的高度为 $\log_2 n$，快速排序呈现最好情况，即最好情况下的时间复杂度为 $O(n\log_2 n)$。

下面讨论平均情况。快速排序中一趟划分将无序区一分为二，所有情况如图 9.15 所示，则：

$$\begin{aligned} T_{\text{avg}}(n) &= O(n) + \frac{1}{n}\sum_{k=1}^{n}(T_{\text{avg}}(k-1) + T_{\text{avg}}(n-k)) \\ &= cn + \frac{1}{n}\sum_{k=1}^{n}(T_{\text{avg}}(k-1) + T_{\text{avg}}(n-k)) \\ &= \cdots \\ &= O(n\log_2 n) \end{aligned}$$

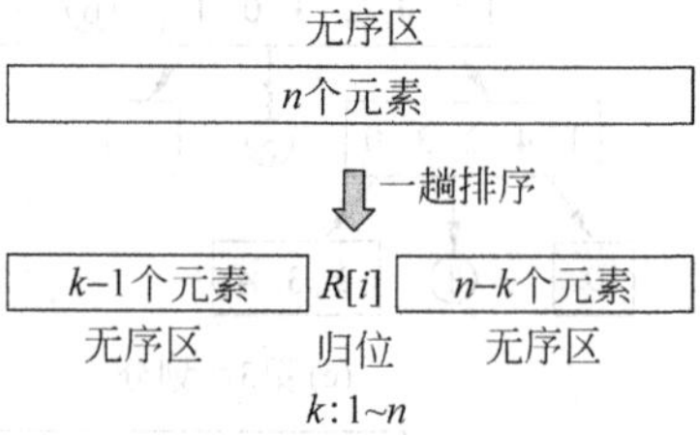

图 9.15 一趟划分的所有情况

快速排序算法中一趟使用 i、j 和 tmp 共计 3 个辅助变量，为常量级，若每一趟排序都将元素序列均匀地分割成两个长度接近的子序列时，其深度为 $O(\log_2 n)$，所需栈空间为 $O(\log_2 n)$。但在最坏情况下，递归树的高度为 $O(n)$，所需栈空间为 $O(n)$。平均所需栈空间为 $O(\log_2 n)$。所以，快速排序的空间复杂度为 $O(\log_2 n)$。

另外，快速排序算法是一种不稳定的排序方法。例如，排序序列为{5,2,4,8,7,[4]}，基准为 5，在进行划分时，后面的[4]会放置到前面 2 的位置上，从而使其放到 4 的前面，两个相同关键字(4)的相对位置改变了。

实际上，在快速排序中，可以以当前区间内任意一个元素为基准(更好的选择方法是从数序中随机选择一个元素作为基准)，也可以以当前区间的中间位置的元素为基准，这些都可以实现快速排序。在某些情况下，还可以提高快速排序的效率。

9.4 选择排序

选择排序的基本思想是：每一趟从待排序的元素中选出关键字最小的元素，顺序放在已排好序的子表的最后，直到全部元素排序完毕。由于选择排序方法每一趟总是从无序区中选出全局最小(或最大)的关键字，所以适合从大量的元素中选择一部分排序元素。例如，从 10 000 个元素中选择出关键字大小为前 10 位的元素，就适合采用选择排序方法。

本节介绍两种选择排序方法：简单选择排序(或称直接选择排序)和堆排序。

9.4.1　简单选择排序

1. 排序思路

简单选择排序的基本思想是：第 i 趟排序开始时，当前有序区和无序区分别为 $R[0..i-1]$ 和 $R[i..n-1]$（$0 \leqslant i < n-1$），该趟排序是从当前无序区中选出关键字最小的元素 $R[k]$，将它与无序区的第 1 个元素 $R[i]$ 交换，使 $R[0..i]$ 和 $R[i+1..n-1]$ 分别变为新的有序区和新的无序区，如图 9.16 所示。因为每趟排序均使有序区中增加了一个元素，且有序区中的元素关键字均不大于无序区中元素的关键字，即第 i 趟排序之后 $R[0..i]$ 的所有关键字小于等于 $R[i+1..n-1]$ 中的所有关键字，所以进行 $n-1$ 趟排序之后有 $R[0..n-2]$ 的所有关键字小于等于 $R[n-1]$.key。也就是说，经过 $n-1$ 趟排序后，整个表 $R[0..n-1]$ 递增有序。

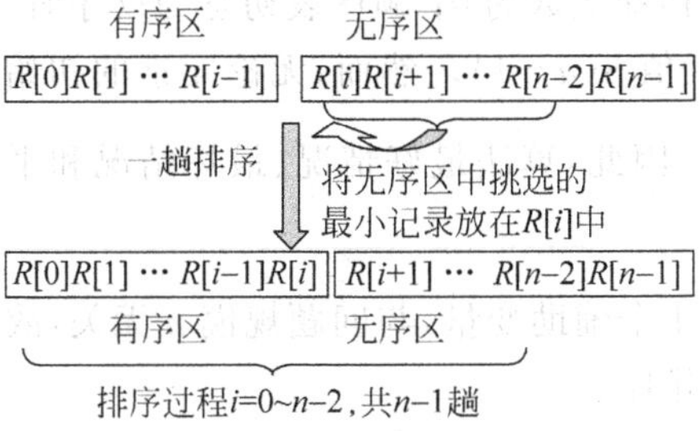

图 9.16　简单选择排序的排序过程

说明：简单选择排序每趟产生的有序区一定是全局有序区。也就是说，每趟产生的有序区中的所有元素都归位了。

2. 排序算法

简单选择排序的具体算法如下：

```
public void SelectSort()                        //对 R[0..n-1]元素进行简单选择排序
{   int i,j,min; RecType tmp;
    for (i = 0;i < length - 1;i++)              //做第 i 趟排序
    {     min = i;
          for (j = i + 1;j < length;j++)        //在当前无序区 R[i..n-1]中选 key 最小的 R[min]
              if (R[j].key < R[min].key)
                  min = j;                      //min 记下目前找到的最小关键字所在的位置
          if (min!= i)                          //交换 R[i]和 R[min]
          {   tmp = R[i]; R[i] = R[min];
              R[min] = tmp;
          }
    }
}
```

【例 9.5】　设待排序的表有 10 个元素，其关键字分别为{6,8,7,9,0,1,3,2,4,5}。说明采用简单选择排序方法进行排序的过程。

解：10 个元素进行简单选择排序的过程如图 9.17 所示。每趟选择出一个元素（带方框者）。

初始关键字	6	8	7	9	0	1	3	2	4	5
i=0	[0]	8	7	9	6	1	3	2	4	5
i=1	0	[1]	7	9	6	8	3	2	4	5
i=2	0	1	[2]	9	6	8	3	7	4	5
i=3	0	1	2	[3]	6	8	9	7	4	5
i=4	0	1	2	3	[4]	8	9	7	6	5
i=5	0	1	2	3	4	[5]	9	7	6	8
i=6	0	1	2	3	4	5	[6]	7	9	8
i=7	0	1	2	3	4	5	6	[7]	9	8
i=8	0	1	2	3	4	5	6	7	[8]	9

图 9.17　10 个元素进行简单选择排序的过程

3. 算法分析

显然，无论初始数据序列的状态如何，在第

i 趟排序中选出最小关键字的元素，内 for 循环需做 $n-1-(i+1)+1=n-i-1$ 次比较，因此，总的比较次数为：

$$C(n)=\sum_{i=0}^{n-2}(n-i+1)=\frac{n(n-1)}{2}=O(n^2)$$

至于元素的移动次数，当初始顺序表为正序时，移动次数为 0；顺序表初态为反序时，每趟排序均要执行交换操作，所以总的移动次数取最大值 $3(n-1)$。然而，无论元素的初始排列如何，所需进行关键字的比较相同，均为 $\frac{n(n-1)}{2}$。因此，算法最好情况、最坏情况和平均时间复杂度均为 $O(n^2)$。

简单选择排序算法中只使用 i、j、k 和 tmp 共计 4 个辅助变量，与问题规模 n 无关，故算法的空间复杂度为 O(1)。也就是说，它是一个就地排序。

另外，简单选择排序算法是一个不稳定的排序方法。例如，排序序列为{5,3,2,[5],4,1,8,7}，第 1 趟排序时，选择出最小关键字 1，将其与第 1 个位置上的元素交换，得到{1,3,2,5,4,[5],8,7}，从中看到两个 5 的相对位置发生了改变。

9.4.2 堆排序

1. 排序思路

堆排序是一种树形选择排序方法，它的特点是：在排序过程中，将顺序表 $R[1..n]$ 看成是一棵完全二叉树的顺序存储结构，利用完全二叉树中双亲结点和孩子结点之间的内在关系，在当前无序区中选择关键字最大(或最小)的元素。

堆的定义是：n 个关键字序列 k_1、k_2、…、k_n 称为堆，当且仅当该序列满足如下性质(简称为堆性质)：

(1) $k_i \leqslant k_{2i}$ 且 $k_i \leqslant k_{2i+1}$　　或　(2) $k_i \geqslant k_{2i}$ 且 $k_i \geqslant k_{2i+1}$ $(1 \leqslant i \leqslant \lfloor n/2 \rfloor)$

满足第(1)种情况的堆称为**小根堆**，满足第(2)种情况的堆称为**大根堆**。下面讨论的堆是**大根堆**。

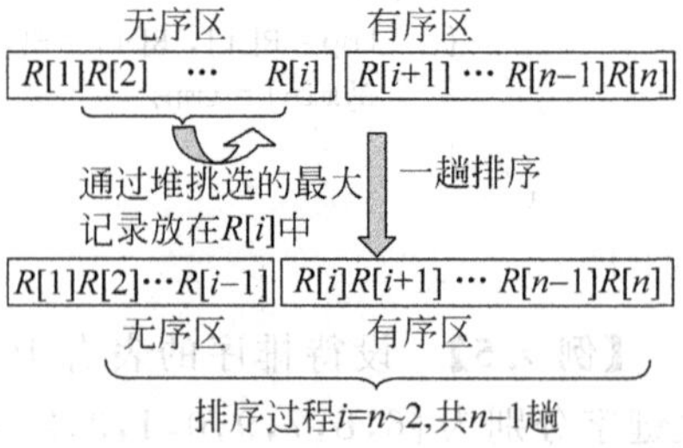

图 9.18　堆排序的一趟排序过程

堆排序的排序过程与简单选择排序类似，只是挑选最大或最小元素的不同，这里采用大根堆，每次挑选最大元素归位，排序过程如图 9.18 所示。挑选最大元素的方法是将数组中存储的数据看成是一棵完全二叉树，利用完全二叉树中双亲结点和孩子结点之间的内在关系来选择关键字最大的元素。具体做法是：把待排序的表的关键字存放在数组 $R[1..n]$(注意，为了与二叉树的顺序存储结构一致，堆排序的数据序列的下标从 1 开始)中，将 R 看做一棵二叉树，每个结点表示一个元素，第一个元素 $R[1]$ 作为二叉树的根，以下各元素 $R[2..n]$ 依次逐层从左到右顺序排列，构成一棵完全二叉树，结点 $R[i]$ 的左孩子是 $R[2i]$，右孩子是 $R[2i+1]$，双亲是 $R[i/2]$。

说明：堆排序每趟产生的有序区一定是全局有序区。也就是说，每趟产生的有序区中的所有元素都归位了。

2. 排序算法

堆排序的关键是构造初始堆，这里采用筛选算法建堆：假若完全二叉树的某一个结点编号为 i，它的左子树、右子树已是堆，接下来需要将 $R[2i]$.key（左孩子）与 $R[2i+1]$.key（右孩子）之中的最大者与 $R[i]$.key 比较，若 $R[i]$.key 较小，将其与最大孩子的关键字交换，这有可能破坏下一级的堆。于是继续采用上述方法构造下一级的堆，直到完全二叉树中结点编号为 i 的子树构成堆为止。对于任意一棵完全二叉树，从 $i=\lfloor n/2 \rfloor \sim 1$（$\lfloor n/2 \rfloor$ 是完全二叉树中最后一个分支结点的编号），反复利用上述调整堆方法建堆。大者"上浮"，小者被"筛选"下去。

假设对 R[low..high]进行堆调整，必须满足如图 9.19 所示的前提条件，即以 R[low]为根结点的左子树和右子树均为堆，其调整堆的算法 sift()如下：

```
private void sift(int low,int high)                    //对 R[low..high]进行堆筛选
{   int i = low,j = 2 * i;                             //R[j]是 R[i]的左孩子
    RecType tmp = R[i];
    while (j <= high)
    {   if (j < high && R[j].key < R[j + 1].key)       //若右孩子较大,把 j 指向右孩子
            j++;
        if (tmp.key < R[j].key)
        {   R[i] = R[j];                                //将 R[j]调整到双亲结点位置上
            i = j;                                      //修改 i 和 j 值,以便继续向下筛选
            j = 2 * i;
        }
        else break;                                     //筛选结束
    }
    R[i] = tmp;                                         //被筛选结点的值放入最终位置
}
```

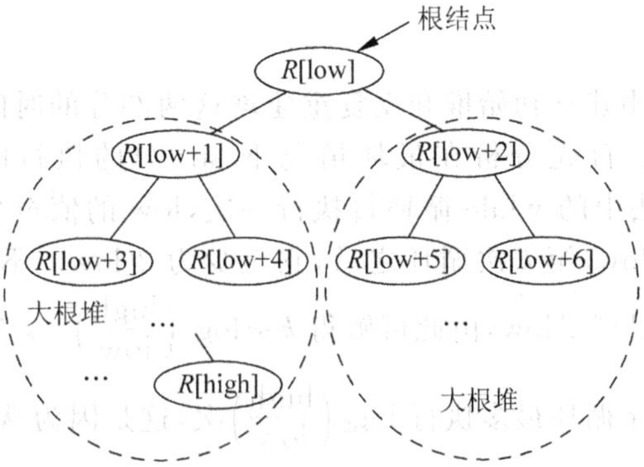

图 9.19　筛选算法建堆的前提条件

构造好初始堆后，根结点一定是最大关键字结点，将其放到数序的最后，也就是将堆中的根与最后一个叶子交换。由于最大元素已归位，整个待排序的元素个数减少一个，但由于根结点的改变，这 $n-1$ 个结点不一定为堆，但其左子树和右子树均为堆，调用一次 sift 算法，将这 $n-1$ 个结点调整成堆，其根结点为次大的元素，将它放到数列的倒数第二个位置，

即将堆中的根与最后一个叶子交换,待排序的元素个数变为 $n-2$ 个,再调整,再将根结点归位,如此这样,直到完全二叉树只剩一个根为止。实现堆排序的算法如下:

```
public void HeapSort()                       //对 R[1..n]的元素按递增进行堆排序
{   int i; RecType tmp;
    for (i = length/2; i >= 1;i -- )        //循环建立初始堆
        sift(i,length);                      //对 R[i..length]进行筛选
    for (i = length;i >= 2;i -- )           //进行 n-1 趟完成推排序,每一趟堆排序的元素个数减 1
    {   tmp = R[1];                          //将区间中的最后一个元素与 R[1]对换
        R[1] = R[i]; R[i] = tmp;
        sift(1,i - 1);                       //筛选 R[1]结点,得到 i-1 个结点的堆
    }
}
```

【例 9.6】 设待排序的表有 10 个元素,其关键字分别为{6,8,7,9,0,1,3,2,4,5}。说明采用堆排序方法进行排序的过程。

解:其初始状态如图 9.20(a)所示,通过第一个 for 循环调用 sift()产生的初始堆如图 9.20(b)所示,这时 R 中的关键字序列为{9,8,7,6,5,1,3,2,4,0}。10 个元素进行堆排序的过程如图 9.21 所示,每输出一个元素,就对堆进行一次筛选调整。

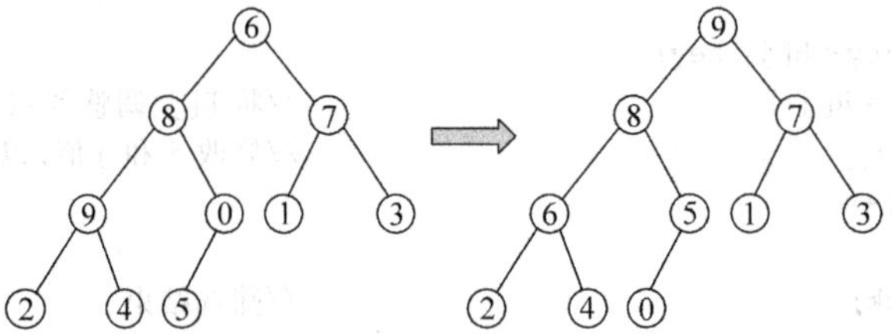

(a) 初始状态　　(b) 建立的初始堆

图 9.20　初始状态和建立的初始堆

3. 算法分析

堆排序的时间主要由建立初始堆和反复重建堆这两部分的时间构成,它们均是通过调用 sift()实现的。因此,首先分析在最坏情况下 sift()的执行时间。若待调整区间是 R[low..high],则该算法中的 while 循环每执行一次,low 的值至少增加一倍,即第一次循环之后,low 至少增至 2low,第 k 次循环之后,它至少为 2^klow。不妨设第 k 次循环之后循环终止,即 $2^{k-1}\text{low} \leqslant \text{high} \leqslant 2^k\text{low}$,由此可解得 $k \approx \log_2\left(\frac{\text{high}}{\text{low}}\right)$。$k$ 实际上是以 R[low]为根的子树的高度。显然,for 循环最多执行 $\log_2\left(\frac{\text{high}}{\text{low}}\right)$次,这是因为从根开始的调整不一定沿着最长的路径直至树叶。每次循环有两次关键字的比较和一次元素的移动,故 sift()所需的关键字比较和元素移动的总次数至多是 $2\log_2\left(\frac{\text{high}}{\text{low}}\right)$和 $\log_2\left(\frac{\text{high}}{\text{low}}\right)$。

设 $m=\lfloor n/2 \rfloor$,建初始堆需调用 sift()一共 m 次,被调整区间的上界是 high$=n$,下界 low 的取值范围从 m 到 1,故总的比较次数 $C_1(n)$约为:

$$C_1(n) = 2\sum_{i=1}^{m}\log_2\left(\frac{n}{i}\right) = 2(m\log_2 n - \log_2 m!) \leqslant 4n$$

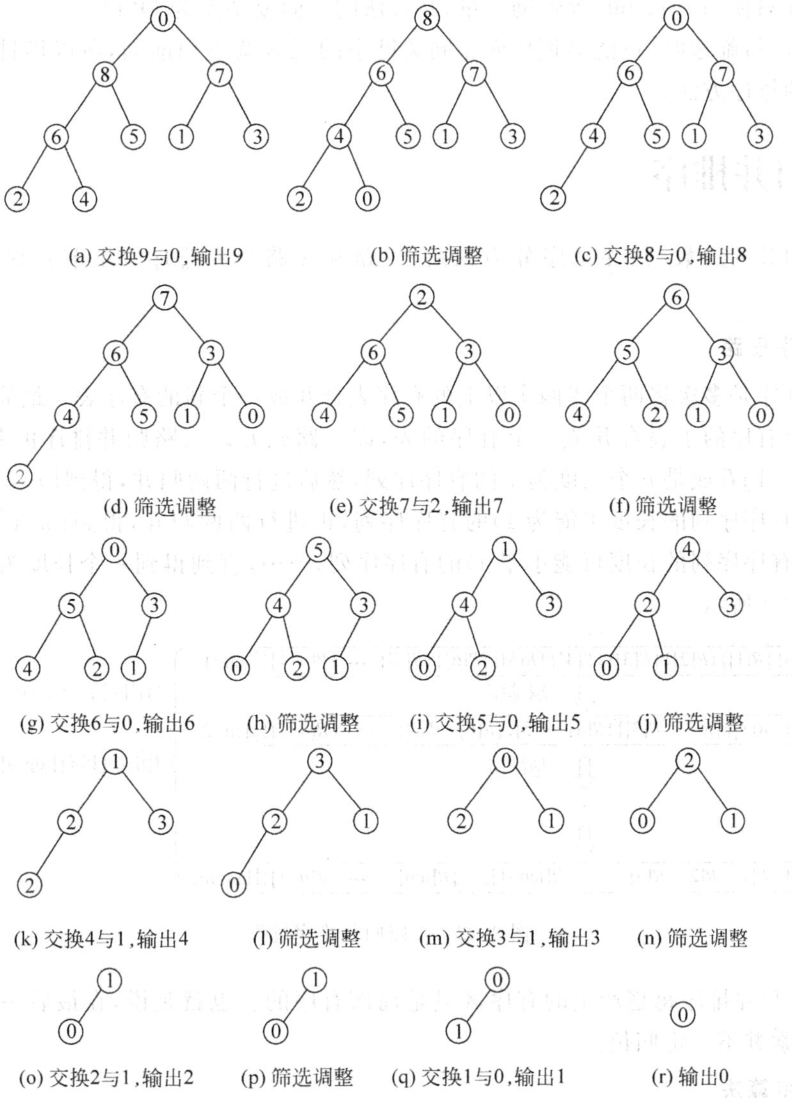

图 9.21 10个元素进行堆排序的过程

也就是说，建立初始堆总共进行的关键字比较次数不超过 $4n$。类似地，可求得 HeapSort()中对 sift()的 $n-1$ 次调用所需的比较总次数 $C_2(n)$。因为被调整区间的下界 low=1，上界 high 的取值从 n 到 2，所以，有：

$$C_2(n) = 2\sum_{i=2}^{n} \log_2 i = 2\log_2 n! \approx 2n\log_2 n - 3n$$

则 $C_1(n)+C_2(n) \leqslant 2n\log_2 n+n$ 是堆排序所需的关键字比较的总次数。类似地，可求出堆排序所需的元素移动的总次数为 $n\log_2 n+O(n)$。

综上所述，堆排序的最坏时间复杂度为 $O(n\log_2 n)$。堆排序的平均性能分析较难，但实验研究表明，它较接近最坏性能。

由于建初始堆所需的比较次数较多，所以堆排序不适于元素数较少的顺序表。

堆排序只使用 i、j、tmp 等辅助变量,其算法的空间复杂度为 O(1)。

另外,进行筛选时,可能会把后面相同关键字的元素调整到前面,所以堆排序算法是一种不稳定的排序方法。

9.5 归并排序

根据归并的路数,归并排序分为二路、三路和多路归并排序。本节仅讨论二路归并排序。

1. 排序思路

归并排序是多次将两个或两个以上的有序表合并成一个新的有序表。最简单的归并是直接将两个有序的子表合并成一个有序的表,即二路归并。二路归并排序的基本思路是:将 $R[0..n-1]$看成是 n 个长度为 1 的有序序列,然后进行两两归并,得到$\lceil n/2 \rceil$个长度为 2(最后一个有序序列的长度可能为 1)的有序序列,再进行两两归并,得到$\lceil n/4 \rceil$个长度为 4(最后一个有序序列的长度可能小于 4)的有序序列,……,直到得到一个长度为 n 的有序序列,如图 9.22 所示。

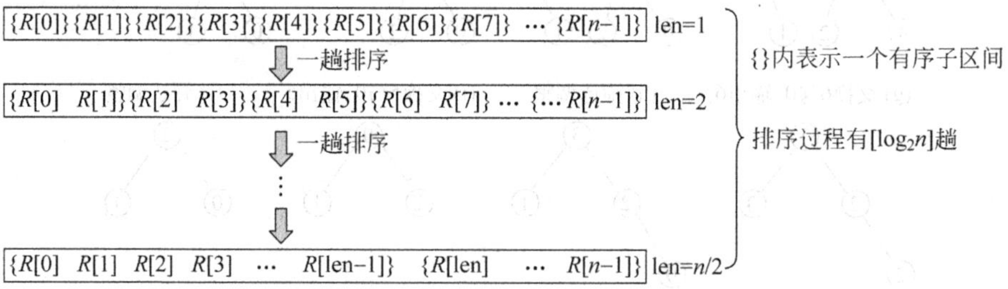

图 9.22 二路归并排序过程

说明:归并排序每趟产生的有序区只是局部有序的。也就是说,在最后一趟排序结束前,所有元素并不一定归位。

2. 排序算法

先介绍将两个有序表直接归并为一个有序表的算法 Merge2()。设两个有序表存放在同一数组中相邻的位置上:$R[low..mid]$,$R[mid+1..high]$,先将它们合并到一个局部的暂存数组 R_1 中,待合并完成后将 R_1 复制回 R 中。为了简便,称 $R[low..mid]$为第一段,$R[mid+1..high]$为第 2 段。每次从两个段中取出一个元素进行关键字的比较,将较小者放入 R_1 中,最后将各段中余下的部分直接复制到 R_1 中。这样,R_1 是一个有序表,再将其复制回 R 中。对应的算法如下:

```
private void Merge2(int low,int mid,int high)
//将 R[low..mid]和 R[mid+1..high]两个有序段二路归并为一个有序段
{   RecType [] R1 = new RecType[high - low + 1];
    int i = low,j = mid+1,k = 0;          //k 是 R1 的下标,i、j 分别为第 1、2 段的下标
    while (i<= mid && j<= high)           //在第 1 段和第 2 段均未扫描完时循环
        if (R[i].key<= R[j].key)          //将第 1 段中的元素放入 R1 中
        {   R1[k] = R[i];
```

```
            i++; k++;
        }
        else                                        //将第 2 段中的元素放入 R1 中
        {   R1[k] = R[j];
            j++; k++;
        }
    while (i <= mid)                                //将第 1 段的余下部分复制到 R1
    {   R1[k] = R[i];
        i++; k++;
    }
    while (j <= high)                               //将第 2 段的余下部分复制到 R1
    {   R1[k] = R[j];
        j++; k++;
    }
    for (k = 0, i = low; i <= high; k++, i++)       //将 R1 复制回 R 中
        R[i] = R1[k];
    R1 = null;
}
```

Merge2()实现了一次归并，其中使用的辅助空间正好是要归并的元素个数。接下来需利用 Merge2()解决一趟归并问题。在某趟归并中，设各子表长度为 len(最后一个子表的长度可能小于 len)，则归并前 $R[0..n-1]$ 中共 $\lceil n/\text{len} \rceil$ 个有序的子表：$R[0..\text{len}-1]$、$R[\text{len}..2\text{len}-1]$、…、$R[(\lceil n/\text{len} \rceil)\times \text{len}..n-1]$。调用 Merge2()将相邻的一对子表进行归并时，必须对表的个数可能是奇数以及最后一个子表的长度小于 len 这两种特殊情况进行特殊处理：若子表个数为奇数，则最后一个子表无须和其他子表归并(即本趟轮空)；若子表个数为偶数，则要注意到最后一对子表中后一个子表的区间上界是 $n-1$。具体算法如下：

```
private void MergePass2(int len)                    //对整个数序进行一趟归并
{   int i;
    for (i = 0; i + 2 * len - 1 < length; i = i + 2 * len)  //归并 len 长的两个相邻子表
        Merge2(i, i + len - 1, i + 2 * len - 1);
    if (i + len - 1 < length)                       //余下两个子表,后者的长度小于 len
        Merge2(i, i + len - 1, length - 1);         //归并这两个子表
}
```

其中，一趟归并使用的辅助空间正好为整个表的长度 n。

进行二路归并排序时，第 1 趟归并排序时，将待排序的表 $R[0..n-1]$ 看做是 n 个长度为 1 的有序子表，将这些子表两两归并，若 n 为偶数，则得到 $\lceil n/2 \rceil$ 个长度为 2 的有序子表；若 n 为奇数，则最后一个子表轮空(不参与归并)，故本趟归并完成后，前 $\lceil n/2 \rceil-1$ 个有序子表的长度为 2，但最后一个子表的长度仍为 1；第 2 趟归并则是将第 1 趟归并所得到的 $\lceil n/2 \rceil$ 个有序的子表两两归并，如此反复，直到最后得到一个长度为 n 的有序表为止。对应的二路归并排序算法如下：

```
public void MergeSort2()                            //对 R[0..n-1]按递增进行二路归并算法
{   int len;
    for (len = 1; len < length; len = 2 * len)      //进行 log2n 趟归并
        MergePass2(len);
}
```

【例 9.7】 设待排序的表有 11 个元素，其关键字分别为{18,2,20,34,12,32,6,16,8,15,10}。说明采用归并排序方法进行排序的过程。

解：采用二路归并排序时需要进行 4 趟归并排序，其排序过程如图 9.23 所示。

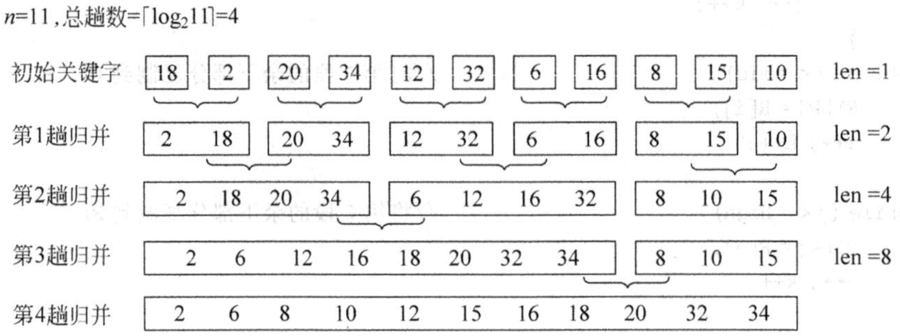

图 9.23 11 个元素进行二路归并排序过程

3. 算法分析

归并排序易于在链表上实现。容易看出，对长度为 n 的表，需进行 $\lceil \log_2 n \rceil$ 趟二路归并，每趟归并时间为 $O(n)$，故其时间复杂度无论是在最好情况下，还是在最坏情况下均是 $O(n\log_2 n)$。

归并排序过程中，每一趟需要有一个辅助向量来暂存两个有序子表归并的结果，但在该趟排序完毕后释放其空间，所以总的辅助空间复杂度为 $O(n)$。显然，归并排序不是就地排序。

归并排序是一种稳定的排序。

9.6 基数排序

前面介绍的各种排序都是基于关键字比较的，而基数排序是一种不基于关键字比较的排序算法，它是通过“分配”和“收集”过程实现排序的。

1. 排序思路

基数排序是一种借助于多关键字排序的思想对单关键字排序的方法。

所谓多关键字，是指讨论记录中含有多个关键字，记录中的多个关键字分别为 k^1、k^2、…、k^r，称 k^1 是第 1 关键字，k^r 是第 r 个关键字。由记录 R_0、R_1、…、R_{n-1} 组成的表称关于关键字 k^1、k^2、…、k^r 有序，当且仅当对每一个记录 $R_i \leqslant R_j$ 有 $(k_i^1, k_i^2, \cdots, k_i^r) \leqslant (k_j^1, k_j^2, \cdots, k_j^r)$。在 r 元组上定义≤关系如下：$(x_1, \cdots, x_r) \leqslant (y_1, \cdots, y_r)$ 当且仅当(1)对 $1 \leqslant j \leqslant r$，$x_i = y_i$，$1 \leqslant i < j$ 且 $x_{j+1} < y_{j+1}$ 或者(2)$x_i = y_i$，$1 \leqslant i \leqslant r$。

以扑克牌为例，每张牌含有两个关键字，一个是花色，一个是牌面，两个关键字的序关系定义如下：

k^1 花色：♦<♣<♥<♠

k^2 牌面：2<3<4<5<6<7<8<9<10<J<Q<K<A

根据以上定义，所有牌（除大王、小王外）关于花色与牌面两个关键字的排序结果是：

2♦,…,A♦,2♣,…,A♣,2♥,…,A♥,2♠,…,A♠

多关键字排序有两种常用方法。第一种排序方法的思路是：首先对第1关键字 k^1 排序，得到若干子表，每个子表中的记录含有相同的 k^1，然后每个子表独立地对第2关键字 k^2 排序，得到若干子表，每个子表中的记录含有相同的 k^1 和 k^2，如此类推，直到对所有关键字都排序完毕，最后把这些子表按多关键字顺序合在一起。以扑克牌排序为例，52张牌先按花色分为4个子表，然后在每个子表中按牌面排序，最后按花色序一堆放在另一堆下面，得到52张有序扑克牌。另一种排序方法的思路是：先按关键字 k^r 排序，再按关键字 k^{r-1} 排序，如此类推，直到对所有关键字都排序完毕，最后把这些子表按多关键字顺序合在一起。

基数排序就是利用多关键字排序思路，只不过将记录中的单个关键字分为多个位，将每个位看成一个关键字。

一般地，在基数排序中，元素 $R[i]$ 的关键字 $R[i]$.key 由 d 位数字组成，即 $k^{d-1}k^{d-2}\cdots k^0$，每个数字表示关键字的一位，其中 k^{d-1} 为最高位，k^0 为最低位，每一位的值都在 $0 \leqslant k^i < r$ 范围内，其中，r 称为基数。例如，对于二进制数 r 为2，对于十进制数 r 为10。

基数排序有两种：最高位优先（MSD）和最低位优先（LSD）。最高位优先的过程是：先按最高位的值对元素进行排序，在此基础上，再按次高位进行排序，依此类推，由高位向低位，每趟都是根据关键字的一位并在前一趟的基础上对所有元素进行排序，直至最低位，则完成了基数排序的整个过程。最低位优先的过程与此相似，只不过是从最低位开始到最高位结束。

以 r 为基数的最高位优先排序的过程是：假设线性表由结点序列 a_1、a_2、…、a_n 构成，每个结点 a_j 的关键字由 d 元组（$k_j^{d-1}, k_j^{d-2}, \cdots, k_j^1, k_j^0$）组成，其中 $0 \leqslant k_j^i \leqslant r-1$（$0 \leqslant j < n, 0 \leqslant i \leqslant d-1$）。在排序过程中使用 r 个队列 $Q_0, Q_1, \cdots, Q_{r-1}$。排序过程如下：

对 $i=d-1, d-2, \cdots, 1$、0（从高位到低位），依次做一次“分配”和“收集”（其实就是一次稳定的排序过程）。

分配：开始时，把 $Q_0, Q_1, \cdots, Q_{r-1}$ 各个队列置成空队列，然后依次考查线性表中的每一个结点 a_j（$j=1,2,\cdots,n$），如果 a_j 的关键字 $k_j^i = k$，就把 a_j 插入到 Q_k 队列中。

收集：将 $Q_0, Q_1, \cdots, Q_{r-1}$ 各个队列中的结点依次首尾相接，得到新的结点序列，从而组成新的线性表。

说明：基数排序每趟并不产生有序区。也就是说，在最后一趟排序结束前，所有元素并不一定归位了。

2. 排序算法

假设待排序的数据序列存放在以 p 为首结点指针的单链表中，其中结点类型 RadixNode 定义如下：

```
class RadixNode                          //单链表结点类型类
{   public string key;                   //存放关键字
    public string data;                  //存放其他数据
    public RadixNode next;
};
```

其中，data 域用来存放关键字，它是一个字符数组，data[0..MAXD−1]依次存放关键字的低位到高位的各数字字符,关键字的实际位数由参数 d 指定。

如下的基数排序算法 RadixSort1 实现了以 r 为基数的 MSD 排序。其中,参数 h 为存放待排序序列的不带头结点的单链表第一个结点,d 为关键字位数。

```
public void RadixSort1()                          //最高位优先基数排序算法
//实现基数排序:h 为待排序数列单链表指针,r 为基数,d 为关键字位数
{   RadixNode[] head = new RadixNode[MAXR];       //建立链队队头数组
    RadixNode[] tail = new RadixNode[MAXR];       //建立链队队尾数组
    RadixNode p,t = null;
    int i,j,k;
    for (i = d - 1;i >= 0;i -- )                  //从高位到低位循环
    {   for (j = 0;j < r;j++)                     //初始化各链队的首、尾指针
            head[j] = tail[j] = null;
        p = h;
        while (p!= null)                          //分配: 对于原链表中的每个结点循环
        {   k = p.key[i] - '0';                   //找第 k 个链队
            if (head[k] == null)                  //第 k 个链队空时,队头、队尾均指向 p 结点
            {   head[k] = p;
                tail[k] = p;
            }
            else
            {   tail[k].next = p;                 //第 k 个链队非空时,p 结点入队
                tail[k] = p;
            }
            p = p.next;                           //取下一个待排序的元素
        }
        h = null;                                 //重新用 h 来收集所有结点
        for (j = 0;j < r;j++)                     //收集: 对于每一个链队循环
            if (head[j]!= null)                   //若第 j 个链队是第一个非空链队
            {   if (h == null)
                {   h = head[j];
                    t = tail[j];
                }
                else                              //若第 j 个链队是其他非空链队
                {   t.next = head[j];
                    t = tail[j];
                }
            }
            t.next = null;                        //尾结点的 next 域置 NULL
    }
}
```

最低位优先基数排序算法 RadixSort2()与此相似,只需将上面的 for ($i=d-1;i>=0;i--$)改为 for($i=0;i<d;i++$)即可。

3. 算法分析

在基数排序过程中,共进行了 d 遍的分配和收集,每一遍分配和收集的时间为 $O(n+r)$,所以,基数排序的时间复杂度为 $O(d(n+r))$。

基数排序中一趟排序需要的辅助存储空间为 r(创建 r 个队列)，但在以后的排序中会重复使用这些队列，所以总的辅助空间复杂度为 $O(r)$。

另外，基数排序中使用的是队列，排在后面的关键字只能排在前面相同关键字的后面，相对位置不会发生改变，它是一种稳定的排序方法。

【例 9.8】 设待排序的表有 10 个元素，其关键字分别为{75,23,98,44,57,12,29,64,38,82}。说明采用基数排序方法进行排序的过程。

解：这里 $n=10$，$d=2$，$r=10$，采用最低位优先基数排序算法，先按个位数进行排序，再按十位数进行排序，排序过程如图 9.24 所示。

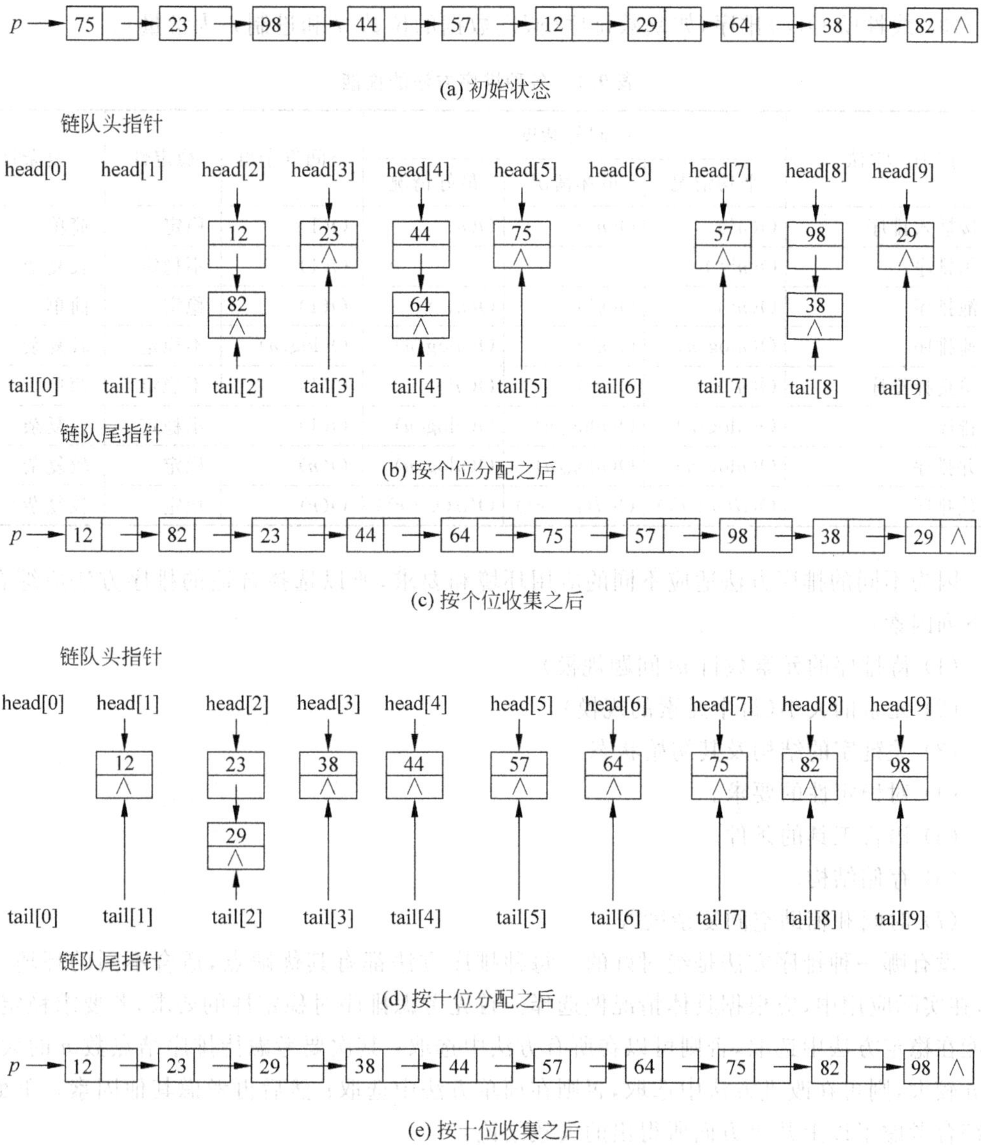

图 9.24　10 个元素进行基数排序的过程

9.7 各种内排序方法的比较和选择

本章介绍了多种排序方法,各种排序方法的性能见表9.1。通常可按平均时间将排序方法分为3类:

(1) 平方阶$O(n^2)$排序,一般称为简单排序,如直接插入排序、简单选择排序和冒泡排序。

(2) 线性对数阶$O(n\log_2 n)$排序,如快速排序、堆排序和归并排序。

(3) 线性阶$O(n)$排序,如基数排序(假定数据的位数d和进制r为常量)。

表9.1 各种排序方法的性能

排序方法	时间复杂度			空间复杂度	稳定性	复杂性
	平均情况	最坏情况	最好情况			
直接插入排序	$O(n^2)$	$O(n^2)$	$O(n)$	$O(1)$	稳定	简单
希尔排序	$O(n^{1.3})$			$O(1)$	不稳定	较复杂
冒泡排序	$O(n^2)$	$O(n^2)$	$O(n)$	$O(1)$	稳定	简单
快速排序	$O(n\log_2 n)$	$O(n^2)$	$O(n\log_2 n)$	$O(\log_2 n)$	不稳定	较复杂
简单选择排序	$O(n^2)$	$O(n^2)$	$O(n^2)$	$O(1)$	不稳定	简单
堆排序	$O(n\log_2 n)$	$O(n\log_2 n)$	$O(n\log_2 n)$	$O(1)$	不稳定	较复杂
归并排序	$O(n\log_2 n)$	$O(n\log_2 n)$	$O(n\log_2 n)$	$O(n)$	稳定	较复杂
基数排序	$O(d(n+r))$	$O(d(n+r))$	$O(d(n+r))$	$O(r)$	稳定	较复杂

因为不同的排序方法适应不同的应用环境和要求,所以选择合适的排序方法应综合考虑下列因素:

(1) 待排序的元素数目n(问题规模)。

(2) 元素的大小(每个元素的规模)。

(3) 关键字的结构及其初始状态。

(4) 对稳定性的要求。

(5) 语言工具的条件。

(6) 存储结构。

(7) 时间和辅助空间复杂度等。

没有哪一种排序方法是绝对好的。每种排序方法都有其优缺点,适合不同的环境。因此,在实际应用中,应根据具体情况做选择。首先考虑排序对稳定性的要求,若要求稳定,则只能在稳定方法中选取,否则可以在所有方法中选取;其次要考虑待排序结点数n的大小,若n较大,则可在改进方法中选取,否则在简单方法中选取;然后再考虑其他因素。下面给出综合考虑了以上几个方面所得出的大致结论:

(1) 若n较小(如$n\leqslant 50$),可采用直接插入或简单选择排序。当元素规模较小时,直接插入排序较好;否则因为直接选择移动的元素数少于直接插入,所以应选简单选择排序。

(2) 若文件的初始状态基本有序(指正序),则选用直接插入、冒泡或随机的快速排序为宜。

(3) 若 n 较大,则采用时间复杂度为 $O(n\log_2 n)$ 的排序方法:快速排序、堆排序或归并排序。快速排序是目前基于比较的内部排序中被认为较好的方法,当待排序的关键字是随机分布时,快速排序的平均时间最短;但堆排序所需的辅助空间少于快速排序,并且不会出现快速排序可能出现的最坏情况。这两种排序都是不稳定的,若要求排序稳定,则可选用归并排序。本章介绍的从单个元素起进行两两归并的二路归并排序算法并不值得提倡,通常可以将它和直接插入排序结合在一起使用。先利用直接插入排序求得较长的有序子文件,然后再两两归并之。因为直接插入排序是稳定的,所以改进后的归并排序仍是稳定的。

(4) 要将两个有序表组合成一个新的有序表,最好的方法是归并排序方法。

(5) 在基于比较的排序方法中,每次比较两个关键字的大小后,仅仅出现两种可能的转移,因此可以用一棵二叉树来描述比较判定过程,由此可以证明:当文件的 n 个关键字随机分布时,任何借助于"比较"的排序算法,至少需要 $O(n\log_2 n)$ 的时间。由于基数排序只需一步就会引起 r 种可能的转移,即把一个元素装入 r 个队列之一,因此在一般情况下,基数排序可能在 $O(n)$ 时间内完成对 n 个元素的排序。但遗憾的是,基数排序只适用于像字符串和整数这类有明显结构特征的关键字,当关键字的取值范围属于某个无穷集合(如实数型关键字)时,就无法使用基数排序了,这时只有借助于"比较"的方法来排序。由此可知,若 n 很大,元素的关键字位数较少且可以分解时,采用基数排序较好。

内排序的实践项目

项目 1:设计直接插入排序算法,输出每趟排序后的结果,并用相关数据进行测试,其操作界面如图 9.25 所示。

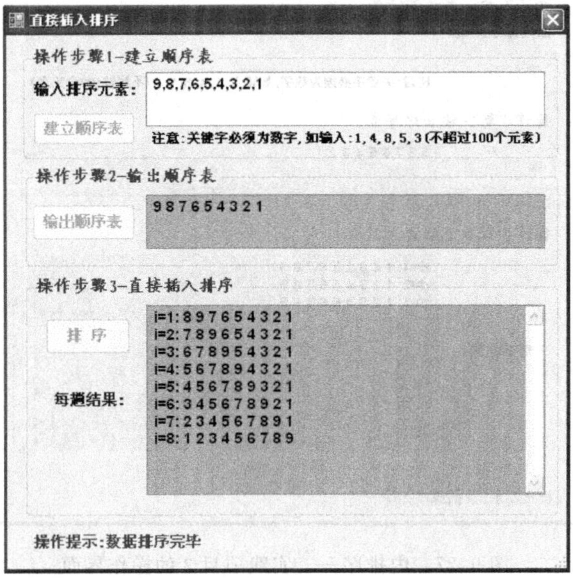

图 9.25　内排序——实践项目 1 的操作界面

项目2：设计二分插入排序算法，输出每趟排序后的结果，并用相关数据进行测试，其操作界面如图 9.26 所示。

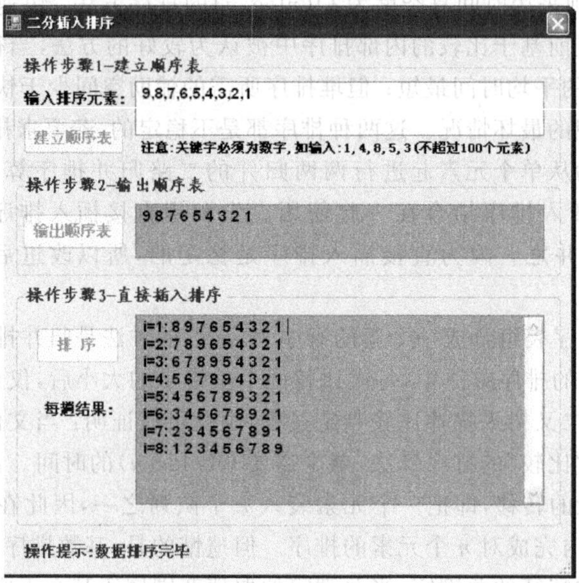

图 9.26　内排序——实践项目 2 的操作界面

项目3：设计希尔排序算法，输出每趟排序后的结果，并用相关数据进行测试，其操作界面如图 9.27 所示。

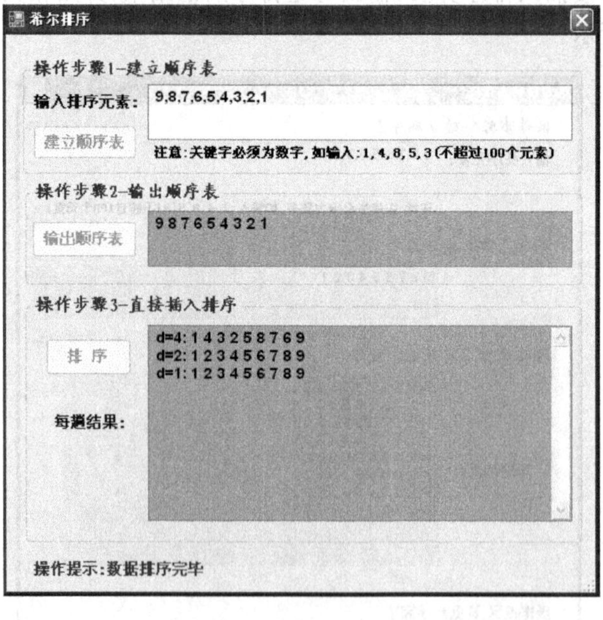

图 9.27　内排序——实践项目 3 的操作界面

项目4：设计冒泡排序算法，输出每趟排序后的结果，并用相关数据进行测试，其操作界面如图 9.28 所示。

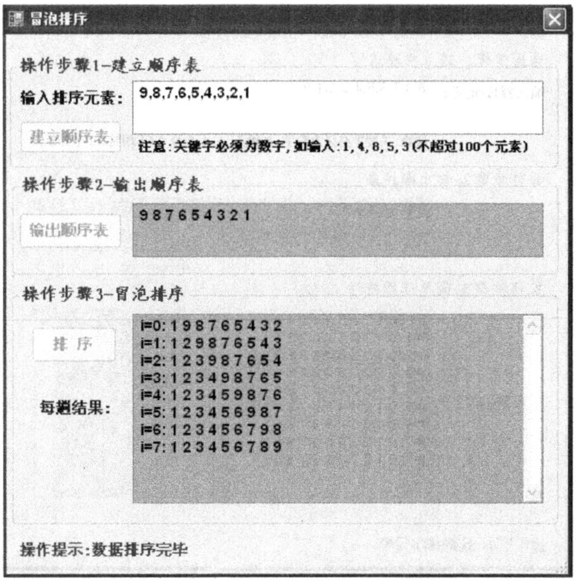

图 9.28　内排序——实践项目 4 的操作界面

项目 5：设计快速排序算法，输出每趟排序后的结果，并用相关数据进行测试，其操作界面如图 9.29 所示。

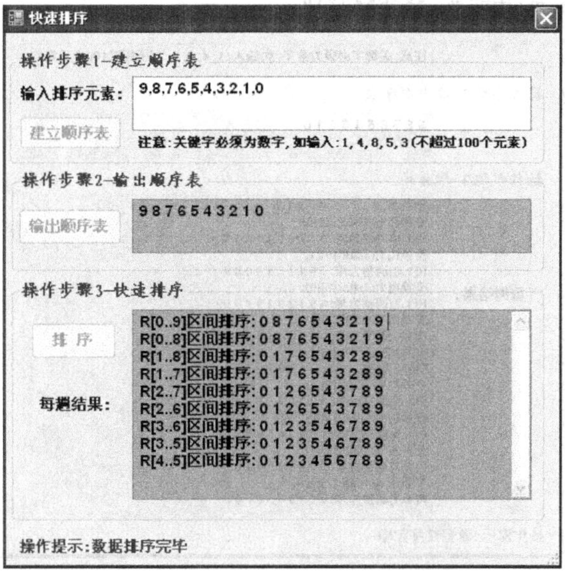

图 9.29　内排序——实践项目 5 的操作界面

项目 6：设计简单选择排序算法，输出每趟排序后的结果，并用相关数据进行测试，其操作界面如图 9.30 所示。

项目 7：设计堆排序算法，输出每趟排序后的结果，并用相关数据进行测试，其操作界面如图 9.31 所示。

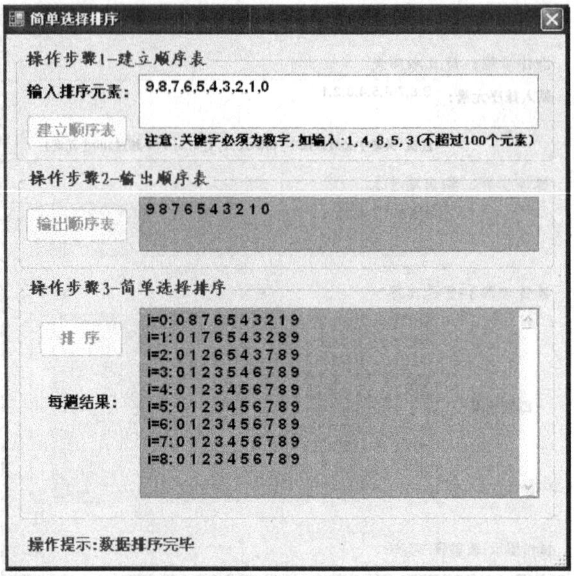

图 9.30　内排序——实践项目 6 的操作界面

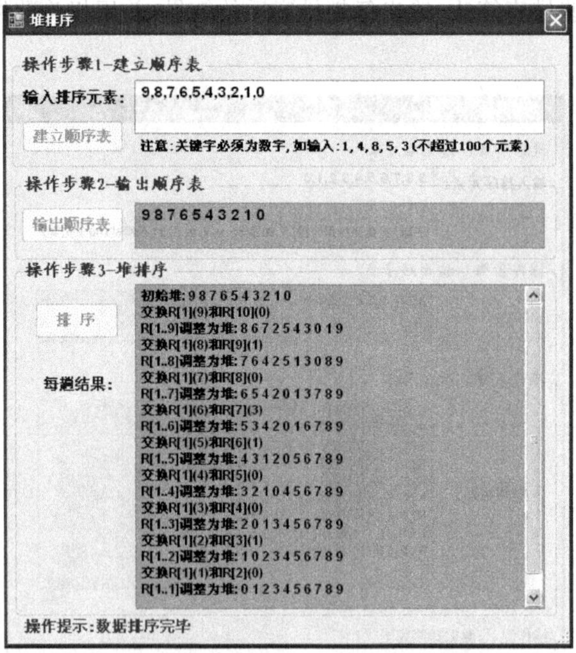

图 9.31　内排序——实践项目 7 的操作界面

项目 8：设计二路归并排序算法，输出每趟排序后的结果，并用相关数据进行测试，其操作界面如图 9.32 所示。

项目 9：设计三路归并排序算法(假设输入的关键字个数为正整数 k 的三次方)，输出每趟排序后的结果，并用相关数据进行测试，其操作界面如图 9.33 所示。

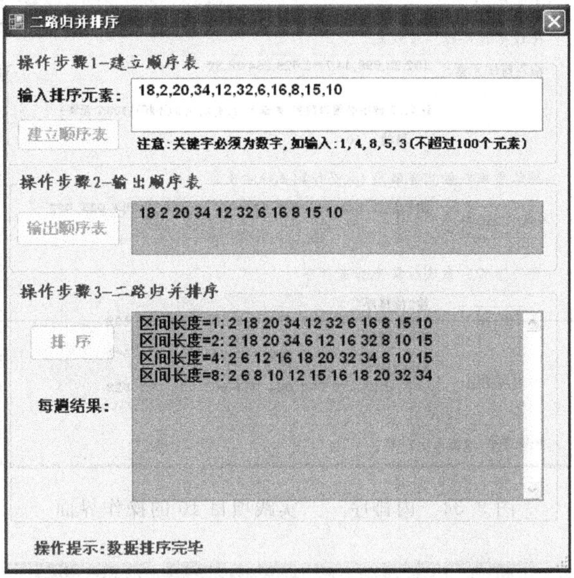

图 9.32 内排序——实践项目 8 的操作界面

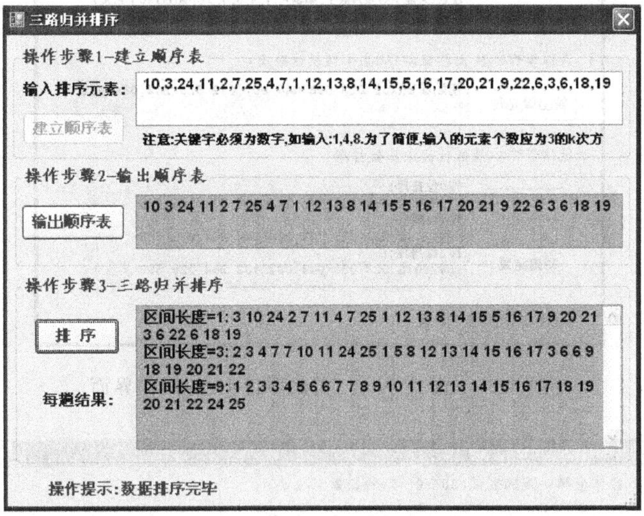

图 9.33 内排序——实践项目 9 的操作界面

项目 10：设计最高位优先基数排序算法，输出每趟排序后的结果，并用相关数据进行测试，其操作界面如图 9.34 所示。

项目 11：设计最低位优先基数排序算法，输出每趟排序后的结果，并用相关数据进行测试，其操作界面如图 9.35 所示。

项目 12：设计一个项目，随机产生 100 个 0～99 的正整数，采用各种排序算法进行递增排序，并给出各种排序算法所花时间，并用相关数据进行测试，其操作界面如图 9.36 所示。（说明：由于 C#线程分配的原因，图中各种排序的时间不完全与理论上的分析相一致）。

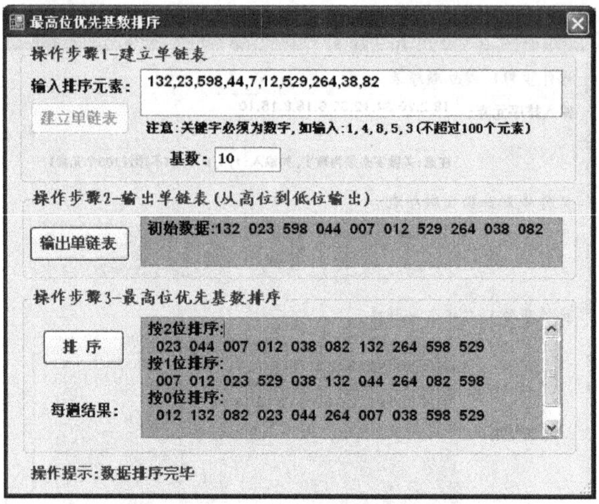

图 9.34　内排序——实践项目 10 的操作界面

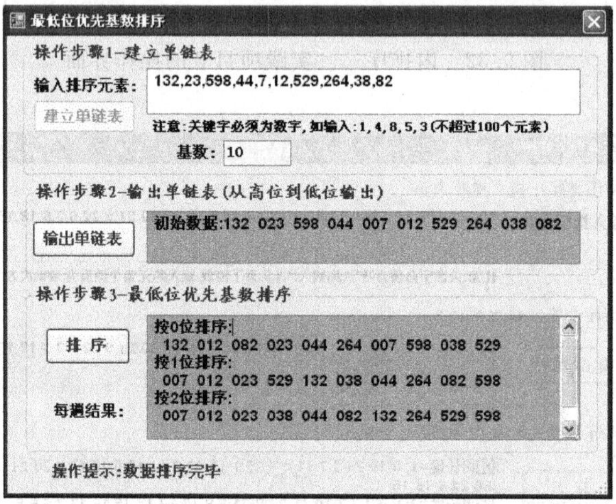

图 9.35　内排序——实践项目 11 的操作界面

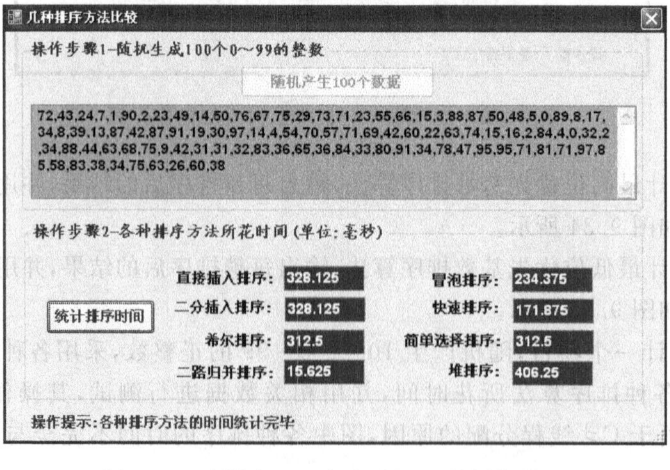

图 9.36　内排序——实践项目 12 的操作界面

线性表＋内排序综合实践项目

修改第 2 章的线性表综合应用实践项目，增加可按学号、姓名、性别、出生日期、班号、电话号码或住址列升序或降序排序的功能。例如，图 9.37 所示的学生记录按班号降序排序的结果如图 9.38 所示。

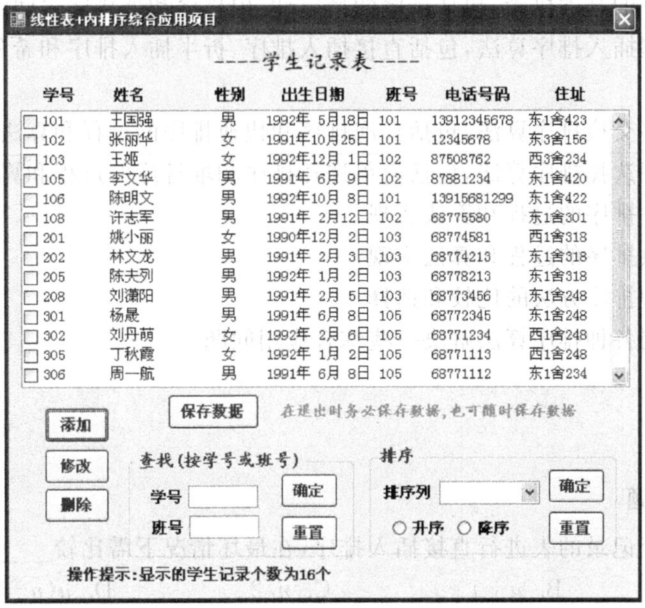

图 9.37 线性表和内排序综合实践项目(1)

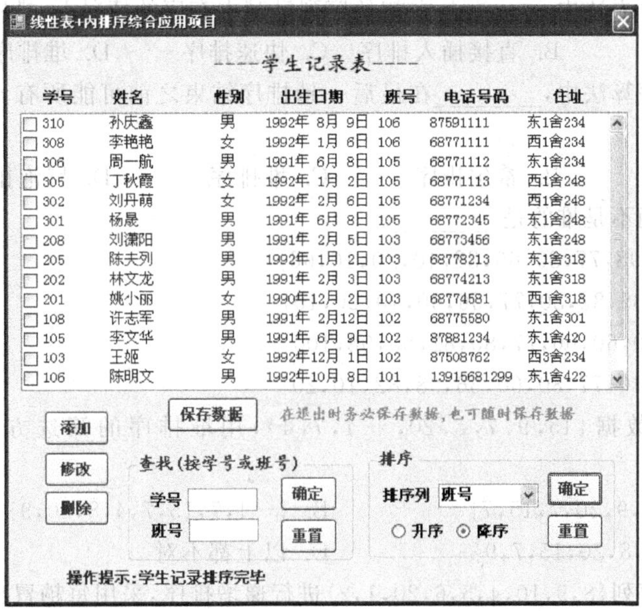

图 9.38 线性表和内排序综合实践项目(2)

本章小结

本章基本学习要点如下:

(1) 理解排序的基本概念,包括排序的稳定性、内排序和外排序之间的差异。

(2) 重点掌握插入排序算法,包括直接插入排序、折半插入排序和希尔排序的过程和算法实现。

(3) 重点掌握交换排序算法,包括冒泡排序和快速排序的过程和算法实现。

(4) 重点掌握选择排序算法,包括简单选择排序和堆排序的过程和算法实现。

(5) 掌握归并排序的过程和算法实现。

(6) 掌握基数排序的过程和算法实现。

(7) 掌握各种排序方法的比较和选择。

(8) 灵活运用各种排序算法解决一些综合应用问题。

练习题 9

1. 单项选择题

(1) 对有 n 个记录的表进行直接插入排序,在最坏情况下需比较________次关键字。

A. $n-1$　　B. $n+1$　　C. $n/2$　　D. $n(n-1)/2$

(2) 数据序列{8,9,10,4,5,6,20,1,2}只能是________算法的两趟排序后的结果。

A. 简单选择排序　B. 冒泡排序　C. 直接插入排序　D. 堆排序

(3) 以下排序方法中,________在初始序列已基本有序的情况下,排序效率最高。

A. 冒泡排序　B. 直接插入排序　C. 快速排序　D. 堆排序

(4) 以下排序算法中,________在最后一趟排序结束之前可能所有元素都没有放到其最终位置上。

A. 快速排序　B. 希尔排序　C. 堆排序　D. 冒泡排序

(5) 以下序列不是堆的是________。

A. {100,85,98,77,80,60,82,40,20,10,66}

B. {100,98,85,82,80,77,66,60,40,20,10}

C. {10,20,40,60,66,77,80,82,85,98,100}

D. {100,85,40,77,80,60,66,98,82,10,20}

(6) 有一组数据{15,9,7,8,20,−1,7,4},用堆排序的筛选方法建立的初始堆为________。

A. {−1,4,8,9,20,7,15,7}　B. {−1,7,15,7,4,8,20,9}

C. {−1,4,7,8,20,15,7,9}　D. 以上都不对

(7) 对数据序列{8,9,10,4,5,6,20,1,2}进行递增排序,采用每趟冒出一个最小元素的冒泡排序算法,需要进行的趟数至少是________趟。

A. 3　B. 4　C. 5　D. 8

(8) 对 8 个元素的顺序表进行快速排序,在最好情况下,元素之间的比较次数为

________次。

A. 7　　B. 8　　C. 12　　D. 13

(9) 对关键字{28,16,32,12,60,2,5,72}序列进行快速排序,第一趟从小到大一次划分结果为________。

A. (2,5,12,16) 26 (60 32 72)　　B. (5,16,2,12) 28 (60,32,72)

C. (2,16,12,5) 28 (60,32,72)　　D. (5,16,2,12) 28 (32,60,72)

(10) 序列{3,2,4,1,5,6,8,7}是第一趟递增排序后的结果,则采用的排序方法可能是________。

A. 快速排序　　B. 冒泡排序　　C. 堆排序　　D. 简单选择排序

(11) 以下关于快速排序的叙述中正确的是________。

A. 快速排序在所有排序方法中最快,而且所需辅助空间也最少

B. 在快速排序中,不可以用队列替代栈

C. 快速排序的空间复杂度为 $O(n)$

D. 快速排序在待排序的数据随机分布时效率最高

(12) 下列排序方法中,________在一趟结束后不一定能选出一个元素放在其最终位置上。

A. 简单选择排序　　B. 冒泡排序　　C. 归并排序　　D. 堆排序

(13) 在归并排序中,归并的趟数是________。

A. n　　B. $\lceil \log_2 n \rceil$　　C. $\lceil \log_2 n \rceil+1$　　D. n^2

(14) 数据序列{5,4,15,10,3,2,9,6,1}是某排序方法第一趟排序后的结果,该排序算法可能是________。

A. 冒泡排序　　B. 归并排序　　C. 堆排序　　D. 简单选择排序

(15) 以下排序方法中,________不需要进行关键字的比较。

A. 快速排序　　B. 归并排序　　C. 基数排序　　D. 堆排序

2. 问答题

(1) 希尔排序算法每一趟都要调用若干次直接插入排序算法,为什么希尔排序算法比直接插入排序算法效率更高,试举例说明。

(2) 给出关键字序列{4,5,1,2,8,6,7,3,10,9}的直接插入排序过程。

(3) 已知关键字序列为{72,87,61,23,94,16,5,58},采用堆排序法对该序列进行递增排序,并给出每一趟的排序结果。

(4) 已知序列{15,5,16,2,25,8,20,9,18,12},给出采用快速排序法对该序列作升序排序时的每一趟的结果。

(5) 给出关键字序列{112,214,312,902,156,712,451,623,643,834}按低位到高位进行基数排序时每一趟的结果。

(6) 一个有 n 个整数的数组 $R[1..n]$,其中所有元素是有序的,将其看成是一棵完全二叉树,该树可以构成一个堆吗?若不是,请给一个反例,若是,请说明理由。

(7) 如果只想得到一个序列中第 $k(k \geqslant 5)$ 个最小元素之前的部分排序序列,最好采用什么排序方法?为什么?如有序列{57,40,38,11,13,34,48,75,25,6,19,9,7},要得到其第4个最小元素之前的部分序列{6,7,9,11},使用所选择的算法实现时,要执行多少次比较?

(8) 简述堆和二叉排序树的区别。

(9) 将快速排序算法改为非递归算法时通常使用一个栈,若把栈换为队列,会对最终排序结果有什么影响?

3. 算法设计题

(1) 设计一个直接插入算法:设元素为 $R[0..n-1]$,其中 $R[i-1..n-1]$为有序区,$R[0..i]$为无序区,对于元素 $R[i]$,将其关键字与有序区元素(从头开始)进行比较,找到一个刚好大于 $R[i].\text{key}$ 的元素 $R[j]$,将 $R[i..j-1]$元素前移,然后将原 $R[i]$插入到 $R[j-1]$处。要求给出每趟结束后的结果。

(2) 设计一个算法,判断一个数据序列是否可以构成一个大根堆。

(3) 设 n 个元素 $R[0..n-1]$的关键值只取 3 个值:0、1、2。设计一个时间复杂度为 $O(n)$的算法,将这 n 个元素按关键字排序。

CHAPTER 10

第10章 外排序

上一章介绍的内排序的数据需要全部放在内存中，当参与排序的数据量特别大时，会出现无法整体排序的情况。为此将数据存储在文件中，每次将一部分数据调到内存中进行排序，这样，在排序中需要进行多次内、外存之间的数据交换，称为外排序。本章主要介绍外排序的基本过程以及磁盘排序方法。

10.1 外排序概述

由于文件存储在外存上，因此外排序方法与各种外存设备的特征有关。外存设备大体上可分为两类：一类是顺序存取设备，如磁带；另一类是直接存取设备，如磁盘。本章主要介绍磁盘排序。

磁盘是一种直接存取的外存设备，它不仅能够进行顺序存取，而且还能直接存取任何记录，它的存取速度比磁带快得多。目前，磁盘多使用带有可移动式的磁头。如图10.1所示是磁盘结构实物图。如图10.2所示是磁盘结构示意图。整个磁盘由多个盘片组成，固定在同一轴上沿一个固定方向高速旋转，每个盘片包括上下两个盘面，每个盘面用于存储信息，每个盘面有一个读写头。所有读写头固定在一起同时同步移动。在一个盘面上读写头的轨迹称为磁道，磁道就是磁面上的圆环，各个磁面上半径相同的磁道总和称为一个柱面。一个磁道内又分成若干个扇面。一般情况下，把一次向磁盘写入或读出的数据称为一个物理块。一个物理块通常由若干个记录组成。

对于磁盘而言，影响存取时间的因素有3个：搜索时间(磁头定位到指定柱面所需要的时间)、等待时间(磁头定位到磁道的指定扇区所需要的时间)和传送时间(从磁盘或向磁盘传送一个物理块的数据所需要的时间)。

外排序的基本方法是归并排序法，它主要分为以下两个步骤：

(1) 生成若干初始归并段(顺串)。将一个文件(含待排序的数据)中的数据分段读入内存，在内存中对其进行内排序，并将经过排序的数据段(有序段)写到多个外存文件上。

图 10.1　磁盘结构实物图

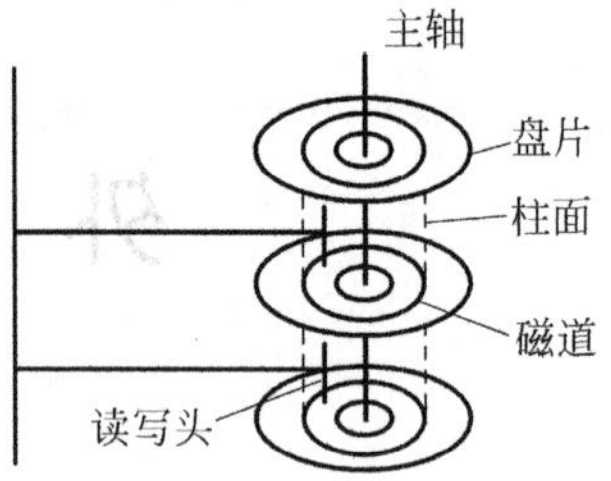

图 10.2　磁盘结构示意图

(2) 多路归并。对这些初始归并段进行多路归并,使得有序的归并段逐渐扩大,最后在外存上形成整个文件的单一归并段,也就完成了这个文件的外排序。

10.2 磁盘排序

对存放在磁盘中的文件进行排序属典型的外排序。由于磁盘是直接存取设备,所以读写一个数据块的时间与当前读写头所处的位置关系不大。

10.2.1 磁盘排序过程

磁盘排序过程如图 10.3 所示。磁盘中的 F_{in} 文件包括待排序的全部数据,根据内存大小,采用相关算法将 F_{in} 文件中的数据一部分一部分调入内存(每个记录被读一次)排序,产生若干个文件 $F_1 \sim F_n$(每个记录被写一次),它们都是有序的,称为**顺串**。然后,再次将 $F_1 \sim F_n$ 文件中的记录调入内存(每个记录被读一次),通过相关归并算法产生一个有序 F_{out} 文件(每个记录被写一次),从而达到数据排序的目的。

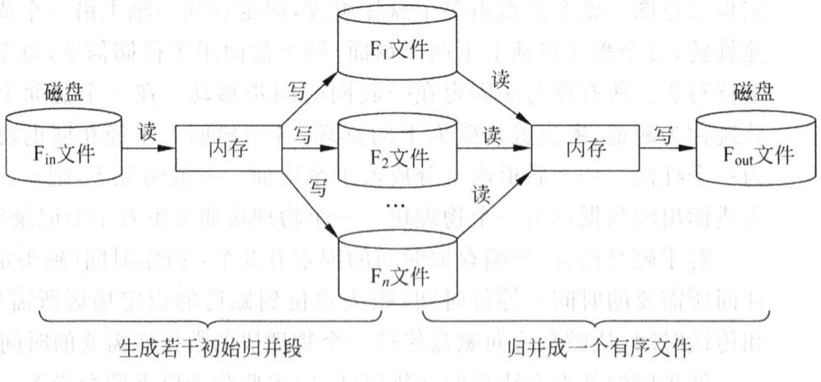

图 10.3　磁盘排序过程

下面通过一个例子,来说明磁盘排序过程。设有一个文件 F_{in},内含 4500 个记录:R_1、R_2、…、R_{4500},现在要对该文件进行排序,但内存空间至多只能对 $w=750$ 个记录进行排序,

并假设磁盘每次读写的单位为 250 个记录的数据块(即一个物理块对应 250 个逻辑记录,称为页块)。其排序过程如下:

(1) 生成初始归并段。每次读 3 个数据块(750 个记录)进行内排序(由于内存中可以放下这些数据,可以采用上一章介绍的某种内排序方法),整个文件得到 6 个归并段 $F_1 \sim F_6$(即初始归并段),把这 6 个归并段存放到磁盘上。

(2) 二路归并。将内存工作区分为 3 块,每块可容纳 250 个记录。把其中两块作为输入缓冲区,另一块作为输出缓冲区。先对归并段 F_1 和 F_2 进行归并,为此,可把这两个归并段中每一个归并段的第一个页块(250 个记录)读入输入缓冲区。再把输入缓冲区的这两个归并段的页块加以归并(采用内排序的二路归并过程),送入输出缓冲区。当输出缓冲区满时,就把它写入磁盘;当一个输入缓冲区腾空时,便把同一归并段中的下一页块读入,这样不断进行,直到归并段 F_1 与归并段 F_2 的归并完成为止(将其结果存放在 F_7 文件中)。在 F_1 和 F_2 的归并完成之后,再归并 F_3 和 F_4(将其结果存放在 F_8 文件中),最后归并 F_5 和 F_6(将其结果存放在 F_9 文件中)。到此为止,归并过程已对整个文件的所有记录扫描了一遍。扫描一遍意味着文件中的每一个记录被读写一次(即从磁盘上读入内存一次,并从内存写到磁盘一次),并在内存中参加一次归并。这一遍扫描所产生的结果为 3 个归并段 $F_7 \sim F_9$,每个段含 6 个页块,合 1500 个记录。再用上述方法把其中 F_7 和 F_8 两个归并段归并起来(将其结果存放在 F_{10} 文件中,其大小为 3000 个记录的归并段);最后,将 F_{10} 和 F_9 两个归并段进行归并,从而得到所求的排序文件 F_{out}。如图 10.4 所示显示了 6 个归并段的归并过程。

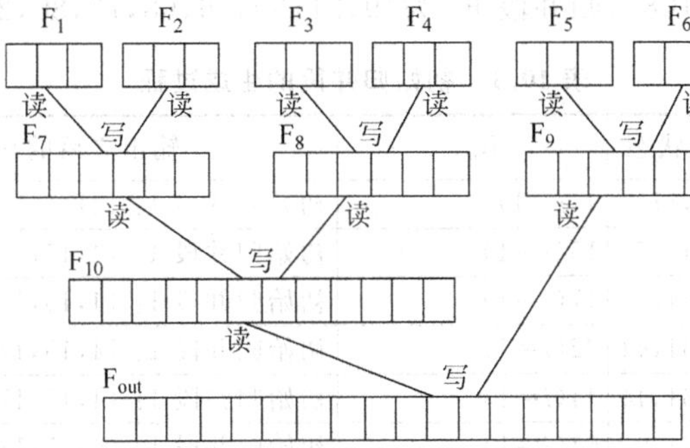

图 10.4 6 个归并段的归并过程

在外排序过程中,读写记录的次数对整个外排序所花时间起着关键作用。前面的示例中,无序文件 F_{in} 中有 4500 个记录,最后产生含有同样个数记录的有序文件 F_{out},除了在内排序形成初始归并段时需做一遍扫描外,图 10.4 对应的归并过程需要总的读写记录次数为:

$$[(750+750+750+750)\times 3+(750+750)\times 2]\times 2 = 24\,000$$

其中,读记录次数为一半,即 12 000 次,相当于对初始的 4500 个记录进行 $2\frac{2}{3}$ 遍扫描。

因此,提高外排序速度很重要的是减少总的读写记录次数。

10.2.2 生成初始归并段

采用上一章中介绍的常规内排序方法,可以实现初始归并段的生成,但所生成的归并段的大小正好等于一次能放入内存中的记录个数,这样做显然存在局限性。这里介绍的置换-

选择排序算法用于生成长度较大的初始归并段。

采用置换-选择排序算法生成初始归并段时，内排序基于选择排序，即从若干个记录中通过关键字比较选择一个最小的记录，同时在此过程中伴随记录的输入和输出，最后生成若干个长度可能各不相同的有序文件，即初始归并段。基本步骤如下：

(1) 从待排序文件 F_{in} 中按内存工作区 WA 的容量(设为 w)读入 w 个记录。设当前初始归并段编号 $i=1$。

(2) 从 WA 中选出关键字最小的记录 R_{min}。

(3) 将 R_{min} 记录输出到文件 F_i(F_i 为产生的第 i 个初始归并段)中，作为当前初始归并段的一个记录。

(4) 若 F_{in} 不空，则从 F_{in} 中读入下一个记录到 WA 中替代刚输出的记录。

(5) 在 WA 工作区中所有大于或等于 R_{min} 的记录中选择出最小记录作为新的 R_{min}，转步骤(3)，直到选不出这样的 R_{min}。

(6) 置 $i=i+1$，开始下一个初始归并段。

(7) 若 WA 工作区已空，则所有初始归并段已全部产生；否则转步骤(2)。

【例 10.1】 设某个磁盘文件中共有 18 个记录，各记录的关键字分别为{15,4,97,64,17,32,108,44,76,9,39,82,56,31,80,73,255,68}，若内存工作区可容纳 5 个记录，用置换-选择排序算法可产生几个初始归并段，每个初始归并段包含哪些记录？

解：初始归并段的生成过程见表 10.1。共产生两个初始归并段，归并段 F_1 为{4,15,17,32,44,64,76,82,97,108}，归并段 F_2 为{9,31,39,56,68,73,80,255}。

表 10.1 初始归并段的生成过程

读入记录	内存工作区状态	R_{min}	输出之后的初始归并段状态
15,4,97,64,17	15,4,97,64,17	4($i=1$)	初始归并段 1：{4}
32	15,32,97,64,17	15($i=1$)	初始归并段 1：{4,15}
108	108,32,97,64,17	17($i=1$)	初始归并段 1：{4,15,17}
44	108,32,97,64,44	32($i=1$)	初始归并段 1：{4,15,17,32}
76	108,76,97,64,44	44($i=1$)	初始归并段 1：{4,15,17,32,44}
9	108,76,97,64,9	64($i=1$)	初始归并段 1：{4,15,17,32,44,64}
39	108,76,97,39,9	76($i=1$)	初始归并段 1：{4,15,17,32,44,64,76}
82	108,82,97,39,9	82($i=1$)	初始归并段 1：{4,15,17,32,44,64,76,82}
56	108,56,97,39,9	97($i=1$)	初始归并段 1：{4,15,17,32,44,64,76,82,97}
31	108,56,31,39,9	108($i=1$)	初始归并段 1：{4,15,17,32,44,64,76,82,97,108}
80	80,56,31,39,9	9(没有大于等于 108 的记录，$i=2$)	初始归并段 2：{9}
73	80,56,31,39,9	31($i=2$)	初始归并段 2：{9,31}
255	80,56,255,39,73	39($i=2$)	初始归并段 2：{9,31,39}
68	80,56,255,68,73	56($i=2$)	初始归并段 2：{9,31,39,56}
	80,255,68,73	68($i=2$)	初始归并段 2：{9,31,39,56,68}
	80,255,73	73($i=2$)	初始归并段 2：{9,31,39,56,68,73}
	80,255	80($i=2$)	初始归并段 2：{9,31,39,56,68,73,80}
	255	255($i=2$)	初始归并段 2：{9,31,39,56,68,73,80,255}

置换-选择排序算法所生成的初始归并段的长度既与内存工作区的大小有关，也与输入文件入中记录的排列次序有关。如果输入文件中的记录按其关键字随机排列，则所得到的初始归并段的平均长度为内存工作区大小的 2 倍。这可以用扫雪的结果来加以说明。

假设有一台扫雪机在一个环形路面上用均匀的行进速度进行扫雪，且已下雪的速度为一个常数，雪均匀地落在扫雪机的前、后路面上。显然，在某个时刻之后，整个系统到达平衡状态，即环形路面上的积雪总量不变。不妨假定平衡状态下路面上的积雪总量为 m，环形路面的长度为 l，扫雪机到达处跟前的积雪深度为 h，即每一时刻扫雪机扫掉的积雪深度为 h，于是，扫雪机走一圈所扫掉的雪的总量可以表示为 hl。由于扫雪机到达处沿环形路面方向的积雪深度是线性下降的，因此路面上积雪的总量 $m=hl/2$，即有 $hl=2m$。也就是说，扫雪机走一圈所扫掉的雪的总量为环形路面上积雪总量的 2 倍。将环形路面展开，其积雪状态如图 10.5 所示。

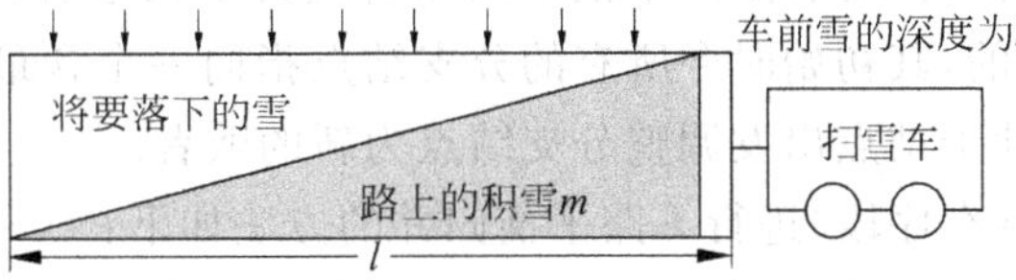

图 10.5　平衡状态下扫雪机扫雪的示意图

现在来看内存工作区进行置换-选择排序算法的情形。工作区中已经有的记录数相当于环形路面上已经有的积雪总量，从工作区输出的记录相当于正在扫掉的雪，从输入文件读入工作区的记录相当于落到路面上的雪。对于读入的记录，凡是比最近输出的记录大的都将要从工作区输出（相当于落在车前方的雪将要被扫掉），而比最近输出的记录小的则留在工作区中，以便等待形成新的下一个初始归并段时再输出（相当于落在车后的雪等待下一趟扫雪时，才能被扫掉）。假定读入的记录比最近输出的记录大或小的概率相等，即相当于雪是均匀地降落在车前、车后的路上。一旦工作区中的记录均小于最近输出去的记录，一个初始归并段就已经生成，这相当于扫雪机沿着环形路面走了一圈。初始归并段所含的记录数相当于扫雪机走一圈所扫掉的雪的总量，设工作区大小为 m，则初始归并段的平均长度为 $2m$。

10.2.3　多路平衡归并

1. k 路平衡归并的效率分析

图 10.4 所示的归并过程基本上是二路平衡归并的算法。一般来说，如果初始归并段有 m 个，那么二路平衡归并树就有 $\lceil \log_2 m \rceil + 1$ 层，要对数据进行 $\lceil \log_2 m \rceil$ 遍扫描。作类似的推广，采用 $k(k>2)$ 路平衡归并时，则相应的归并树有 $\lceil \log_k m \rceil + 1$ 层，要对数据进行 $s=\lceil \log_k m \rceil$ 遍扫描，显然，k 越大，磁盘读写次数越少。那么，是不是 k 越大，归并的效率就越好呢？

进行内部归并时，在 k 个记录中选择最小者需要进行 $k-1$ 次关键字比较。每趟归并 u 个记录，共需要做 $(u-1)\times(k-1)$ 次关键字比较，则 s 趟归并总共需要的关键字比较次数为：

$$\begin{aligned} s\times(u-1)\times(k-1) &= \lceil \log_k m \rceil \times (u-1)\times(k-1) \\ &= \lceil \log_2 m \rceil \times (u-1)\times(k-1)/\lceil \log_2 k \rceil \end{aligned}$$

当初始归并段个数 m 和记录个数 u 一定时,其中的$\lceil \log_2 m \rceil \times (u-1)$是常量,而$(k-1)/\lceil \log_2 k \rceil$在 k 无限增大时趋于∞。因此,增大归并路数 k,会使内部归并的时间增大。若 k 增大到一定的程度,就会抵消掉由于减少磁盘读写次数而赢得的时间。也就是说,在 k 路平衡归并中,其效率并非 k 越大,归并的效率就越高。

2. 利用败者树实现 k 路平衡归并

利用败者树实现 k 路平衡归并的过程是:先建立败者树,然后对 k 个初始归并段进行 k 路平衡归并。实际上,败者树用于连续地从 k 个记录中找关键字最小的记录,并且会提高效率。

败者树是一棵有 k 个叶子结点的完全二叉树(相应地,可将图 9.19(b)的大根堆称为胜者树),其中叶子结点存储要归并的记录,分支结点存放关键字对应的段号。所谓败者,是两个记录比较时关键字较大者,胜者是两个记录比较时关键字较小者。建立败者树是采用类似于堆调整的方法实现的,其初始时令所有的分支结点指向一个含最小关键字(MINKEY)的叶子结点,然后从各叶子结点出发调整分支结点为新的败者。

对 k 个初始归并段(有序段)进行 k 路平衡归并的方法如下:

(1) 取每个输入有序段的第一个记录作为败者树的叶子结点,建立初始败者树:两两叶子结点进行比较,在双亲结点中记录比赛的败者(关键字较大者),而让胜者去参加更高一层的比赛,如此在根结点之上胜出的"冠军"是关键字最小者。

(2) 最后胜出的记录写至输出归并段,在对应的叶子结点处,补充该输入有序段的下一个记录,若该有序段变空,则补充一个大关键字(比所有记录关键字都大,设为 k_{max},通常用∞表示)的虚记录。

(3) 调整败者树,选择新的关键字最小的记录:从补充记录的叶子结点向上和双亲结点的关键字比较,败者留在该双亲结点,胜者继续向上,直至树的根结点,最后将胜者放在根结点的双亲结点中。

(4) 若胜出的记录关键字等于 k_{max},则归并结束;否则转步骤(2)继续。

【例 10.2】 设有 5 个初始归并段,它们中各记录的关键字分别是:

F_0:{17,21,∞}　F_1:{5,44,∞}　F_2:{10,12,∞}　F_3:{29,32∞}　F_4:{15,56,∞}

其中,∞是段结束标志。说明利用败者树进行 5 路平衡归并排序的过程。

解:这里 $k=5$,其初始归并段的段号分别为 0~4(与 F_0~F_4 相对应)。先构造含有 5 个叶子结点的败者树,由于败者树中不存在单分支结点,所以其中有 4 个分支结点,再加上一个冠军结点(用于存放最小关键字的段号)。用 ls[0]存放冠军结点,ls[1]~ls[4]存放分支结点,b_0~b_4 存放叶子结点。初始时 ls[0]~ls[4]分别取 5(对应的 F_5 是虚拟段,只含一个最小关键字 MINKEY,即$-\infty$),b_0~b_4 分别取 F_0~F_4 中的第一个关键字,如图 10.6(a)所示。为了方便,图 10.6 中每个分支结点中除了段号外,另加有相应的关键字。

然后从 b_4~b_0 进行调整建立败者树,过程如下:

① 调整 b_4,先置胜者 s(关键字最小者)为 4,t=(s+5)/2=4,将 b[s].key(15)和 b[ls[t].key](b[ls[4].key]=$-\infty$)进行比较,胜者 s=ls[t]=5,将败者"4(15)"放在 ls[4]中,t=t/2=2;将 ls[s].key($-\infty$)与双亲结点 ls[t].key($-\infty$)进行比较,胜者仍为 s=5,t=t/2=

1；将 ls[s]. key(−∞)与双亲结点 ls[t]. key(−∞)进行比较，胜者仍为 s=5，t=t/2=0。最后置 ls[0]=s(−∞)。其结果如图 10.5(b)所示。实际上就是从 b_4 到 ls[1](图 10.6(b)中的粗线部分)进行调整，将最小关键字的段号放在 ls[0]中。

② 调整 b_3～b_0 的过程与此类似，调整它们后得到的结果分别如图 10.6(c)～(f)所示。

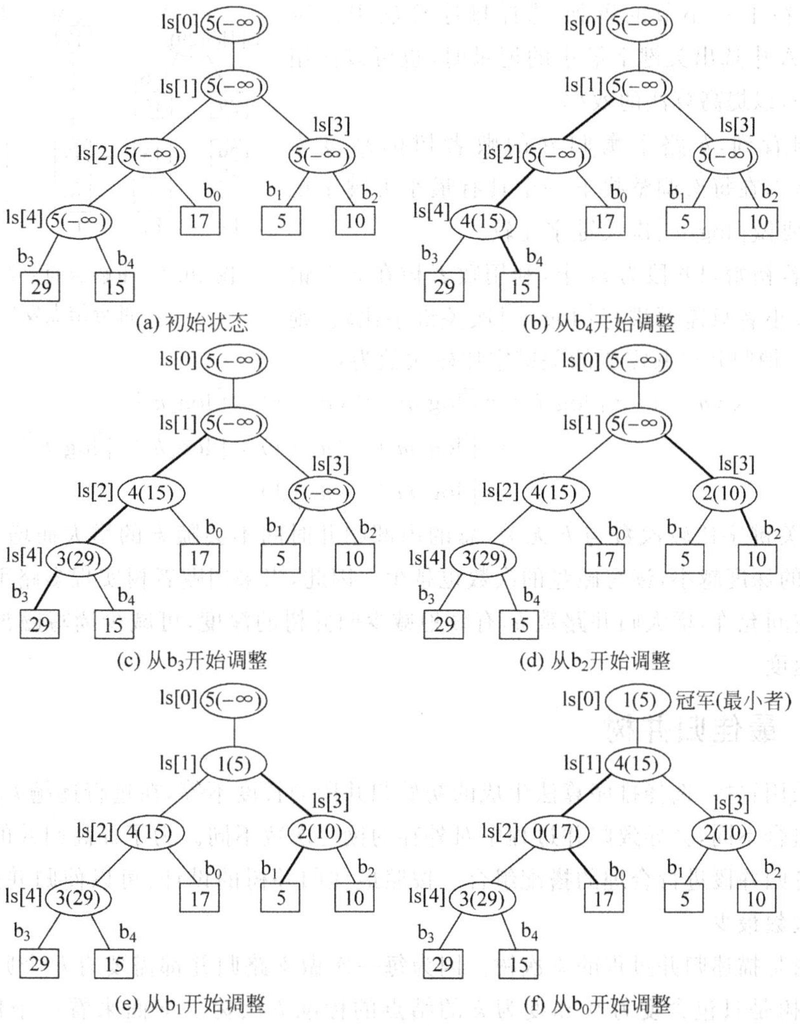

(a) 初始状态　(b) 从 b_4 开始调整

(c) 从 b_3 开始调整　(d) 从 b_2 开始调整

(e) 从 b_1 开始调整　(f) 从 b_0 开始调整

图 10.6　建立败者树的过程

当败者树建好后，可以利用 5 路归并产生有序序列，其中主要的操作是从 5 个关键字中找出最小关键字，并确定其所在的段号。这对败者树来说十分容易实现。先从初始败者树中输出 ls[0]的当前记录，即 1 号段的关键字为 5 的记录，然后进行调整。调整过程是：将所进入树的叶子结点与双亲结点进行比较，较大者(败者)存放到双亲结点中，较小者(胜者)与上一级的祖先结点再进行比较，此过程不断进行，直到根结点，最后把新的全局优胜者写至输出归并段。

对于本例，将 1(5)写至输出归并段后，在 F_1 中补充下一个关键字为 44 的记录，调整败者树，调整过程是：将 1(44)与 2(10)进行比较，产生败者 1(44)，放在 ls[3]中，胜者为

2(10);将2(10)与4(15)进行比较,产生败者4(15),胜者为2(10);最后将胜者2(10)放在ls[0]中。只经过两次比较,产生新的关键字最小的记录2(10),如图10.7所示,其中粗线部分为调整路径。

说明:在上一小节的置换-选择排序算法中的第(2)步从WA中选出关键字最小的记录时,也可以使用败者树方法,以提高算法的效率。

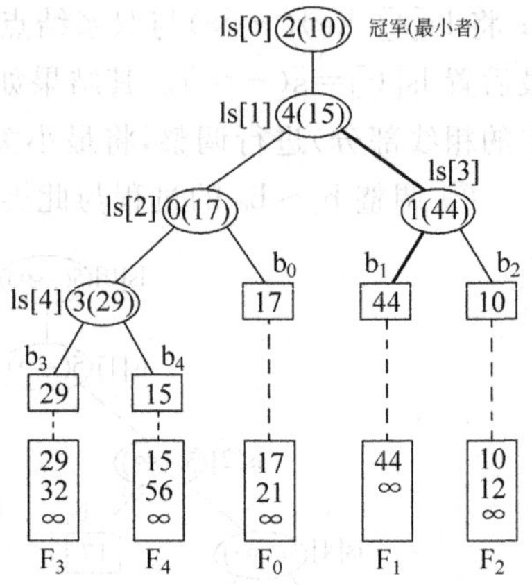

图10.7 重购后的败者树(粗线部分结点发生改变)

从本例看到,k路平衡归并的败者树的高度为$\lceil \log_2 k \rceil + 1$①,在每次调整找下一个具有最小关键字记录时,仅需要做$\lceil \log_2 k \rceil$次关键字比较。

因此,若初始归并段为m个,利用败者树在k个记录中选择最小者只需要进行$\lceil \log_2 k \rceil$次关键字比较,则$s = \lceil \log_k m \rceil$趟归并总共需要的关键字比较次数为:

$$
\begin{aligned}
s \times (u-1) \times \lceil \log_2 k \rceil &= \lceil \log_k m \rceil \times (u-1) \times \lceil \log_2 k \rceil \\
&= \lceil \log_2 m \rceil \times (u-1) \times \lceil \log_2 k \rceil / \lceil \log_2 k \rceil \\
&= \lceil \log_2 m \rceil \times (u-1)
\end{aligned}
$$

这样,关键字比较次数与k无关,总的内部归并时间不会随k的增大而增大。但k越大,归并树的深度越小,读写磁盘的次数也越少。因此,当采用败者树实现多路平衡归并时,只要内存空间允许,增大归并路数k,有效地减少归并树的深度,可减少读写磁盘次数,提高外排序的速度。

10.2.4 最佳归并树

由于采用置换-选择排序算法生成的初始归并段的长度不等,在进行逐趟k路归并时对归并段的组合不同,会导致归并过程中对外存的读写次数不同。为了提高归并的时间效率,有必要对各归并段进行合理的搭配组合。按照最佳归并树的设计,可以使归并过程中对外存的读写次数最少。

归并树是描述归并过程的k次树。因为每一次做k路归并都需要有k个归并段参加,因此,归并树是只包含度为0和度为k的结点的标准k次树。下面来看一个例子。设有13个长度不等的初始归并段,其长度(记录个数)分别为0、0、1、3、5、7、9、13、16、20、24、30、38。其中,长度为0的是空归并段。假设对它们进行3路归并时的归并树如图10.8所示。

此归并树的带权路径长度为:

$$WPL = (24+30+38+7+9+13) \times 2 + (16+20+1+3+5) \times 3 = 377$$

因为在归并树中,各叶子结点代表参加归并的各初始归并段,叶子结点上的权值即为该初始归并段中的记录个数,根结点代表最终生成的归并段,叶子结点到根结点的路

① k路平衡归并败者树是一个含有k个叶子结点且没有单分支结点的完全二叉树,$n_2 = n_0 - 1 = k - 1$,$n = n_0 + n_1 + n_2 = 2k - 1$,$h = \lceil \log_2(n+1) \rceil = \lceil \log_2(2k) \rceil = \lceil \log_2 k \rceil + 1$。

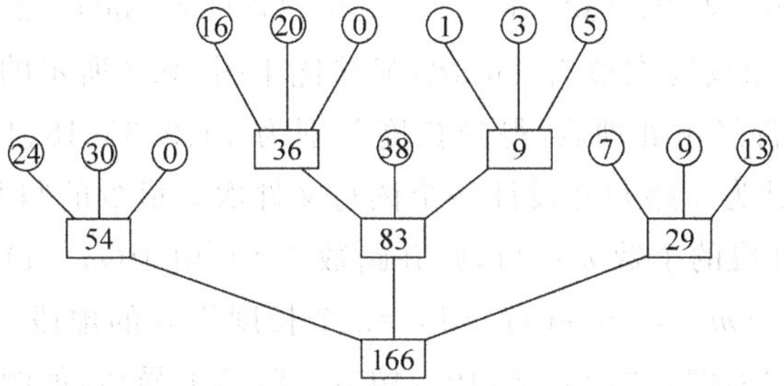

图 10.8　一棵 3 路归并树

径长度表示在归并过程中的读记录次数，各非叶子结点代表归并出来的新归并段，则归并树的带权路径长度 WPL 即为归并过程中的总读记录数。因而，在归并过程中，总的读写记录次数为 $2\times WPL=754$。

不同的归并方案所对应的归并树的带权路径长度各不相同，为了使总的读写次数最少，需要改变归并方案，重新组织归并树，使其路径长度 WPL 尽可能短些。所有归并树中最小带权路径长度 WPL 的归并树称为**最佳归并树**。为此，可将哈夫曼树的思想扩充到 k 次树的情形。在归并树中，让记录个数少的初始归并段最先归并，记录个数多的初始归并段最晚归并，就可以建立总的读写次数达到最少的最佳归并树。

例如，假设有 11 个初始归并段，其长度（记录个数）分别为 1、3、5、7、9、13、16、20、24、30、38，做 3 路归并。为了使归并树成为一棵正则三次树（只有度为 3 的结点和叶子结点），可能需要补入空归并段。补空归并段的原则为：设参加归并的初始归并段有 m 个，做 k 路平衡归并。因为归并树是只有度为 0 和度为 k 的结点的正则 k 次树，设度为 0 的结点有 m_0（$m_0=m$，因为初始归并段有 m 个，对应归并树的叶子结点就有 m 个）个，度为 k 的结点有 m_k 个，则有 $m_0=(k-1)m_k+1$。因此，可以得出 $m_k=(m_0-1)/(k-1)$。如果该除式能整除，即 $(m_0-1)\bmod(k-1)=0$，则说明这 m_0 个叶子结点（即初始归并段）正好可以构造 k 次归并树，不需加空归并段。此时，内部结点有 m_k 个。如果 $(m_0-1)\bmod(k-1)=u\neq 0$，则对于这 m_0 个叶子结点，其中的 u 个不足以参加 k 路归并。故除了有 m_k 个度为 k 的内部结点外，还需增加一个内部结点。它在归并树中代替了一个叶子结点位置，被代替的叶子结点加上刚才多出的 u 个叶子结点，再加上 $k-u-1$ 个记录个数为零的空归并段，就可以建立归并树了。

因此，最佳归并树是带权路径长度最短的 k 次（阶）哈夫曼树。构造 m 个初始归并段的最佳归并树的步骤如下：

(1) 若 $(m-1) \bmod (k-1)\neq 0$，则需附加 $(k-1)-(m-1) \bmod (k-1)$ 个长度为 0 的虚段，以使每次归并都可以对应 k 个段。

(2) 按照哈夫曼树的构造原则（权值越小的结点离根结点越远）构造最佳归并树。

在前面的例子中，$m=11$，$k=3$，$(11-1)\bmod(3-1)=0$，可以不加空归并段，直接进行 3 路归并，如图 10.9 所示。

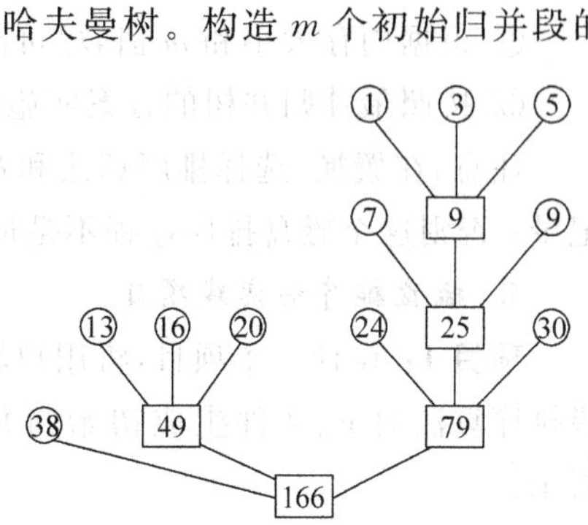

图 10.9　构造 3 路归并树的过程

它的带权路径长度：WPL＝38×1＋(13＋16＋20＋24＋30)×2＋(7＋9)×3＋(1＋3＋5)×4＝328，则总的记录读写次数为656次，显然优于图10.8所示的归并过程。

【例10.3】 设文件经预处理后，得到长度分别为49、9、35、18、4、12、23、7、21、14和26的11个初始归并段，试为4路归并设计一个读写文件次数最少的归并方案。

解：这里初始归并段的个数 $m=11$，归并路数 $k=4$，由于 $(m-1) \bmod (k-1)=1$，不为0，因此需附加 $(k-1)-(m-1) \bmod (k-1)=2$ 个长度为0的虚段。按记录个数递增排序为{0,0,4,7,9,12,14,18,21,23,26,35,49}，构造4阶哈夫曼树，如图10.10所示。

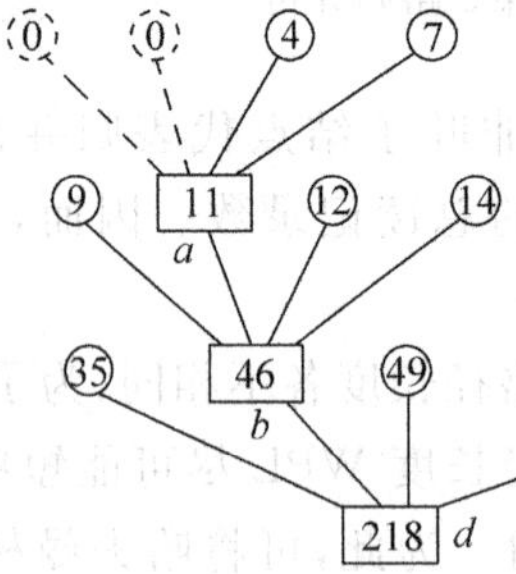

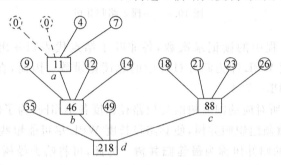

图10.10　一棵4路最佳归并树

该最佳归并树显示了读写文件次数最少的归并方案，即

(1) 第1次将长度为4和7的初始归并段归并为长度为11的有序段 a。

(2) 第2次将长度为9、12和14的初始归并段以及有序段 a 归并为长度为46的有序段 b。

(3) 第3次将长度为18、21、23和26的初始归并段归并为长度为88的有序段 c。

(4) 第4次将长度为35和49的初始归并段以及有序段 b、c 归并为记录长度为218的有序文件整体 d。共需4次归并。

若每个记录占用一个物理页块，则此方案对外存的读写次数为：

$$2\times[(4+7)\times3+(9+12+14+18+21+23+26)\times2+(35+49)\times1]=726(次)$$

归纳起来，对于含有若干个无序记录的 F_{in} 文件，一个最佳的磁盘排序过程如下：

① 采用置换-选择排序算法生成 m 个初始归并段，并求出每个初始归并段中包含的记录个数。

② 根据内存大小和 m 值，尽可能选择较大的归并路数 k，并构造出最佳归并树。

③ 按照最佳归并树的方案实施归并，产生一个有序文件 F_{out}。

注意，在置换-选择排序算法和 k 路平衡归并中需利用败者树从 k 个记录中找出最小的记录；否则这个磁盘排序过程不是最佳的。

磁盘排序的实践项目

项目1：设计一个项目，将用户输入的无序关键字序列存放到文件 F_{in} 中，采用置换-选择排序算法对 F_{in} 文件生成初始归并段，并用相关数据进行测试，其操作界面如图10.11所示。

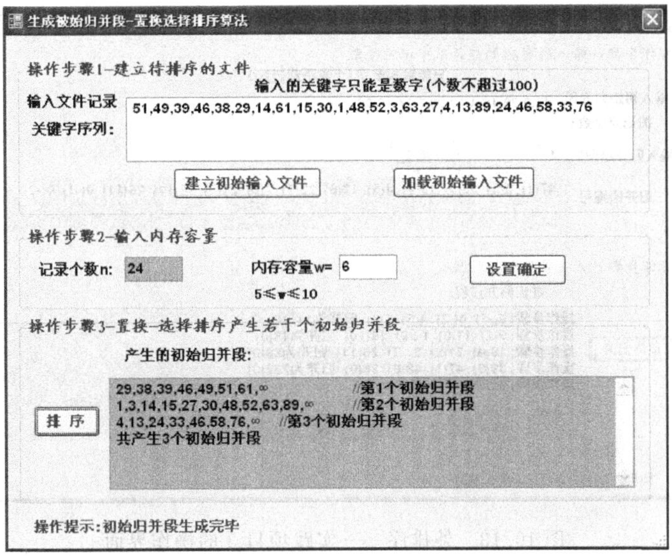

图 10.11　外排序——实践项目 1 的操作界面

项目 2：设计一个项目，对于项目 1 产生的 k 个初始归并段，采用 k 路平衡归并方法产生一个有序文件 F_{out}，并显示完整的归并过程，用相关数据进行测试，其操作界面如图 10.12 所示。

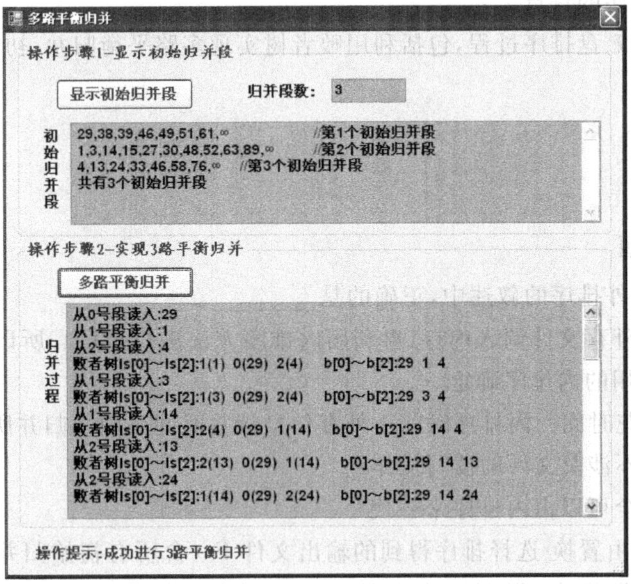

图 10.12　外排序——实践项目 2 的操作界面

项目 3：设计一个项目，根据用户输入的若干初始归并段的记录个数和归并路数 k，产生多路最佳归并树，并给出完整的归并方案。用相关数据进行测试，其操作界面如图 10.13 所示。

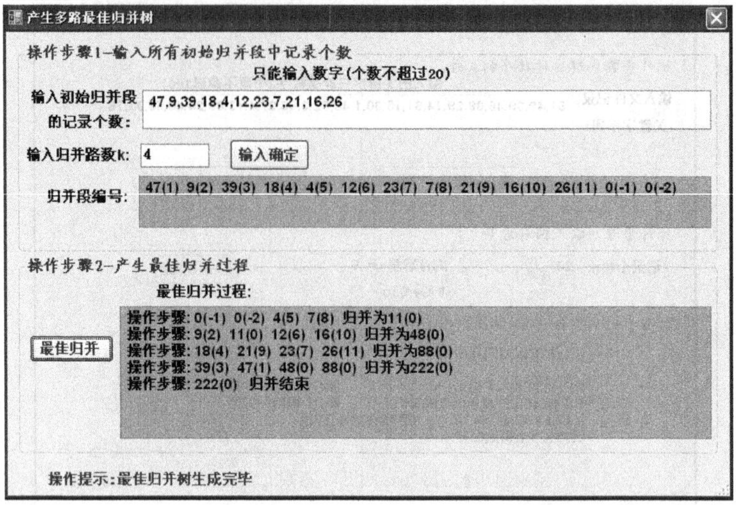

图 10.13 外排序——实践项目 3 的操作界面

本章小结

本章的基本学习要点如下：

(1) 理解外排序的特点。

(2) 重点掌握磁盘排序过程，包括利用败者树实现多路平衡归并、初始归并段的生成和最佳归并树等。

练习题 10

1. 单项选择题

(1) 以下关于外排序的叙述中，正确的是________。

A. 外排序把外存文件调入内存，再利用内排序方法进行排序。所以，外排序所花时间完全由采用的内排序确定

B. 外排序所花时间＝内排序时间＋外存信息读写时间＋内部归并所花时间

C. 外排序并不涉及文件的读写操作

D. 外排序完全可以由内排序来替代

(2) 如将一个由置换-选择排序得到的输出文件 F_1(含所有初始归并段)作为输入文件再次进行置换-选择排序，得到输出文件 F_2(含所有初始归并段)，问 F_1 和 F_2 的差异是________。

A. F_2 归并段个数减少

B. F_2 中归并段的最大长度增大

C. F_2 和 F_1 无差异

D. 归并段个数及各归并段长度均不变，但 F_2 中可能存在与 F_1 不同的归并段

(3) 采用败者树进行 k 路平衡归并的外排序算法，其总的归并效率与 k ________。

A. 有关　　B. 无关

(4) 对 m 个初始归并段实施 k 路平衡归并排序，所需的归并趟数是________。

A. 1　　B. m/k　　C. $\lceil m/k \rceil$　　D. $\lceil \log_k m \rceil$

(5) 设有 100 个初始归并段，如采用 k 路平衡归并 3 趟完成排序，则 k 值最大是________。

A. 7　　B. 8　　C. 9　　D. 10

2. 问答题

(1) 简述磁盘外排序的基本步骤。

(2) 给出一组关键字 T＝{12,2,16,30,8,28,4,10,20,6,18}，设内存工作区可容纳 4 个记录，写出用置换-选择方法得到的全部初始归并段。

(3) 一个无序文件中存放了若干个记录，其中所有记录构成的关键字序列为{41,39,28,32,22,19,11,50,13,21,1,33,37,3,52,16,4,8,72,12,32}。设缓冲区 w 有能容纳 5 个记录的容量。按置换-选择方法求初始归并段。请写出各初始归并段的关键字。

(4) 设有 11 个长度(即包含记录个数)不同的初始归并段，它们所包含的记录个数为{25,40,16,38,77,64,53,88,9,48,98}。试根据它们做 4 路平衡归并，要求：

① 指出总的归并趟数。

② 构造最佳归并树。

③ 根据最佳归并树计算每一趟及总的读记录数。

3. 算法设计题

设计一个算法，给定一个线性表，先对其遍历一遍，划分出若干个最大的有序子序列，假设为 k 个有序子序列，将这些子序列作为初始归并段，采用 k 路归并方法将它们归并为一个有序线性表。假设线性表采用不带头结点的单链表存放。

附录A 部分练习题参考答案

第1章 单项选择题答案

(1) B　(2) A　(3) A　(4) C　(5) B
(6) A　(7) D　(8) A　(9) D　(10) C

第2章 单项选择题答案

(1) C　(2) D　(3) C　(4) B　(5) A
(6) C　(7) D　(8) C　(9) A　(10) C
(11) B　(12) A　(13) D　(14) D　(15) B
(16) C　(17) C　(18) A　(19) C　(20) A

第3章 单项选择题答案

(1) D　(2) C　(3) D　(4) C　(5) D
(6) A　(7) C　(8) D　(9) A　(10) B
(11) C　(12) C　(13) D　(14) C　(15) B

第4章 单项选择题答案

(1) B　(2) D　(3) B　(4) B　(5) B
(6) A

第5章 单项选择题答案

(1) A　(2) B　(3) C　(4) B　(5) C
(6) B　(7) ①C ②D　(8) ①A ②D

第6章 单项选择题答案

(1) B　(2) C　(3) D　(4) D　(5) C
(6) B　(7) B　(8) B　(9) D　(10) C
(11) A　(12) B　(13) C　(14) C　(15) D
(16) B　(17) D　(18) B　(19) C　(20) B
(21) A　(22) D　(23) B　(24) A　(25) C
(26) D

第7章 单项选择题答案

(1) C　(2) C　(3) B　(4) C　(5) A

(6) B	(7) ①B ②D	(8) B	(9) C	(10) B
(11) A	(12) D	(13) D	(14) A	(15) B
(16) C	(17) B	(18) C	(19) B	(20) B
(21) C	(22) D	(23) A		

第 8 章　单项选择题答案

(1) A	(2) C	(3) B	(4) B	(5) C
(6) D	(7) C	(8) C	(9) B	(10) C
(11) B	(12) B	(13) C	(14) C	(15) D

第 9 章　单项选择题答案

(1) D	(2) C	(3) B	(4) B	(5) D
(6) C	(7) C	(8) D	(9) B	(10) A
(11) D	(12) C	(13) B	(14) B	(15) C

第 10 章　单项选择题答案

(1) B	(2) C	(3) A	(4) D	(5) C

参考文献

[1] 李春葆. 数据结构教程[M]. 3 版. 北京：清华大学出版社，2009.

[2] 李春葆. 数据结构教程学习指导[M]. 北京：清华大学出版社，2009.

[3] 李春葆. 数据结构教程上机实验指导[M]. 北京：清华大学出版社，2009.

[4] 李春葆. 数据结构联考辅导教程[M]. 2012 版. 北京：清华大学出版社，2011.

[5] 李春葆. 数据结构习题与解析[M]. 3 版. 北京：清华大学出版社，2006.

[6] E Horowitz，S Sahni，S Anderson-Freed. Fundamentals of Data Structures in C[M]，2nd Ed. Silicon Press，2009.

[7] 严蔚敏，吴伟民. 数据结构(C 语言版)[M]. 北京：清华大学出版社，1997.

[8] 教育部高等学校计算机科学与技术教学指导委员会编制. 高等学校计算机科学与技术专业实践教学体系与规范[M]. 北京：清华大学出版社，2008.

[9] 教育部高等学校计算机科学与技术教学指导委员会编制. 高等学校计算机科学与技术专业发展战略研究报告暨专业规范(试行)[M]. 北京：高等教育出版社，2006.

[10] 程杰. 大话数据结构[M]. 北京：清华大学出版社，2011.

[11] 刘大有. 数据结构[M]. 北京：高等教育出版社，2001.

[12] 黄扬铭. 数据结构[M]. 北京：科学出版社，2001.

[13] 黄刘生. 数据结构[M]. 北京：经济科学出版社，2000.

[14] 许卓群，张乃孝，杨冬青，唐世渭. 数据结构[M]. 北京：高等教育出版社，1988.

[15] 殷人昆. 数据结构(用面向对象方法与 C++描述)[M]. 北京：清华大学出版社，1999.

[16] 朱战立. 数据结构：使用 C++语言. 西安：西安电子科技大学出版社，2001.

[17] 薛超英. 数据结构：用 Pascal、C++语言对照描述算法[M]. 2 版. 武汉：华中科技大学出版社，2002.

[18] 赵文静. 数据结构：C++语言描述[M]. 西安：西安交通大学出版社，1999.

[19] 陈文博，朱青. 数据结构与算法[M]. 北京：机械工业出版社，1996.

[20] R L Kruse，B P Leung，C L Tondo. Data Structure and Program Design in C[M]. 2nd Ed. Prenice Hall，1997.

[21] R Sedgewick. Algorithms in C[M]. ADDISON-WESLEY，1998.

图书资源支持

感谢您一直以来对清华版图书的支持和爱护。为了配合本书的使用，本书提供配套的资源，有需求的读者请扫描下方的“书圈”微信公众号二维码，在图书专区下载，也可以拨打电话或发送电子邮件咨询。

如果您在使用本书的过程中遇到了什么问题，或者有相关图书出版计划，也请您发邮件告诉我们，以便我们更好地为您服务。

我们的联系方式：

地　　址：北京海淀区双清路学研大厦 A 座 707

邮　　编：100084

电　　话：010－62770175－4604

资源下载：http://www.tup.com.cn

电子邮件：weijj@tup.tsinghua.edu.cn

QQ：883604（请写明您的单位和姓名）

资源下载、样书申请

书圈

用微信扫一扫右边的二维码，即可关注清华大学出版社公众号“书圈”。